贵州警察学院学术著作出版基金资助项目

贵州有毒植物

涂国章　张显强　著

中国人民公安大学出版社
·北　京·

图书在版编目（CIP）数据

贵州有毒植物／涂国章，张显强著．—北京：中国人民公安大学出版社，2021.12
ISBN 978-7-5653-4381-0
Ⅰ.①贵…　Ⅱ.①涂…②张…　Ⅲ.①有毒植物—贵州　Ⅳ.①S45
中国版本图书馆 CIP 数据核字（2021）第 213062 号

贵州有毒植物
涂国章　张显强　著

出版发行：中国人民公安大学出版社
地　　址：北京市西城区木樨地南里
邮政编码：100038
经　　销：新华书店
印　　刷：天津盛辉印刷有限公司

版　　次：2021 年 12 月第 1 版
印　　次：2021 年 12 月第 1 次
印　　张：24.25
开　　本：787 毫米×1092 毫米　1/16
字　　数：490 千字

书　　号：ISBN 978-7-5653-4381-0
定　　价：80.00 元

网　　址：www.cppsup.com.cn　www.porclub.com.cn
电子邮箱：zbs@cppsup.com　zbs@cppsu.edu.cn

营销中心电话：010-83903991
读者服务部电话（门市）：010-83903257
警官读者俱乐部电话（网购、邮购）：010-83901775
教材分社电话：010-83903259

贵州有毒植物

课题组成员：涂国章　张显强　刘天雷

王晓卉　王金焕　涂茂兰

前 言

党的十八大以来，以习近平同志为核心的党中央对平安中国建设高度重视，致力于实现平安中国的现代化，并将内建平安中国、外建和谐世界作为维护中国国家安全的两个重要维度。党的十九大报告中明确提出，“建设平安中国，加强和创新社会治理，维护社会和谐稳定，确保国家长治久安、人民安居乐业”。为响应党的号召，深入推进平安贵州建设，进而推动平安中国稳步发展，为平安工程建设奠定坚实基础，贵州有毒植物研究课题组提出编写《贵州有毒植物》一书，旨在加强人们对贵州有毒植物识别，有力防范百姓生活中有毒植物中毒风险，打击投毒犯罪，减少中毒案（事）件的发生，尽力避免人民群众生命财产遭受不必要的伤亡和损失，提升人民群众的安全感、获得感和幸福感。

有毒植物是植物界中的特殊种群，一般是指含有有毒化学成分能引起人类或其他生命体中毒的植物。它们在人类生产和生活中不可避免，又不可或缺，与人们的生活息息相关，人们经常会有意或无意地遇到，甚至被有效利用。许多有毒植物有强烈的生物活性，可作为药物、杀虫剂、灭菌剂以及供捕鱼、狩猎等使用。有毒植物所含的有毒成分主要有生物碱、甙类、萜类、非蛋白氨基酸、酚类及其衍生物、无机物、简单有机物及光致敏物质等。人、畜通过接触、食用有毒植物或对其花粉、气味过敏即可产生中毒现象，危害身体健康，甚至危及生命。据统计，近10年内我国公开报道的有毒植物中毒案件近4万起，有毒植物中毒危害不容忽视。因此，加强对有毒植物的识别和毒物危害及预防的宣传教育，开展中毒控制研究，建立相应监测体系，最大限度降低中毒案件发生极其重要。

本书分绪论和蕨类植物篇、裸子植物篇、被子植物篇四部分。绪论介绍了有毒植物概述、我国有毒植物概况、贵州有毒植物概况、植物的毒性成分、有毒植物引起中毒的途径、有毒植物中毒临床表现、毒物中毒诊断、有毒植物中毒后的治疗原则等内容。三类植物篇根据课题组近几年的实地考察、实验分析及有关文献研究分别记载了贵州蕨类植物、裸子植物、被子植物中的有毒植物类群（共113科332属523种），涵盖各有毒植物的科属种类别、中文名称、拉丁名、形态特征、分布生境、利用价值、有毒部位、毒性成分、中毒反应等内容。附录包括中文名和拉丁名索引及常见有毒植物彩图。本书植物种名、拉丁名、科和属类别采用最新《中国生物物种名录（第一卷植物）》加以核准。全书编排按照从低等到高等排列，蕨类植物按 Flora of China 系统，裸子植物按 Christenhusz 等（2011）系统，被子植物按植物系统发育研究组（Angiosperm Phylogeny Group，APG）第三版（APGⅢ）排列。

本书经课题组成员共同努力、协作所得，其中，涂国章为课题负责人，负责课题设计与研究、资料收集与分析整理；张显强为课题构思者，负责课题的全面指导；王晓卉、王金焕参与资料收集与整理；刘天雷参与野外图片采集；涂茂兰参与资料数据处理。

本书较为完整地记录了贵州蕨类植物、裸子植物、被子植物中的有毒植物，实用性强，对开展植物相关研究、科普宣传、临床诊断、案（事）件办理及教学实训等具有重要的参考价值，对新时代平安工程建设具有重要的现实意义。

编者

2021年10月

contents/目　录

绪　论

蕨类植物篇

裸子植物篇

被子植物篇

绪 论

一、有毒植物概述

植物广泛分布于自然界，是自然界中不可缺少的一部分。地球上的植物，目前已经知道的将近50万种，其中，仅绿色开花植物就有30万种。根据植物的形态、结构和生长习性，可以把植物界分成7个主要类群，即藻类植物、菌类植物、地衣植物、苔藓植物、蕨类植物、裸子植物和被子植物。其中，藻类、菌类和地衣植物属于低等植物；苔藓、蕨类、裸子和被子植物属于高等植物。藻类、菌类、地衣、苔藓、蕨类等植物用孢子进行繁殖，所以叫孢子植物，它们不开花、不结果，故又叫隐花植物。而裸子植物和被子植物能开花、结果，用种子进行繁殖，所以叫种子植物或显花植物。但作为有毒植物，则一般不将能产生毒素的细菌和藻类考虑在内，而应将细菌归入微生物研究范畴，藻类多产于海洋，因而有毒藻类成为有毒海洋生物研究的重要组成部分。对于菌类中的真菌门，有毒蕈类常被列入有毒植物，因此，有毒植物在实际应用中一般常指有毒陆生高等植物和毒蕈。

何谓有毒植物？在不同著作中有不同的定义，随着科学知识的发展而发生变化，我们对其定义的讨论并不是为了划出一个严格的界限，而是为了对其有比较明确的理解。总体来说有两种解释：一是植物的整个植株或特殊的部分含有有毒物质，人或动物如果食用就会引起中毒甚至死亡。把这种对人和家畜等能产生有害作用的植物称为有毒植物。二是古今中外具有中毒实例，或者经由实验证明，会因饮食、接触或其他方式，造成人类、禽畜或其他高等动物死亡，或某些组织、器官等暂时性乃至长期性伤害的植物。人们大多倾向于认可第二种解释。

有毒植物是植物界中的特殊种群，在人类生产和生活中不可避免，又不可或缺，与人们的生活息息相关，人们经常会有意或无意地遇到，甚至被有效利用。许多有毒植物有强烈的生物活性，可作为药物、杀虫剂、灭菌剂以及供捕鱼、狩猎等使用。有毒植物所含的有毒成分主要有生物碱、甙类、萜类、非蛋白氨基酸、酚类及其衍生物、无机物、简单有机物及光致敏物质等。人、畜通过接触、食用有毒植物或对其花粉、气味过敏即可产生中毒现象，危害身体健康，甚至危及生命。据统计，近10年内我国公开报道的有毒植物中毒案例近4万起，有毒植物中毒危害不容忽视。因此，加强对有毒植物的识别、毒物危害及预防的宣传教育，开展中毒控制研究，建立相应监测体系，最大限度降低中毒案件发生极其重要。

二、我国有毒植物概况

我国地跨寒、温、热三带。地理成分复杂，植物种类十分丰富。我国高等植物约35784种，仅次于世界植物最丰富的马来西亚和巴西，居世界第三。我国有毒植物种类和资源也很丰富，其地理分布与我国植被区域有密切关系。有毒植物在中国有1300多种，隶属于140科，有100余科是被子植物，其中，以毛茛科、杜鹃花科、大戟科、茄科、百合科、豆科等有毒植物种类最多。主要分布在亚热带常绿阔叶林和热带雨林地区，具体包括西南的云南、四川和华南的广东、广西以及福建等省、区。

云南有“植物王国”之称，种子植物有16000多种，有毒植物主要有杜鹃花科、茄科、毛茛科、天南星科、大戟科、马桑科、百合科的一些种类，特别是杜鹃花属、乌头属的种类最为集中，我国特有的山莨菪属，也主要分布在云南。华南地区有毒植物主要有豆科、夹竹桃科、大戟科、天南星科等。浙江、福建等地主要有漆树科、夹竹桃科、天南星科、豆科、大戟科、山茱萸科、八角科等。江苏、安徽以及黄河、长江中下游地区，植物种类较少。东北地区北部，植物种类贫乏，有毒植物很少。西北地区及青藏高原有毒植物也就4~5科中的一些种类。

三、贵州有毒植物概况

贵州属多民族省份，地处云贵高原东部，境内地势西高东低，自中部向北、东、南三面倾斜，平均海拔1100米。全省地貌有高原山地、丘陵和盆地三种基本类型，其中，92.5%的面积为山地和丘陵，境内山脉众多，重峦叠嶂，绵延纵横，山高谷深，地形地貌复杂多变。贵州气候温暖湿润，属亚热带湿润季风气候区，气温变化小，冬暖夏凉，气候宜人，全省大部分地区年平均气温为15℃；从全省看，通常最冷月（1月）气温多在3℃~6℃，比同纬度其他地区高，最热月（7月）气温一般是22℃~25℃，为典型夏凉地区。降水较多，雨季明显，阴天多，日照少，境内各地阴天日数一般超过150天，常年相对湿度在70%以上。受大气环流及地形等影响，贵州气候呈现典型多样性。贵州植被丰富，组成种类繁多，区系成分复杂，植物资源涵盖有森林、草地、农作物、药用植物、野生经济植物和珍稀植物六类。据统计，贵州目前有植物3800余种，其中，有毒植物占比较高，蕨类有毒植物有11科12属13种；裸子有毒植物有4科4属4种；被子植物有98科316属506种。

四、植物的毒性成分

植物的毒性主要取决于其化学成分，有毒成分是有毒植物毒性的基础，虽然生态和环境因素对植物有毒成分存在影响，但植物物种仍是有毒成分存在的决定条件，某一确定种的植物具有的有毒成分基本相同。有毒成分在植物种的分布很不均衡，有些成分分布仅限于某种或几种植物中，有些则广泛地分布于有亲缘关系的邻近的属或科中，而有些则可见于亲缘关系很疏远的不同植物类群中。

植物的化学成分较为复杂，大多由植物自身合成，除能合成核酸、蛋白质、碳水化合物、脂肪等基本生命物质外，还能合成种类繁多、结构复杂的次生化合物，已知天然产物中约有4/5来自原植物。绝大多数有毒化学成分属于次生化合物，早期认为这些物质是无意义的代谢终产物，但现在已较普遍地认识到许多有毒物质与植物的生存选择有关，对人、畜、昆虫、鸟类、鱼类等的毒性与植物的化学防御机制有重要联系。植物有毒成分并不一定是植物中高含量的主要成分，并且不只由一种化合物组成，有些植物含有多种化学类型差异很大的有毒化合物。但多数情况是，一种植物体内的多种有毒化学成分是生源相同的类似化合物，甚至有些有毒化合物的名称实际上代表了一类化合物，而不是单一的化合物。例如，从大麻中分离出的100多种化学成分，其中具有精神致幻作用的物质是含有酚基结构的化合物，统称为大麻酚类化合物。

对植物有毒化学成分分类以往应用过化学、植物、生源、毒理性质等方法，但都无法对植物有毒化学成分进行严格的系统分类，现倾向于以化学结构骨架为主要基础来进行。目前对已知有毒化学成分大致可以分为如下8类：非蛋白氨基酸、肽类化合物、生物碱、萜类化合物（精油、树脂、乳胶、色素、生物碱、苦味剂）、甙类化合物、酚类衍生物、无机化合物和简单有机化合物。需要指出的是，以上某一类化合物中并非全部有毒，生物碱、非蛋白氨基酸中多数化合物有较强的生物活性而无毒；肽类、萜类中虽仅有少量化合物有毒，但也包括一些剧毒的植物毒素；甙类中包括了一些分布较广的常见植物有毒成分，但大部分甙类是无毒的。

五、有毒植物引起中毒的途径

有毒植物种类很多，分布广泛，而且民间向来有采食野生植物的习惯，常常把植物作为食物、药物，误食和接触有毒植物的机会较多，因而植物中毒现象较为常见。中毒途径包含如下几种：

（一）食用植物或药用植物中毒

多数情况是，在食入有食用习惯的野生植物或应用常见中草药治疗时，对一些小毒、微毒的植物毒性注意不够，过量食用造成中毒，如人参、甘草、肉桂、艾、银杏、白花菜、苍耳、大麻仁、八角、刀豆、豆薯子、狗爪豆、棉籽油、杏仁等。极个别情况下，日常食用的植物也能造成严重中毒，如荔枝、白菜大量连续食用可引起严重中毒甚至死亡。

（二）误用有毒植物中毒

误用有毒植物为食物或药物，或误摄入，或将有毒植物误作补品，特别是儿童无知误食有毒植物也常引起中毒。例如，将莽草果实误作八角，马桑果误作桑葚，钩吻误作凉茶，桐油误作食用油，乌头误作三七，商陆误作人参，误食以雷公藤、杜鹃花、昆明山海棠有毒植物为蜜源酿成的蜂蜜，或以狼毒等制酒，造成中毒。还有以乌桕木为砧板切肉做菜也能引起中毒，以及中药材中混入相似杂品等，均为较常见的中毒情况。

（三）利用有毒植物投毒

多应用乌头、钩吻、巴豆、夹竹桃、雷公藤、鱼藤等剧烈有毒植物投入食物、饮用水、药物等中引起中毒。

（四）接触有毒植物引起中毒

有毒植物可经接触中毒，大戟科、菊科、漆树科、天南星科等多种植物均有刺激皮肤和黏膜作用。商陆、马桑、曼陀罗、鱼藤等均可在外用、加工或其他情况下引起接触中毒。

（五）通过呼吸道引起中毒

如大麻、曼陀罗均可吸入中毒，许多植物花粉可通过空气传播引起严重过敏症状。云南南部、西南部的解放草曾引起鸟类及牛、羊呼吸道感染，造成大批死亡。

六、有毒植物中毒临床表现

有毒植物可引起急性、慢性、功能性障碍及器质性损伤、遗传，致突变、癌变、畸变等多种中毒效应。根据毒物的毒理不同，机体出现的中毒症状也不同。可依据中毒者的中毒症状，推测毒物种类。有毒植物急性中毒主要有如下临床表现：

（一）神经系统中毒

可出现头晕、头痛、共济失调、肌肉强直，或引起幻听、狂躁、精神错乱、谵语、思维混乱、精神抑郁，严重者出现抽搐、昏迷等，如马钱、曼陀罗等中毒可出现上述症状。

（二）消化系统中毒

可出现恶心、呕吐、腹胀、腹痛、腹泻等，严重者出现呕血、便血等，如了哥王、南蛇藤等中毒可出现上述症状。

（三）呼吸系统中毒

可出现咳嗽、胸痛、发绀、喘息、呼吸困难、呼吸衰竭等，如钩吻、马樱丹等中毒可出现上述症状。

（四）循环系统中毒

可出现心悸、胸闷、气短、面色苍白、口唇及四肢末端发绀，严重者可出现心律失常、急性心力衰竭，如雷公藤、八角枫等中毒会出现上述症状。

（五）泌尿系统中毒

可出现全身乏力、腰疼、水肿、少尿、血尿、蛋白尿等，严重者出现急性肾衰竭，如喜树、牵牛等中毒可出现上述症状。

（六）皮肤、黏膜刺激性中毒

可出现皮肤红肿、瘙痒、丘疹、水疱等，部分植物汁液或其散发的绒毛能使人致敏，如海芋、野漆等中毒可出现上述症状。

（七）其他中毒

可出现造血系统、生殖系统等损害，或产生致癌、致突变及致畸变等，如山乌柏等属于促癌变类植物。

七、毒物中毒诊断

中毒事故一旦发生，能否迅速查明原因，不仅关系到中毒者的生命安危，还关系到能否采取正确的措施，及时遏制中毒事故的进一步扩大，维护社会秩序稳定。在中毒事故面前，寻找中毒事故的致毒物质至关重要。通常采用下列方法，能有助于快速、准确地找到中毒事故的致毒物质。

（一）流行病学调查

为了对毒物急性中毒事故作出正确诊断，使事故处理有的放矢，相关人员到现场首先要进行流行病学调查。第一，向中毒者或亲属或其他知情人了解中毒病史和中毒经过情况。第二，了解中毒者中毒前最后一次进食情况。第三，了解中毒者工作、健康、居住环境情况。第四，了解中毒者思想和家庭、社会关系情况。第五，若中毒者死亡应及时了解尸体检验情况。

（二）临床症状

第一，了解中毒者的中毒症状，根据中毒症状，可初步推测致毒物质种类，从而为中毒事故的进一步处理指明范围和方向。第二，将毒物中毒症状与类似中毒的疾病区别开。第三，根据流行病学调查所掌握的情况和中毒症状，区分中毒事故是细菌性所致还是毒物所致。

（三）临床毒物检验

中毒事故中，根据流行病学调查、临床症状，能结合临床毒物检验结果进行综合判断，对找到未知毒物有极其重要的作用。

（四）动物试验

在中毒事故处理中一旦筛查出可疑毒物和样本后，应及时采用小鼠或其他动物进行毒性试验。这样试验结果不仅可代表原样本的毒性，而且可初步验证样本是否有毒，初步判断可疑毒物的种类和范围。

（五）毒物鉴定

对现场提供的样本和检材，根据不同毒物的性质和特点，选择合适的符合国家标准或行业标准的检验方法进行定性或定量分析，从而最终确定中毒现场致毒物质的毒物种类。

八、有毒植物中毒后的治疗原则

对植物急性中毒应进行临床检查和毒物鉴定，包括血、尿、呕吐物及胃洗出液、遗留毒物等。通过所取得的材料以确定是否中毒、毒物种类及中毒程度，并立即进行抢救。

中毒后的治疗必须根据每个中毒个体的具体情况进行，但是有些一般原则是普遍适用的。有毒植物急性中毒的治疗原则，是由有毒植物的特点、进入途径、中毒原理和个体特异性等决定的，可分为一般治疗、应用解毒剂治疗、对症治疗等方面。

（一）一般治疗

阻止或减慢毒物的吸收，以及尽快除去未吸收的毒物或转变成为慢性的代谢物质以减少毒物的进一步吸收，一般应采取以下措施。

1. 清洗

如果有毒植物是施于皮肤表面和黏膜的，可用水充分冲洗，对不溶于水的毒物，可选用其他适当的溶剂。如果毒物是注射到组织中难以移除的，可用止血带紧扎注射上端或在该处注射肾上腺素以减缓其吸收。

2. 洗胃

用1∶5000的高锰酸钾溶液，或0.2%~0.5%鞣酸溶液，也可用炭末混悬液（1000毫升水中，加炭末两汤匙），或用热盐水（1000毫升水中，加入食盐一汤匙）洗胃。方法是：先让病人迅速喝下200~300毫升灌洗液，然后用手指或汤匙柄刺激咽部引起呕吐，如此反复进行，直到呕吐出的灌洗液澄清为止，需要灌洗3000~4000毫升。也可用胃管法洗胃，导管可由鼻插入，在灌洗前应先将胃内容物抽出，否则会将毒物驱入肠中。对于昏迷病人，应尽量避免洗胃。内服强腐蚀性毒物禁止洗胃。

3. 催吐

如果不适宜洗胃时，可用催吐法。一般催吐剂发挥作用，是由于兴奋了延髓的呕吐中枢。这种作用是通过延髓的呕吐化学感受区（如阿扑吗啡），或是主要由胃肠道的刺激反射到兴奋中枢（如硫酸铜），因而，昏迷病人不宜用催吐剂。可灌服1∶2000高锰酸钾100~300毫升，或硫酸铜、硫酸锌溶液（0.3~0.5克溶于150~250毫升温水中），应用碘酊（0.5毫升加水500毫升）可刺激胃黏膜引起呕吐。皮下注射阿扑吗啡5~10毫克可于5分钟内致吐。也可灌服一杯3%盐水，然后用手指机械地刺激咽部促其呕吐。

4. 导泻

使已进入肠道的毒物尽可能迅速地排出，以减少毒物在肠内被吸收。采用盐类泻药，常用硫酸镁或硫酸钠，每次剂量20~30克，也可用25%~50%硫酸镁或硫酸钠溶液30~50毫升灌肠。但中枢抑制性毒物中毒时不应使用硫酸镁，因硫酸镁可由肠道吸收。

5. 灌肠

常用生理盐水或肥皂水1000毫升高压灌肠。

6. 服用沉淀剂

鞣酸可与部分生物碱或重金属形成沉淀（不能沉淀洋金花、天仙子内所合的生物碱），而阻止其吸收。茶叶含大量鞣酸，故可用浓茶代替。碘酊可与生物碱形成沉淀，对于含生物碱的有毒植物中毒，可用碘酊10~30滴，加温开水口服，或用复方碘溶液（含碘 5%、碘化钾 10%）1~2 毫升，使生物碱沉淀，减缓毒物的吸收，再用洗胃法进行清洗。

7. 服用吸着剂和保护剂

活性炭是良好的吸着剂，有将毒物吸附于其表面的作用，可以减少胃肠道吸收毒物的量，又便于把毒物洗出。因此催吐完毕后，还常给病人服用（或灌下）炭末20~30 克，使胃内残留的毒物排出。

如遇到对食管、胃肠道黏膜有刺激、腐蚀作用的有毒物中毒时应服保护剂，保护胃肠黏膜。保护剂有植物油、牛奶、蛋清、豆浆、淀粉糊、镁乳、白芨粉水等。

8. 输液排毒

可用生理盐水、林格氏液葡萄糖生理盐水，用 5%~10%葡萄糖 1000~2000 毫升进行输液，使体内毒物很快排出；也可用 50%葡萄糖 60~100 毫升静脉注射。

一般对大量呕吐、腹泻而失水的病人，主要采用生理盐水或林格氏液，适当配合高渗葡萄糖液。对酸中毒病人，除输入一般液体外，还应加入乳酸钠矫正酸中毒。

9. 加速排泄

大多数毒物是经肾脏排泄的，因此，利尿是加速毒物排泄的主要措施。可服利尿药或输液，碱化或酸化尿液，以加快毒物从尿中排出。

如果毒物能从肠道排出，就须注意避免便秘。

（二）应用解毒剂治疗

解毒剂通常包含中和剂、吸附剂、沉淀剂、氧化剂、特效解毒剂、通用解毒剂等。

1. 一般解毒剂

当不了解中毒植物时，可利用氧化、中和等方式进行一般性解毒。当酸中毒时，可用弱碱（如氧化镁乳剂、肥皂水等，但不宜用苏打，因其在胃内分解能产生大量的二氧化碳，有胀裂胃壁的危险）通过中和作用而解毒；如毒物是碱，可用弱酸（如醋酸、枸橼酸）中和。

有机物中毒可用氧化剂进行破坏，高锰酸钾是最常用的一种，可用 1：2000~1：5000的高锰酸钾溶液洗胃。

2. 特效解毒剂

使用特效解毒剂是最有效的解毒方法，但使用时必须确定中毒植物种类，使用不当可能加重中毒病状。

特效解毒剂的治疗原理包括：解毒剂与毒物络合，使毒物失去作用，如洋地黄中毒应用消胆胺解毒。加速毒物代谢，使毒物成为无毒物质，如氰甙类中毒应用硫代硫酸盐解毒。解毒剂与毒物竞争受体，这类解毒剂应用较广，如应用毒扁豆碱治疗箭毒类中毒、应用纳洛酮治疗吗啡中毒、应用阿托品治疗毒扁豆碱类中毒等。

（三）对症治疗

由于毒物的损害，中毒比较深、就诊较迟，往往造成肌体功能的严重障碍，如不尽快处理将影响机体复原甚至威胁生命，因此需采取对症治疗，如缓慢注射戊巴比妥钠或异戊巴比妥钠，以抑制中枢兴奋现象，注射尼可刹米缓解呼吸抑制，用抗菌药物预防肺部感染。通常以下情况需采用对症治疗，如呼吸衰竭、休克、肺水肿、急性肾损伤、中毒性心肌炎、急性中毒性肝病等。

蕨类植物篇

蕨类植物又名羊齿植物，是一群进化水平最高的孢子植物。靠孢子繁殖，无种子。广布世界各地，现存蕨类植物有11500多种，尤以热带和亚热带最为丰富，大多为土生、石生或附生，少数为湿生或水生，喜阴湿温暖的环境，大多为直立或少为缠绕攀缘的多年生草本，或间为高大树形。我国约有2600种，贵州有53科，151属，770种，28变种，8变型及2杂交种，其科、属数在国内仅次于云南，物种数略少于四川，为全国第三。

蕨类植物有毒种类不多，根据文献研究和实地考察，贵州记载的有毒植物涉及11科12属13种。其中，石松科2属2种，木贼科1属2种，瓶尔小草科1属1种，海金沙科1属1种，凤尾蕨科1属1种，桫椤科1属1种，鳞毛蕨科1属1种，水龙骨科1属1种，松叶蕨科1属1种，肿足蕨科1属1种，碗蕨科1属1种。

1. 石松科 Lycopodiaceae

蛇足石杉（石杉属）

拉 丁 名 *Huperzia serrata*

别　　名 蛇足石松、千层塔、蛇足草。

形态特征 多年生植物。茎直立或斜生，高 10~30 厘米，枝连叶宽 1.5~4.0 厘米，二回至四回二叉分枝，枝上部常有芽苞。叶螺旋状排列，疏生，狭椭圆形，向基部明显变狭，基部楔形，下延有柄，先端急尖或渐尖，两面光滑，中脉突出明显，薄革质。孢子叶与不育叶同形；孢子囊生于孢子叶腋，两端露出，肾形，黄色。

分布生境 贵州省全省有分布，多野生，生长于海拔 300~2700 米、温度 10℃~22℃、相对湿度 85%左右的林缘、沟边和石上阴湿处，常与金发藓及暖地大叶藓等苔藓类植物伴生。

利用价值 药用：全株入药，可清热解毒、生肌止血、散瘀消肿，治跌打损伤、瘀血肿痛、内伤出血，外用治痈疖肿毒、毒蛇咬伤、烧烫伤等症。其中的石杉碱甲是一种高效、低毒、可逆、高选择性的乙酰胆碱酯酶抑制剂，可用于改善记忆力、治疗重症肌无力和老年性痴呆等疾病，并对抑制有机磷酸中毒有一定功效。

有毒部位 全株有毒。

毒性成分 该植物中所含的生物碱石杉碱甲在动物试验中有松弛横纹肌的作用。

中毒反应 人中毒时出现头昏、恶心、呕吐等症状。

石松（石松属）

拉 丁 名 *Lycopodium japonicum*

别　　名 伸筋草、狮子尾、爬行蜈蚣。

形态特征 多年生土生植物。匍匐茎地上生，细长横走，侧枝直立，高可达 40 厘米，多回二叉分枝，稀疏，叶呈螺旋状排列，密集，上斜，披针形或线状披针形，草质，孢子囊穗集生于总柄，总柄上苞片螺旋状稀疏着生，薄草质，形如叶片；孢子囊穗不等位着生，直立，圆柱形，孢子叶阔卵形，先端急尖，具芒状长尖头，边缘膜质，啮蚀状，纸质；孢子囊生于孢子叶腋，略外露，圆肾形，黄色。

分布生境 贵州省全省有分布，生长于海拔 100~3300 米的林下、灌丛下、草坡、路边或岩石上。

利用价值 药用：全株入药，有舒筋活血、祛风散寒、利尿、通经等药效。药理实验表明，石松超临界提取物具有显著的抗炎镇痛作用，且毒性低。经济：孢子粉广泛应用于农业果树人工授粉，医药业制造药物包衣、婴幼儿爽身粉等，也是冶金工业的模型铸造中优良的分型剂和照明工业的闪光剂，广泛应用于冶金和国防工业。观赏：石松四季常青，枝叶奇特美观，是重要观赏蕨类植物之一，是良好的插花材料；石松茎匍匐生长，枝叶错落有致，翠绿幽雅，具有良好的草坪、地被绿化观赏作用。

有毒部位 全株有毒。

毒性成分 石松生物碱主要兴奋中枢神经系统，并能麻痹外围神经系统。

中毒反应 动物中毒后出现过度兴奋、强直性和阵发性惊厥、窒息、麻痹等症状，严重时可致死。

2. 木贼科 Equisetaceae

问荆（木贼属）

拉 丁 名 *Equisetum arvense*

别　　名 马草、土麻黄、笔头草。

形态特征 根茎黑棕色，地上枝当年枯萎。枝二型。高可达 35 厘米，黄棕色，鞘筒栗棕色或淡黄色，狭三角形，孢子散后能育枝枯萎。不育枝后萌发，鞘齿三角形，宿存。侧枝柔软纤细，扁平状，孢子囊穗圆柱形，顶端钝，成熟时柄伸长。

分布生境 贵州省全省有分布，生长于海拔 0~3700 米的潮湿的草地、沟渠旁、沙土地、耕地、山坡及草甸等处。

利用价值 药用：全株入药，可保肝、降血脂、利尿、降压。食用：问荆的春枝通常高 10~25 厘米，较短于夏枝，其漏斗状叶鞘比较大，在其顶端生有孢子叶球。早春幼嫩春枝的尖端可作蔬菜炒食，含胡萝卜素及丙种维生素。观赏：问荆营养茎枝碧绿，小枝轮生而下垂，孢子茎肉质呈紫褐色，孢子囊形似笔头，形态奇特，惹人喜爱，是一种独具特色的观赏蕨类植物。宜盆栽观赏或园林中沟边水旁成片种植。

有毒部位 全株有毒。

毒性成分 含硫胺素酶。家畜食后可引起反射机能兴奋导致运动机能障碍。

中毒反应 家畜食后出现步行踉跄、站立困难、后肢麻痹等运动机能障碍症状，急性中毒数小时即可死亡。

节节草（木贼属）

拉 丁 名 *Equisetum ramosissimum*

别　　名 土木贼、锁眉草、笔杆。

形态特征 多年生草本，根茎细长入土深，黑褐色。茎细弱，绿色，基部多分枝，上部少分枝或不分枝，粗糙具条棱，叶鳞片状，轮生，基部连合呈鞘状。孢子囊长圆形，有小尖头；孢子叶六角形，中央凹入。以根茎或孢子繁殖。

分布生境 贵州省全省有分布，喜近水生，生长于溪边、河边、海边、水田边。

利用价值 药用：可疏风散热、解肌退热，临床用于治疗尖锐湿疣、牛皮癣疾病。

有毒部位 全株有毒。

毒性成分 含多种黄酮甙。主要刺激中枢神经引起运动机能障碍。

中毒反应 家畜食后出现站立不稳、步态蹒跚、后躯摇摆、眼睑下垂、肌肉强直、阵发性痉挛、呼吸困难、全身出汗等症状，最后陷入虚脱和窒息状态。

3. 瓶尔小草科 Ophioglossaceae

绒毛阴地蕨（阴地蕨属）

拉 丁 名 *Botrychium lanuginosum*

别 名 蕨箕参、的哇帽、肺心草、毛蕨鸡爪参、磨节觅、蕨叶一枝蒿。

形态特征 多年生草本，营养叶柄有灰白色绒毛，叶片下部三回至四回羽状，基部一对羽片最大，三角形。孢子叶自不育叶的下部或近基部生出，比营养叶短，二回至三回羽状，孢子囊穗张开、疏松、有绒毛。

分布生境 贵州省南部区域有分布，生长于海拔 1800~2600 米山地常绿杂木林下。

利用价值 药用：全株入药，治感冒、小儿高热、百日咳、小儿支气管炎、肺炎、哮喘、肺结核咯血、淋巴结核、毒蛇咬伤等症。

有毒部位 全株有毒。

毒性成分 含间苯三酚衍生物，具有催眠作用。

中毒反应 家畜食后出现抽搐，甚至死亡。

4. 海金沙科 Lygodiaceae

曲轴海金沙（海金沙属）

拉 丁 名 *Lygodium flexuosum*

别 名 无。

形态特征 植株高达 7 米。三回羽状；羽片多数，相距 9~15 厘米，对生于叶轴的短距上，向两侧平展，距端有一丛淡棕色柔毛。羽片长圆三角形，长 16~25 厘米，宽 15~20 厘米，羽柄长约 2.5 厘米，羽轴多少向左右弯曲，上面两侧有狭边，奇数二回羽状，一回小羽片 3~5 对，互生或对生，相距 3~4 厘米，开展，基部一对最大，长三角状披针形或戟形，长尾头，长 9~10.5 厘米，宽 5~9.5 厘米，有长 3~7 厘米的小柄，顶端无关节，下部羽状；末回裂片 1~3 对，有短柄或无柄，无关节，基部一对三角状卵形或阔披针形，基部深心脏形，短尖头或钝头，长 1.2~5 厘米，宽 1~1.5 厘米，距上面一对 5~8 毫米，向上的末回羽片渐短，顶端一片特长，披针形，钝头，长 5~9 厘米，宽 1.2~1.5 厘米，单生或有时和下面 1~2 片在基部连合；自第二对或第三对的一回小羽片起不分裂，披针形，基部耳状。顶生的一回小羽片披针形，基部近圆形，钝头，长 6~10 厘米，宽 1.5~3 厘米，有时基部有一汇合裂片。叶缘有细锯齿。中脉明显，侧脉纤细，明显，自中脉斜上，三回二叉分歧，达于小锯齿。叶草质，干后呈暗绿褐色，下面光滑，小羽轴两侧有狭翅和棕色短毛，叶面沿中脉及小脉略被刚毛。孢子囊穗长 3~9 毫米，线形，棕褐色，无毛，小羽片顶部通常不育。

分布生境 贵州省南部区域有分布，生长于海拔 100~800 米疏林中。

利用价值 药用：全株及孢子入药，可舒筋活络、清热利尿、止血消肿，治风湿麻木、淋症、石淋、水肿、痢疾、跌打损伤、外伤出血、疮疡肿毒等症。

有毒部位 全株有毒。

毒性成分 含多种茚满酮类化合物。

中毒反应 人大量误食可出现恶心、呕吐、腹痛、腹泻等症状。

5. 风尾蕨科 Pteridaceae

铁线蕨（铁线蕨属）

拉 丁 名 *Adiantum capillus-veneris*

别　　名 铁线草、铁丝草。

形态特征 陆生中小形蕨类植物，根状茎细长横走，密被棕色披针形鳞片。柄长纤细，栗黑色，有光泽，叶片卵状三角形，尖头，基部楔形，羽片互生，斜向上，长圆状卵形，圆钝头，能育裂片先端截形、直或略下陷，孢子囊群横生于能育的末回小羽片的上缘；囊群盖长形、长肾形、圆肾形，淡黄绿色，孢子周壁具粗颗粒状纹饰，处理后常温保存。

分布生境 贵州省全省有分布，常生长于海拔 100~2800 米流水溪旁石灰岩上或石灰岩洞底和滴水岩壁上，为钙质土的指示植物。

利用价值 药用：全株入药，味苦，性凉，可清热利湿、消肿解毒、止咳平喘、利尿通淋，治淋巴结结核、乳腺炎、痢疾、蛇咬伤、肺热咳嗽、吐血、妇女血崩、产后瘀血、尿路感染及结石、上呼吸道感染等症。观赏：铁线蕨株型小巧、形态别致，适宜小型盆栽，点缀山石盆景，置于案头、窗台、矮柜之上，清秀洒脱；或置于门厅、走廊、台阶；也可悬吊布置；还可切取插瓶，配以鲜花陪衬，成为切花或干花的理想材料。在江南园林中，用来布置假山缝隙和背阴屋角。

有毒部位 全株有毒。

毒性成分 含多种茚满酮类化合物。

中毒反应 人大量误食可出现恶心、呕吐、腹痛、腹泻等症状。

6. 桫椤科 Cyatheaceae

桫椤（桫椤属）

拉 丁 名 *Alsophila spinulosa*

别　　名 蛇木、树蕨。

形态特征 主干高达 6 米，叶顶生，叶片大，纸质，长达 3 米，三回羽裂。孢子囊群生于小脉分叉点上凸起的囊托上，囊群盖近圆球形，膜质，下位，初时向上包被囊群，成熟时裂开，压于囊群下或几乎消失。

分布生境 贵州省荔波、赤水、习水、安龙、望谟、罗甸、贞丰、镇宁、册亨等地有分布，生长于海拔 260~1600 米山地溪旁或疏林中。

利用价值 研究：由于桫椤科植物的古老性和孑遗性，它对研究物种的形成和植物地理区系具有重要价值，与恐龙化石并存，对重现恐龙生活时期的古生态环境，研究恐龙兴衰，地质变迁具有重要参考价值。观赏：桫椤树形美观，树冠犹如巨伞，虽历经沧桑却万劫余生，依然茎苍叶秀，高大挺拔，称得上是一件艺术品，园艺观赏价值极高。

有毒部位 树干有毒。

毒性成分 含间苯三酚衍生物。

中毒反应 人和家畜误食可引起胃肠道和中枢神经系统中毒，主要出现胃肠炎、惊厥、昏迷等症状，严重的因呼吸麻痹而死亡。

7. 鳞毛蕨科 Dryopteridaceae

贯众（贯众属）

拉 丁 名 *Cyrtomium fortunei*

别　　名 绵马鳞毛蕨、贯节、贯渠。

形态特征 多年生草本，高 50~100 厘米。根茎粗壮，斜生，有较多坚硬的叶柄残基及黑色细根，密被深褐色、长披针形的大鳞片。叶簇生于根茎顶端；叶柄长 10~25 厘米，基部以上直达叶轴密生棕色条形至钻形狭鳞片，叶片草质，倒披针形，长 60~100 厘米，中部稍上处宽 20~25 厘米，二回羽状全裂或深裂；羽片无柄，裂片密接，长圆形、圆头或圆截头，近全缘或先端有钝锯齿；上面深绿色，下面淡绿色，侧脉羽状分叉。孢子叶与营养叶同形，孢子囊群着生于叶中部以上的羽片上，生于叶背小脉中部以下，囊群盖肾形或圆肾形，棕色。

分布生境 贵州省全省有分布，生长于海拔 300~1200 米的林下湿地。

利用价值 药用：根茎及叶柄残基入药，可杀虫、清热、解毒、凉血止血，治风热感冒，温热瘢疹，吐血，咯血，衄血，便血，崩漏，血痢，带下及钩、蛔、绦虫等肠寄生虫病。

有毒部位 根茎有毒。

毒性成分 含多种间苯三酚衍生物、绵马素、绵马酚、绵马酸等。

中毒反应 人轻度中毒出现头痛、头晕、腹泻、腹痛、呼吸困难、黄视式短暂失明等症状；重度中毒出现谵妄、昏迷、黄疸、肾功能损伤等症状，甚至因呼吸衰竭而死亡。

8. 水龙骨科 Polypodiaceae

多羽节枝蕨（中药名：凤尾搜山虎）（节枝蕨属）

拉 丁 名 *Arthromeris mairei*

别　　名 地蜈蚣、爬山虎、过山龙、石连姜、钻地风、钻地蜈蚣、凤尾草、搜山虎。

形态特征 植株高 50~70 厘米。根茎长而横生，密被淡棕色、渐尖头狭披针形鳞片，全缘。叶远生；叶柄长约 18 厘米，禾秆色；叶片一回羽状；侧生羽片 6~12 对或更多，长达 14 厘米，宽 2~2.5 厘米，先端长渐尖，基部圆楔形，边缘波状，有狭的软骨质边，顶生羽片常与其下侧羽片相连，无柄；末端一对羽片最大，其基部外侧有一长耳状裂片，羽片线状披针形，先端尾尖，基部微狭，无柄，叶片两面光滑；侧脉羽状，在背面隆起。孢子囊群小，圆形，棕色，在侧脉之间有 2 行，常彼此成对汇合。

分布生境 贵州省全省有分布，生长于海拔 2600 米左右的针叶林下。

利用价值 药用：根茎入药，可祛风活络、消积通便、降火、止痛、利尿，治风湿筋骨痛、坐骨神经痛、骨折、食积腹胀、便秘、目赤、牙痛、头痛、小便不利、淋浊等症。

有毒部位 根茎有小毒。

毒性成分 含间苯三酚衍生物。

中毒反应 人中毒后出现胃肠功能障碍。

9. 松叶蕨科 Psilotaceae

松叶蕨（松叶蕨属）

拉 丁 名 *Psilotum nudum*

别　　名 松叶兰、铁扫把。

形态特征 为附生在树干或岩石上的多年生草本植物。有匍匐的地下茎，呈二叉分枝，仅有毛状吸收构造和假根；地上茎直立或下垂，高 15~80 厘米，绿色，下部粗 2~3 毫米，向上部多回二叉分枝，小枝三棱形；叶退化，极小；孢子叶阔卵圆形，二叉，孢子囊球形，蒴果状，生于叶腋，三囊纵裂，孢子同形。

分布生境 贵州省全省有分布，附生于岩石缝隙或树干上，为孑遗种类。喜温暖、湿润环境，具有一定的耐干旱能力。

利用价值 观赏：松叶蕨枝条着生形态柔美，又具有一定的耐阴性，为一种美丽的观赏植物，可作室内盆栽观赏，若配以山石更为雅致。

有毒部位 全株有毒。

毒性成分 含松叶蕨甙。

中毒反应 动物中毒后出现肌肉松弛、嗜睡、瘫软等症状，随后死亡。

10. 肿足蕨科 Hypodematiaceae

肿足蕨（肿足蕨属）

拉 丁 名 *Hypodematium crenatum*

别　　名 活血草、金毛狗（河南）、黄鼠狼（贵州）、石猪鬃。

形态特征 植株高 20~50 厘米。根茎横走，连同叶柄基部密被鳞片。叶近生；叶柄长 10~25 厘米，禾秆色，上部被灰白色柔毛；叶片长 20~30 厘米，卵状五角形，三回羽状；羽片 8~12 对，基部 1 对羽片长 10~20 厘米，基部宽 5~10 厘米，三角状长圆形，基部心形，具短柄，二回羽状；一回小羽片 6~10 对，基部 1 片最大，基部宽 2~5 厘米，卵状三角形，基部近圆，下部以窄翅下延，一回羽状，末回小羽片长圆形，基部与小羽轴合生，羽状深裂，裂片长圆形，全缘或略波状。叶脉明显，侧脉羽状，单一；叶草质，干后呈黄绿色，两面连同叶轴和各回羽轴密被灰白色柔毛；羽轴下面偶有红棕色线状披针形窄鳞片。孢子囊群每裂片 1~3 枚，囊群盖肾形，浅灰色，膜质，背面密被柔毛，宿存。孢子圆肾形，周壁具较密褶皱，呈弯曲条纹状，光滑。

分布生境 贵州省全省有分布，生长于海拔 50~1800 米干旱的石灰岩缝。

利用价值 药用：全株或根状茎入药，可祛风利湿、止血、解毒，治风湿关节痛；外用治疮毒、外伤出血等症。

有毒部位 全株有小毒。

毒性成分 含间苯三酚衍生物。

中毒反应 人大量食用引起胃肠功能紊乱，出现腹泻、腹胀、腹痛等症状。

11. 碗蕨科 Dennstaedtiaceae

蕨（蕨属）

拉 丁 名 *Pteridium aquilinum var. latiusculum*

别　　名 蕨菜、蕨巴、如意草、山野菜（以前叫欧洲蕨）。

形态特征 植株高可达1米。根状茎长而横走，密被锈黄色柔毛，以后逐渐脱落。叶远生；柄长20~80厘米，基部粗3~6毫米，褐棕色或棕禾秆色，略有光泽，光滑，上面有浅纵沟1条。叶片干后近革质或革质，暗绿色，上面无毛，下面在裂片主脉上被棕色或灰白色的疏毛或近无毛。叶轴及羽轴均光滑，小羽轴上面光滑，下面被疏毛，少有密毛，各回羽轴上面均有深纵沟1条，沟内无毛。

分布生境 贵州省全省有分布，生长于海拔200~830米的山地阳坡及森林边缘阳光充足的地方。

利用价值 药用：根茎入药，可清热、滑肠、降气、化痰、舒筋活络，治食嗝、气嗝，解肠风热毒。食用：蕨菜的食用部分是未展开的幼嫩茎叶及根状茎；蕨菜叶芽、嫩茎营养丰富，富含人体需要的多种维生素；蕨菜每100克鲜品含蛋白质0.43克、脂肪0.39克、糖类3.6克、有机酸0.45克等；蕨菜的根状茎含有35%~40%淀粉，可提取蕨粉为滋补食品。

有毒部位 叶、嫩芽及根茎有毒。

毒性成分 含多种茚满酮类化合物，如蕨素、蕨甙、硫胺素酶。

中毒反应 有致癌活性，还可引起维生素 B_1 缺乏症（硫胺素酶可分解维生素 B_1）。牛食后引起慢性中毒，出现血尿、腹痛、消瘦、呆立凝视、行走缓慢、多卧少立等症状。

裸子植物篇

裸子植物就是最原始的种子植物，种子裸露，没有果皮包被。裸子植物是地球上最早用种子进行有性繁殖的，它们有胚珠（不同于藻类、蕨类植物，藻类和蕨类则都是以孢子进行有性生殖的）。但心皮不包成子房，且胚珠裸露，有胚乳在受精前已形成（不同于被子植物，被子植物也是种子植物并用种子进行有性繁殖的）。裸子植物为多年生木本植物，大多为单轴分枝的高大乔木，少为灌木，稀为藤本。裸子植物广布于南北半球，尤以北半球更为广泛，从低海拔至高海拔、从低纬度至高纬度几乎都有分布。裸子植物的科、属、种数虽远比被子植物少，但覆盖面积却大致相当。

现代裸子植物的种类分属 5 纲（银杏纲、苏铁纲、红豆杉纲、松柏纲、买麻藤纲）9 目 12 科 71 属近 800 种。我国有 5 纲 8 目 11 科 41 属 236 种 47 变种，其中，引种栽培 1 科 7 属 51 种 2 变种，贵州有 44 种，11 变种。其中，贵州有毒植物 4 种，分属 4 科 4 属。

1. 苏铁科 Cycadaceae

苏铁（苏铁属）

拉 丁 名 *Cycas revoluta*

别 名 铁树、避火蕉、凤尾蕉。

形态特征 树干高约 2 米，圆柱形。羽状叶片长 0.5～2 米，叶轴横切面四方状圆形，叶轴基部两侧有齿状刺，羽状裂片达 100 对以上，条形，质坚硬，长 9～18 厘米，宽 4～6 毫米，先端有刺状尖头。雄球花圆柱形，长 30～70 厘米，小孢子叶窄楔形，长约 5 厘米，密生黄褐色绒毛，花药通常 3 个聚生，大孢子叶扁平，长 14～22 厘米，上部的顶片卵形至长卵形，羽状分裂，裂片 12～18 对，密生淡黄色绒毛；胚珠 2～6 枚，生于大孢子叶柄两侧，有绒毛。种子卵圆形或倒卵圆形，微扁，红褐色或橘红色，密生灰黄色短绒毛，后渐脱落。花期 6～7 月，种子 10 月成熟。

分布生境 贵州省全省有栽培，喜暖热湿润的环境，不耐寒冷，生长甚慢，寿命约 200 年。

利用价值 药用：叶入药，可收敛止血、解毒止痛，治各种出血、胃炎、胃溃疡、高血压、神经痛、闭经、癌症等症；花入药，可理气止痛、益肾固精，治胃痛、遗精、白带异常、痛经等症；种子入药，可平肝、降血压，治高血压等症；根入药，可祛风活络、补肾，治肺结核咯血、肾虚、牙痛、腰痛、白带异常、风湿关节麻木疼痛、跌打损伤等症。观赏：苏铁树形古雅，主干粗壮，坚硬如铁；羽叶洁滑光亮，四季常青，为珍贵观赏树种。

有毒部位 种子和茎顶部髓心有小毒。

毒性成分 主要含苏铁苷（一种肝脏毒素和致癌物质）。

中毒反应 人中毒后出现头晕、呕吐症状。牛食铁树果种子，可引起麻痹且常发生肌萎缩性脊髓侧索硬化。

2. 银杏科 Ginkgoaceae

银杏（银杏属）

拉 丁 名 *Ginkgo biloba*

别 名 白果、公孙树、鸭脚子、鸭掌树。

形态特征 落叶乔木。枝有一长枝与短枝。叶在长枝上呈螺旋状排列，散生，在短枝上簇生状。雌雄异株，稀同株；球花生于短枝叶腋或苞腋，雄球花葇荑花序状，雄蕊多数，螺旋状着生，各有 2 枚花药，花丝短，雌球花有长梗，梗端 2 叉，稀不分叉或分成3～5 叉，叉端生 1 珠座，每珠座生 1 枚胚珠，仅 1 枚发育成种子。

种子核果状。

分布生境 我国特有植物，贵州省全省有栽培。银杏为喜光树种，深根性，对气候、土壤的适应性较宽，能在高温多雨及雨量稀少、冬季寒冷的地区生长。

利用价值 药用：种子和叶可入药，银杏果在治疗咳嗽、哮喘、遗精遗尿、白带异常方面具有独特的效果；银杏叶提取物对治疗冠心病、心绞痛和高脂血症有明显的效果，可明显改善冠心病患者的头晕、胸闷、心悸、气短、乏力等症状。食用：种子供食用（多食易中毒）。观赏：银杏树形优美，春夏季叶色嫩绿，秋季变成黄色，颇为美观，可作庭园树及行道树。

有毒部位 种仁煮熟可食，但有小毒，以绿色胚为最毒，不可多食。

毒性成分 主要含银杏酚。

中毒反应 人大量食用后可损伤中枢神经系统引起延髓麻痹。

3. 柏科 Cupressaceae

侧柏（侧柏属）

拉 丁 名 *Platycladus orientalis*

别　　名 黄柏、香柏、扁柏、扁桧、香树、香柯树。

形态特征 常绿乔木。生鳞叶小枝扁平，直展或斜展，排成一平面。鳞叶二型，交互对生。雌雄同株，球花单生于小枝顶端；雄球花有6对交互对生的雄蕊，每雄蕊各有2~4枚花药，雌球花有4对交互对生的珠鳞，仅中部2对珠鳞各生1~2枚直立胚珠。球果当年成熟，熟时张开；种鳞4对，中部种鳞各有1~2枚种子，种子无翅。子叶2枚。花期3~4月，果期10月。

分布生境 贵州省全省有栽培，在海拔1100米以下的山地和庭园常见。

利用价值 药用：根、叶、果实、种子皆可入药，治胃病、神经衰弱、咳嗽、月经不调、咯血、吐血、胃出血等症。经济：用于园林绿化，树干可供建筑、器具、家具、农具及文具等用材。

有毒部位 枝、叶有小毒。

毒性成分 主要含倍半萜烯类。

中毒反应 人、畜中毒后出现腹痛、腹泻、恶心、呕吐、头晕、口吐白沫等症状，有时出现肺水肿、惊厥、循环及呼吸衰竭等症状。

4. 红豆杉科 Taxaceae

红豆杉（红豆杉属）

拉 丁 名 *Taxus wallichiana var. chinensis*

别　　名 紫杉、卷柏（峨眉）、观音杉。

形态特征 常绿乔木，高可达12米。树皮红褐色，长条裂。叶条形，微弯，长1.5~2.5厘米，宽2.5~3.5毫米，边缘微反曲，先端渐尖或微急尖，下面沿中脉两侧有两条宽灰绿色或黄绿色的气孔带，中脉带上密生微小圆形角质乳头点，其色泽常与气孔带相同。种子扁卵圆形或倒卵圆形，生于红色肉质的杯状假种皮中，长约5毫米，先端微有2脊，种脐卵圆形。

分布生境 我国特有树种，贵州省纳雍地区有分布，生长于海拔1200~1800米的山坡，多散生。

利用价值 药用：红豆杉的根、茎、叶都可以入药，既可治尿不畅，也可消除肿痛，对于糖尿病、女性月经不调、血量增加都有治疗作用。经济：心材橘红色，边材淡黄褐色，纹理直，结构细，坚实耐用，干后少开裂，可供建筑、车辆、家具、器具、农具及文具等用材。观赏：园林绿化，常用于盆景。环保：红豆杉能很好地净化室内空气，吸收室内的毒气，如新房装修时的甲醛都能很好地被吸收，而降低毒气在室内的含量。

有毒部位 叶和茎有毒。

毒性成分 含紫衫碱（主要作用于心脏和呼吸系统）。

中毒反应 动物食其叶后出现兴奋、呕吐、流涎、呼吸困难、便秘、腹胀等症状。

被子植物篇

被子植物是当今世界植物界中进化最早、种类最多、分布最广、适应性最强的类群。大多数科分布在热带，2/3的种限于热带或其邻近地区。形态特征多样，有乔木、灌木和藤本，还有草本，有多年生的，也有1年、2年生的。被子植物大多是两性花，除雄蕊和雌蕊外，还有花冠和花萼，被子植物具有特有的双受精现象，其花粉管中一精子与卵结合，另一精子与二极核结合。被子植物的胚乳是受精的极核发育而成的，被子植物的胚珠生在雌蕊的子房内，花粉受精后，胚珠形成种子，子房形成果实，种子包在果皮里。现知全世界被子植物有300~450科（各个分类系统科概念不同）13000属23.5万种，占植物界总数的一半以上。我国已知的被子植物有2.5万余种，隶属于291科3050属。据最新研究，贵州有217科1246属4707种，其中，有毒植物98科316属506种。

1. 三白草科 Saururaceae

三白草（三白草属）

拉 丁 名 *Saururus chinensis*

别　　名 塘边藕。

形态特征 多年生草本，高 30~100 厘米。茎具棱，直立或下部偃卧，无毛。单叶，叶片卵形或狭卵形，长 4~15 厘米，宽 2~10 厘米，顶端渐尖或短渐尖，基部心形，全缘，具 5 条基出脉。总状花序生茎端，与叶对生，花序轴和花有短毛；花小，两性，无花被，生于苞片腋内；雄蕊 6 枚，子房上位，秃净，柱头 4 枚，向外卷曲。果实分裂为 4 个分果瓣，分果瓣近球，表面多状凸起，不开裂。花期 5~7 月，果期 7~8 月。

分布生境 贵州省黔南、黔东南地区较为多见，黔中和黔西地区亦有分布，生长于海拔 400~2000 米的道旁、田埂、低湿沟边、塘边或溪旁。

利用价值 药用：全株入药，可清热解毒、利尿消肿，治小便不利、淋沥涩痛、白带异常、尿路感染、肾炎水肿等症；外治疮疡肿毒、湿疹等症。

有毒部位 全株有小毒。

毒性成分 含槲皮甙、异槲皮甙、槲皮素等。

中毒反应 动物食后引起重症胃肠炎。

蕺菜（蕺菜属）

拉 丁 名 *Hottuynia cordata*

别　　名 折耳根、鱼腥草、狗蝇草、臭菜。

形态特征 多年生草本，高 15~50 厘米。具细长的根状茎；全株有强烈的鱼腥味。单叶，互生，心形，幼时带紫色，长 3~8 厘米，先端渐尖。花序圆柱形，排列紧密，长 1~2 厘米，果达 3~6 厘米；雄蕊 3 枚，花丝线形，花药底着，纵裂，蒴果壶形，顶端开裂。花期 4~9 月，果期 7~10 月。

分布生境 贵州省全省有分布，生长于沟边、溪边或林下湿地上。

利用价值 药用：全株入药，可清热、解毒、利水，治肠炎、痢疾、肾炎水肿及乳腺炎、中耳炎等症。食用：嫩根、茎可食，常作凉拌菜或炒菜配菜。

有毒部位 全株有小毒。

毒性成分 含蕺菜碱、槲皮苷等黄酮苷类物质。

中毒反应 动物食后引起重症胃肠炎。

2. 金粟兰科 Chloranthaceae

珠兰（金粟兰属）

拉 丁 名 *Chloranthus spicatus*

别　　名 珍珠兰、金粟兰、鸡爪兰。

形态特征 常绿多年生草本植物，株高 60 厘米，老株基部木质化，茎直立稍披散状，茎节明显，节上具分枝。叶对生，椭圆形，边缘有钝锯齿，叶面光滑，稍呈泡皱状。穗状花序顶生枝端，花小黄色，有浓郁幽香，雄蕊 3 枚，下部合生成一个不整齐的卵状体，尖端 3 裂，中间一个卵形，具 2 室的花药，侧面的两个较小，各有一个 1 室的花药；子房倒卵形。花期 4~7 月，果期 8~9 月。

分布生境 贵州省多为公园及民间栽培盆景，安龙、册亨等地偶见野生于岩石中。

利用价值 药用：全株入药，治风湿疼痛、跌打损伤等症；根状茎捣烂可治疗疮。经济：花和根状茎可提取芳香油，极香，常用于熏茶叶。

有毒部位 根有毒。

毒性成分 含金粟兰内酯 A、C。

中毒反应 人中毒后出现头昏、呕吐、口渴、面色苍白、意识模糊等症状。

及己（金粟兰属）

拉 丁 名 *Chloranthus serratus*

别　　名 獐耳细辛、四叶细辛、四大金刚、四叶箭。

形态特征 多年生草本，高 15~40 厘米。全株无毛。根茎粗短横生，侧根多，茎单生或数枝自根茎长出，节显明。叶 4~6 枚，对生，交叉对生于茎上部，纸质，通常卵形，长椭圆形或椭圆形，边缘有锐而密的锯齿。穗状花序直立，单生顶端，或 1~3 枚聚生于总梗上，苞片近半圆形，顶端有 2~3 齿。夏初开花，花细小，黄白色，两性，无花被，生于一极小的苞片内，雄蕊 3 枚，下部合生成一体，药隔椭圆形，中央的稍长，具 2 室花药，两侧较短，各具 1 室花药。子房卵形。果实广卵形。花果期 4~6 月。

分布生境 贵州省全省有分布，生长于林边阴湿处。

利用价值 药用：根状茎及全株入药，可舒筋活络、祛风止痛、抗菌消炎、消肿，主治肺结核、无名肿毒、跌打损伤、风湿性腰腿痛等症。

有毒部位 根有毒。

毒性成分 含 N-β-苯乙基-3-（3，4-甲二氧基苯基）-丙烯酰胺。

中毒反应 人大量食用后出现呕吐、头昏、口渴、手足抽搐、意识模糊、面色苍白、心悸亢进、昏迷等症状，严重的甚至死亡。

鱼子兰（金粟兰属）

拉 丁 名 *Chloranthus erectus*

别　　名 石风节、节节茶、九节风。

形态特征 直立或披散亚灌木，高达 2 米；茎圆柱形。叶对生、无毛、纸质，椭圆形或倒卵状椭圆形，倒卵状披针形，长 11～22 厘米，宽 4～8 厘米，顶端渐尖，基部楔形；边缘具现锯齿；叶脉两面明显；叶柄长 5～10 毫米。穗状花序形成顶生常具2～3 枚或更多分枝的圆锥花序，总花梗长达 9 厘米许；花小，黄绿色，极芳香；花无柄；苞片宽卵圆形；雄蕊 3 枚，药隔合生，卵圆形，不等大的 3 齿裂，顶全缘，中间花药 2 室，侧生 1 室；子房卵圆形，核果，果实成熟时为白色。花期 6 月。

分布生境 贵州省全省有分布，生长于海拔 350～2400 米的疏林或密林下，或山坡、溪边。

利用价值 药用：全株入药，主治风湿疼痛、跌打损伤、癫痫等症。观赏：鱼子兰叶形开张、叶色亮丽、花香芬芳，常作为盆栽植物或庭院栽培。

有毒部位 全株有小毒。

毒性成分 含桉叶烷型倍半萜、乌药烷型倍半萜二聚体等。

中毒反应 人、畜中毒后出现腹痛、腹泻、恶心、呕吐、头晕等症状。

3. 杨柳科 Salicaceae

垂柳（柳属）

拉 丁 名 *Salix babylonica*

别　　名 水柳、垂丝柳、清明柳。

形态特征 落叶乔木，高达 12～18 米。小枝细长下垂，淡黄褐色。叶互生，披针形或条状披针形，长 8～16 厘米，先端渐长尖，基部楔形，无毛或幼叶微有毛，具细锯齿，托叶披针形。雄蕊 2 枚，花丝分离，花药黄色，腺体 2 个。雌花子房无柄，腺体 1 个。花期 3～4 月，果熟期 4～6 月。

分布生境 贵州省全省有栽培，喜光、喜温暖湿润气候，生长于深厚之酸性及中性土壤。

利用价值 药用：枝、叶、皮、须根入药，可清热解毒、祛风利湿。经济：木材可供制家具；枝条可编筐；树皮含鞣质，可提制栲胶；叶可作羊饲料。观赏：可作庭荫树、行道树、公路树。

有毒部位 叶、皮有小毒。

毒性成分 含水杨苷。

中毒反应 人误食后出现恶心、呕吐、耳鸣、视觉障碍等症状。

4. 胡桃科 Juglandaceae

胡桃（胡桃属）

拉 丁 名 *Juglans regia*

别　　名 核桃。

形态特征 落叶乔木，高 20~25 米。树冠宽阔；干树皮呈灰色至深灰褐色，平滑，幼时不裂，老时纵裂；一年生枝呈暗红色，无毛。单数羽状复叶长 25~30 厘米，小叶 5~9 枚，有时 13 枚，呈卵状椭圆形至长椭圆形，长 6~15 厘米，宽 3~6 厘米，先端渐尖或急尖。雄花序长 5~10 厘米；雌花序具 1~3 花成簇，直立。果序短，俯垂，有果实 1~3 枚；果呈球形或椭圆形，外果皮肉质，不规则开裂，幼时有腺毛，老时无毛，核状坚果呈球形，黄褐色，表面有凹凸或皱折刻纹，有 2 条纵棱，先端短尖头。花期 4~5 月，果期 9~11 月。

分布生境 贵州省全省有分布，以赫章、威宁、毕节等县为多，生长于海拔 400~1800 米之山坡及丘陵地带。

利用价值 药用：可顺气补血、滋肝补肾、止咳化痰、通润血脉。食用：核桃营养丰富，含有丰富的蛋白质、不饱和脂肪酸（亚油酸）、矿物质和维生素（B、E）等。可防止细胞老化，能健脑、增强记忆力及延缓衰老；有防三高、润肠通便作用。经济：核桃树适应性较强，耐干冷，萌芽性较强，生长快，且根系庞大，枝叶繁茂，保水固土力强。常为山区造林的重要经济树种。

有毒部位 根及根皮、树皮有小毒。

毒性成分 含 α，β-氢化胡桃醌-4-β-D-葡萄糖甙、胡桃甙等。

中毒反应 未成熟的果皮浸出物涂抹皮肤会起水疱，内服会引起腹泻。

化香树（花香树属）

拉 丁 名 *Platycarya strobilacea*

别　　名 花木香、还香树。

形态特征 落叶小乔木，高可达 6 米；树皮灰色，叶片纸质，侧生小叶无叶柄，对生或生于下端者偶尔有互生，卵状披针形至长椭圆状披针形，小叶上面呈绿色，近无毛或脉上有褐色短柔毛，下面呈浅绿色，两性花序和雄花序在小枝顶端排列成伞房状花序束，着生于中央顶端。雄花：苞片阔卵形，顶端渐尖而向外弯曲，花丝短，花药阔卵形，黄色。雌花：苞片卵状披针形，位于子房两侧并贴于子房，果序球果状，卵状椭圆形至长椭圆状圆柱形，宿存苞片木质，种子卵形，种皮黄褐色，膜质。花期 5~6 月，果期 7~8 月。

分布生境 贵州省兴义、安龙、瓮安、施秉、雷山、黄平、沿河、印江、荔波、榕江、从江等地有分布，为喜阳速生、萌生性强的树种，并耐干旱贫瘠，酸性土与钙质土均可生长，在贵阳、花溪等地，石灰岩植被中常见。

利用价值 药用：鲜叶入药，可顺气、散痰、解毒、消肿。经济：木材宜作火柴杆和器具等物，树皮、根皮和果实均为良好的栲胶原料；果序可作黑色染料；树皮纤维能代麻搓绳、织袋，根及老木可提芳香油作调香原料。观赏：羽状复叶，穗状花序，果序呈球果状，直立枝端经久不落，在落叶阔叶树种中具有特殊的观赏价值。

有毒部位 叶有毒。

毒性成分 含胡桃叶醌，5-羟基-2-甲氧基-1，4-萘醌等。

中毒反应 人和家畜食用不当主要引起胃肠炎，出现腹胀、腹泻等症状。

枫杨（枫杨属）

拉丁名 *Pterocarya stenoptera*

别　名 麻柳、蜈蚣柳。

形态特征 大乔木，高 25~30 米。树皮灰色，平滑，纵裂，小枝有灰黄色皮孔；裸芽，被锈褐色毛。顶生小叶常不发育，多为双数羽状复叶，偶有单数羽状复叶的，长 8~21 厘米；长椭圆形至长椭圆状披针形，先端圆尖或钝，基部偏斜，边缘有细齿。雄柔荑花序单生于叶腋内，长 5~10 厘米，雌柔荑花序顶生，可达 20~25 厘米，雌花单生苞片腋内，两侧各有 1 枚小苞片，花被片 4 枚。果序下垂，长 20~45 厘米，果序轴常有宿存的毛；坚果长椭圆形，长 6~7 毫米，常有纵脊。花期 4~5 月，果期 8~9 月。

分布生境 贵州省毕节、兴义、安龙、望谟、罗甸、紫云、平塘、赤水、正安、务川、桐梓、湄潭、安顺、贵阳、雷山、印江、松桃等地有分布，喜光，多生长于海拔 1100 米以下低湿地处。

利用价值 药用：树皮及根入药，可祛风除湿、解毒杀虫；叶含水杨酸，既可治脚癣，又可用作土农药。经济：树皮富含纤维，可制上等绳索；叶可作农药杀虫剂。观赏：枫杨树冠广展，枝叶茂密，生长快速，根系发达，为河床两岸低洼湿地的良好绿化树种。

有毒部位 叶和树皮有毒。

毒性成分 叶含酚类物质，树皮含 4-甲氧基-5-羟基-1-四氢萘酮、（4S）-4-羟基-1-四氢萘酮、杨梅苷、杨梅素、槲皮素-3-O-（2-没食子酰基）-鼠李糖苷。

中毒反应 人中毒后出现腹泻，并伴有轻度头昏、头痛、咽干、腹痛等症状。

湖北枫杨（枫杨属）

拉丁名 *Pterocarya hupehensis*

别　名 山柳树。

形态特征 乔木，高 10~20 米；小枝呈深灰褐色，无毛或被稀疏的短柔毛，皮孔灰黄色，显著；芽显著具柄，裸出。奇数羽状复叶，长 20~25 厘米，叶柄无毛，长 5~7 厘米。雄花序长 8~10 厘米，3~5 条各由去年生侧枝顶端以下的叶痕腋内的诸裸芽发出，具短而粗的花序梗。果序长达 30~45 厘米，果序轴近于无毛或有稀疏短柔毛；果翅阔，椭圆状卵形，长 10~15 毫米，宽 12~15 毫米。

分布生境 贵州省东部及北部等地有分布，多生长于海拔 700~2000 米的沟谷、河溪两侧湿润之地的疏林中。

利用价值 经济：树皮纤维拉力强，是造纸、人造棉和制绳等的优良原料；种子含油率为 28.83%，可榨油供工业用，是制肥皂和炼制飞机润滑油的优质原料。观赏：树冠宽广，树叶茂密，生长快，适应性强，果实奇特，果序长，挂果持久，是美丽的园林绿化树种。

有毒部位 叶和树皮有毒。

毒性成分 含酚、萘醌类物质。

中毒反应 人中毒后出现腹泻，并伴有轻度头昏、头痛、咽干、腹痛等症状。

云南黄杞（黄杞属）

拉 丁 名 *Engelhardia spicata*

别　　名 滇黄记、烟包树。

形态特征 乔木，高达 15~20 米；叶为偶数或稀奇数羽状复叶，长 25~35 厘米，叶柄及叶轴最后变为无毛。雄性柔荑花序通常集合成圆锥状花序束，自叶痕腋内无叶的侧枝上生出。雄花较密集。雌性柔荑花序单独生于侧枝顶端或生于雄性圆锥状花序束的顶端。果序长可达 30~60 厘米，俯垂；果实球状，直径 3.5 毫米左右，上部被刚毛。花期 11 月，果期翌年 1~2 月。

分布生境 贵州省兴义、安龙等地有分布，生长于海拔 550~2100 米的山坡杂木林中。

利用价值 经济：木材可供制家具、板材、茶叶箱等用。

有毒部位 叶有毒。

毒性成分 含酚、萘醌类物质。

中毒反应 鱼食后出现昏迷等症状。

黄杞（黄杞属）

拉 丁 名 *Engelhardia roxburghiana*

别　　名 黄榉、三麻柳。

形态特征 半常绿乔木，高达 10 余米，全体无毛，被有橙黄色盾状着生的圆形腺体。偶数羽状复叶长 12~25 厘米，叶柄长 3~8 厘米，小叶 3~5 对，稀同一枝条上亦有少数 2 对。雌雄同株或稀异株。雌花序 1 条及雄花序数条长而俯垂，生疏散的花，常形成一顶生的圆锥状花序束，顶端为雌花序，下方为雄花序，或雌雄花序分开则雌花序单独顶生。果实为坚果状，球形，直径约 4 毫米，外果皮膜质，内果皮骨质，顶端钝圆。花期 5~6 月，果期 8~9 月。

分布生境 贵州省全省有分布，生长于海拔 200~1500 米的林中。

利用价值 药用：树皮入药，可行气、化湿、导滞；叶入药，可清热止痛，主治脾胃湿滞、胸腹胀闷、湿热泄泻等症。经济：适作上等家具、高级箱板及建筑用材。观赏：黄杞树形开展，树干光洁，叶片亮绿色，可栽培作庭荫树。

有毒部位 叶有毒。

毒性成分 含酚、萘醌类物质。

中毒反应 引起胃肠功能障碍，可使鱼昏迷甚至死亡。

5. 壳斗科 Fagaceae

白栎（栎属）

拉 丁 名 *Quercus fabri*

别 名 白青冈、小白栎。

形态特征 落叶乔木或灌木状，高可达 20 米，树皮灰褐色，冬芽卵状圆锥形，芽鳞多数，叶片倒卵形、椭圆状倒卵形，叶缘具波状锯齿或粗钝锯齿，叶柄被棕黄色绒毛。花序轴被绒毛，壳斗杯形，包着坚果；小苞片卵状披针形，排列紧密，坚果长椭圆形或卵状长椭圆形，果脐凸起。花期 4 月，果期 10 月。

分布生境 贵州省全省有分布，生长于海拔 50~1900 米的丘陵、山地杂木林中，性喜向阳的荒山，常与马尾松、麻栎、杜鹃等混生。

利用价值 药用：白栎果实的虫瘿可入药，主治小儿疳积、大人疝气、急性结膜炎等症。食用：白栎果实可食用。经济：白栎木材坚硬，花纹美观，耐磨耐腐，可供家具、装修、车辆等用材。观赏：白栎萌芽力强，树形优美，秋季其叶片季相变化明显，具有较高的观赏价值，可以作为园林绿化树种。

有毒部位 芽、新枝、花、果实有毒。

毒性成分 主要含鞣酸。

中毒反应 动物大量食用后主要损害消化道，使泌尿机能紊乱，进而出现局部皮下水肿。

槲栎（栎属）

拉 丁 名 *Quercus aliena*

别 名 大叶栎树、白栎树、虎朴、青冈树、青冈、槲树。

形态特征 落叶乔木或灌木状，高达 20 米。冬芽鳞片褐色，外被黄灰色毛，幼枝有沟槽，无毛。叶片倒卵状椭圆形，长 10~18 厘米，先端渐尖或钝，基部楔形或近圆形，边缘具波状粗齿，背面被灰绿色星状毛，侧脉 10~16 对，叶柄长 7~16 毫米。壳斗杯形，单生或 2~3 个集生于叶腋内，苞片卵状披针形，褐色外被灰色毛；坚果长椭圆形或卵状球形，长达 2. 5 厘米，直径 1. 3~1. 8 厘米。花期 3~5 月，果期

9~10 月。

分布生境 贵州省全省有分布，生长于海拔 100~2000 米的向阳山坡，常与其他树种组成混交林或成小片纯林。

利用价值 经济：木材坚硬，耐腐，纹理致密，供建筑、家具及薪炭等用材；种子富含淀粉，可酿酒。观赏：槲栎叶片大且肥厚，叶形奇特、美观，叶色翠绿油亮、枝叶稠密，属于美丽的观叶树种。

有毒部位 叶和壳斗有毒。

毒性成分 主要含鞣酸。

中毒反应 动物长期大量食用引起消化和泌尿系统功能紊乱，致胃肠炎和膀胱炎。

6. 桑科 Moraceae

桑（桑属）

拉 丁 名 *Morus alba*

别　　名 桑树。

形态特征 落叶乔木或灌木，高可达 15 米。树体富含乳浆，树皮黄褐色。叶片卵形至广卵形，叶端尖，叶基圆形或浅心脏形，边缘有粗锯齿，有时有不规则的分裂。叶面无毛，有光泽，叶背脉上有疏毛。雌雄异株，5 月开花，柔荑花序。聚花果卵圆形或圆柱形，黑紫色或白色。果熟期 6~7 月。

分布生境 贵州省全省有分布，喜温暖湿润气候，稍耐阴。

利用价值 药用：桑叶可疏散风热、清肺、明目，主治风热感冒、风温初起、发热头痛、汗出恶风、咳嗽胸痛、肺燥干咳无痰、咽干口渴、风热及肝阳上扰、目赤肿痛等症。经济：桑木可以用来作弓，也可以造纸，制造农业生产工具，如桑杈、车辕等。叶为养蚕的主要饲料，亦作药用，并可作土农药。桑葚不但可以充饥，还可以酿酒，称桑子酒。观赏：桑树树冠宽阔，树叶茂密，秋季叶色变黄，颇为美观，且能抗烟尘及有毒气体，适于城市、工矿区及农村四旁绿化。

有毒部位 果实有小毒。

毒性成分 含芸香甙、槲皮素、异槲皮甙、槲皮素-3-三葡糖甙。

中毒反应 人误食后引起胃肠功能紊乱，出现恶心、呕吐、腹胀、腹泻等症状。

对叶榕（榕属）

拉 丁 名 *Ficus hispida*

别　　名 牛奶树、牛奶子、多糯树、稔水冬瓜。

形态特征 对叶榕（原变种），灌木或小乔木，被糙毛，叶片通常对生，厚纸质，卵状长椭圆形或倒卵状矩圆形，长 10~25 厘米，宽 5~10 厘米，全缘或有钝齿，顶端急尖或短尖，叶柄长 1~4 厘米，被短粗毛；托叶 2 对，卵状披针形，生无叶的果枝上，常 4 枚交互对生，榕果腋生或生于落叶枝上，或老茎发出的下垂枝上，呈陀螺形，成熟黄色，直径 1.5~2.5 厘米，散生侧生苞片和粗毛，雄花生于其内壁口部，雄蕊 1 枚；瘿花无花被，花柱近顶生，粗短；雌花无花被，柱头侧生，被毛。花果期 6~7 月。

分布生境 贵州省全省有分布，喜生长于海拔 120~1600 米沟谷潮湿地带。

利用价值 药用：根、皮、茎、叶皆可入药，可疏风解热、消积化痰、行气散瘀，治感冒发热、支气管炎、消化不良、痢疾、跌打肿痛等症。

有毒部位 果实有小毒。

毒性成分 主要含牛奶树碱。

中毒反应 人误食后出现恶心、头晕、胸闷、四肢乏力、发冷等症状。

7. 大麻科 Cannabaceae

大麻（大麻属）

拉 丁 名 *Cannabis sativa*

别　　名 山丝苗、线麻、胡麻、火麻。

形态特征 直立草本。有特殊气味，茎高 1~2.5 米，有纵沟，灰绿色，密生柔毛。叶互生或于下部对生，掌状全裂，3~7 裂或更多，裂片披针形或线状披针形，长 7~15 厘米，先端渐尖，基部渐狭，边缘具锯齿，背面浅绿色，密被毛；叶柄长 4~13 厘米。雄花黄绿色，有糙毛，花被片长卵形，花丝短，药纵裂；雌花序短，生于叶腋内，穗状；花绿色。瘦果呈扁球形。花期 4~5 月，果期 6~7 月。

分布生境 贵州省全省有栽培。

利用价值 药用：果实入药中医称“火麻仁”或“大麻仁”，性平，味甘，可润肠，主治大便燥结。花入药，称“麻勃”，主治恶风、经闭、健忘；果壳和苞片入药，称“麻蕡”，有毒，治劳伤、破积、散脓，多服令人发狂；种子、叶也可作药用。经济：茎皮纤维长而坚韧，可用以织麻布或纺线，制绳索，编织渔网和造纸；种子可榨油。

有毒部位 全株有毒，花毒性更大。

毒性成分 主要含蕈毒碱、大麻酚类化合物。

中毒反应 人中毒后出现恶心、呕吐、口渴、食欲下降、欣快、嗜睡等症状。

8. 马兜铃科 Aristolochiaceae

▶▶▶ 马兜铃（马兜铃属）

拉 丁 名 *Aristolochia debilis*

别　　名 青木香、青藤香、天仙藤。

形态特征 草质藤本，根圆柱形。茎柔弱，无毛。叶片互生；叶柄长 1~2 厘米，柔弱；叶片卵状三角形、长圆状卵形或戟形，长 3~8 厘米，宽 2~4 厘米，顶端钝圆，基部心形，两侧具圆的耳片，全缘；叶柄长 1~2 厘米。花单生于叶腋内，几乎每一叶腋内 1 朵花，花被呈喇叭状，长 3~4 厘米；雄蕊 6 枚，贴生于粗短的花柱体周围；花药 2 室；子房下位，6 室，花柱 6 枚愈合成柱体。蒴果近球形，直径约 4 厘米，自基部沿室间开裂为 6 瓣。种子多数。花期 7~8 月，果期 9~10 月。

分布生境 贵州省黔西、大方、湄潭、思南、贵阳、独山、黎平等地有分布，生长于海拔 600~1400 米山坡灌丛及田边。

利用价值 药用：根、茎、果入药，可利水。根入药，可行气止痛、消肿解毒；茎入药，可疏风活血、利水；果入药，可清肺、镇咳、祛痰，治咳嗽。

有毒部位 全株有毒，种子毒性更大。

毒性成分 主要含马兜铃酸。

中毒反应 人中毒后出现恶心、呕吐、腹痛、腹泻、便血、呼吸抑制、血压下降等症状，严重的甚至致癌。

▶▶▶ 长叶马兜铃（马兜铃属）

拉 丁 名 *Aristolochia championii*

别　　名 三筒管、捆仙绳、青藤、扁茎马兜铃、竹叶薯。

形态特征 木质藤木，长达 10 米；块根纺锤形，直径 3~5 厘米，外皮灰黄色，粗糙；嫩枝密被黄褐色倒伏长柔毛，后毛渐脱落，茎初近直立，以后攀缘，下部常具不规则纵裂的木栓层。叶革质，披针形、椭圆状披针形或线状披针形，种子卵形，背面稍平凸状，腹面凹入，暗褐色。花期 6~7 月，果期 9~11 月。

分布生境 贵州省独山、兴义、罗甸等地有分布，生长于海拔 600~800 米山坡灌木丛中。

利用价值 药用：块根入药，味苦，性寒，可清热解毒，治喉痛、痢疾、胃肠炎等症。

有毒部位 全株有毒。

毒性成分 主要含马兜铃酸及生物碱。

中毒反应 人中毒后出现恶心、呕吐、腹痛、腹泻、便血、呼吸抑制、血压下降等症状，严重的甚至致癌。

淮通（马兜铃属）

拉 丁 名 *Aristolochia moupinensis*

别　　名 宝兴马兜铃、木防己、藤藤黄、老蛇藤、木香马兜铃。

形态特征 木质藤本，长 3~4 米或更长；根长圆柱形，土黄色；茎有纵棱，老茎基部有纵裂、增厚的木栓层。叶膜质或纸质，卵形或卵状心形，顶端短尖或短渐尖，基部深心形，两侧裂片下垂或稍内弯，边全缘，上面疏生灰白色糙伏毛，后变无毛，下面密被黄棕色长柔毛；花单生或 2 朵聚生于叶腋内；蒴果长圆形，棱通常呈波状弯曲，种子长卵形，背面平凸状，具皱纹及隆起的边缘，腹面凹入，中间具膜质种脊，灰褐色。花期 5~6 月，果期 8~10 月。

分布生境 贵州省威宁、松桃、印江等地有分布，生长于海拔 1200~3000 米山坡灌丛中。

利用价值 药用：藤茎入药，可除烦退热、消热利湿、行水下乳、排脓止痛。

有毒部位 全株有小毒。

毒性成分 主要含马兜铃酸。

中毒反应 人中毒后出现恶心、呕吐、腹痛、腹泻、便血、呼吸抑制、血压下降等症状，严重的甚至致癌。

短尾细辛（细辛属）

拉 丁 名 *Asarum caudigerellum*

别　　名 马蹄香、苕叶细辛、黑脚猫、接气草。

形态特征 多年生草本。根状茎横走，节间长 3~4 厘米；地上茎斜伸，长 2~4 厘米。叶对生，叶片近心形，长 4~8 厘米，宽 4.5~8 厘米，先端渐尖，基部裂片圆，叶缘在中部常内凹，叶面散生柔毛。花单生于叶腋内，紫褐色；花被具短管，被白毛，直径 1 厘米，大部与子房合生，外面有 6 枚；花被裂片三角状卵形；雄蕊 12 枚，花丝较花药稍长，药隔呈舌状，伸出药室之上甚多而超过花柱；花柱合生，柱头 6 枚，顶生。花期 4~5 月。

分布生境 贵州省赫章、毕节、梵净山、独山、荔波等地有分布，生长于海拔 1600~2100 米林下阴湿或水边岩石上。

利用价值 药用：全株入药，可散寒、镇咳、止痛、祛痰。

有毒部位 全株有毒。

毒性成分 主要含丁香酚等多种芳香族挥发油成分。

中毒反应 人和家畜中毒可引起呕吐，初兴奋，进而麻痹。

青城细辛（细辛属）

拉 丁 名 *Asarum splendens*

别　　名 花脸细辛、花脸王、翻天印。

形态特征 多年生草本；根状茎横走，根稍肉质，直径 2~3 毫米。叶片呈卵状心形、长卵形或近戟形，先端急尖，基部耳状深裂或近心形，叶面中脉两旁有白色云斑，脉上和近边缘有短毛，叶背绿色，无毛；花被裂片宽卵形，长约 2 厘米，宽约 2.5 厘米，基部有半圆形乳突皱褶区；雄蕊药隔伸出，为钝圆形；子房近上位，花柱顶端 Z 裂或稍下凹，柱头卵状，侧生。花期 4~5 月。

分布生境 贵州省东北部地区有分布，生长于海拔 850~1300 米陡坡草丛或竹林下阴湿地。

利用价值 药用：全株入药，可散寒、镇咳、止痛、祛痰。

有毒部位 全株有毒。

毒性成分 主要含丁香酚等多种芳香族挥发油。

中毒反应 人中毒可引起呕吐，初兴奋，进而麻痹。

9. 蓼科 Polygonaceae

春蓼（蓼属）

拉 丁 名 *Polygonum persicaria*

别　　名 桃叶蓼、蓼。

形态特征 一年生草本。茎直立或上升，高 40~80 厘米。叶披针形或椭圆形，长 4~15 厘米，宽 1~2.5 厘米，顶端渐尖或急尖，基部狭楔形，两面疏生短硬伏毛，下面中脉上毛较密，上面近中部有时具黑褐色斑点。总状花序呈穗状，顶生或腋生，长2~6 厘米，通常数个再集呈圆锥状；苞片呈漏斗状，紫红色，具缘毛，每苞内含 5~7 花；花梗长 2.5~3 毫米，花被通常 5 深裂，紫红色，花被片长圆形，长 2.5~3 毫米；雄蕊 6~7 枚，花柱 2 枚，偶 3 枚，中下部合生，瘦果近圆形或卵形，双凸镜状，稀具 3 棱，长 2~2.5 毫米，黑褐色，平滑，有光泽，包于宿存花被内。花期6~9 月，果期 7~10 月。

分布生境 贵州省全省有分布，生长于海拔 80~1800 米的沟边湿地。

利用价值 药用：全株入药，可发汗除湿、消食止泻，治痢疾、泄泻、蛇咬伤等症。

有毒部位 全株有毒。

毒性成分 有毒成分为草酸钙、槲皮素、山萘酚等。

中毒反应 人中毒后主要引起胃及膀胱炎症，出现血尿、麻痹等症状。

水蓼（蓼属）

拉 丁 名 *Polygonum hydropiper*

别　　名 辣蓼（中药名）。

形态特征 一年生草本植物，高可达 70 厘米。茎直立，多分枝，叶片披针形或椭圆状披针形，两面无毛，被褐色小点，具辛辣味，叶腋具闭花受精花；托叶鞘筒状，膜质，褐色，总状花序呈穗状，顶生或腋生，花稀疏，苞片呈漏斗状，绿色，边缘膜质，每苞内具5花；花梗比苞片长；花被绿色，花被片椭圆形，柱头头状。瘦果卵形。花期5~9月，果期6~10月。

分布生境 贵州省全省有分布，生长于海拔50~3500米的河滩、水沟边、山谷湿地。

利用价值 药用：全株入药（称辣蓼），可祛风利湿、散瘀止痛、解毒消肿、杀虫止痒，常用于治痢疾、胃肠炎、腹泻、风湿关节痛、跌打肿痛、功能性子宫出血等症；外用治毒蛇咬伤、皮肤湿疹。

有毒部位 全株有小毒。

毒性成分 主要含槲皮素、山萘酚等。

中毒反应 人中毒后主要引起胃及膀胱炎症，出现血尿、麻痹等症状。

杠板归（蓼属）

拉 丁 名 *Polygonum perfoliatum*

别　　名 刺犁头、河白草、贯叶蓼。

形态特征 一年生攀缘草本。茎具纵棱，沿棱疏生倒刺。叶三角形，先端钝或微尖，基部近平截，下面沿叶脉疏生皮刺，托叶鞘叶状。花序呈短穗状，顶生或腋生，花被5深裂，白绿色，花被片椭圆形，在果时增大，深蓝色；雄蕊8枚，花柱3枚，中上部连合。瘦果球形，黑色。花期6~8月，果期7~10月。

分布生境 贵州省全省有分布，生长于山谷草地、水沟边、灌丛中。

利用价值 药用：全株入药，可消肿、止痛、清热利湿、杀虫，治痈疖肿毒、蛇咬伤、百日咳、止痢、阴道滴虫等症。

有毒部位 根茎有小毒。

毒性成分 主要含槲皮素等。

中毒反应 人中毒后引起胃肠炎症，出现血尿、麻痹等症状。

箭叶蓼（蓼属）

拉 丁 名 *Polygonum sieboldii*

别　　名 倒刺林、荞麦刺、长野荞麦草、雀翘。

形态特征 一年生草本，茎细长，蔓延或半直立，四棱形，无毛，具倒生钩刺。叶互生，叶片长卵状披针形，先端锐尖或微钝，基部深凹缺；叶柄长达2厘米，柄上具3~4排或1~2排钩刺；托叶鞘长5~10毫米，膜质，无毛。头状花序顶生，通常成对，花密集，但数目不多，花梗平滑无毛；苞片长卵形，锐尖；花被5裂，白色或粉白色；雄蕊8枚；花柱3枚，分裂。瘦果三棱形，长约3毫米，黑色。花期5~6月，果期6~9月。

分布生境 贵州省毕节地区有分布，生长于海拔90~2200米的潮湿草地、沟边。

利用价值 药用：全株入药，可清热解毒、祛风止痒、益气明目；治肠炎，痢疾，瘰疬，带状疱疹，湿疹，皮炎，皮肤瘙痒，疮疖肿毒，痔疮，蛇、狗咬伤等症。

有毒部位 全株有小毒。

毒性成分 主要含槲皮素等。

中毒反应 人中毒后引起胃肠炎症，出现血尿、麻痹等症状。

虎杖（虎杖属）

拉 丁 名 *Reynoutria japonica*

别　　名 花斑竹、酸筒杆、酸汤梗、斑杖根、黄地榆。

形态特征 多年生灌木状草本，高达 1 米以上。根茎横卧地下，木质，黄褐色，节明显。茎直立，圆柱形，丛生，无毛，中空，散生紫红色斑点。叶互生；叶柄短；托叶鞘膜质，褐色，早落；叶片宽卵形或卵状椭圆形，长 6~12 厘米，宽 5~9 厘米，先端急尖，基部圆形或楔形，全缘，无毛。花单性，雌雄异株，呈腋生圆锥花序；花梗细长，上部有翅；花被 5 深裂，裂片 2 轮，外轮 3 枚，在果时增大，背部生翅；雄花雄蕊 8 枚，雌花花柱 3 枚，柱头头状。瘦果椭圆形，有 3 棱，黑褐色。花期 6~8 月，果期 9~10 月。

分布生境 贵州省全省有分布，生长于山坡路旁、水沟边、田埂边等。

利用价值 药用：根茎入药，可利湿退黄、清热解毒、散瘀止痛、止咳化痰，治湿热黄疸、淋浊、带下、风湿痹痛、痈肿疮毒、烫伤、经闭、症瘕、跌打损伤、肺热咳嗽等症。

有毒部位 全株有毒。

毒性成分 主要含蒽醌类衍生物。

中毒反应 人大量食后出现腹泻、下痢等症状。

酸模（酸模属）

拉 丁 名 *Rumex acetosa*

别　　名 野菠菜、山大黄、当药、山羊蹄、酸母、南连。

形态特征 多年生草本植物，高可达 100 厘米，具深沟槽，通常不分枝。基生叶和茎下部叶箭形，顶端急尖或圆钝，基部裂片急尖，呈全缘或微波状；茎上部叶较小，具短叶柄或无柄；托叶鞘膜质，易破裂。花序狭圆锥状，顶生，分枝稀疏；花单性，雌雄异株；花梗中部具关节；雄花内花被片椭圆形，长约 3 毫米，外花被片较小，近圆形，瘦果椭圆形，黑褐色，有光泽。花期 5~7 月，果期 6~8 月。

分布生境 贵州省全省有分布，生长于海拔 400~4100 米的山坡、林缘、沟边、路旁，喜阳光，但又较耐阴、耐寒，土壤酸度适中。

利用价值 药用：全株入药，可凉血止血、解毒杀虫、通便。经济：全株浸液可制农药；叶可作猪饲料。

有毒部位 全株有毒。

毒性成分 主要含草酸盐、大黄素、大黄酚等。

中毒反应 动物食后出现步态不稳、流涎、发绀、尿频等症状，进而呼吸急促、肌肉痉挛，严重的甚至惊厥死亡。

羊蹄（酸模属）

拉 丁 名 *Rumex japonicus*

别　　名 土大黄、牛舌头、野菠菜、羊蹄叶、羊皮叶子。

形态特征 多年生草本植物，茎直立，高可达100厘米，基生叶长圆形或披针状长圆形，顶端急尖，基部圆形或心形，边缘微波状，花序呈圆锥状，花两性，多花轮生；花梗细长，花被片淡绿色，网脉明显，瘦果宽卵形，两端尖。花期5~6月，果期6~7月。

分布生境 贵州省全省有分布，生长于海拔30~3400米的田边路旁、河滩、沟边湿地。

利用价值 药用：根入药，与酸模属多种植物的根统称“牛西西”，可清热解毒、凉血止血、杀虫，适用于内出血的治疗。

有毒部位 全株有小毒，根毒性最大。

毒性成分 主要含大黄素等蒽醌类衍生物物质。

中毒反应 动物大量食后出现腹泻、下痢等症状。

齿果酸模（酸模属）

拉 丁 名 *Rumex dentatus*

别　　名 无。

形态特征 一年生或多年生草本。高40~100厘米；茎直立，分枝，纤细，表面有沟纹。叶片长圆形，长5~10厘米，先端钝或急尖，基部圆形或心形，边缘微波状，两面均无毛；叶具长叶柄，茎生叶则具短柄；托叶鞘膜质，褐色，常破裂。花簇轮生上部茎枝的叶腋内，组成顶生具叶的圆锥花序，花两性；花被片黄绿色，外轮花被片长圆形，长1~1.5毫米，内轮外被片卵形，长约4毫米。果实卵状三棱形，角棱锐，褐色，平滑，包于宿存内花被片内。花期4~5月，果期6~7月。

分布生境 贵州省全省有分布，生长于海拔30~2500米的路旁湿地、水沟边。

利用价值 药用：根入药，可去毒、清热、杀虫、治藓，主治乳痈、疮疡肿毒、疥癣等症。

有毒部位 全株有毒。

毒性成分 根和叶中含结合及游离的大黄酚、大黄素、芦荟大黄素、大黄素甲醚。

中毒反应 动物食后出现步态不稳、流涎、发绀、尿频等症状，进而呼吸急促、肌肉痉挛，严重的甚至惊厥死亡。

药用大黄（大黄属）

拉 丁 名 *Rheum officinale*

别　　名 黄良、将军、西大黄、锦军。

形态特征 多年生高大草本植物。高可达 2 米，根及根状茎内部黄色，粗壮，基生叶大型，叶片近圆形，稀极宽卵圆形，叶腋中具花序分枝；大型圆锥花序，分枝开展，花成簇互生，绿色到黄白色；花梗细长，果实长圆状椭圆形。花期 5~6 月，果期 8~9 月。

分布生境 贵州省毕节、遵义等地有分布，生长于海拔 1200~4000 米的山沟或林下，高山草坡、山谷阳光充足处，多有栽培。

利用价值 药用：根茎入药（称大黄），为常用中药，主治下瘀破积、导滞行水、泻血热、除湿热等症；外敷消痈肿。

有毒部位 全株有毒。

毒性成分 主要含大黄素、大黄酚、大黄素甲醚等蒽醌衍生物。

中毒反应 人大量食用后出现腹泻、下痢等症状。

10. 苋科 Amaranthaceae

土荆芥（刺藜属）

拉 丁 名 *Dysphania ambrosioides*

别　　名 臭草、杀虫芥、鸭脚草、香藜草。

形态特征 一年生或多年生草本，高 40~80 厘米。有强烈的香味。茎直立，具棱，多分枝，具腺毛。叶长圆形，狭披针形，长达 10 厘米以上，宽 3~5 厘米，先端渐尖，叶上部边缘具波状牙齿，背面具黄色腺点，中脉疏生柔毛。穗状花序生于上部枝条的叶腋内；花两性或雌性，通常 3~5 朵簇生于苞腋；花被 5 裂；雄蕊 5 枚。胞果扁球形。种子横生；种皮红褐色，表光滑而发亮。花期 6~8 月。

分布生境 贵州省全省多常见，生长于村旁、路边、河岸等处。

利用价值 药用：全株入药，治蛔虫病、钩虫病、蛲虫病，外用治皮肤湿疹，并能杀蛆虫。经济：果实含挥发油（土荆芥油），油中含驱蛔素是驱虫有效成分。

有毒部位 全株有毒。

毒性成分 主要含土荆芥油。

中毒反应 人中毒后主要出现嗜睡、恶心、呕吐、头晕、腹痛、视力障碍、感觉异常、幻觉、黄疸、腰痛、血尿、蛋白尿、管型尿等症状，严重时出现谵妄、惊厥、瘫痪、血压下降、昏迷、呼吸中枢麻痹等症状，甚至可致死亡。

藜（藜属）

拉 丁 名 *Chenopodium album*

别　　名 胭脂菜、灰藜、灰蓼头草、灰菜。

形态特征 一年生草本，高 0.5~1 米。茎直立，粗壮，有棱或紫红色条纹，多分枝。叶片菱形或披针形，长 3~6 厘米，宽 2~5 厘米，边缘具不整齐的锯齿，先端急尖或钝，基部宽楔形，背面具白粉。花簇生，集成圆锥花序；花两性，花被 5 片，雄蕊 5 枚。胞果包于花被内，果皮薄，与种子贴生。种子横生，双凸镜形，表面光滑或具不明沟纹、明点。花果期 5~10 月。

分布生境 贵州省全省有分布，生长于海拔 50~4200 米的农田、菜园、村舍附近或有轻度盐碱的土地。

利用价值 药用：茎叶入药，可清热、利湿、杀虫，治痢疾、腹泻、湿疮痒疹、毒虫咬伤等症。食用：幼苗可食用。

有毒部位 全株有小毒。

毒性成分 主要含挥发性油成分。

中毒反应 有人食后在日照下裸露皮肤部分即出现水肿及出血等炎症，局部有刺痒、肿胀及麻木感，少数重者可产生水疱，严重的并发感染和溃烂。

11. 紫茉莉科 Nyctaginaceae

紫茉莉（紫茉莉属）

拉 丁 名 *Mirabilis jalapa*

别　　名 胭脂花、粉豆花、夜饭花、状元花、丁香叶、苦丁香、野丁香。

形态特征 一年生直立草本，多分枝，一般高 20~80 厘米，最高可达 150 厘米。叶卵状，长 3~12 米，宽 3~8 厘米，顶端长尖，基部截形或心形。花白色、红色或黄色；每一总苞内有花 1 朵，总苞聚生，萼片状，长约 1 厘米，萼管柱形，上部稍扩大，长 4~5 厘米，顶端 5 裂，基部膨大呈球形，内包裹子房。果实卵形，长 5~8 毫米，黑色，有细棱。花期 6~10 月，果期 8~11 月。

分布生境 贵州省全省有栽培。

利用价值 药用：根、叶入药，有清热解毒、活血调经和滋补的功效，可利尿、泻热、活血散瘀，治淋浊、带下、肺痨吐血、痈疽发背、急性关节炎等症。观赏：中国南北各地常栽培，为观赏花卉。

有毒部位 根和种子有毒。

毒性成分 主要含葫芦巴碱。

中毒反应 人中毒后出现口唇麻木、疼痛、头晕、耳鸣、听力减退等症状。

12. 商陆科 Phytolaccaceae

商陆（商陆属）

拉 丁 名 *Phytolacca acinosa*

别　　名 章柳、山萝卜、见肿消、倒水莲、金七娘、猪母耳。

形态特征 多年生大形草本。有肥大的块状根，常成团锥状分叉，外皮淡黄色。茎直立，圆柱形，绿色或微带紫红色，肉质。叶片椭圆形，长10~20厘米，宽6~14厘米，质柔嫩，先端急尖或钝尖，基部楔形而下延，全缘。花两性，总状花序直立，花被通常5枚，白色或淡红色。雄蕊及心皮常各8枚，分离。果实为紫黑色浆果。花期5~8月，果期6~10月。

分布生境 贵州省全省有栽培，少数为野生，喜生阴湿环境，多见于宅前屋后的肥沃地。

利用价值 药用：白茎商陆根入药，可利尿，治心脏病、水肿、气喘等症；外敷治无名肿毒、跌打损伤。食用：绿茎商陆苗是一种优质野生森林菜蔬。经济：商陆作为肥田的绿肥，肥效十分显著。观赏：商陆具有很好的保水保土作用，特别适用于新开垦的红壤梯地果园。

有毒部位 红茎商陆的根有剧毒。

毒性成分 主要含醇溶性三萜商陆皂甙。

中毒反应 人中毒后出现头昏、语言不清、神志模糊、烦躁不安、小便失禁、对光反应迟钝等症状。

垂序商陆（商陆属）

拉 丁 名 *Phytolacca americana*

别　　名 美洲商陆、十蕊商陆、花商陆、白鸡腿。

形态特征 多年生草本植物，高可达2米。根粗壮，肥大，茎直立，圆柱形，叶片椭圆状卵形或卵状披针形，顶端急尖，基部楔形；总状花序顶生或侧生，花白色，微带红晕，心皮合生。果序下垂；浆果扁球形，种子肾圆形。花期6~8月，果期8~10月。

分布生境 原产美洲。贵州省全省有栽培，生长于疏林下、路旁和荒地。

利用价值 药用：根、种子、叶皆可入药。根入药有催吐作用，治水肿、白带异常、风湿等症；种子入药可利尿；叶入药可有解热作用，并治脚气。外用可治无名肿毒及皮肤寄生虫病。经济：全株可作农药。

有毒部位 根及浆果有毒。

毒性成分 主要含商陆皂甙（商陆毒素-细胞毒）。

中毒反应 人和家畜中毒后出现呕吐、腹泻、痉挛等症状，有时惊厥，严重的因呼吸麻痹而死亡。

13. 马齿苋科 Portulacaceae

马齿苋（马齿苋属）

拉 丁 名 *Portulaca oleracea*

别　　名 马齿菜、马苋菜、蚂蚱菜。

形态特征 一年生草本，全株无毛。茎平卧，伏地铺散，枝淡绿色或带暗红色。叶互生，叶片扁平，肥厚，似马齿状，上面暗绿色，下面淡绿色或带暗红色；叶柄粗短。花无梗，午时盛开；苞片叶状；萼片绿色，盔形；花瓣黄色，呈倒卵形；雄蕊花药黄色；子房无毛。蒴果卵球形；种子细小，偏斜球形，黑褐色，有光泽。花期 5~8 月，果期 6~9 月。

分布生境 贵州省全省有分布，性喜肥沃土壤，耐旱，生命力强，生长于菜园、农地、路旁，为田间常见的杂草。

利用价值 药用：全株入药，为清热、解毒药，可消炎、止渴、利尿，治细菌性赤痢、白带异常、产后虚汗等症。食用：马齿苋生食、烹食均可，柔软的茎可像菠菜一样烹制。马齿苋含有丰富的二羟乙胺、苹果酸、葡萄糖、钙、磷、铁以及维生素 E、胡萝卜素、维生素 B、维生素 C 等营养物质。

有毒部位 全株有小毒。

毒性成分 马齿苋为寒凉之品，脾胃虚弱、大便泄泻及孕妇忌食；忌与胡椒、该粉、鳖甲同食。食用量较大时，可引起恶心。

中毒反应 动物中毒后出现腹泻、肌肉无力、萎靡等症状。

14. 石竹科 Caryophyllaceae

无心菜（无心菜属）

拉 丁 名 *Arenaria serpyllifoila*

别　　名 小无心菜、蚤缀、鹅不食草、金顶珠。

形态特征 一年生或二年生草本，高 10~30 厘米。主根细长，支根较多而纤细。茎丛生，直立或铺散，密生白色短柔毛，基部狭，无柄，边缘具缘毛，顶端急尖，两面近无毛或疏生柔毛，下面具 3 脉，茎下部叶较大，茎上部叶较小。聚伞花序，具多花；苞片草质，卵形，蒴果卵圆形，与宿存萼等长，顶端 6 裂；种子小，肾形，表面粗糙，淡褐色。花期 6~8 月，果期 8~9 月。

分布生境 贵州省全省广泛分布，生长于海拔 200~1550 米的河岸边、山脚、荒坡、路旁及耕地中。

利用价值 药用：全株入药，可清热解毒，治睑腺炎和咽喉痛等症。

有毒部位 全株有毒。

毒性成分 主要含毒皂甙。

中毒反应 对牛、马等牲畜的唾液腺有刺激作用，使其大量流涎。

繁缕（繁缕属）

拉 丁 名 *Stellaria media*

别　　名 鹅肠菜、鹅耳伸筋、鸡儿肠。

形态特征 一年生或二年生草本，高 10~30 厘米。茎俯仰或上升，基部有分枝，常带淡紫红色，被 1~2 列毛。叶片宽卵形或卵形，顶端渐尖或急尖，基部渐狭或近心形，全缘；基生叶具长柄，上部叶常无柄或具短柄。疏聚伞花序顶生；花梗细弱，蒴果卵形，稍长于宿存萼，顶端 6 裂，具多数种子；种子卵圆形至近圆形，稍扁，红褐色，直径 1~1.2 毫米，表面具半球形瘤状凸起，脊较显著。花期 6~7 月，果期 7~8 月。

分布生境 贵州省全省广泛分布，生长于路边，为田地常见杂草。

利用价值 药用：茎叶及种子入药，有抗菌消炎之功效。

有毒部位 种子、茎、叶有毒。

毒性成分 全株含皂甙。

中毒反应 动物大量食后出现流涎、腹胀、腹泻等症状。

粘萼蝇子草（蝇子草属）

拉 丁 名 *Silene viscidula*

别　　名 瓦草、四川女娄菜、四川粘萼女娄菜。

形态特征 多年生草本，全株被短柔毛。根簇生，圆柱形，黑褐色。茎俯仰，分枝，长达 80 厘米，上部被腺毛。叶片椭圆形，长 3~6 厘米，基部楔形或渐狭呈短柄状，稀近圆形，中脉明显。二歧聚伞花序大型，密被腺柔毛和黏液；花直立，直径 10~12 毫米；花梗与花萼等长或较长；苞片卵状披针形，草质；花萼钟形，长 8~10 毫米，基部圆形，密被腺柔毛，纵脉紫色，萼齿卵状披针形，顶端急尖；雌雄蕊柄长 1~2 毫米；花瓣淡红色，长 10~20 毫米，爪倒披针形；雄蕊明显外露，花丝无毛；花柱明显外露。蒴果卵形，长 5~8 毫米，比宿存萼短；种子圆肾形，长约 1 毫米，黑褐色，脊宽平。花期 7~8 月，果期 9~10 月。

分布生境 贵州省全省有分布，生长于海拔 1450~3200 米的灌丛草地。

利用价值 药用：根入药，治跌打损伤、风湿骨痛、胃腹疼痛、支气管炎、尿路感染等症。

有毒部位 根有小毒。

毒性成分 主要含毒皂甙。

中毒反应 人中毒后出现流涎、呕吐、腹泻等肠胃刺激症状。

肥皂草（肥皂草属）

拉 丁 名 *Saponaria officinalis*

别　　名 石碱花。

形态特征 多年生草木，高 30~90 厘米。根茎粗壮横行，白色肥厚，有匍匐枝；茎直立或斜上。叶片长椭圆状披状形，先端锐尖，基部渐狭，有 3 脉、全缘，长 5~10 厘米，宽 1.5~3 厘米。花成密生聚伞花序，白色或淡红色，直径 2~2.5 厘米，有短柄及 2 枚披针形叶状苞片；花萼绿色，圆筒形，长约 2 厘米，顶端 5 齿裂；花瓣 5 枚，倒卵形，顶端凹缺，有长爪，喉部有 2 线形小鳞片；雄蕊 10 枚；子房长圆形，有 1 室，胚珠多数，花柱 2 枚，呈丝状。蒴果长卵圆形，先端浅 4 齿裂，有粗壮果柄，外为宿存纺锤状花萼所包藏。种子肾形，稍扁，褐色。花期 6~7 月，果期7~8 月。

分布生境 原产欧洲。贵州省贵阳六冲关植物园有栽培。

利用价值 药用：根入药，可祛痰、利尿、抗风湿、抗菌、杀虫，治支气管炎。观赏：肥皂草株形优美，叶色（或花色）亮丽，观赏价值高；尤其是夏季、秋季开花，先是白花，后转成粉红色，花形优美，香味浓郁，适合作花坛、花境、岩石园布置栽植。

有毒部位 全株有毒，根和种子毒性更大。

毒性成分 主要含肥皂草甙。

中毒反应 家畜大量食后出现呕吐、疝痛、下痢等症状。

金铁锁（金铁锁属）

拉 丁 名 *Psammosilene tunicoides*

别　　名 独钉子、土人参。

形态特征 多年生草本植物。根肉质，长倒圆锥形，棕黄色，茎平卧铺散，叶片卵形，上面被疏柔毛，下面沿中脉被柔毛。三歧聚伞花序密被腺毛；花梗短或近无；花萼筒状钟形，密被腺毛，绿色，萼齿三角状卵形，边缘膜质；花瓣紫红色，狭匙形，花丝无毛，花药黄色；子房狭倒卵形，蒴果棒状，种子狭倒卵形。花期 6~9 月，果期 7~10 月。

分布生境 中国特有植物，稀有品种。贵州省威宁等地省分布，生长于海拔 2000~2800 米向阳的山坡、荒地及岩石缝中。

利用价值 药用：根入药，可除风湿、定痛、止血、祛瘀，治风湿痹痛、胃痛、创伤出血、跌打损伤等症。

有毒部位 根有小毒。

毒性成分 根含毒皂甙。

中毒反应 人中毒后出现咽部不适、呼吸不畅、呕吐等症状。

15. 睡莲科 Nymphaeaceae

芡实（芡属）

拉 丁 名 *Euryale ferox*

别　　名 鸡头子、鸡头米、鸡头莲。

形态特征 一年生水生草本植物。呈水叶箭形或椭圆肾形，浮水叶革质，椭圆肾形至圆形，叶柄及花梗粗壮，花内面紫色；萼片披针形，花瓣紫红色，矩圆披针形或披针形。浆果球形，紫红色，种子球形，黑色。花期 7~8 月，果期 8~9 月。

分布生境 贵州省黔东南、镇宁、普定、普安等地有分布，生长于湖泊池沼中。

利用价值 药用：根、茎、叶均可入药，可滋养强壮、收敛镇静、补脾益肾、止泄。经济：种子供食用和酿酒。

有毒部位 种子有小毒。

毒性成分 主要含硫胺素。

中毒反应 人食用不当时，出现食欲减退、腹胀、便秘、胸闷、精神抑郁等症状。

16. 茅膏菜科 Droseraceae

茅膏菜（茅膏菜属）

拉 丁 名 *Drosera peltate*

别　　名 捕虫草、落地珍珠、一粒金丹、苍蝇草、珍珠草。

形态特征 多年生草本，直立，高可达 32 厘米，淡绿色，鳞茎状，球茎紫色，基生叶密集成，茎生叶稀疏，盾状，叶互生，叶片半月形或半圆形，基部近截平，背面无毛。螺状聚伞花序生于枝顶和茎顶，有花；花序下部的苞片楔形或倒披针形，裂片大小不一，歪斜、花瓣楔形，白色、淡红色或红色。种子种皮脉纹加厚呈蜂房格状。花果期 6~9 月。

分布生境 贵州省北至威宁、纳雍，南到安龙、雷山、凯里均有分布，生长于海拔 1200~3650 米的山沟、山坡草地、密林边低湿之地。

利用价值 药用：全株入药，可祛风除湿、行血止痛、治风湿骨痛和抗菌消炎。

有毒部位 全株有毒。

毒性成分 主要含茅膏菜醌、氰甙等。

中毒反应 叶的水浸液触及皮肤，可引起灼痛、发炎；家畜误食可出现氢氰酸中毒症状。

17. 杜仲科 Eucommiaceae

杜仲（杜仲属）

拉 丁 名 *Eucommia ulmoides*

别　　名 杜仲、丝楝树皮、丝棉皮、棉树皮、胶树。

形态特征 乔木，高达 20 米。树皮灰色，小枝无毛，淡褐色或黄褐色。叶片椭圆状卵形，长椭圆形，长 6~17 厘米，宽 3.5~6.5 厘米，先端渐尖，基部宽楔形或近圆形，表面无毛，微皱，背面沿脉上被疏生长柔毛，侧脉 6~9 对，边缘锯齿锐尖，叶柄长 1.2~2 厘米。坚果长椭圆形，长 3~4 厘米，先端有缺刻。花期 4 月，果期 10 月。

分布生境 贵州省贵阳、黔西、修文、三都、惠水、遵义等地有分布，其中，遵义杜仲林场大量种植，性喜温和湿润的气候，肥沃、疏松的酸性、中性或微碱性土壤均可生长，钙质土亦能生长。

利用价值 药用：树皮、叶、枝等入药，可补肝肾、强筋骨、安胎、降压。

有毒部位 树皮有小毒。

毒性成分 主要含杜仲甙、筋骨草甙等环烯醚萜类。

中毒反应 人大剂量进食出现头晕、疲倦乏力、心悸、嗜睡等症状，严重的出现呼吸减弱、抽搐、昏迷等症状。

18. 马桑科 Coriariaceae

马桑（马桑属）

拉 丁 名 *Coriaria nepalensis*

别　　名 马鞍子、水马桑、千年红、紫桑。

形态特征 小乔木或灌木状。小枝红色。叶椭圆形或卵形，全缘，长 3~10 厘米，先端突尖，基部圆形，两面无毛或背面沿脉上被细毛，基三出脉；叶柄短，长 1~3 毫米，通常红紫色。总状花序侧生于当年生枝上，下垂，长 4~6 厘米，花杂性，雄花序先叶开放。果熟时黑色。花果期 7~10 月。

分布生境 贵州省全省有分布，生长于海拔 400~3200 米的灌丛中，喜光，耐干旱瘠薄，荒山荒地常见。

利用价值 药用：可清热解毒、活血、祛风通络。叶入药，治烫伤、黄水疮、肿毒、痈疽等症；根入药，治风湿麻木、风火牙痛、跌打损伤等症；树皮入药，治白口疮。经济：马桑叶可作为柘蚕的食物。

有毒部位 全株有毒。尤其是嫩叶及未成熟的果实毒性最大。

毒性成分 主要含马桑内酯、杜廷内酯等。

中毒反应 人误食出现全身发麻、出汗、流涎、恶心、呕吐、呼吸加快、烦躁不安、昏迷等症状，严重的甚至因呼吸衰竭而死亡。动物中毒后引起惊厥、死亡。

19. 漆树科 Anacardiaceae

红麸杨（盐麸木属）

拉 丁 名 *Rhus punjabensis var. sinica*

别　　名 红肤杨。

形态特征 落叶乔木或小乔木，高 4~15 米。树皮灰褐色，小枝被微柔毛。奇数羽状复叶互生，叶轴上部有狭翅；具小叶 7~13 枚，无柄或近无柄，卵状长圆形或长圆形，长 5~12 厘米，宽 2~4.5 厘米，先端渐尖或长渐尖，基部圆形或近心形，全缘，下面沿脉有细毛。圆锥花序顶生，长 15~20 厘米，密被微绒毛；花小，杂性，白色；花萼裂片狭三角形；花瓣长圆形，开花时先端外卷；花丝线形；花药卵形；花盘厚，紫红色，无毛；子房球形，直径约 1 毫米，1 室，花柱 3 枚。果序下垂；核果近球形，略压扁，直径约 4 毫米，成熟时暗紫红色，被具节柔毛和腺毛；种子小。花期 5 月，果期 9~10 月。

分布生境 贵州省全省有分布，生长于海拔 460~3000 米的石灰山灌丛或密林中。

利用价值 药用：根入药，可涩肠止泻，主治痢疾、泄泻等症。经济：木材白色，质坚，可作家具和农具用材。

有毒部位 树汁液有毒。

毒性成分 主要含双黄酮类化合物。

中毒反应 人中毒后出现共济失调症状，严重的甚至因呼吸抑制而死亡。

野漆（漆属）

拉 丁 名 *Toxicodendron succedaneum*

别　　名 大木漆、山漆树。

形态特征 叶乔木或小乔木，高达 10 米；小枝粗壮。奇数羽状复叶互生，常集生小枝顶端，小叶对生或近对生，坚纸质至薄革质，长圆状椭圆形、阔披针形或卵状披针形。叶柄短。圆锥花序长 7~15 厘米，花黄绿色。圆锥花序，长 8~10 厘米。核果扁平，斜菱状卵形，顶端偏斜，淡黄色，干时有极明显皱纹。

分布生境 贵州省赤水、宽阔水、松桃、德江、施秉等地有分布，常生长于海拔 500~1200 米的杂木林中。

利用价值 药用：根、叶及果入药，可清热解毒、散瘀生肌、止血、杀虫，既可治跌打骨折、湿疹疮毒、毒蛇咬伤，又可治尿血、血崩、白带异常、外伤出血、子宫下垂等症。经济：种子油可制皂或掺和干性油作油漆；果皮之漆蜡可制蜡烛、膏药和发蜡等；树皮可提栲胶；树干乳液可代生漆用；木材坚硬致密，可作细工用材。

有毒部位 树汁液有毒。

毒性成分 主要含漆酚。

中毒反应 对生漆过敏者可引起红肿、痒痛。误食出现口腔溃疡、呕吐、腹泻等症状。

木蜡树（漆属）

拉 丁 名 *Toxicodendron sylvestre*

别　　名 野毛漆、山漆树、七月倍。

形态特征 落叶灌木或小乔木，高可达 10 米。树皮灰褐色，初平滑后呈纵裂。单数羽状复叶，多聚生于枝顶；小叶 9~15 枚，对生，小叶片长椭圆状披针形，长 5~10 厘米，宽 2~3 厘米，先端长尖，基部稍不对称或楔形，全缘，两面平滑无毛。圆锥花序腋生，长约 10 厘米；花小，杂性，黄绿色；花萼 5 裂，裂片卵形；花瓣 5 枚，卵状椭圆形；雄蕊 5 枚；子房上位，1 室。核果扁平而偏斜，中果皮有蜡质，内果皮坚硬，成熟时淡黄色。花期 5~6 月，果期 10 月。

分布生境 贵州省安龙、惠水（祥摆）、梵净山、黎平等地有分布，多生长于海拔 1000 米的山地阳坡。分布于长江流域各省。朝鲜、日本亦产。

利用价值 经济：种子油可供制肥皂、油墨等。

有毒部位 树汁液有毒。

毒性成分 主要含漆酚。

中毒反应 对生漆过敏者可引起红肿、痒痛。误食出现口腔溃疡、呕吐、腹泻等症状。

漆（漆属）

拉 丁 名 *Toxicodendron vernicifluum*

别　　名 大木漆、小木漆、山漆、漆树。

形态特征 落叶乔木。幼树、树皮灰色，老时浅纵裂，粗糙；芽被褐色黄柔毛；小枝淡灰色，被疏柔毛，较粗壮。单数羽状复叶，互生；小叶 9~15 枚，呈卵形、卵状长圆形，先端渐尖，基部宽楔形或近乎圆形，长 7~15 厘米，宽 2~5 厘米，边全缘，两面脉上均被棕色短毛；叶柄短。圆锥花序大型腋生，长 15~25 厘米，有短柔毛；花杂性，或雌雄异株。果序下垂，核果扁圆形，或肾形，直径 6~8 毫米，棕黄色，光滑，中果皮蜡质，果核坚硬。花期 5~6 月，果期 7~10 月。

分布生境 贵州省全省野生或普遍有栽培，大方、德江等地栽培历史悠久，发展成片。喜光，喜温湿气候与深厚肥沃、湿润土壤，在微酸性及石灰质土壤上均宜生长，生长于海拔 800~2800 米的向阳山坡林内。

利用价值 药用：可通经、驱虫、镇咳。经济：生漆为优良天然性树脂涂料；种子可制油；果皮可取蜡；叶可提栲胶；根、叶均可作农药。

有毒部位 树汁液有毒。

毒性成分 主要含漆酚。

中毒反应 对生漆过敏者可引起红肿、痒痛。误食出现口腔溃疡、呕吐、腹泻等症状。

刺果毒漆藤（漆属）

拉 丁 名 *Toxicodendron radican subsp. hispidum*

别　　名 野葛。

形态特征 攀缘状灌木。小枝棕褐色，具条纹，幼枝被锈色柔毛。掌状3小叶；叶柄长5~10厘米，被黄色柔毛，上面平或略具槽；侧生小叶长圆形或卵状椭圆形，长6~13厘米，宽3~7.5厘米，基部偏斜，圆形，全缘，叶面无毛，叶背沿中脉和侧脉疏被柔毛或近无毛，脉腋具赤褐色髯毛，顶生小叶倒卵状椭圆形或倒卵状长圆形，最宽处在叶的中上部，长8~16厘米，宽4~8.5厘米，先端急尖或短渐尖，基部渐狭；侧生小叶无柄或近无柄，顶生小叶柄长0.5~2厘米，被柔毛。圆锥花序短，长约5厘米，被黄褐色微硬毛；苞片长圆形，长约2毫米，被毛；花黄绿色，花梗长约2毫米，粗壮，被毛；花萼无毛，裂片卵形，长约1毫米或稍长，基部具3条褐色纵脉；花瓣长圆形，无毛，长约3毫米，开花时外卷，具不明显褐色羽状脉；雄蕊与花瓣等长，花丝线形，长约2毫米，花药长圆形，长约1毫米；花盘无毛；子房球形，直径约0.5毫米。核果略偏斜，斜卵形，长约5毫米，宽约6毫米，外果皮黄色，被刺毛，刺毛长达1毫米，中果皮蜡质，果核黄色坚硬。

分布生境 贵州省梵净山、雷公坪、毕节、大方等地有分布，生长于海拔1600~2200米的林下。

利用价值 药用：根、茎、叶及果入药，可清热解毒、散瘀生肌、止血、杀虫。

有毒部位 树汁液有毒。

毒性成分 主要含有毒树脂。

中毒反应 皮肤接触后出现漆疮。

20. 无患子科 Sapindaceae

倒地铃（倒地铃属）

拉 丁 名 *Cardiospermum halicacabum*

别　　名 风船葛、野苦瓜。

形态特征 草质攀缘藤本，长1~5米；茎、枝绿色，有5棱或6棱和同数的直槽，棱上被皱曲柔毛。二回三出复叶，轮廓为三角形；叶柄长3~4厘米。圆锥花序少花，与叶近等长或稍长，总花梗直，长 4~8 厘米。蒴果梨形、陀螺状倒三角形或有时近长球形；种子黑色，有光泽，直径约 5 毫米。花期夏秋，果期秋季至初冬。

分布生境 贵州省贵阳等地有栽培，生长于田野、灌丛、路边和林缘。

利用价值 药用：全株入药，可清热解毒、消肿止痛，治跌打外伤、疮疥、湿疹、蛇咬伤等症；根入药，可止吐、缓泻。食用：新梢嫩叶可作为蔬菜食用。观赏：该植物可地栽于墙垣之侧进行美化，亦可盆栽观赏；其果枝可以作为插花材料。

有毒部位 叶和种子有毒。

毒性成分 主要含槲皮素、氰甙。

中毒反应 人中毒后出现恶心、呕吐、腹痛、腹泻、痉挛等症状。

无患子（无患子属）

拉 丁 名 *Sapindus saponaria*

别　　名 木患子、油患子、苦患树、肥皂树。

形态特征 落叶乔木，枝开展，叶互生；无托叶；有柄；圆锥花序，顶生及侧生；花杂性，花冠淡绿色，有短爪；花盘杯状；花丝有细毛，药背部着生，两性花雄蕊小，花丝有软毛。核果球形，熟时黄色或棕黄色。种子球形，黑色。花期 6~7 月，果期 9~10 月。

分布生境 贵州省兴义、安龙、册亨、贞丰、望谟、罗甸、榕江、黎平、贵阳等地有分布，生长于海拔 400~1100 米的疏林中或村寨路边。

利用价值 药用：根、树皮、嫩枝叶、果肉、种仁皆可入药，可清热、祛痰、消积、杀虫，治喉痹肿痛、咳喘、食滞、白带异常、疳积、疮癣、肿毒、白喉、精囊病、淋浊尿频等症。经济：患子果皮含无患子皂苷等三萜皂苷，可制造“天然无公害洗洁剂”，用于日常洗涤，如餐具清洁、美容、洗头、皮肤保健。观赏：树干通直，枝叶广展，绿荫稠密，到了冬季，满树叶色金黄，故又名黄金树，是绿化的优良观叶、观果树种。

有毒部位 果实、种子有毒。

毒性成分 主要含无患子皂甙。

中毒反应 人中毒后出现恶心、呕吐等症状，种子可毒鱼。

龙荔（龙眼属）

拉 丁 名 *Dimocarpus confinis*

别　　名 肖韶子、野荔枝、疯人果、山荔枝。

形态特征 常绿大乔木，高可达 20 余米，胸高直径可达 1 米余；小枝粗壮，有 5 条明显的沟槽，干时草黄色，近无毛。叶连柄长 35~50 厘米或更长，叶轴圆柱状，有不甚明显的直线纹，常散生皮孔。花序顶生和腋生，直立，与叶近等长，主轴和分枝均有沟槽，密被绒毛；花柱稍粗短。核果卵圆形，长 2~2.3 厘米；种子红褐色，全部被肉质假种皮包裹。花期夏季，果期夏末秋初。

分布生境 贵州省南部（望谟、罗甸）有分布，生长于海拔400~1000米的阔叶林中。

利用价值 经济：木材为散孔材，材质重、坚韧、致密，纹理斜，干燥后少开裂，切面光滑，有光泽，耐水渍、耐腐、不受虫蛀，可作造船、家具、车辆、建筑、农具和具柄等木材。

有毒部位 果实有毒。以核仁毒性最大。

毒性成分 含有毒的三萜皂甙。

中毒反应 人中毒后出现头昏、无力、幻视、谵语、神志不清、狂躁、癫痫样抽搐等症状。

荔枝（荔枝属）

拉丁名 *Litchi chinensis*

别　名 离枝（古名）。

形态特征 常绿乔木，高10~15米。树皮灰黑色。小枝密生白色皮孔。小叶2~4对，披针形、卵状披针形或长椭圆状披针形，长6~15厘米，宽2~4厘米，先端骤尖或短尾尖，全缘，下面粉绿色，两面无毛，侧脉纤细，上面不明显，下面明显或稍凸起；小叶柄长7~8毫米。花序多分枝。花梗纤细，长2~4毫米，有时粗短；萼被金黄色短绒毛；雄蕊6~8枚。果卵圆形或近球形，长2.5~3.5厘米，熟时常暗红至鲜红色。种子全为肉质假种皮包被。花期春季，果期夏季。

分布生境 贵州省赤水、习水、罗甸、望谟等地有栽培，喜高温高湿，喜光向阳。

利用价值 药用：核入药，为收敛止痛剂，治胃痛、睾丸肿痛等症。食用：荔枝营养丰富，含葡萄糖、蔗糖、蛋白质、脂肪以及维生素A、B、C等，并含叶酸、精氨酸、色氨酸等各种营养素，对人体健康十分有益。经济：木材坚实，深红褐色，纹理雅致、耐腐，历来为上等名材。广东将野生或半野生（均种子繁殖）的荔枝木材列为特级材，栽培荔枝木材列为一级材，主要作造船、梁、柱、上等家具用。

有毒部位 果实有毒。

毒性成分 含有两种具有“毒素”效应的甘氨酸物质。原因在于：它们能够抑制人体葡萄糖的合成，进而显著降低血糖含量，引发急性低血糖症，也就是人们常说的“荔枝病”。

中毒反应 人大量食用后得“荔枝病”，出现头昏、出汗、心悸、口渴、腹痛、腹泻、阵发性抽搐、心律失常等症状，严重的甚至出现呼吸停顿。

细子龙（细子龙属）

拉丁名 *Amesiodendron chinense*

别　名 坡露、田林细子龙、瑶果、科柳。

形态特征 乔木，高可达25米，树皮暗灰色，小枝粗壮，小叶薄革质，有时披针形，两侧稍不对称，基部阔楔形，边缘皱波状，花单性，花瓣白色，卵形，鳞片全缘，顶端反折，背面和边缘密被皱曲长毛；花药被疏柔毛；蒴果的发育果爿近球状，黑色或茶褐色。花期5月，果期8~9月。

分布生境 贵州省望谟纳朝、罗甸羊里等地有分布，生长于海拔300~1000米处的密林中。

利用价值 经济：木材坚硬，很重，耐腐蚀，不受虫蛀，为一级硬木，缺点是加工较难，适用于造船、水工、桩柱、桥梁等。

有毒部位 种子有毒。

毒性成分 含有毒的三萜皂甙。

中毒反应 人中毒后出现腹痛、头昏、呕吐等症状。

天师栗（七叶树属）

拉 丁 名 *Aesculus chinensis var. wilsonii*

别　　名 猴板栗、七叶树、娑罗果、娑罗子。

形态特征 叶乔木，高20~25米。嫩枝密被长柔毛。冬芽有树脂。复叶柄长10~15厘米，嫩时微被柔毛；小叶5~9枚，倒卵形或长倒披针形，长10~25厘米，上面仅主脉基部微被长柔毛，下面淡绿色，有灰色毛，具骨质硬头锯齿，侧脉20~25对，小叶柄长1.5~3厘米，微被柔毛。花序圆筒形，长20~30厘米，基径8~10厘米，基部小花序长3~6厘米，花浓香。花萼筒状，长6~7毫米，外面微有柔毛；花瓣4枚，倒卵形，前面的2枚花瓣有黄色斑块；雄蕊7枚，最长达3厘米；花盘微裂，无毛，两性花子房卵圆形，有黄色绒毛。蒴果黄褐色，卵圆形或近梨形，直径3~4厘米，顶端有短尖头，无刺，有斑点，干时壳厚1.5~2毫米，3裂。种子常1枚，近球形，种脐占种子1/3以下。花期4~5月，果期9~10月。

分布生境 贵州省梵净山、黎平、贵定、贵阳、水城、威宁等地有分布，生长于海拔1300米左右的山谷阴处密林中。

利用价值 药用：果入药，可理气健脾、利湿清热、治胃脘痛、痢疾等症。经济：木材良好可作各种器具。观赏：本种树冠广阔，可作行道树和庭园树。

有毒部位 枝、叶有毒。

毒性成分 含胡萝卜甙、廿烷醇、正丁基-β-D-吡喃果糖甙、天师栗酸。

中毒反应 小鼠腹腔注射叶、枝的甲醇提取物500毫克/千克，出现肌张力增加、呼吸抑制、震颤、感觉迟钝等症状，24小时后多数死亡。腹腔注射氯仿提取物1000毫克/千克，先出现扭体、肌张力增加、兴奋竖尾等症状，然后活动减少、发生震颤。

七叶树（七叶树属）

拉 丁 名 *Aesculus chinensis*

别　　名 梭椤树、梭椤子、天师栗、开心果、猴板栗。

形态特征 落叶乔木，高10~25米；树皮深褐色或灰褐色；枝圆柱形，黄褐色或灰褐色，无毛或嫩时有微柔毛，有淡黄色的皮孔。冬芽大形，有树脂。叶片为掌状复叶，5~7枚，叶柄红褐色，有灰色微柔毛，长10~15厘米；小叶纸质，长圆形或长圆状倒披针形，长10~15厘米，宽3~5厘米，先端锐尖，基部楔形或宽楔形，边缘有钝尖头的细锯齿，上面深绿色，干时变红褐色，无毛；下面黄褐色，除中脉及侧脉基部有疏柔毛外，其余部分均无毛；中脉在上面显著，在下面凸起，侧脉12~19对，在上面微显著，下面显著；中间小叶柄长1~1.5厘米，两侧的小叶柄长0.5~1.3厘米，有微柔毛。果实球形或倒卵圆形，顶部短尖或钝圆而中部略凹下，直径2.5~4厘米，栗褐色，无刺，有较密的斑点。花期6月，果期9~10月。

分布生境 贵州省威宁地区有分布，生长于海拔2550米的高山。

利用价值 药用：种子可作药用。经济：种子榨油可制肥皂。

有毒部位 全株有毒，枝、叶、种子毒性较大。

毒性成分 含七叶树皂甙、隐七叶树皂甙等。

中毒反应 人中毒后出现黏膜发炎、嗳气、剧烈呕吐、疝痛、精神抑郁、昏迷、共济失调、肌肉抽搐和麻痹等症状，严重的甚至死亡。

21. 茄科 Solanaceae

挂金灯（灯笼草属）

拉丁名 *Alkekengi officinarum var. francheti*

别　名 灯笼果、天泡果、锦灯笼、天泡灯、鬼灯笼、酸浆。

形态特征 多年生草本，高可达1米。具根茎，直立。茎几乎无毛，在节处稍膨大。叶草质，卵形或宽卵形，长5~10厘米，宽3~6厘米，基部稍偏斜，全缘、波状或有粗齿，几乎无毛或稍被柔毛；叶柄长可达3.5厘米。花白色，直径约1.5厘米，花萼和花冠外面均被柔毛；花药淡黄色，长约3毫米，花柄纤细，长1~2厘米。浆果球形，橙红色，直径约1.5厘米，为膨大的宿萼所包；宿萼卵形，远大于浆果，长可达4.5厘米，橙红色。果柄长可达3厘米。花期5~7月，果期7~10月。

分布生境 贵州省全省有分布，生长于山坡、林下、沟边、路旁。

利用价值 药用：可清肺利咽、化痰利水，治肺热痰咳、咽喉肿痛、骨蒸劳热、小便淋涩、天疱湿疮等症。

有毒部位 全株有毒，根毒性最大。

毒性成分 主要含惕各酰莨菪碱等有毒生物碱。

中毒反应 人中毒后出现口干、皮肤潮红、烦躁不安等症状，大量食用后会因呼吸麻痹而死亡。家畜很少中毒。

颠茄（颠茄属）

拉 丁 名 *Atropa belladonna*

别　　名 野山茄、美女草、别拉多娜草。

形态特征 多年生草本，茎高达1~2米。根状茎粗壮。茎直立，上部分枝，幼枝具疏生柔毛，以后逐渐脱落。叶卵形或长椭圆形，长5~25厘米，宽3.5~12厘米，先端渐尖基部狭窄成柄，全缘，沿叶脉有柔毛。花单生于叶腋，花梗长2.5~3.5厘米，被腺毛；萼裂片长三角形，长1~1.5厘米，先端渐尖，果时稍增大，并向外展开，花冠长2.5~3.5厘米，直径1.2~2厘米，淡紫褐色，5浅裂，裂片三角形，钝头。雄蕊等长，略短于花冠，花盘明显，子房2室。浆果球状，熟时紫黑色，有光泽，直径约1.5厘米。种子扁平，肾形，褐色，有网纹。花期6~8月，果期7~9月。

分布生境 贵州省药圃有栽培。

利用价值 药用：叶入药，可镇痉、镇痛；根入药，治盗汗，并有散瞳的功效。

有毒部位 全株有毒，根部毒性最大。

毒性成分 主要含莨菪碱、东莨菪碱、颠茄碱等生物碱。

中毒反应 人中毒后出现口干、皮肤潮红、烦躁不安等症状，大量食用后会因呼吸麻痹而死亡。因家畜对本草不敏感，故很少中毒。

阳芋（茄属）

拉 丁 名 *Solanum tuberosum*

别　　名 洋芋、土豆、马铃薯、山药蛋。

形态特征 草本，高达80厘米。地下茎块状，扁圆形或长圆形，淡黄、白色、淡红或紫色。奇数羽状复叶，小叶常大小相间，先端尖，基部稍不对称，全缘，两面疏被白色柔毛，侧脉6~8对。圆锥状花序顶生，与叶对生或腋生；花白或蓝白色；花萼钟形，直径约1厘米，疏被柔毛，5中裂，裂片披针形；花冠辐状，裂片三角形，长约5毫米；雄蕊长约6毫米，花药长5毫米；花柱长约8毫米。浆果球形，无毛。花期夏季。

分布生境 贵州省全省有栽培，以威宁为多。性喜冷凉，其地下薯块形成和生长需要疏松透气、凉爽湿润的土壤环境。块茎生长的适温是16℃~18℃，当温度高于25℃时块茎停止生长，茎叶生长的适温是15℃~25℃，超过39℃停止生长。

利用价值 食用：块茎含大量淀粉、蛋白质、多种维生素、丰富的膳食纤维等。

有毒部位 全株有毒，未成熟或发芽的块茎和果毒性最大。

毒性成分 含一些有毒的生物碱，主要是茄碱和毛壳霉碱，但一般经过170℃的高温烹调，有毒物质就会分解。

中毒反应 人在食用发芽阳芋2~4小时后发病，先出现咽喉部位刺痒或灼热感、上腹部烧灼感或疼痛，继而出现恶心、呕吐、腹泻等胃肠炎症状；中毒较深者可因剧烈吐、泻而有脱水、电解质紊乱和血压下降症状；重症者还出现昏迷和抽搐等症状，最后因心脏衰竭、呼吸中枢麻痹而死亡。

龙葵（茄属）

拉 丁 名 *Solanum nigrum*

别　　名 野海椒、石海椒、野伞子、黑悠悠、黑天天。

形态特征 一年生直立草本。茎无棱或棱不明显，绿色或紫色。叶卵形先端短尖，基部楔形至阔楔形而下延至叶柄，全缘或每边具不规则的波状粗齿。蝎尾状花序腋外生，萼小，浅杯状，齿卵圆形，先端圆；花冠白色，筒部隐于萼内，冠檐5深裂；花丝短，花药黄色，子房卵形，柱头小。浆果球形，熟时黑色。种子多数，近卵形，两侧压扁。花果期6~7月。

分布生境 贵州省全省有分布，喜生长于园地、山野路旁、荒坡草丛中。广泛分布于世界温带、热带地区。

利用价值 药用：全株入药，可清热、解毒、活血、消肿，治疗疮、痈肿、丹毒、跌打扭伤、慢性咳嗽痰喘、水肿、癌肿等症。根入药，味苦、微甘，性寒，治痢疾、淋浊、带下病、跌打损伤等症。

有毒部位 全株有毒，未成熟的浆果毒性较大。

毒性成分 主要含茄碱、澳洲茄碱、边茄碱等生物碱。

中毒反应 人中毒后出现口渴、恶心、视力模糊、头晕、腹胀、腹泻、谵语等症状，严重的可因呼吸麻痹而死亡。

珊瑚樱（茄属）

拉 丁 名 *Solanum pseudocapsicum*

别　　名 珊瑚豆、红珊瑚、玉珊瑚。

形态特征 直立分枝小灌木，高0.4~1米。幼枝被有星状绒毛。单叶，长椭圆形或披针形，长1~6厘米，宽0.5~2厘米，先端渐尖或钝，基部楔形下延至柄，边缘微波状，叶脉、叶缘被有纤毛和星状簇绒毛；叶柄长2~5毫米。花常单生，或稀有2~3朵簇生，腋外生或近对叶生；萼5裂；花冠白色，5裂；雄蕊5枚；浆果球状，直径1.2~1.5厘米，橙红色，果梗长约1厘米，顶端膨大。种子盘状，扁平。花期4~7月，果期8~12月。

分布生境 贵州省全省常见，多生长于田边、路旁、丛林边、沟边，也常栽培供观赏。

利用价值 药用：根入药，味辛、微苦，性温，可活血止痛，主治腰肌劳损、闪挫扭伤等症。观赏：珊瑚樱是传统的室内盆栽观果良品。春季播种的植株在夏秋开花，初秋至春季结果，是元旦和春节花卉淡季难得的观果花卉佳品。

有毒部位 全株有毒。

毒性成分 主要含茄碱、毛叶冬珊瑚碱等。

中毒反应 人中毒后出现恶心、嗜睡、腹痛、瞳孔散大等症状，量多会致死。

假烟叶树（茄属）

拉 丁 名 *Solanum erianthum*

别　　名 土烟叶、山烟草、野烟叶。

形态特征 落叶灌木或小乔木，高2~4米。全株密被白色星状绒毛。叶大，质厚，卵形至长卵形，长7~29厘米，宽3~12厘米，顶端渐尖，基部楔形，全缘或微波缘，叶两面均有星状毛；叶柄长2~5厘米，粗壮。聚伞状、圆锥状平顶花序顶生，总花梗长3~10厘米，花梗长3~5毫米，被星状绒毛；萼钟状，直径约1厘米，5齿裂，卵形，被星状毛；花冠白色，直径约1.5厘米，外面略被星状绒毛；雄蕊5枚，花丝长约1毫米，花药长约为花丝的2倍；子房卵形，密被星状绒毛，花柱光滑，长4~6毫米。浆果球形，直径1.2厘米，黄褐色。花果期全年。

分布生境 贵州省水城、安龙、兴义、望谟、罗甸、盘县等较热地区有分布，喜生长于海拔300~2100米的荒地、灌丛、河谷中。

利用价值 药用：全株入药，味苦，气臭，性热，可消肿解毒、祛风止痛、凉血止血，主治感冒咳嗽、小儿咳嗽、咽喉肿痛、风寒湿痹症、肢体关节酸痛、屈伸不利等症。观赏：本种叶色浅绿，四季有花、果，宜庭园中同浓绿色植物一起配置。

有毒部位 全株有毒，果实毒性较大。

毒性成分 主要含茄解定、澳洲茄二烯、茄洛定等。

中毒反应 人食多量出现咽喉灼烧、恶心、呕吐、眩晕、瞳孔散大、痉挛等症状。

牛茄子（茄属）

拉 丁 名 *Solanum capsicoides*

别　　名 番鬼茄、大颠茄、颠茄、颠茄子。

形态特征 直立草本或半灌木，高30~80厘米。茎生有细直刺，嫩生有纤毛。叶单生或成对生，叶片阔卵形，长5~12厘米，宽4~10厘米，顶端急尖或渐尖，基部心形，叶5~7裂，叶两面生有伏贴的纤毛，脉上有细直刺，叶炳长2~5厘米，生有直刺，有时生有纤毛。聚伞花序腋外生，有1~4花；萼有刺；花冠白色。果球状，直径3厘米左右，熟时橙红色，果梗有细直刺。花果期夏秋季。

分布生境 贵州省习水、惠水、罗甸、兴义等地有分布，生长于海拔200~1500米的荒地、疏林或灌丛中，喜生于路旁、荒地。

利用价值 药用：根或全株（野颠茄）入药，味苦、辛，性温，可活血散瘀、麻醉止痛、镇咳平喘，治风湿腰腿痛、跌打损伤、慢性咳嗽痰喘、胃脘痛、慢性骨髓炎、瘰疬、冻疮、脚癣、痈疮肿毒等症。

有毒部位 全株有毒，未成熟果实毒性较大。

毒性成分 主要含茄解定、边茄碱、龙葵碱等。

中毒反应 人中毒后出现口干、吞咽困难、声音嘶哑、皮肤干燥、潮红、发热、心跳增快、呼吸加深、血压升高、头痛、头晕、烦躁不安等症状。

黄果茄（茄属）

拉 丁 名 *Solanum virginianum*

别　　名 野茄果、大苦茄、毛果茄、北美茄。

形态特征 直立草本或匍匐草本，高 50~70 厘米。有时基部木质化，植株各部均被星状绒毛和细长的针状皮刺。单叶互生；叶柄长2~3.5 厘米；叶片卵状长圆形，长 4~6 厘米，宽 3~4.5 厘米，先端尖或钝，基部近心形或偏斜，边缘深波状或深裂。聚伞花序腋外生，通常 3~5 花；萼钟形，5 裂，外面有小刺；花冠辐状，蓝紫色，5 裂，裂瓣卵状三角形，外被绒毛；雄蕊 5 枚；子房卵形圆形，花柱纤细，柱头截形。浆果球形，直径 1.3~1.9 厘米。初时绿色并具深绿色条纹，成熟后则变为淡黄色；种子近肾形，扁平。花期冬至夏季，果期夏秋季。

分布生境 贵州省全省有分布，生长于村边、路旁、荒地及干旱河谷沙滩上。

利用价值 药用：根、果实及种子入药，可祛风湿、消瘀止痛，治风湿痹痛、牙痛、睾丸肿痛、痈疖等症。

有毒部位 全株有毒，果毒性较大。

毒性成分 主要含澳洲茄碱、边茄碱等。

中毒反应 人中毒后出现口渴、恶心、视力模糊、头晕、腹胀、腹泻、谵语等症状，严重的可因呼吸麻痹而死亡。

水茄（茄属）

拉 丁 名 *Solanum torvum*

别　　名 刺茄、山颠茄、金衫扣、万桃花。

形态特征 灌木，高可达 3 米，叶单生或双生，叶片卵形至椭圆形，先端尖，基部心脏形或楔形，两边不相等，裂片通常上面绿色，毛被较下面薄，下面灰绿，伞房花序腋外生，毛被厚，花白色；萼杯状，不孕花的花柱短于花药，能孕花的花柱较长于花药；柱头截形；浆果黄色，光滑无毛，圆球形，种子盘状，全年均开花结果。

分布生境 贵州省独山、罗甸、兴仁、兴义等地有分布，喜生长于海拔 200~1650 米的路旁、荒地、灌丛、沟谷及村庄附近潮湿地方。

利用价值 药用：根、果实、叶皆可入药。根入药，可散瘀、消肿、清热、止咳、补虚；果实入药，可明目；叶入药，可治疮毒。观赏：水茄花白色，浆果球形，黄色，可以以花坛、花境的形式点缀于大街小巷和城市的重要节日。

有毒部位 根有小毒。

毒性成分 主要含澳洲茄碱、边茄碱等。

中毒反应 人中毒后出现口干、视物模糊、狂躁、谵语、惊厥等症状。

刺天茄（茄属）

拉 丁 名 *Solanum violaceum*

别　　名 哈麻香、麻五答盖、印度茄。

形态特征 灌木，高1~2米。全株密生灰色星状毛及皮刺。叶卵形，5~7深裂或波状圆裂，长5~10厘米，宽2~8.5厘米，基部不规则心形或戟形，叶两面都被星状毛，脉上有刺。蝎尾状伞花序，腋外生；萼有刺，果时向外反折；花冠蓝紫色，直径1.6~2厘米。果球形，熟橙黄色，直径1厘米。花果期全年。

分布生境 贵州省习水、铜仁、水城、罗甸、兴义等较热地区有分布，生长于海拔180~1700米的林下、路边、荒地，在干燥灌丛中有时成片生长。

利用价值 药用：根、果可入药。根入药，可祛风燥湿、散结消肿；果入药，治咳嗽、伤风等症；外用可治皮肤病。

有毒部位 果有毒。

毒性成分 主要含茄解定、澳洲茄二烯、茄碱等。

中毒反应 人过量服用，出现口干、口渴、吞咽困难、体温升高、皮肤干燥发红、瞳孔扩大、视力模糊等中毒症状，重者可出现呼吸、循环抑制，甚至因呼吸衰竭而死亡。

野茄（茄属）

拉 丁 名 *Solanum undatum*

别　　名 山颠茄、野茄子、黄水茄。

形态特征 直立草本至亚灌木，高0.5~2米，小枝，叶下面叶柄，花序均密被5~9分枝的灰褐色星状绒毛，小枝圆柱形，褐色，幼时密被星状毛（渐老则逐渐脱落）及皮刺，皮刺土黄色。上部叶常假双生，不相等；叶卵形至卵状椭圆形，上面尘土状灰绿色，下面灰绿色；叶柄长1~3厘米，密被星状绒毛及直刺，后来星状绒毛逐渐脱落。蝎尾状花序超腋生，长约2.5厘米，总花梗短或近于无，能孕花单独着生于花序的基部，花梗长约1.7厘米，有时有细直刺，花后下垂。不孕花蝎尾状，与能孕花并出。花冠辐状，星形，紫蓝色，长约1.8厘米，直径约3厘米，花药椭圆状，柱头头状。浆果球状，无毛，直径2~3厘米，成熟时黄色，果柄长约2.5厘米，顶端膨大；种子扁圆形，直径约2毫米。花期夏季，果期冬季。

分布生境 贵州省罗甸地区有分布，生长于海拔180~1100米的灌木丛中或缓坡地带。

利用价值 药用：全株入药，可清热解毒、利水消肿，治感冒发热、牙痛、支气管炎等症。

有毒部位 果实有毒。

毒性成分 含甾体生物碱。

中毒反应 人过量服用，出现口干、口渴、吞咽困难、体温升高、皮肤干燥发红、瞳孔扩大、视力模糊等中毒症状。

烟草（烟草属）

拉 丁 名 *Nicotiana tabacum*

别　　名 烟叶、烤烟。

形态特征 一年生草本，株高约1米，直立，被腺毛，基部木质化，上部多分枝。叶互生，叶长圆状卵形至长圆状披针形，长可达30厘米或过之，宽8~15厘米。圆锥花序顶生；花萼圆筒状；花冠漏斗状，淡红色；雄蕊5枚，伸达花冠管喉部；花柱细长，蒴果卵形。花果期秋季。

分布生境 贵州省全省有栽培。原产于南美洲，广泛种植于从北纬55°到南纬40°地区。

利用价值 药用：味甘，性温，可消肿、解毒、杀虫，主治疔疮肿毒、头癣、白癣、秃疮、毒蛇咬伤等症。

有毒部位 全株有毒，叶毒性最大，其次是茎、根、花，种子毒性最小。

毒性成分 主要含烟碱、去甲烟碱等。

中毒反应 人中毒后出现恶心、呕吐、出汗、流涎、疝痛、下泻等症状，或出现运动失调，阵发性强直痉挛、昏迷，严重的甚至因呼吸麻痹而死亡。

天仙子（天仙子属）

拉 丁 名 *Hyoscyamus niger*

别　　名 莨菪、牙痛子、米罐子、牙痛草。

形态特征 二年生草本，高达1米，全体被黏性腺毛。根较粗壮。一年生的茎极短，茎生叶卵形或三角状卵形，顶端钝或渐尖。花在茎中部以下单生于叶腋内，在茎上端则单生于苞状叶腋内而聚集成蝎尾式总状花序。蒴果包藏于宿存萼内，长卵圆状，长约1.5厘米，直径约1.2厘米。种子近圆盘形，直径约1毫米，淡黄棕色。花果期夏季。

分布生境 贵州省各地公园、药圃有栽培，常生长于山坡、路旁、住宅区及河岸沙地。

利用价值 药用：叶、根、花、种子入药，中药名为“天仙子”，味苦、性温，可镇痛解痉，主治胃肠痉挛、胃腹作痛、神经痛、咳嗽、哮喘、癫狂等症；外用治痈肿疔疮、龋齿作痛。观赏：天仙子茎叶繁茂，群花期长达2个月，铜铃状的花朵微微垂头，可广泛种栽于公园、公路两侧，布置花坛外轮可起到画龙点睛的作用，亦可作为绿化带呈块状播种。

有毒部位 全株有毒。

毒性成分 主要含莨菪碱、东莨菪碱等。

中毒反应 人中毒后引起迷走神经及其他副交感神经抑制，出现口渴、躁动、谵妄、颜面潮红、黏膜和皮肤干燥、瞳孔散大等症状，严重的可惊厥、昏迷。

曼陀罗（曼陀罗属）

拉 丁 名 *Datura stramonium*

别　　名 枫茄花、狗核桃、万桃花。

形态特征 草本或半灌木状，高 0.5~1.5 米，茎粗壮，圆柱状，淡绿色或带紫色，下部木质化。叶广卵形，顶端渐尖，基部不对称楔形，边缘有不规则波状浅裂，裂片顶端急尖，花单生于枝杈间或叶腋内，直立，有短梗；花萼筒状，长 4~5 厘米，筒部有 5 个棱角，蒴果直立生，卵状，长 3~4.5 厘米，直径 2~4 厘米。花期 6~10 月，果期 7~11 月。

分布生境 贵州省全省有分布，广布于温带至热带地区，生长于住宅旁、路边或草地上。

利用价值 药用：叶、花、籽入药，味辛，性温；花入药，可祛风湿、止喘定痛，可治惊痫和寒哮等症，煎汤洗治诸风顽痹及寒湿脚气，花瓣的镇痛作用尤佳，可治神经痛等症；叶和籽入药，可止咳镇痛。观赏：曼陀罗因花朵大而美丽，故具有观赏价值，可种植于花园、庭院中，美化环境。

有毒部位 全株有毒，以果实特别是种子毒性最大，嫩叶次之，干叶的毒性比鲜叶小。

毒性成分 主要含莨菪碱、阿托品及东莨菪碱（曼陀罗提取物）等生物碱。

中毒反应 人中毒后出现口干、吞咽困难、声音嘶哑、皮肤干燥、潮红、发热、心跳增快、呼吸加深、血压升高、头痛、头晕、烦躁不安等症状。

毛曼陀罗（曼陀罗属）

拉 丁 名 *Datura inoxia*

别　　名 白洋金花、风茄花、串筋花。

形态特征 一年生直立草本或半灌木状，高 1~2 米，全体密被细腺毛和短柔毛。茎粗壮，下部灰白色，分枝灰绿色或微带紫色。叶片广卵形。花单生于枝杈间或叶腋内，直立或斜升。蒴果俯垂，近球状或卵球状。种子扁肾形，褐色，长约 5 毫米，宽 3 毫米。花果期 6~9 月。

分布生境 贵州省各地公园、药圃均有栽培，常生长于村边、路旁。

利用价值 药用：叶和花入药，可镇痉、镇静、镇痛、麻醉。

有毒部位 全株有毒。

毒性成分 主要含东莨菪碱、莨菪碱等。

中毒反应 人中毒后出现口干、吞咽困难、声音嘶哑、皮肤干燥、潮红、发热、心跳增快、呼吸加深、血压升高、头痛、头晕、烦躁不安等症状。

洋金花（曼陀罗属）

拉 丁 名 *Datura metel*

别　　名 白花曼陀罗、闹羊花。

形态特征 一年生直立草本，高 0.5~1.5 米。全株无毛或近无毛。叶卵形或宽卵形，顶端渐尖，两侧常不对称，长 9~25 米，宽 4~15 厘米。花单生，直立，花萼筒状，不紧贴花冠筒，花冠漏斗状，长 13~18 厘米，白色、紫色或淡黄色，雄蕊 5 枚，不伸出花冠，子房球形。蒴果斜生，近球状或扁球形，表面被短而粗壮的针刺，成熟时淡褐色，从顶端自下作不规则 4 裂。种子淡褐色。花果期 3~11 月。

分布生境 贵州省各地公园、药圃均有栽培，生长于荒地、旱地、宅旁、向阳山坡、林缘、草地。

利用价值 药用：味辛，性温，可止咳平喘、止痛镇静，治哮喘咳嗽、脘腹冷痛、风湿痹痛、小儿慢惊等症；具有外科麻醉的功效。

有毒部位 全株有毒。

毒性成分 主要含东莨菪碱、莨菪碱等。

中毒反应 人中毒后出现口干、吞咽困难、声音嘶哑、皮肤干燥、瞳孔散大、脉快，颜面潮红、谵语幻觉、抽搐等症状，甚则使血压下降，严重的发生昏迷，因呼吸衰竭而死亡。

天蓬子（天蓬子属）

拉 丁 名 *Atropanthe sinensis*

别　　名 搜山虎、白商陆、小独活。

形态特征 多年生宿根草本或亚灌木，植株高 0.8~1.5 米，茎常带深蓝紫色。叶片纸质，椭圆形至卵形，长 11.5~17.5 厘米，宽 4.5~7.5 厘米，顶端渐尖，两面无毛；叶柄近无或长达 4.5 厘米。花俯垂，花萼纸质；花冠漏斗状，黄绿色，裂片 5 枚；雄蕊内藏；花盘橙红色。蒴果果萼圆锥状，坚纸质，顶端闭合。花期 4~5 月，果期 8~9 月。

分布生境 贵州省赫章地区有分布，生长于海拔 1380~2000 米的杂木林下阴湿处或沟边。

利用价值 药用：根入药，可镇痛、舒筋活络，治跌打、风湿、抽风、瘫痪等症。

有毒部位 根有毒。

毒性成分 主要含阿托品、东莨菪碱等。

中毒反应 人中毒后出现口干、吞咽困难、声音嘶哑、皮肤干燥、潮红、发热、心跳增快、呼吸加深、血压升高、头痛、头晕、烦躁不安等症状。

22. 桑寄生科 Loranthaceae

红花寄生（梨果寄生属）

拉 丁 名 *Scurrula parasitica*

别　　名 马桑寄生、柏寄生、桃木寄生、柠檬寄生。

形态特征 常绿寄生小灌木，高 0.5~1.5 米；小枝及成长叶无毛，幼嫩枝及叶密被锈色星状毛，但不久即行脱落，枝表面红褐色或深褐色，有点状皮孔。叶对生或近对生，卵形至长卵形。总状花序腋生，具花 3~5 朵，密集呈伞状，花冠红色；雄蕊花丝极短，花药长圆形，长 1.5~2 毫米；雌蕊花柱线状，柱头头状。浆果梨形，红黄色，长约 10 毫米，顶端钝圆，直径约 3 毫米，下半部渐狭呈长柄状，果皮平滑。花期 10 月至翌年 1 月。

分布生境 贵州省兴仁、兴义、镇宁、惠水、罗甸、贞丰、望谟、平塘等地有分布，生长于海拔 20~2800 米的沿海平原或山地常绿阔叶林中，寄生于柚树、橘树、柠檬、黄皮、桃树、梨树或山茶科、大戟科、夹竹桃科、榆科、无患子科或马桑等植物上。

利用价值 药用：茎叶入药，可祛风湿，治胃病。

有毒部位 寄生在马桑等有毒植物上有毒。叶有毒。

毒性成分 主要含马桑内酯、萹蓄甙等。

中毒反应 人误食出现全身发麻、出汗、流涎、恶心、呕吐、呼吸加快、烦躁不安、昏迷等症状，严重的甚至因呼吸衰竭而死亡。动物中毒后引起惊厥、死亡。

23. 蜡梅科 Calycanthaceae

蜡梅（蜡梅属）

拉 丁 名 *Chimonanthus praecox*

别　　名 腊梅、蜡花、黄梅花、蜡木。

形态特征 落叶小乔木或灌木状。鳞芽被短柔毛。叶纸质，卵圆形至椭圆形，先端尖或渐尖，稀尾尖。花被片黄色，无毛，内花被片较短，基部具爪；雄蕊 5~7 枚，花丝不短于花药，花药内弯，药隔顶端短尖；心皮 7~14 个，花柱较子房长 3 倍。果托坛状，近木质，口部缢缩。花期 11 月至翌年 3 月，果期 4~11 月。

分布生境 本种多系栽培，贵州省除西北部高寒地区外，其余地区庭园偶有栽培，贵阳、龙里、镇远等地有野生，性喜阳光，耐阴、耐寒、耐旱，忌渍水。

利用价值 药用：根、茎、叶、花、果入药，可解暑生津、顺气止咳，治暑热心烦、口渴、百日咳、肝胃气痛、烫伤等症。经济：花含有芳樟醇、龙脑、桉叶素、蒎烯、倍半萜醇等多种芳香物，是制高级花茶的香花之一。观赏：蜡梅花在霜雪寒天傲然开放，花黄似蜡，浓香扑鼻，是冬季观赏主要花木。

有毒部位 果实和枝叶有毒。

毒性成分 主要含洋蜡梅碱。

中毒反应 人中毒后出现四肢痉挛、站立困难、呼吸急促、心跳加快症状，严重的可致死亡。

24. 樟科 Lauraceae

樟树（樟属）

拉 丁 名 *Cinnamomum camphora*

别 名 香樟、芳樟、油樟、樟木。

形态特征 乔木，高达30米；树皮黄褐色，有不规则纵裂。小枝无毛。叶卵状椭圆形，长6~12厘米，先端骤尖，基部宽楔形或近圆，两面无毛或下面初稍被微柔毛，边缘有时微波状，离基三出脉，侧脉及支脉脉腋具腺窝；叶柄长2~3厘米，无毛。圆锥花序长达7厘米，具多花，花序梗长2.5~4.5厘米，与序轴均无毛或被灰白或黄褐色微柔毛，节上毛较密。花梗长1~2毫米，无毛；花被无毛或被微柔毛，内面密被柔毛，花被片椭圆形；能育雄蕊长约2毫米，花丝被短柔毛，退化雄蕊箭头形，长约1毫米，被柔毛。果卵圆形或近球形，直径6~8毫米，紫黑色；果托杯状，高约5毫米，顶端平截，直径达4毫米。花期4~5月，果期8~11月。

分布生境 贵州省贵阳、惠水、从江、黎平、锦屏、天柱、赤水等地有分布，常生长于山坡或沟谷中，喜微润土，丰腐殖质黑土或微酸性至中性砂质壤土。

利用价值 药用：根、树干、树皮、叶及果入药，味辛，性微温，可祛风散寒、理气活气、止痛止痒、强心镇痉、杀虫。经济：木材纹理细致。具香气，能驱虫，耐水湿，耐朽力强，易加工，为名贵木材之一，可供建筑、造船、箱柜、家具、雕刻等用；植物体各部均可提制樟脑、樟油的原料，供医药、香料、化工和防腐等用。

有毒部位 全株有毒。

毒性成分 由樟树生产的樟脑可损伤中枢神经系统。

中毒反应 人中毒后出现咽喉灼烧感、恶心、呕吐、运动失调、嗜睡、烦躁、谵妄、抽搐、昏迷等症状。

25. 木通科 Lardizabalaceae

三叶木通（木通属）

拉 丁 名 *Akebia trifoliata*

别 名 八月瓜、八月柞。

形态特征 落叶木质藤本植物。茎皮灰褐色，掌状复叶互生或在短枝上的簇生；叶柄直，叶片纸质或薄革质，卵形至阔卵形，先端通常钝或略凹入，基部截平或圆形，边缘具波状齿或浅裂，上面深绿色，下面浅绿色；总状花序自短枝上簇生叶中抽出，总花梗纤细。雄花：花梗丝状，萼片淡紫色，阔椭圆形或椭圆形，花丝极短，药室在开花时内弯；退化心皮长圆状锥形。雌花：花梗稍较雄花粗，柱头头状，具乳凸，橙黄色。果长圆形，直或稍弯，种子极多数，扁卵形，种皮红褐色或黑褐色，稍有光泽。花期4~5月，果期7~8月。

分布生境 贵州省大方、纳雍、遵义、德江、松桃、印江、江口、贵阳、雷山等地有分布，生长于海拔1000~2000米的坡路旁、沟旁、沟边灌木从中或疏林内阴湿处。

利用价值 药用：全株入药，可利尿通淋、行气通经，治小便不利、风湿关节痛及乳汁不通等症。果实具有美容抗癌作用，坚持服用对糖尿病也有明显的缓解作用。

有毒部位 枝叶有毒。

毒性成分 主要含三萜皂甙。

中毒反应 人中毒后出现腹痛、腹胀、腹泻、呕吐等症状，重者会出现尿闭、蛋白尿甚至脱水症状。

26. 金丝桃科 Hypericaceae

黄海棠（金丝桃属）

拉 丁 名 *Hypericum ascyron*

别　　名 牛心菜、山辣椒、大叶金丝桃。

形态特征 多年生草本。叶披针形、长圆状披针形、长圆状卵形或椭圆形，长2~10厘米，基部楔形或心形，抱茎，无柄，下面疏被淡色腺点。花序近伞房状或窄圆锥状，具1~35花，顶生。花径2.5~8厘米，平展或外弯；花梗长0.5~3厘米；萼片卵形、披针形或椭圆形；花瓣金黄色，倒披针形，长1.5~4厘米，极弯曲，宿存；雄蕊5束，每束具雄蕊约30枚；花柱5枚，4/5分离。蒴果卵球形或卵球状三角形，长0.9~2.2厘米，深褐色。花期7~8月，果期8~9月。

分布生境 贵州省金沙、沿河、德江、印江、松桃、贵阳、镇宁、独山、兴义、册亨、安龙等地有分布，生长于海拔2600米以下的山坡、林下、灌丛、草地或河畔。

利用价值 药用：全株入药，主治吐血、子宫出血、外伤出血、疮疖痈肿、风湿、痢疾以及月经不调等症；种子泡酒服，可治胃病，并可解毒和排脓。观赏：黄海棠株形矮壮，茎干挺直，花开时节，枝叶间散发出清幽的花香，具有较高的观赏价值，宜于花坛、花园、花境作背景栽培。

有毒部位 全株有毒。

毒性成分 主要含金丝桃素。

中毒反应 出现光敏中毒症状，人食后无色素部分局部发生水疱，并伴有高热、呼吸异常，甚至产生视力障碍。

贯叶连翘（金丝桃属）

拉 丁 名 *Hypericum perforatum*

别　　名 小金丝桃、小叶金丝桃、夜关门、赶山鞭。

形态特征 多年生草本植物，高可达 20~60 厘米，全体无毛。茎直立，多分枝，叶无柄，叶片椭圆形至线形，先端钝形，边缘全缘，背卷，上面绿色，下面白绿色，脉网稀疏，不明显。聚伞花序，生于茎及分枝顶端，苞片及小苞片线形，萼片长圆形或披针形，花瓣黄色，长圆形或长圆状椭圆形，两侧不相等，雄蕊多数，花药黄色，子房卵珠形，蒴果长圆状卵珠形，种子黑褐色，圆柱形。花期 7~8 月，果期 9~10 月。

分布生境 贵州省毕节、思南、松桃、普安、兴义、贞丰、贵阳、黄平、都匀、雷山及梵净山等地有分布，生长于海拔 500~2000 米的山坡、草地、路旁及溪畔等处。

利用价值 药用：全株入药，可收敛止血，治吐血、外伤出血及肿毒等症。

有毒部位 全株有毒。

毒性成分 主要含金丝桃素。

中毒反应 出现光敏中毒症状，人食后无色素部分局部发生水疱，并伴有高热、呼吸异常，甚至产生视力障碍。

元宝草（金丝桃属）

拉 丁 名 *Hypericum sampsonii*

别　　名 相思、对月草、大叶对口莲、对经草、对叶草。

形态特征 多年生草本。叶片披针形、长圆形或倒披针形，长 2~8 厘米，宽 0.7~3.5 厘米，先端钝形或圆形，堆部合生，边缘密生黑色腺点，侧脉 4 对。伞房状花序顶生，多花组成圆柱状圆锥花序。花径 0.6~1.5 厘米，基部杯状，花梗长2~3 毫米；萼片长圆形、长圆状匙形或长圆状线形，先端圆，边缘疏生黑色腺点；花瓣淡黄色，椭圆状长圆形，宿存，边缘具黑腺体；雄蕊 3 束，每束具雄蕊 10~14 枚，宿存；花柱 3 枚，基部分离。蒴果宽卵球形或卵球状圆锥形，长 6~9 毫米，被黄褐色囊状腺体。花期 5~6 月，果期 7~8 月。

分布生境 贵州省贵阳、习水、息烽、印江、德江、松桃、兴义、册亨、安龙、罗甸、平塘、独山、凯里、黄平、榕江、黎平等地有分布，生长于海拔 1200 米以下的山坡、路旁、草地、灌丛中或沟边湿处。

利用价值 药用：全株入药，具有凉血止血、清热解毒、活血调经、祛风通络之功效，可通经、活血、解毒，治月经不调、蛇咬伤、吐血、流鼻血等症。

有毒部位 全株有毒。

毒性成分 主要含金丝桃素。

中毒反应 出现光敏中毒症状，人食后无色素部分局部发生水疱，并伴有高热、呼吸异常，甚至产生视力障碍。

27. 藤黄科 Clusiaceae

木竹子（藤黄属~旧称山竹子属）

拉 丁 名 *Garcinia multiflora*

别　　名 多花山竹子、山竹子、山橘子。

形态特征 乔木。叶长圆状卵形或长圆状倒卵形，长 7~20 厘米，先端尖或短尖，基部楔形，侧脉 10~15 对；叶柄长 0.6~1.2 厘米。花杂性，同株；雄花序呈圆锥状聚伞花序，长 5~7 厘米；雄花径 2~3 厘米，花梗长 0.8~1.5 厘米，萼片 2 大 2 小，花瓣橙黄色，倒卵形，长为萼片的 1.5 倍，花丝合成 4 束，每束具花药约 50 枚，聚合成头状；退化雌蕊柱状；雌花序具 1~5 花；退化雄蕊束短，子房 2 室，无花柱。果卵圆形或倒卵圆形，长 3~5 厘米，直径 2.5~3 厘米，黄色，光滑。花期 6~8 月，果期 11~12 月。

分布生境 贵州省独山、荔波、黎平等地有分布，生长于海拔 700 米以下的山坡疏林或密林中。

利用价值 药用：树皮入药，可消炎，治各种炎症。

有毒部位 果、树皮有小毒。

毒性成分 主要含间苯三酚、皂素等。

中毒反应 人中毒后出现恶心、腹胀、腹泻等症状。

岭南山竹子（藤黄属）

拉 丁 名 *Garcinia oblongifolia*

别　　名 海南山竹子、金赏、岭南倒捻子。

形态特征 常绿乔木。叶长圆形、倒卵状长圆形或倒披针形，长 5~10 厘米，先端稍骤尖，基部楔形，侧脉 10~18 对；叶柄长约 1 厘米。花单性异株，单生或呈伞房状聚伞花序；花径约 3 毫米。花梗长 3~7 毫米，淡绿色，雄花萼片近圆形，花瓣橙黄色或淡黄色，倒卵状长圆形，雄蕊合成 1 束，花药聚成头状，无退化雌蕊；雌花退化雄蕊合成 4 束，子房 8~10 室，柱头辐射状分裂，具乳突。果卵圆形或球形，长 2~4 厘米，直径 2~3.5 厘米。花期 4~5 月，果期 10~12 月。

分布生境 贵州省兴义、册亨、榕江等地有分布，生长于山坡、谷地。

利用价值 食用：果实可食。经济：种子榨油作工业用；树皮可提栲胶；木材可制家具及工艺品。

有毒部位 果、树皮有小毒。

毒性成分 主要含间苯三酚、皂素等。

中毒反应 人中毒后出现恶心、腹胀、腹泻等症状。

28. 景天科 Crassulaceae

落地生根（落地生根属）

拉 丁 名 *Bryophyllum pinnatum*

别　　名 不死鸟、灯笼花、花蝴蝶、叶爆芽、天灯笼、倒吊莲。

形态特征 多年生，肉质草本，高 30~180 厘米；茎有分枝。叶对生，羽状复叶（早期的叶为单叶），小叶 3~5 株，小叶长卵形至椭圆形，先端钝，边缘有圆齿，圆齿底部容易生芽，芽长大后落地即成一新植物。圆锥花序顶生；花两性下垂，花萼黄白色，合生为管状，顶端 4 裂；花冠淡红色或紫色，合生为管状，顶四裂；雄蕊 8 枚，花丝长，着生在花冠基部；鳞片近正方形，心皮 4 个，上分离，基部连合。果实为蓇葖果；种子小，多数，种皮有条纹。花期 5~8 月。

分布生境 贵州省南部气温较高的罗甸、望谟等地有分布，生长于海拔 400~1000 米的草地、荒坡。

利用价值 药用：全株入药，味微酸、涩，性凉，可消肿、活血止痛、拔毒生肌；外用于痈肿疮毒、乳痈、丹毒、中耳炎、痄腮、外伤出血、跌打损伤、骨折、烧烫伤等症。观赏：其叶片肥厚多汁，边缘长出整齐美观的不定芽，形似一群小蝴蝶，飞落于地，立即扎根繁育，颇有奇趣。用于盆栽，是窗台绿化的好材料，点缀书房和客室也具雅趣。

有毒部位 花有微毒。

毒性成分 主要含槲皮素、落地生根毒素。

中毒反应 人中毒后出现口干、恶心、呕吐、腹胀、腹泻等症状。

29. 亚麻科 Linaceae

亚麻（亚麻属）

拉 丁 名 *Linum usitatissimum*

别　　名 胡麻、壁虱胡麻、山西胡麻。

形态特征 一年生草本，高 30~100 厘米；茎直立，上部多分枝，基部稍木质化，无毛。叶互生，无柄，窄披针形，长 1.5~3.5 厘米，宽 2~5 毫米，先端锐尖，基部楔形，全缘，三出叶脉。花单生枝顶或上部叶腋；花柄长 2~3 厘米；花萼 5 枚，卵形，宿存，边缘不具腺体；花瓣 5 枚，蓝色，宽倒卵形，长 7~10 毫米，易凋落；退化雄蕊 5 枚，仅留齿状痕迹，与雄蕊互生，花丝基部连合；子房 5 室；花柱 5 枚，分离。蒴果近球形，长 6~8 毫米，顶端 5 瓣裂；种子 10 枚，扁圆形，棕褐色，有光泽。花期 6~8 月，果期 7~10 月。

分布生境 原产地中海。贵州省贵阳、安顺等地有栽培。

利用价值 药用：外用治烫伤，内服可作轻泻剂，能补益肝肾、养血祛风。经济：亚麻的开发利用价值高，亚麻茎制取的纤维是纺织工业的重要原料。保健：亚麻还是油料作物，亚麻油含大量不饱和脂肪酸，故用来预防高脂血症和动脉粥样硬化。

有毒部位 全株有毒，种子和嫩芽毒性较大。

毒性成分 主要由氰甙亚麻苦甙引起。

中毒反应 动物中毒后出现流涎、呕吐、疝痛、下泻、痉挛、呼吸困难症状，严重的因呼吸麻痹而死亡。

30. 芸香科 Rutaceae

毛竹叶椒（花椒属~竹叶花椒的变种）

拉 丁 名 *Zanthoxylum armatum*

别　　名 山花椒。

形态特征 小乔木或灌木。茎枝多锐刺，红褐色，小叶对生，通常披针形，叶面稍粗皱；花序近腋生或同时生于侧枝之顶，有花约 30 朵；嫩枝梢及花序轴、有时叶轴长有褐锈色短柔毛。果紫红色，有微凸起少量油点，种子褐黑色。花期 4~5 月，果期 8~10 月。

分布生境 贵州省赤水、沿河、印江、松桃、凤岗、湄潭、贵阳、凯里、黄平、雷山、黎平、都匀、平塘、独山、兴仁、罗甸、安龙、望谟等地有分布，生长于海拔 380~1300 米的山野、路旁灌木丛中。

利用价值 药用：根、茎、叶、果及种子入药，可祛风散寒、行气止痛，治风湿性关节炎、牙痛、跌打肿痛等症。经济：作驱虫及醉鱼剂。

有毒部位 全株有小毒。

毒性成分 主要含生物碱（白鲜碱、茵芋碱）。

中毒反应 人中毒后引起麻醉和运动功能障碍，出现呼吸困难、四肢无力症状。

刺花椒（花椒属）

拉 丁 名 *Zanthoxylum acanthopodium*

别　　名 毛刺花椒、狗花椒。

形态特征 落叶小乔木，高达 15 米，茎干有鼓钉状，当年生枝的髓部甚大，各部无毛。叶有小叶，整齐对生，狭长披针形或位于叶轴基部的近卵形，顶部渐狭长尖，基部圆，叶缘有明显裂齿，油点多，肉眼可见，叶背灰绿色或有灰白色粉霜，花序顶生，多花，花瓣淡黄白色，分果瓣淡红褐色，花期 8~9 月，果期 10~12 月。

分布生境 贵州省三都、盘县、安龙、普安等地有分布，生长于海拔 200~2300

米的路旁灌木丛中或密林下。

利用价值 药用：根、果入药，温中散寒，可止痛、杀虫、避孕，主治胃痛、风湿关节痛、虫积腹痛等症。

有毒部位 茎皮、根果。

毒性成分 主要含刺花椒毒素及坡刀毒素。

中毒反应 动物中毒后出现扭体、流涎、攀爬无力等症状，严重的抽搐死亡。

野花椒（花椒属）

拉 丁 名 *Zanthoxylum simnlans*

别　　名 刺椒（山东）、黄椒（山西）、大花椒（江苏）、天角椒、黄总管、香椒（江西）。

形态特征 乔木或灌木状，枝干散生基部宽扁锐刺，幼枝被柔毛或无毛。奇数羽状复叶，叶轴具窄翅：小叶5~15枚，对生，无柄，卵圆形、卵状椭圆形或菱状宽卵形，长2.5~7厘米，宽1.5~4厘米，先端尖或短尖，基部宽楔形，密被油腺点，上面疏被刚毛状倒伏细刺，下面无毛或沿中脉两侧被疏柔毛，干后黄绿或暗绿褐色，疏生浅钝齿。聚伞状圆锥花序顶生。花被片5~8枚，1轮，大小近相等，淡黄绿色；雄花具5~10枚雄蕊；雌花具2~3个心皮。果红褐色，果瓣基部骤缢窄成长1~2毫米短柄，密被微凸油腺点，果瓣径约5毫米。花期3~5月，果期7~9月。

分布生境 贵州省松桃、铜仁、天柱等地有分布，生长于海拔60~490米的山坡，灌木丛中或密林下。

利用价值 药用：果实、叶、根入药，为散寒健胃药，可止吐泻、利尿；果皮和叶含挥发油，具有较强的镇痛效用和抑制神经中枢的作用。经济：果实、叶、根可提取芳香油及脂肪油；叶和果是食品调味料。

有毒部位 果、叶有毒。

毒性成分 主要含二氢白屈菜碱、茵芋碱等。

中毒反应 动物中毒后出现垂头、伏地、后肢痛觉迟钝等症状。

椿叶花椒（花椒属）

拉 丁 名 *Zanthoxylum ailanthoides*

别　　名 樗叶花椒、满天星、刺椒。

形态特征 落叶乔木，高达15米，胸径30厘米；树干具基部宽达3厘米，长2~5毫米鼓钉状皮刺。花枝具直刺；小枝髓心中空，小枝近顶部常疏生短刺；各部无毛。奇数羽状复叶，小叶11~27枚，对生，纸质至厚纸质，长披针形或近卵形，长7~18厘米，宽2~6厘米，先端渐长尖，基部近圆，具浅圆锯齿，油腺点密，显著，两面无毛，下面被灰白色粉霜，上面中脉凹下，侧脉11~16对。伞房状聚伞花序顶生，多花，花序轴疏生短刺。花瓣5枚，淡黄白色，雄花具5蕊雄，雌花心皮3个或4个。果瓣淡红褐色，顶端无芒尖，直径约4.5毫米，油腺点多，干后凹下；

果柄长 1~3 毫米。花期 8~9 月，果期 10~12 月。

分布生境 贵州省榕江、从江等地有分布，生长于海拔 800 米左右的山谷、寨旁湿润地。

利用价值 药用：根皮及树皮皆可入药，味辛、苦，性平，可祛风湿、通经络、活血、散瘀，治风湿骨痛、跌打肿痛等症。

有毒部位 根皮和树皮。

毒性成分 主要含白鲜碱、茵芋碱、氯化光叶花椒碱等。

中毒反应 人中毒后出现麻醉和运动功能障碍、呼吸困难、四肢无力症状。

三椏苦（蜜茱萸属）

拉 丁 名 *Melicope pteleifolia*

别　　名 三叉苦、小黄散、鸡骨树、三丫苦、三枝枪、三叉虎。

形态特征 灌木或小乔木。树皮灰白色，有长圆形皮孔。叶为三数复叶，对生；叶柄长 3~10 厘米，基部略胀大；小叶片长圆状披针形，长 6~12 厘米，宽 2~6 厘米，纸质，先端钝尖，全缘或不规则浅波状，叶上面深绿色，下面黄绿色，有腺点，小叶柄短。伞房状圆锥花序腋生，花轴及花梗初时被短柔毛，花后渐脱落。花小，单性，黄白色，略芳香；萼深裂，广卵形，长约 0.5 毫米；花瓣 4 枚，卵圆形至长圆形，长 1.5~2 毫米，有腺点；雄花有雄蕊 4 枚，较花瓣长，花丝线形，花药卵状长圆形，退化子房短小；雌花子房密被毛，退化雄蕊 4 枚，较花瓣短，花药不育。蓇葖果常 2~3 枚，稀 1 枚或 2 枚，外果皮暗黄褐色至红褐色，有乳点；种子黑色有光泽，卵状球形。花期 4~5 月，果期 6~8 月。

分布生境 贵州省兴义地区有分布，生长于丘陵、平原、溪边、林缘的灌从中。

利用价值 药用：可清热解毒、祛风除湿、散瘀止痛，治温病初起之发热、头痛、项强、惊搐，更多治湿热火毒所致的咽喉肿痛、感冒发热、疟疾、湿疮湿疹、肺热咳嗽、蛇虫咬伤，以及风湿痹阻、腰腿疼痛、跌打损伤等症；扁桃体炎、慢性支气管炎、急性或慢性肝炎、疟疾、真菌感染、荨麻疹等可辨证用之。

有毒部位 根、叶有小毒。

毒性成分 含左旋加锡弥罗果碱、左旋 7-去羟基日巴里尼定、右旋异普拉得斯碱。

中毒反应 人中毒后出现呼吸困难、下肢无力、腹部紧缩、抽搐等症状。

吴茱萸（四数花属）

拉 丁 名 *Tetradium ruticarpum*

别　　名 野吴萸、野茶辣、石虎。

形态特征 高大灌木，有时呈小乔木状。小枝紫褐色，被淡褐色短毛，具淡黄色或淡褐色的细小皮孔，裸芽密被黄褐色或褐紫色长绒毛。叶柄长 2.5~8 厘米，叶轴被淡褐色或黄锈色柔毛；小叶 5~9 片，长圆形至卵状披针形。聚伞圆锥花序，顶生花轴密被褐色或紫褐色绒毛；苞片对生，生于花轴基部的为狭窄的小叶片状，生于上部的为鳞片状；花单性，白色，5朵，萼片广卵形、长1~2毫米，被短柔毛；花瓣长椭圆形，长3~5毫米，外面被疏淡褐色短柔毛，内面被灰白色长柔毛，雌花的退化雄蕊鳞长状，长3~5毫米，子房扁圆形，花柱圆柱形，粗而短，长约1毫米，柱头宽头状；雄花的雄蕊5枚，花时伸出花瓣外，花丝线形，中部以下被长毛，花药椭圆形，长约2毫米，退化子房先端4~5裂，被疏长柔毛，蓇葖果1~5枚，红色，表面有粗大的腺点，每分果爿有1种子；种子卵珠形，黑色而有光泽。花期6~8月，果期9~10月。

分布生境 贵州省松桃、江口、梵净山、印江、德江、习水、大方、盘县、水城、绥阳、贵阳、息烽、平塘、凯里、安龙、都匀、黄平、普安、独山、湘潭、瓮安、纳雍、兴仁、兴义、雷公山、格江、黎平、荔波等地有分布，喜生长于疏林下或林缘旷地或路旁。

利用价值 药用：经炮制晾干后即是传统中药吴茱萸，简称吴萸，是苦味健胃剂和镇痛剂，又作驱蛔虫药。果、叶、根、茎及皮均可入药，性热，味苦辛，可散寒止痛、降逆止呕，治肝胃虚寒、阴浊上逆所致的头痛或胃脘疼痛等症，亦可治高血压、消化不良、湿疹性神经性皮炎、口腔溃疡等症，对神经中枢系统有镇静作用。

有毒部位 果有小毒。

毒性成分 主要含喹啉酮类生物碱。

中毒反应 人中毒后出现腹泻、腹痛、视力障碍、错觉等症状。

芸香（芸香属）

拉 丁 名 *Ruta graveolens*

别　　名 臭草、香草、小叶香。

形态特征 多年生木质草本，根系发达，支根多，根皮淡硫黄色。植株高达1米，各部有浓烈特殊气味。叶羽状复叶，灰绿或带蓝绿色。花金黄色，花柱短，子房每室有胚珠多颗。果皮有凸起的油点；种子甚多，肾形，褐黑色。花期3~6月及冬季末期，果期7~9月。

分布生境 原产于欧洲南部，现各国均有栽培。贵州省望谟、贵阳等地有栽培。

利用价值 药用：全株入药，可祛风镇痉、通经、杀虫。

有毒部位 全株有毒。

毒性成分 主要含白鲜碱、γ-崖椒碱、茵芋碱等。

中毒反应 接触人皮肤有灼烧感，发红，起疱，食后出现呕吐、脉搏弱而衰竭等症状。

臭节草（石椒草属）

拉 丁 名 *Boenninghausenia albiflora*

别　　名 松风草、生风草、小黄药臭虫草、断根草、烫伤草。

形态特征 有强烈气味的多年生宿根草本，高 50~80 厘米，基部常为木质，嫩枝的髓部常中空。叶为二回至三回指状三出复叶，被极疏抓柔毛或无毛；小叶片倒卵形或椭圆形，长 1~3 厘米，宽 0.2~1.6 厘米，顶端圆或微凹，基部楔形，薄纸质或膜质，下面灰绿色，有细小腺点。聚伞花序顶生；花白色；萼片 4 枚，长约 1 毫米，中部以下合生，花瓣 4 枚，长 3~5 毫米，有透明腺点；雄蕊 8 枚，长短相间；子房具柄，果成熟时子房柄长约 5 毫米；种子肾形，黑褐色，表面有瘤状凸体。花期 4~10 月，花后结果。

分布生境 贵州省江口、印江、德江、毕节、盘县、水城、开阳、凯里、兴义、纳雍、榕江等地有分布，喜生长于石灰岩山地阴处灌丛林中。

利用价值 药用：可清热、散瘀、凉血、舒筋、消炎，治风寒感冒、咽喉炎、腮腺炎、支气管炎、皮下瘀血等症。经济：作驱虫药；叶含芳香油。

有毒部位 全株有毒。

毒性成分 主要含白鲜碱等。

中毒反应 动物大量食后出现活动减少、步态不稳、瘫痪等症状，严重的甚至惊厥死亡。

飞龙掌血（飞龙掌血属）

拉 丁 名 *Toddalia asiatica*

别　　名 黄肉树（中国台湾）、三百棒（湖南、贵州）、大救驾、八大王（贵州）。

形态特征 木质藤本。老茎具木栓层，茎枝及叶轴具钩刺。三小叶复叶，互生，小叶卵形至椭圆形，先端骤尖或短尖，基部宽楔形，中部以上具钝圆齿。雄花序为伞房状圆锥花序，雌花序为聚伞圆锥花序。花单性；萼片及花瓣均 4~5 枚，萼片基部合生，花瓣镊合状排列；雄花具 4~5 枚雄蕊，雌花花柱短。核果橙红色或朱红色，近球形含胶液；种子肾形，褐黑色，脆骨质。花期春夏，果期秋冬。

分布生境 贵州省习水、开阳、贵阳、安龙、荔波、三都、册亨等地有分布，喜生长于海拔 380~1500 米的山坡、山谷丛林中。

利用价值 药用：可活血散瘀、祛风除湿、消肿止痛，治感冒风寒、胃痛、肋间神经痛、风湿骨痛、跌打损伤、咯血红痢及淋症等症；根皮的煎煮液制成针剂肌肉注射，或疼痛部位穴位注射，对慢性腰腿痛有良好疗效。

有毒部位 全株有小毒，尤其根。

毒性成分 根、叶含白屈菜红碱、小檗碱，还含飞龙掌血内酯、茴芹香豆素、橙皮甙等。

中毒反应 白屈菜红碱能损伤末梢神经与肌肉组织，对心脏也有抑制作用，豚鼠少量食用可引起流产，大量食用引起麻痹、死亡。

茵芋（茵芋属）

拉 丁 名 *Skimmia reevesiana*

别　　名 山桂花、黄山桂、深红茵芋、阿里山茵芋、海南茵芋。

形态特征 灌木，高达2米。叶革质，具柑橘叶香气，集生枝上部，椭圆形、披针形、卵形或倒披针形，长5~12厘米，先端短钝尖，基部宽楔形，上面中脉稍凸起，被柔毛；叶柄长0.5~1厘米。花序轴及花梗均被毛；花密集，芳香。花两性；萼片及花瓣3~5枚，萼片半圆形，长1~1.5毫米；花瓣黄白色，长3~5毫米；雄蕊与花瓣同数；雌花退化雄蕊棒状，雄花退化雌蕊扁球形，顶部短尖，不裂。果球形、椭圆形或倒卵形，长0.8~1.5厘米，红色，具2~4枚种子。种子长5~9毫米，具极小窝点。花期3~5月，果期9~10月。

分布生境 贵州省梵净山、清镇、凯里、雷公山及黎平等地有分布，多生长于海拔600~1200米的高山林缘地区。

利用价值 药用：枝、叶味苦，据载有毒，用作草药，治风湿。湖北民间用全株作草药，治肾炎、水肿。观赏：茵芋叶冬夏常青，花芳香，果红艳，颇具观赏价值，适宜在路旁、角隅、林缘或山石旁等处栽植。

有毒部位 果和叶有毒，以叶含毒较烈。

毒性成分 叶含茵芋碱和茵芋甙。

中毒反应 茵芋碱有类似麻黄碱的肾上腺素样作用，可升高麻醉猫血压，还能提高骨骼肌张力。大剂量可使猫、兔心肌抑制而死。误食少量可引起轻度痉挛，大量则引起血压下降，心肌麻痹而死亡。

九里香（九里香属）

拉 丁 名 *Murraya exotrica*

别　　名 千里香、九树香、过山香、月橘。

形态特征 小乔木，高达12米。奇数羽状复叶，小叶3~7枚，卵形或卵状披针形，长3~9厘米，先端短尾尖，基部楔形，全缘波状，侧脉4~8对；小叶柄长不及1厘米。伞房状聚伞花序腋生及顶生，具花10~50朵。花萼裂片5枚，卵形；花瓣5枚，白色，倒披针形或窄长椭圆形，长达2厘米，花时稍反折，散生淡黄色半透明油腺点；雄蕊10枚，子房2室。果橙黄色至朱红色，窄长椭圆形，稀卵形，长1~2厘米，直径0.5~1.4厘米，油腺点多。种子被绵毛。花期4~9月，果期9~12月。

分布生境 贵州省兴义、安龙、册亨、贞丰、望谟、罗甸、镇宁、三都、荔波、黎平等地有分布，生长于海拔250~1300米的山坡灌丛和密林中。

利用价值 药用：可通经络、行气、活血、散瘀、止痛、镇惊、消肿、解毒，治感冒、头痛、胃痛、牙痛、风湿骨痛、跌打肿痛等症。根皮松软，淡黄色，据报道，根的50%酒精浸剂可用作口腔黏膜表皮麻醉剂，两面针和千里香的根用50%的酒精浸剂，可减轻局部刺激作用。观赏：树姿优美，枝叶秀丽，四季常青，开花时花浓香而持久，果实红艳，花色洁白而美丽，果实红艳，可作为盆栽供室内观赏。花甚芳香，南方暖地可作绿篱栽植，作庭园树种，或植于建筑物周围。食用：作调味料，可去异味，增香辛。用于配制各种卤汤及卤牛肉、羊肉之用。

有毒部位 全株有小毒。

毒性成分 根皮含微量吲哚类生物碱。花及叶均含15种以上的精油。花瓣、果、茎皮等又含不少于16类的“简构”香豆素。

中毒反应 动物中毒后出现呼吸困难、攀爬力减弱、后肢无力等症状，最后抽搐死亡。

白鲜（白鲜属）

拉 丁 名 *Dictamnus dasycarpus*

别　　名 八股牛、山牡丹、白膻、白羊鲜、白藓皮。

形态特征 多年生草本，高达1米。根肉质粗长，淡黄白色。幼嫩部分被柔毛及凸起油腺点。复叶叶轴具窄翅，小叶9~13枚，椭圆形、长圆形或长圆状披针形，长3~12厘米，先端渐尖，基部楔形，无柄，具细锯齿，上面密被油腺点，沿脉被毛，老时毛渐脱落。总状花序长达30厘米。花梗长1~1.5厘米；苞片窄披针形；萼片长6~8毫米；花瓣白带紫红色或粉红带深紫红色脉纹，倒披针形，长2~2.5厘米，雄蕊伸出；萼片及花瓣均密生透明油腺点。蓇果5瓣裂，果瓣长约1厘米，具尖喙。种子近球形，直径约3毫米。花期5月，果期8~9月。

分布生境 贵州省全省有分布，生长于丘陵土坡或平地灌木丛中或草地或疏林下，石灰岩山地亦常见。

利用价值 药用：根皮制干后称为白藓皮，味苦，性寒，可祛风除湿、清热解毒、杀虫、止痒，治风湿性关节炎、外伤出血、荨麻疹等症。观赏：白鲜在春末夏初，从叶丛中抽出粉红或白色花序，恬静典雅，可配植花境或作切花。其花形美丽，可用于庭园观赏、绿化。

有毒部位 根、果有毒。

毒性成分 主要含生物碱白鲜碱、异白鲜碱、茵芋碱。

中毒反应 动物中毒后出现皮炎、斑疹、活动减少、四肢无力等症状，严重的甚至死亡。

臭常山（臭常山属）

拉 丁 名 *Orixa japonica*

别　　名 和常山、胡椒树、日本常山。

形态特征 落叶小乔木或灌木状，高达3米；幼嫩部分常被柔毛。枝髓心常中空。单叶，互生，薄纸质，具油腺点，叶倒卵形或椭圆形，长3~15厘米，宽2~9厘米，先端钝尖，基部楔形，全缘或上部具细钝锯齿；叶柄长3~8毫米。花单性，雌雄异株；雄花序总状下垂，整个花序脱落，具膜质苞片。花小，淡黄绿色；萼片4枚，甚小；花瓣4枚，覆瓦状排列；雄蕊4枚，花丝分离，生于花盘基部四周，花盘近正方形。雌花单生，或在侧生短枝上数朵呈总状花序状，心皮4个，靠合，花柱短，每心皮1胚珠聚合。聚合蓇葖果裂为4枚果瓣，外果皮厚，硬壳质，具横向肋纹，内果皮软骨质，蜡黄色，光滑，每果瓣具1近球形褐黑色种子。种子具肉质胚乳。花期4~5月，果期9~11月。

分布生境 贵州省全省有分布，民间有零星栽种。

利用价值 药用：根、茎入药，可清热利湿、调气镇咳、镇痛、催吐。在贵州民间用其根、茎、叶入药，主治风热感冒、咳嗽喉痛、脘腹胀痛、风湿关节痛、跌打伤痛、湿热痢疾、疟疾等病症；各部位煎出的汁用以杀灭牛马身上的虱子。

有毒部位 全株有毒，根毒性最大。

毒性成分 主要含喹啉类生物碱，如加锡果宁、前茵芋碱、常山碱等。

中毒反应 人中毒后出现头昏、呕吐、活动减少、呼吸困难等症状。

31. 苦木科 Simaroubaceae

鸦胆子（鸦胆子属）

拉 丁 名 *Brucea javanica*

别　　名 鸦蛋子、苦参子、老鸦胆。

形态特征 灌木或小乔木。嫩枝、叶柄和花序均被黄色柔毛。小叶3~15对，卵形或卵状披针形，长5~13厘米，先端渐尖，基部宽楔形或近圆，有粗齿，两面被柔毛，下面较密；小叶柄长4~8毫米。雄花序长15~40厘米，雌花序长约雄花序的一半。花暗紫色，直径1.5~2毫米；雄花花梗长约3毫米；萼片被微柔毛；花瓣被疏柔毛或近无毛，长1~2毫米。雌花花梗长约2.5毫米，雄蕊退化。核果1~4枚，分离，长卵形，长6~8毫米，直径4~6毫米，熟时灰黑色，干后有不规则多角形网纹，外壳硬骨质而脆。种仁富含油脂，味极苦。花期夏季，果期8~10月。

分布生境 贵州省黎平、望谟等地有分布，生长于海拔500~900米处。

利用价值 药用：种子称鸦胆子，现代药理活性研究表明，鸦胆子可抗炎、拒食、抗疟、抗病毒、抗阿米巴、抗溃疡、抗肿瘤、降血糖；叶可除鸡眼、洗湿疹、治疮毒，内服可治脾大；根也可药用。经济：中药鸦胆子提取鸦胆子油后，产生的药渣主要作为畜禽饲料添加剂使用。

有毒部位 全株有毒。

毒性成分 主要含鸦胆子苦醇、鸦胆子苦素等。

中毒反应 人中毒后出现恶心、呕吐、腹泻、头晕、无力、便血等症状。

苦树（苦木属）

拉 丁 名 *Picrasma quassioides*

别　　名 苦木、苦楝树、苦檀木、苦皮树。

形态特征 落叶乔木。树皮紫褐色。奇数羽状复叶，小叶 9~15 枚，卵状披针形或宽卵形，具不整齐粗锯齿，先端渐尖，基部楔形。雌雄异株，复聚伞花序腋生，萼片 4~5 枚，宿存，花瓣与萼片同数；雄花雄蕊长为花瓣的 2 倍，与萼片对生，雌花雄蕊短于花瓣。核果蓝绿色。花期 4~5 月，果期 6~9 月。

分布生境 贵州省黎平、贵阳、安龙、望谟、惠水、赤水等地有分布，生长海拔 300~1400 米的山坡疏林中。产于黄河流域及其以南各省区，南亚北部及东亚亦有分布。

利用价值 药用：入药可泻湿热、杀虫治疥。经济：木材稍硬，心材黄色，边材黄白色，刨削后具光泽，供制器材。亦为园艺上农药，多用于驱除蔬菜害虫。苦树制作而成的饰品、家具、木桶等，经研究表明，都具有较强的杀菌效果，是用作婴幼儿用品的良好材料。观赏：秋叶红黄，是较好的秋色叶树种，园林上可作为风景树、观赏树。

有毒部位 树皮、木质部及叶有毒。

毒性成分 树皮及根皮含苦楝树与苦木胺，为苦树中的苦味质，有毒。

中毒反应 人中毒后出现咽喉及胃疼痛、呕吐、眩晕、抽搐等症状，严重的甚至休克。

32. 楝科 Meliaceae

羽状地黄连（地黄连属）

拉 丁 名 *Munronia pinnata*

别　　名 矮陀陀、土黄连、小芙蓉。

形态特征 矮小半灌木，高 15~30 厘米；全株被毛。奇数羽状复叶，簇生于草顶，长 5~7 厘米；小叶 5~7 枚，顶生小叶具柄，披针形或椭圆状披针形，长 3~7 厘米，宽 1.5~3 厘米，先端短渐尖而钝，基部楔形，全缘或 1~3 对钝锯齿，侧生小叶柄极短或近无柄，中部的较大，卵形，长椭圆形或倒卵状披针形，长 2~4.5 厘米，宽 1.5~2 厘米，全缘或顶端有少数钝齿，基部一对叶最小，倒卵形或近圆形，长 0.5~2.5 厘米，通常全缘。总状花序腋生，通常有 1~3 朵花，白色，长 3 厘米，花梗长 0.5~2 厘米；萼片 5 枚，披针形。花瓣 5 枚，近无毛，基部与雄蕊管合生；雄蕊顶项端撕裂状；花柱与雄蕊等长，基部被毛。蒴果径 5~8 毫米，被柔毛，基部花萼宿存；种子淡褐色，腹面凹入。

分布生境 贵州省罗甸、望谟、兴义、兴仁等地有分布，生长于海拔 200~1300

米的山坡、山谷、山脚灌木丛下及路边、水旁。

利用价值 药用：全株入药，有小毒，治骨折、瘫痪、风湿等症；根入药，治气胀腹痛、恶性疟疾等症。

有毒部位 全株有小毒。

毒性成分 主要含多种四环三萜化合物。

中毒反应 小鼠实验出现扭体、肌张力紧张、阵挛性惊厥、瘫痪等症状，随后死亡。

楝（楝属）

拉 丁 名 *Melia azedarach*

别 名 苦楝（通称）、楝树、紫花树。

形态特征 落叶乔木，高达 30 米，胸径 1 米。二回至三回奇数羽状复叶，长 20~40 厘米；小叶卵形、椭圆形或披针形，长 3~7 厘米，宽 2~3 厘米，先端渐尖，基部楔形或圆形，具钝齿，幼时被星状毛，后脱落，侧脉 12~16 对。圆锥花序与叶近等长，无毛或幼时被毛。花芳香；花萼 5 深裂，裂片卵形或长圆状卵形；花瓣淡紫色，倒卵状匙形，长约 1 厘米，两面均被毛；花丝筒紫色，长 7~8 毫米，具 10 窄裂片，每裂片 2~3 齿裂，花药 10 枚，着生于裂片内侧；子房 5~6 室。核果球形或椭圆形，长 1~2 厘米，直径 0.8~1.5 厘米。花期 4~5 月，果期 10~11 月。

分布生境 贵州省兴义、罗甸、安龙、平塘、独山、贵阳等地有分布，生长于海拔 500~1900 米的林内、山坡、山谷、路旁和村旁。

利用价值 药用：根、茎皮、叶、果和种子均可入药，可驱虫、止痛。经济：果核仁含油 18%~25%，可供制油漆、润滑油和肥皂。木材纹理粗，材质轻柔，可作建筑、农具、船舶、乐器、家具等用材。观赏：喜湿润、肥厚土壤，但适应性强，生长较迅速，既可作为低山、丘陵、平原造林树种，又可用于四旁绿化。

有毒部位 全株有毒，果实毒性最大，其次是根皮、树皮。

毒性成分 主要含川楝素、苦楝子素等。

中毒反应 人中毒后出现恶心、呕吐、剧烈腹痛、头痛、头晕、嗜睡、视物模糊、无力、抽搐、心慌、呼吸困难、神志恍惚症状，严重的甚至因呼吸麻痹而死亡。

鹧鸪花（鹧鸪花属）

拉 丁 名 *Heynea trijuga*

别 名 海木、老虎楝、小黄伞。

形态特征 乔木，高 5~10 米；枝无毛，干时黑色或深褐色，但幼嫩部分被黄色柔毛，有少数皮孔。叶为奇数羽状复叶，通常长 20~36 厘米，有小叶 3~4 对，叶轴圆柱形或具棱角，无毛；小叶对生，膜质，披针形或卵状长椭圆形，长 5~16 厘米，宽 2.5~7 厘米，先端渐尖，基部下侧楔形，上侧宽楔形或圆形，偏斜，叶面无毛，背面苍白色，无毛或被黄色微柔毛，侧脉每边 8~12 条，近互生，向上斜举，上面平坦，背面明显凸起；小叶柄长 4~8 毫米。圆锥花序略短于叶，腋生，由多个聚伞花序组成，被微柔毛，具很长的总花梗；花小，长 3~4 毫米；花梗约与花等长，纤细，被微柔毛或无毛。花萼 5 裂，有时 4 裂，裂齿圆形或钝三角形，外被微柔毛或无毛；花瓣 5 枚，有时 4 枚，白色或淡黄色，长椭圆形，外被微柔毛或无毛；雄蕊管被微柔毛或无毛，10 裂至中部以下，裂片内面被硬毛，花药 10 枚，有时 8 枚，着生于裂片顶端的齿裂间；子房无柄，近球形，无毛，花柱约与雄蕊管等长，柱头近球形，顶端 2 裂。蒴果椭圆形，有柄，长 2.5~3 厘米，宽 1~2.5 厘米，无毛；种子 1 粒，具假种皮，干后黑色。花期 4~6 月，果期 5~6 月和 11~12 月。

分布生境 贵州省册亨、三都、荔波等地有分布，生长于海拔 350~2100 米的潮湿地、山坡和密林中。

利用价值 药用：可清热解毒、祛风湿、利咽喉，治风湿腰腿痛、咽喉痛、乳蛾、感冒、胃痛等症。

有毒部位 全株有毒。

毒性成分 主要含多种四环三萜化合物。

中毒反应 小鼠实验出现活动减少、眼球突出、呼吸困难等症状，随后惊厥死亡。

33. 冬青科 Aquifoliaceae

毛冬青（冬青属）

拉 丁 名 *Ilex pubescens*

别　　名 茶叶冬青、密毛假黄杨、密毛冬青。

形态特征 常绿灌木或小乔木，高 3~4 米；小枝纤细，近四棱形，灰褐色，密被长硬毛，具纵棱脊；顶芽通常发育不良或缺。叶生于 1~2 年新枝上，叶片纸质或膜质，呈椭圆形或长卵形。花序簇生于 1~2 年生枝的叶腋内，密被长硬毛。雄花序：簇的单个分枝具 1 花或 3 花的聚伞花序。果球形，直径约 4 毫米，成熟后红色，内果皮革质或近木质。花期 4~5 月，果期 8~11 月。

分布生境 贵州省罗甸、安龙、册亨、望谟、兴义等地有分布，生长于海拔 100~1000 米的山坡常绿阔叶林中或林缘、灌木丛中及溪旁、路边。

利用价值 药用：毛冬青为中国南方常用中药，主要功效为清热解毒、活血通络。以毛冬青根提取物制成的注射液、胶囊、片剂临床常用于心脑血管疾病和各种炎症的治疗，是中国较早开发的心脑血管类药物。

有毒部位 全株有小毒。

毒性成分 主要含 3，4-二羟基苯乙酮、东莨菪素、秃毛冬青素、毛冬青皂甙 A1、毛冬青酸。

中毒反应 人服用过量出现腹痛、腹胀、心跳过速等症状。

康定冬青（原变种）（冬青属）

拉 丁 名 *Llex franchetiana var. franchetiana*

别　　名 范氏冬青、山枇杷、黑皮紫条。

形态特征 常绿乔木或灌木，高 3~6 米。小枝黑褐色，当年的枝有棱角。叶互生，薄革质，倒卵状椭圆形、长椭圆形至倒披针形，长7~12.6 厘米，宽 1.7~3.5 厘米，边缘有细锯齿，先端锐尖，基部楔形；叶柄长 6~12 毫米。花白色，芳香，4 朵；雄花1~3 朵呈聚伞小花序，花冠轮状；不孕雌蕊圆锥形，先端钝形。雌花单 1 朵，花萼杯形，裂片卵状三角形，先端钝尖或圆形，长 1 毫米，有稀疏的硬毛；花瓣长椭圆状卵形，长 2 毫米；不孕雄蕊较花冠为短；雌蕊与花冠等长，子房卵形，柱头盘状，4 裂，冠形。果球形，柱头宿存，成熟时红色，直径 6 毫米，有纵沟；分核 4 枚。花期春季。

分布生境 贵州省梵净山地区有分布，生长于山区疏林阳处。

利用价值 药用：叶、果实入药，可缓解瘰疬痒子及风湿麻木、化痰止咳、疏肝理气，治咳嗽、疝气、水肿、瘰疬等症。

有毒部位 种子有毒。

毒性成分 含苦杏仁甙。

中毒反应 人中毒后出现眩晕、心悸、头痛、呼吸急促、呕吐、昏迷等症状。

34. 卫矛科 Celastraceae

苦皮藤（南蛇藤属）

拉 丁 名 *Celastrus angulatus*

别　　名 吊干麻、苦树皮、马断肠、老虎麻、棱枝南蛇藤。

形态特征 藤状灌木，高 2 米；小枝具 4~6 纵棱，皮孔密集显著；营养芽卵圆形，长 3~4 毫米。叶片互生，革质，长圆状阔卵形或近圆形，长 8~15 厘米，宽 6~14 厘米，先端骤尖，基部圆形至浅心形，边缘有圆锯齿，上面无毛，下面沿叶脉被灰色短柔毛或几乎无毛，侧脉 6~7 对，斜向顶部伸展，网状脉近于平行横展；叶柄长 1.5~3 厘米。圆锥花序顶生，长 10~16 厘米，下部分枝较上部的长；花梗粗壮有棱；花黄绿色，直径约 5 毫米，5 基数；花萼裂片卵形，花瓣长圆形；雄蕊着生于花盘边缘上；花盘薄，杯状；子房卵球形，具明显花柱，柱头 3 裂，裂端再 2 浅裂。蒴果近球形，直径约 1 厘米，成熟时黄绿色，3 室，3 爿裂，每裂片有 1~2 颗种子，种子有橙黄色假种皮。花期 5 月，果期 7~8 月。

分布生境 贵州省道真、德江、印江、江口、松桃、遵义、纳雍、盘县、安龙、清镇、贵阳（黔灵山）、凯里、瓮安、黄平、独山等地有分布，生长于海拔 460~

2200米的山坡密林下或灌木丛中。

利用价值 药用：根入药，可清热透疹、舒筋活络、调经，治小儿麻疹不出、风湿、劳伤、关节疼痛及经闭等症。经济：茎皮纤维供造纸和人造纤维原料，果皮及种仁富含油脂，可供制肥皂和工业用油。树皮纤维可供造纸及人造棉原料；果皮及种子含油脂可供工业用；根皮及茎皮为杀虫剂和灭菌剂。观赏：入秋后叶色变红，果黄色球形，开裂后露出红色假种皮，红黄相映生辉，具有较高观赏价值，攀缘能力强，耐旱，耐寒，耐半阴，管理粗放，是庭院理想的棚架绿化材料。

有毒部位 全株有小毒。

毒性成分 主要含黄酮类成分。

中毒反应 人中毒后主要出现胃部不适、恶心、呕吐等症状。

短梗南蛇藤（原变种）（南蛇藤属）

拉 丁 名 *Celastus rosthornianus*

别　　名 黄绳儿、丛花南蛇藤。

形态特征 小枝具较稀皮孔，腋芽圆锥状或卵状，长约3毫米。叶纸质，果期常稍革质，叶片长方椭圆形、长方窄椭圆形，稀倒卵椭圆形，长3.5~9厘米，宽1.5~4.5厘米，先端急尖或短渐尖，基部楔形或阔楔形，边缘是疏浅锯齿，或基部近全缘，侧脉4~6对；叶柄长5~8毫米，稀稍长。花序顶生及腋生，顶生者为总状聚伞花序，长2~4厘米，腋生者短小，具一至数花，花序梗短；小花梗长2~6毫米，关节在中部或稍下；萼片长圆形，长约1毫米，边缘啮蚀状；花瓣近长方形，长3~3.5毫米，宽1毫米或稍多；花盘浅裂，裂片顶端近平截。雄蕊较花冠稍短，在雌花中退化雄蕊长1~1.5毫米；雌蕊长3~3.5毫米，子房球状，柱头3裂，每裂再2深裂，近丝状。蒴果近球状，直径5.5~8毫米，小果梗长4~8毫米，近果处较粗；种子阔椭圆状，长3~4毫米，直径2~3毫米。花期4~5月，果期8~10月。

分布生境 贵州省赤水、习水、绥阳、思南、德江、印江、松桃、水城、纳雍、贵阳、贵定、瓮安、雷山、独山、平塘、罗甸等地有分布，生长于海拔350~1250米的山坡路旁、灌木丛中或疏林中阳处。

利用价值 药用：根皮入药，可治蛇咬伤及肿毒。经济：树皮及叶作农药。

有毒部位 树皮和叶有毒。

毒性成分 主要含黄酮甙类成分。

中毒反应 人中毒后主要出现胃部不适、恶心、呕吐等症状。

灯油藤（南蛇藤属）

拉 丁 名 *Celastrus paniculatus*

别　　名 滇南蛇藤、打油果、红果藤、圆锥南蛇藤。

形态特征 常绿藤状灌木。小枝通常密生皮孔，被毛或无毛。叶片椭圆形、长圆状椭圆形、长圆形、宽卵形、倒卵形或近圆形，长5~10厘米，宽2.5~5厘米，先端短尖至渐尖，基部楔形较圆，边缘锯齿状，两面无毛，稀下面脉腋有微毛，侧脉 5~7 对；叶柄长 0.6~1.6 厘米。聚伞圆锥花序顶生，长 5~10 厘米；花序梗及花梗偶被短绒毛。花梗长 3~6 毫米，关节位于基部；花淡绿色；花萼裂片半圆形，具缘毛；花瓣长圆形或倒卵状长方形；花盘杯状，厚膜质；雄蕊生于花盘边缘；在雄花中子房退化呈短棒状；在雌花中具长 1 毫米退化雄蕊；子房近球形。蒴果球状，直径达 1 厘米，具 3~6 枚种子，种子椭圆形。

分布生境 贵州省全省有分布，生长于海拔 200~2000 米的疏林或灌木丛中，攀缘于树上。

利用价值 药用：可缓泻、催吐、提神、祛风湿、止痹痛，治风湿痹痛等症。

有毒部位 全株有小毒。

毒性成分 种子含多种倍半萜多元醇、酯和酯碱。酯碱有西那潘金、西那潘宁，醇和酯类化合物有马尔肯久纳醇和马尔肯久纳醇苯酯等。种子中还有三萜化合物灯油藤烯醇和一种具有降压和减慢心率作用的成分。叶含酯碱西那潘尼金。根含醌类化合物。

中毒反应 人误食种子可出现呕吐和腹泻等症状。

昆明山海棠（雷公藤属）

拉 丁 名 *Tripterygium hypoglaucum*

别　　名 断肠草、火把花、紫金皮、山砒霜。

形态特征 落叶藤本状灌木，高 1.5~3 米，小枝红褐色，具 4~6 纵棱，密生细小疣突状皮孔，被锈色毛。叶互生，薄革质，卵形、长卵形或卵状长圆形，基部阔楔形或圆形，边缘具锯齿，上面绿色，下面被白粉，侧脉 6~7 对；叶柄长 10~15 毫米，被锈色毛或几乎无毛。聚伞圆锥花序顶生，长 3~12 厘米，被锈色绒毛，花杂性，白色，直径约 6 毫米，5 基数，花萼被锈色绒毛，裂片阔三角形，花瓣阔卵形；花盘 5 浅裂；雄蕊着生于浅裂内凹处，具细长花丝；子房三棱形，具明显花柱。蒴果具三片膜质翅，红色，矩圆形，长约 1.5 厘米，宽约 1.2 厘米，翅上有斜上升侧脉，种子 1 枚，黑色长圆形，长约 6 毫米。花期 6~7 月，果期 9~10 月。

分布生境 贵州省梵净山、雷公山、龙里、兴仁等地有分布，生长于海拔 800~1850 米的山坡林内或灌木丛中。

利用价值 药用：可祛风除湿、活血止血、舒筋接骨、解毒杀虫，治风湿痹痛、半身不遂、疝气痛、痛经、月经过多、产后腹痛、出血不止、急性传染性肝炎、慢性肾炎、红斑狼疮、癌肿、跌打骨折、骨髓炎、骨结核、附睾结核、疮毒、银屑病、神经性皮炎等症。

有毒部位 全株有毒，以嫩芽、嫩叶、嫩枝毒性最大，根次之。

毒性成分 主要含二萜内酯雷藤素甲、雷藤酮、雷公藤碱等。

中毒反应 人中毒后出现头痛、头晕、四肢发麻、乏力、烦躁不安、精神亢进、幻觉、阵发强直性惊厥等症状。

雷公藤（雷公藤属）

拉 丁 名 *Tripterygium wilfordii*

别　　名 水莽草、断肠草、南蛇根。

形态特征 藤本灌木，高可达 3 米，小枝细棱棕红色，叶椭圆形、倒卵椭圆形、长方椭圆形或卵形，边缘有细锯齿，圆锥聚伞花序；花白色，萼片先端急尖；花瓣长方卵形，花柱柱状，翅果长圆状，小果梗细圆，种子细柱状。花期 6~7 月，果期 8~10 月。

分布生境 贵州省全省有分布，生长于山地林内阴湿处。

利用价值 药用：根、叶、花、果实（雷公藤）入药，味苦、辛，性凉，可祛风解毒，治风湿关节痛、腰腿痛、末梢神经炎、麻风、骨髓炎、手指疔疮等症。

有毒部位 全株有毒。

毒性成分 主要含雷公藤定、雷公藤碱、雷藤素甲、雷藤酮等。

中毒反应 人中毒后出现头痛、头晕、四肢发麻、乏力、烦躁不安、精神亢进、幻觉、阵发强直性惊厥等症状。

扶芳藤（原变种）（卫矛属）

拉 丁 名 *Euonymus fortunei*

别　　名 胶东卫矛、常春卫矛。

形态特征 常绿匍匐灌木，高 1.5 米，冬芽卵圆形，枝具细密疣突状皮孔。叶对生，厚纸质，窄椭圆形或倒卵状长圆形，长 5~7 厘米，宽 1.5~3 厘米，先端急尖或短渐尖，基部楔胎形，边缘具细圆锯齿，上面绿色，下面淡绿色，侧、网脉在两面均不明显；叶柄长 5~12 毫米。聚伞花序腋生，二回至四回分枝，具多花，排列紧密，花序梗长 2~3.5 厘米；花绿白色，直径约 5 毫米，4 基数，雄蕊具细长花丝。蒴果近球形，有 4 凹线，成熟时黄红色，直径约 1 厘米。种子具橙红色假种皮。花期 6 月，果期 10 月。

分布生境 贵州省梵净山、雷山、贵阳、龙里、都匀、平坝、纳雍、盘县、安龙等地有分布，生长于海拔 1000~2200 米的林缘或灌木丛中岩石处。

利用价值 药用：枝、叶入药，可清热、活血、杀虫，治癞头、跌打损伤等症。观赏：扶芳藤为地面覆盖的最佳绿化观叶植物，特别是它的彩叶变异品种，更具较高的观赏价值。扶芳藤能抗二氧化硫、三氧化硫、氧化氢、氯、氟化氢、二氧化氮等有害气体，可作为空气污染严重的工矿区环境绿化树种。

有毒部位 种子、茎皮有小毒。

毒性成分 主要含有三萜类、黄酮类、木质素类、甾体类和酚酸类成分。同其他卫矛属植物，扶芳藤中也含有二氢沉香呋喃酯类化合物。

中毒反应 人中毒后出现呕吐、腹泻、昏迷、惊厥等症状。

35. 山茱萸科 Cornaceae

三裂瓜木（八角枫属）

拉 丁 名 *Alangium platanifolium var. trilobum*

别　　名 篠悬叶瓜木、八角枫、瓜木、白龙须。

形态特征 落叶灌木或小乔木，高 5~7 米。小枝微呈“之”字形。叶近圆形或宽卵形，长 11~18 厘米，3~7 裂，常裂至叶片 1/4~1/3 处，稀不裂，裂片先端钝尖，基部心形或近圆形，基出脉掌状 3~5 条，羽状侧脉 3~5 对，边缘波状，稀具 1~2 三角状小裂片；叶柄长 3.5~10 厘米，具疏短柔毛或无毛。聚伞花序腋生，长 3~3.5 厘米，具 3~5 花；花序梗与花梗近等长，或稍短于花梗；小苞片 1 枚，线形，早落。花萼近钟形，外侧被稀疏短柔毛，萼齿 5 裂，三角形；花瓣线形，6~7 枚，长 2.5~3.5 厘米，宽 1~2 毫米，紫红色，外侧被短柔毛，近基部较密；雄蕊与花瓣同数，花丝长 0.8~1.4 厘米，微被短柔毛，花药长 1.5~2 厘米，药隔无毛或外侧有疏柔毛；子房 1 室，花柱粗壮，长 2.6~3.6 厘米，柱头扁平；花盘肥厚，微裂。核果长椭圆形或长卵圆形，长 0.8~1.2 厘米，顶端宿存萼齿及花盘。

分布生境 贵州省遵义、绥阳、江口、印江、镇远、凯里、剑河等地有分布，生长于海拔 1700 米以下的向阳山坡或疏林中。

利用价值 药用：治风湿和跌打损伤等症。经济：树皮中含鞣质，纤维可作人造棉，可作农药。

有毒部位 根、叶有毒。

毒性成分 根含毒藜碱（84-23）、喜树次碱（3-1）等生物碱，还含有水杨甙、树脂等成分。

中毒反应 人服用过量出现头晕、周身麻痹、软瘫等中毒反应，具有横纹肌松弛作用。

八角枫（八角枫属）

拉 丁 名 *Alangium chinense*

别　　名 华瓜木、白龙须、木八角、橙木。

形态特征 落叶乔木或灌木。小枝微呈“之”字形。叶近圆形，先端渐尖或急尖，基部两侧常不对称；不定芽长出的叶常 5 裂，基部心形。聚伞花序腋生；花萼具齿状萼片，白色或黄色；雄蕊与瓣同数；子房 2 室；花盘近球形。核果卵圆形，顶端宿存萼齿及花盘。

分布生境 贵州省兴义、兴仁、安龙、册亨、望谟、普安、盘县、大方、毕节、纳雍、赫章、绥阳（宽阔水）、遵义、习水、德江、印江、贵阳、雷山、贵定、都匀、罗甸、独山、荔波、平塘、黎平、黄平、三穗、岑巩等地有分布，生长于海拔

280～1800 米的山地或疏林中。

利用价值 药用：根入药，支根称“白金条”，须根称“白龙须”，可清热解毒、祛风除湿、舒筋活络、散瘀止痛，治风湿痹痛、四肢麻木、跌打损伤等症；叶可治跌打骨折、外刀伤出血等症；花可治头风痛及胸腹胀满等症。经济：树皮纤维可编绳索。木材可作家具及天花板。观赏：八角枫株丛宽阔，根部发达适用于山坡地段造林，对涵养水源，防止水土流失有良好的作用。八角枫的叶片形状较美，花期较长，栽植在建筑物的四周，作为绿化树种也很好。

有毒部位 根有毒，须根最毒。

毒性成分 主要含毒藜碱、喜树次碱。

中毒反应 人中毒后出现头昏、眼花、胸闷、口干、恶心、全身无力、瘫痪等症状，严重的甚至因呼吸抑制而死亡。

毛八角枫（原变种）（八角枫属）

拉 丁 名 *Alangium kurzii*

别　　名 无。

形态特征 落叶小乔木，稀灌木，高达 10 米。小枝被淡黄色绒毛及短柔毛。叶宽卵形或近卵形，长 12～14 厘米，宽 7～9 厘米，先端长渐尖，基部微偏斜，心脏形，稀近圆形，幼时上面沿脉被微柔毛，下面被黄褐色丝状绒毛，脉上较密，基出脉 3～5 对，侧脉 3～4 对；叶柄长 2.5～4 厘米，被黄褐色微绒毛。聚伞花序具 5～7 花；花序梗长 3～5 厘米。花梗长 5～8 毫米，萼齿、花瓣、雄蕊均 6～8 枚，花瓣线形，白色或淡黄色，长 2～2.5 厘米，外面被淡黄色短柔毛；雄蕊稍短于花瓣，花丝长 3～5 毫米，微扁，被疏柔毛，花药长 1.2～1.5 厘米，药隔有长柔毛；花盘被微柔毛；子房 2 室，胚珠 2 枚；花柱棍棒状，柱头头状，微 4 裂。核果长椭圆形，长 1.2～1.5 厘米，成熟时紫褐色或黑色，顶端具宿存萼齿。

分布生境 贵州省梵净山、江口等地有分布，生长于海拔 1000 米左右的阔叶林中。

利用价值 药用：可舒筋活血、散瘀止痛，主治跌打瘀肿、骨折等症。经济：种子可榨油，供工业用。

有毒部位 根有毒。

毒性成分 主要含有毒生物碱。

中毒反应 人中毒后出现头痛、头昏、恶心、呕吐等症状。

小花八角枫（八角枫属）

拉 丁 名 *Alangium faberi*

别　　名 侯风藤、西南八角枫。

形态特征 落叶灌木，高达 4 米。小枝幼时被平伏毛，后近无毛。叶长圆形或披针形，稀掌状 3 裂，如为掌状 3 裂，则叶的轮廓为披针形或线状披针形，长 7～19

厘米，幼时两面被毛，先端渐尖或尾状渐尖，基部不对称或近圆形，全缘呈微波状，侧脉6~7对；叶柄长1~2.5厘米，被疏毛。聚伞花序腋生，长2~2.5厘米，具5~20花；花序梗及花梗均长5~8毫米，被淡黄色粗伏毛。花萼钟状，外侧被毛，裂片7枚，三角形，长1~1.5毫米；花瓣5~6枚，线形，长5~6毫米，外侧被伏毛，内侧被疏毛；雄蕊与花瓣同数，近等长，花丝微扁，长约2毫米，顶端具长柔毛，花药长4~6毫米，基部具硬毛；花盘近球形；雌蕊与雄蕊近等长。核果卵圆形或卵状椭圆形，长0.6~1厘米，成熟时深紫色，顶端具宿存萼齿。花期6月，果期9月。

分布生境 贵州省全省有分布，生长于海拔1300米以下疏林中。

利用价值 药用：可清热、消积食、解毒。

有毒部位 根有毒。

毒性成分 主要含有毒生物碱。

中毒反应 人中毒后出现头痛、头昏、恶心、呕吐等症状。

36. 钩吻科 Gelsemiaceae

钩吻（断肠草属）

拉 丁 名 *Gelsemium elegans*

别　　名 野葛、胡蔓藤、断肠草。

形态特征 缠绕藤本；枝无毛，圆形。叶对生，卵状披针形，长6~11厘米，宽3~6厘米，顶端渐尖，基部有时稍弯曲，基部渐狭或近圆形，全缘，侧脉8~10对，下面略凸，叶柄长约1厘米。顶生或腋生聚伞状花序，小花梗长约2.5厘米，花小，淡黄色；苞片小而狭，萼片5枚，分离；花冠漏斗状，卵圆形；雄蕊5枚，着生于花筒基部，与花冠裂片互生，花柱丝状，4浅裂柱头；子房2室。蒴果，长0.8~1厘米，直径4毫米，果瓣2裂，褐黄色，萼宿存；种子多数，直径1~2毫米，具半圆形膜质翅。花期5~7月，果期8~10月。

分布生境 贵州省兴义、安龙、黄平、榕江、从江、黎平、天柱、剑河、赤水等地有分布，生长于海拔650~1400米的丘陵地带。

利用价值 药用：可消肿止痛、拔毒杀虫，华南地区常用作兽医草药。经济：对猪、牛、羊有驱虫功效；亦可作农药，防治水稻螟虫。

有毒部位 全株有剧毒，根、嫩叶尤毒。

毒性成分 主要含有钩吻素甲、乙、丙、丁、寅、卯、戊、辰等钩吻生物碱。

中毒反应 人中毒后出现流涎、恶心、口渴、吞咽困难、发热、呕吐、口吐白沫等症状，迷走神经时，可使心律失常，出现四肢冰冷、面色苍白、体温降低及血压下降等症状。中毒晚期可引起痉挛、呼吸肌麻痹，最后甚至可因心脏衰竭或呼吸衰竭而死亡。

37. 夹竹桃科 Apocynaceae

尖山橙（山橙属）

拉 丁 名 *Melodinus fusiformis*

别　　名 雷打果、博叶山橙、茶藤。

形态特征 粗壮藤本，长达 10 米。幼嫩部分被柔毛，后脱落；茎皮灰褐色。叶近革质，椭圆形或长圆形，稀窄椭圆形，长 4.5~12 厘米，先端渐尖，基部楔形或圆形，侧脉约 15 对，斜展近叶缘网结；叶柄长 4~6 毫米。聚伞花序顶生，长 3~5 厘米，具花 6~12 朵。花萼裂片卵圆形，长 4~5 毫米，先端骤尖；花冠白色，裂片窄卵圆形或倒卵圆形，长 0.8~2 厘米，花冠筒长 1.2~2 厘米；副花冠鳞片状，5 枚，伸出，被长柔毛，先端 2~3 裂；雄蕊内藏，着生花冠筒近基部。浆果纺锤形，长 3.5~5.3 厘米。花期 4~9 月，果期 6~12 月。

分布生境 贵州省赤水、遵义、贵定、安顺等地有分布，生长于海拔 750~1300 米的灌木丛中、山脚林边。

利用价值 药用：可活血、补肺、通乳，治风湿性病症。

有毒部位 果实有毒。

毒性成分 主要含吲哚生物碱。

中毒反应 人误食果实可导致呕吐，多食可致死。

黄花夹竹桃（黄花夹竹桃属）

拉 丁 名 *Thevetia peruviana*

别　　名 黄花状元竹、酒杯花、柳木子。

形态特征 小乔木或灌木状，高达 6 米；树皮褐色，皮孔明显。小枝下垂。叶革质，线状披针形或线形，长 10~15 厘米，宽 0.5~1.2 厘米，先端渐尖，下面淡绿色，侧脉不明显；叶柄长约 3 毫米。花芳香，花梗长 2.5~5 厘米；花萼裂片绿色，窄三角形，顶端渐尖；花冠长 6~7 厘米，直径 4.5~5.5 厘米，裂片较花冠筒长，喉部鳞片被毛。核果扁三角状球形，直径 2.5~4 厘米。种子淡灰色，长约 2 厘米，直径约 3.5 厘米。花期 5~12 月，果期 8 月至翌年春季。

分布生境 贵州省贵阳、望谟、都匀、毕节等地有引种，栽培温室中作观赏用。本种原产于美洲热带地区，热带和亚热带地区均有栽培。

利用价值 药用：果仁中含多种强心苷，可强心、消肿、利尿，对各种心脏病引起的心力衰竭（对左心衰竭疗效较好）、阵发性室上性心动过速、阵发性心房纤颤治疗效果显著。经济：种子榨油，可供制肥皂、杀虫剂、鞣料用；观赏：黄花夹竹桃株型优美、枝繁叶茂、花期较长、花色鲜明，是一种美丽的观赏植物。抗空气污染能力较强，对二氧化硫、氯气、烟尘等有毒有害气体有很强的抵抗力，吸收能力也较强，是工矿区进行美化、绿化的优良树种，适于孤植、丛植在建筑物周围、公园、绿地、路旁、池畔等地段，也可植为绿篱。

有毒部位 全株有毒，种子毒性最大。

毒性成分 主要含黄花夹竹桃甙。

中毒反应 人中毒后出现口干、舌燥、呕吐、腹泻、瞳孔散大等症状，对心脏有麻痹作用。

萝芙木（萝芙木属）

拉 丁 名 *Rauwolfia verticillate*

别　　名 萝芙藤、鸡眼子、染布子。

形态特征 灌木，高可达 3 米；树皮灰白色；叶膜质，干时淡绿色，叶片椭圆形、长圆形或稀披针形，渐尖或急尖，基部楔形或渐尖，伞形聚伞花序，生于上部的小枝的腋间；花小，白色；裂片三角形；花冠高脚碟状，花药背部着生，花丝短而柔弱；花盘环状，花柱圆柱状，核果卵圆形或椭圆形，种子具皱纹。花期 2~10 月，果期 4 月至翌年春季。

分布生境 贵州省兴义、望谟、安龙、荔波等地有分布，一般生长于林边、丘陵地带的林中或溪边较潮湿的灌木丛中。

利用价值 药用：根、叶入药，治高血压、高热症、胆囊炎、急性黄疸型肝炎、头痛、失眠、眩晕、癫痫、疟疾、蛇咬伤、跌打损伤等病症。

有毒部位 根有小毒。

毒性成分 其根含利血平、阿吗碱、阿吗灵、蛇根亭碱、育亨宾等多种生物碱，提取总碱制剂称“降压灵”。

中毒反应 人中毒后出现头晕、口干、疲乏、嗜睡、呼吸缓慢、视力障碍等症状，严重的甚至出现精神失常。

鸡骨常山（鸡骨常山属）

拉 丁 名 *Alstonia yunnanensis*

别　　名 三台高、四角枫、永固生、红花岩托、白虎木、红辣椒、野辣椒。

形态特征 灌木，高达 3 米。枝条皮孔明显，幼时被微柔毛。叶 3~4 轮生，薄纸质，倒卵状披针形或长圆状披针形，长 6~19 厘米，两面被短柔毛，先端长渐尖，基部窄楔形，侧脉 15~35 对，与中脉呈 45°，在叶缘联结。聚伞花序被微柔毛，花序梗长 0.5~2 厘米。花梗长 8 毫米；花冠粉红或红色，花冠筒长 1~3 厘米，裂片长圆形，长 2~6 毫米，向左覆盖；雄蕊着生花冠筒中部；柱头棍棒状，基部密被短柔毛；花盘具 2 舌状鳞片，较子房长或等长。子房被柔毛。蓇葖果离生，线形，长 3~5 厘米。直径约 4 毫米。种子长圆形，两端被短毛。花期 3~6 月，果期 6~12 月。

分布生境 贵州省罗甸、独山、兴义等地有分布，生长于海拔 1000~1500 米的山坡灌丛中。

利用价值 药用：可消炎、止血、接骨、止痛等，治发热、头痛、起疱、红肿等症，还有降血压作用。

有毒部位 叶有小毒。

毒性成分 主要含吲哚生物碱。

中毒反应 人中毒后出现口干、舌燥、头痛、头晕、恶心、呕吐等症状。

羊角棉（鸡骨常山属）

拉 丁 名 *Alstonia mairei*

别　　名 鸡舌头树、闹狗药、见血飞。

形态特征 灌木，高达 2 米。小枝无毛；具白色皮孔。叶 3~5 枚轮生，薄纸质，窄长倒卵形或倒披针形，长 4~14 厘米，宽 0.8~3 厘米，先端渐尖或尾尖，基部窄楔形，两面无毛，侧脉 27~70 对，与中脉呈 45°~60°；叶柄长 0.5~1.5 厘米。聚伞花序较叶长，花序梗长 1.5~3.5 厘米。花梗长 0.2~0.5 厘米；花冠白色，花冠筒长 1~2 厘米，裂片长圆形，长 0.6~1 厘米；花盘裂片较子房短；心皮长约 1.5 厘米。蓇葖果双生，线形，长 5~10 厘米，直径 3~5 毫米。种子长圆形，长约 7 毫米；顶端冠毛长 5 毫米。花期 5~10 月，果期冬季至翌年春季。

分布生境 贵州省威宁（玉龙河边）有分布，生长于岩石峭壁缝中。云南、四川等省亦有分布。

利用价值 药用：根、叶捣碎，民间用来治外伤出血和疮毒等症。

有毒部位 根、叶有毒。

毒性成分 含吲哚生物碱。

中毒反应 人中毒后出现口干、舌燥、头痛、头晕、恶心、呕吐等症状。

夹竹桃（夹竹桃属）

拉 丁 名 *Nerium oleander*

别　　名 柳叶桃、红花夹竹桃、欧洲夹竹桃。

形态特征 常绿灌木，高达 5 米，嫩枝被微毛与老枝均含水状汁液。叶厚革质，3~4 枚轮生，枝下部的对生，窄披针形，长 11~15 厘米，宽 2~2.5 厘米，两端尖，侧脉平行密集，每边达 120 条，表面深绿色，无毛，背面浅绿色，幼时有疏毛，老时无毛。有多数腺点；叶柄扁平，长 5~8 毫米。初时被毛。叶柄内有腺体：聚伞花序顶生，着花数朵，总花梗被微毛，苞片披针形：花萼红色，披针形，长 3~4 毫米，无毛。内面基部有腺体；花冠深红色或粉红色，或因栽培为白色或黄色，单瓣的花冠裂片 5 枚，倒卵形，长达 1.5 厘米。副花冠撕裂，伸出于花冠喉部之外，重瓣的有裂片 15~18 枚，呈三轮；雄蕊生于花冠筒中部以上，花丝短，被长柔毛，花药内藏，箭头状；子房心皮 2 枚，被柔毛，花柱丝状，长 7~8 毫米，柱头近球形。蓇葖果 2 枚，离生，圆柱形，长 10~23 厘米。直径 6~10 毫米，种子被锈色短柔毛，种子生顶端，黄褐色。花期几乎全年，贵阳市引种的花期为 5~10 月。

分布生境 贵州省主要城市及公园有引种。全国各地多有栽培。

利用价值 药用：入药可强心、利尿、发汗、祛痰、散瘀、止痛、解毒、透疹，治哮喘、羊癫痫、心力衰竭等症；外用可治甲沟炎、斑秃，亦可杀蝇、灭孑孓。观赏：夹竹桃的叶片如柳似竹，红花灼灼，胜似桃花，花冠粉红至深红或白色，有特殊香气，花集中长在枝条的顶端，聚集在一起时好似一把张开的伞。夹竹桃花的形状像漏斗，花瓣相互重叠，有红色、黄色和白色三种。其中，红色是它自然的色彩，白色、黄色是人工长期培育造就的新品种，是有名的观赏花卉。经济：夹竹桃有抗烟雾、抗灰尘、抗毒物和净化空气、保护环境的作用。夹竹桃的叶片，对二氧化硫、二氧化碳、氟化氢、氯气等有害气体有较强的抵抗作用。夹竹桃即使全身落满了灰尘，仍能旺盛生长，被人们称为“环保卫士”。

有毒部位 叶、树皮、根有毒。

毒性成分 叶含夹竹桃甙、糖甙等多种物质，花含洋地黄甙、甙元、桃甙等成分。

中毒反应 人中毒后主要表现为洋地黄中毒症状，出现恶心、呕吐、腹痛、腹泻、心律失常症状，伴有发烧、呼吸困难、发绀、视物模糊、口腔周边红疹等症状，最后出现晕厥、抽搐、昏迷、异位心律（心电图可出现心动过缓、传导阻滞和其他各类心律失常）等症状，常死于室颤、循环衰竭。

羊角拗（羊角拗属）

拉 丁 名 *Strophanthus divaricatus*

别　　名 猫屎壳、羊角扭、羊角树。

形态特征 灌木，高 1.5 米，小枝圆柱形，褐色，密生灰白色细小而凸起的皮孔。叶薄纸质，长圆形或椭圆形，长 3~9 厘米，宽 1.5~2.5 厘米，先端短渐尖或短尖。基部楔形，中脉在上面凹下，侧脉每边约 6 条，纤细，弧曲上升。在叶边内连接，网脉稀疏，背面稍明显，两面无毛；叶柄长约 5 毫米，无毛。聚伞花序顶生，有黄色花 2~3 朵。总梗长约 1.5 厘米，花梗长约 1 厘米，均无毛，苞与小苞线状披针形，长 5~10 毫米；萼裂片披针形，长约 8 毫米，顶端极细，内面基部有腺体；花冠漏斗状，花冠筒长 1.2~1.5 厘米，上部扩大，宽 7~8 毫米，外面无毛，内面疏被短柔毛；花冠裂片黄色外弯，基部卵状披针形，顶端延伸成长达 10 厘米的线状长尾；花冠裂片内面有 10 枚舌状鳞片组成的副花冠，高出花冠喉部，白黄色，每 2 枚鳞片合生，长约 3 毫米，顶截形或微凹，生于花冠裂片之间。雄蕊内藏，着生在冠檐基部，花药箭头形，药隔顶部延伸呈尾状，不伸出花冠喉部，药互相粘连，腹面又粘生于柱头上；子房半下位，心皮 2 枚，离生，无毛，胚珠多数，柱头棍棒状，无花盘。蓇葖果辣椒形，基部膨大，顶端渐尖，长 10~15 厘米，直径约 2.4 毫米，有纵条纹，无毛，两个排成一直线；种子长圆形，扁平，长约 2 毫米，上部渐尖呈长约 2 厘米之喙，沿喙生长约 3 厘米的白色种毛。花期 5 月，果期 6~7 月。

分布生境 贵州省黎平（龙额）地区有分布，生长于海拔 210 米的路旁，贵阳曾有引种。

利用价值 药用：种子含有较多的毒毛旋花子配基，可作为强心剂，治血管梗死、跌打、扭伤、风湿关节炎、咬伤等症；农业上用作杀虫剂。

有毒部位 全株有毒，尤其以根和种子为甚。

毒性成分 主要含羊角拗甙、西诺甙等多种强心甙。

中毒反应 人中毒后出现恶心、呕吐、腹痛、腹泻、四肢远端麻木等症状，能刺激心脏，误食可因心脏骤停而死亡。

络石（络石属）

拉 丁 名 *Trachelospermum jasminoides*

别　　名 石龙藤、白花藤、万字茉莉。

形态特征 藤本，长达 10 米。小枝被短柔毛，老时无毛。叶革质，卵形、倒卵形或窄椭圆形，长 2~10 厘米，无毛或下面疏被短柔毛；叶柄长 0.3~1.2 厘米。聚伞花序圆锥状，顶生及腋生，花序梗长 2~6 厘米，被微柔毛或无毛。花萼裂片窄长圆形，长 2~5 毫米，反曲，被短柔毛及缘毛；花冠白色，裂片倒卵形，长 0.5~1 厘米，花冠与裂片等长，中部膨大，喉部无毛或在雄蕊着生处疏被柔毛，雄蕊内藏；子房无毛。蓇葖果线状披针形，长 10~25 厘米，直径 0.3~1 厘米。种子长圆形，长 1.5~2 厘米，顶端具白色绢毛，毛长 1.5~4 厘米。花期3~8 月，果期 6~12 月。

分布生境 贵州省贵阳、平塘、罗甸、兴义、安龙、印江、梵净山等地有分布，生长于海拔 500~1400 米的灌丛中、岩石上。

利用价值 药用：作强心剂与镇痛药，可解毒，有祛风活络、利关节、止血、止痛消肿、清热解毒之功效。经济：茎皮纤维拉力强，可制绳索、造纸及人造棉。花芳香，可提取“络石浸膏”。观赏：本种为著名观赏植物，宜于盆栽，南北各省、区公园与住宅中均有栽培。

有毒部位 全株有毒。

毒性成分 主要含木脂素甙、牛蒡甙、络石糖甙等生物碱。

中毒反应 人中毒后出现恶心、呕吐、腹痛、腹泻、四肢远端麻木等症状，能刺激心脏，误食可因心脏骤停致死。

古钩藤（白叶藤属）

拉 丁 名 *Cryptolepis buchananii*

别　　名 白浆藤、白马连鞍、半架牛、大暗消、大叶白叶。

形态特征 木质藤本；幼枝灰绿色，光滑无毛，老枝常有凸起圆形皮孔。叶纸质，长圆形或椭圆形，长 10~17 厘米，宽 4.8~6.5 厘米，先端通常圆形，顶部骤然收缩成约长 6 毫米小尖头，基部圆形，中脉表面凹下，侧脉基密，每边有 30 余条与中脉近垂直相互行，紧密排列，在叶边缘连接成为边脉，表面绿色，背面苍白色，两面无毛；叶柄长1~1.2厘米，无毛。花呈腋生聚伞花序，长2~3厘米，有花约10朵；花蕾狭长圆锥形，长约1厘米，顶端细，扭旋，花萼5裂片，阔卵形，长1.5毫米，宽1毫米，无毛，内面基部有10枚腺体；花冠黄白色，裂片5枚，披针形，长约6毫米，宽约2毫米，无毛，向右覆盖，花冠筒比裂片短，长约2毫米，无毛；副花冠裂片5枚，卵圆形，顶端钝，基部较狭窄，着生于花冠喉之下；雄蕊分离，着生于花冠筒中部，背面有长硬毛，腹部粘生于柱头基部；花粉器匙形，四合花粉藏于载粉器内，粘盘长圆形；子房由2枚离生心皮组成，无毛，花柱极短，柱头盘状，有5棱，顶端突尖，2裂；胚珠多数。蓇葖果2枚叉开呈一直线，狭长圆锥形，顶端渐尖，长6~10厘米，直径1.5厘米，表面有细的纵条纹，无毛。种子卵形，长约5厘米，绢质种毛长约3厘米。花期5~6月，果期9~10月。

分布生境 贵州省印江（梵净山护国寺）、罗甸、安龙、望谟、册亨、兴义、兴仁等地有分布，生长于海拔400~1650米的山坡灌丛、坡脚、沟边、山谷阴处。

利用价值 药用：根入药，可强心、活血、消肿、镇痛，主治跌打损伤、骨折、腰腹疼痛、水肿等症。

有毒部位 根有毒。

毒性成分 含强心甙、白叶藤甙。

中毒反应 人中毒后出现腹痛、心脏收缩增强、心率减慢等症状，甚至因心跳停止而死亡。

白叶藤（白叶藤属）

拉 丁 名 *Cryptolepis sinensis*

别　　名 飞杨藤、红藤仔、篱尾蛇、淋汁藤、鸟仔藤。

形态特征 藤本，长达3米。小枝无毛，枝皮片状剥落。叶长圆形或披针形，长1.5~6厘米，先端圆，具细尖头，基部圆或浅心形，两面无毛，侧脉5~9对；叶柄长5~7毫米。聚伞花序无毛，顶生或腋生，较叶长，花疏离。花梗长1~3.5厘米；花萼裂片卵形，长约1毫米，内面基部具10腺体；花冠淡黄色，裂片长圆状披针形或线形，长1~1.5厘米，花冠筒长约5毫米；副花冠裂片棒形。蓇葖果长披针形呈圆柱形，长达12.5厘米，直径6~8毫米。种子褐色，长圆形，长约1厘米；种毛长约2.5厘米。花期4~9月，果期6~12月。

分布生境 贵州省兴义（靖南）地区有分布，生长于海拔1100米的山谷阴处。

利用价值 药用：全株入药，可清热解毒、散瘀止痛、止血，治肺结核咯血、肺热咯血、胃出血、毒蛇咬伤、疮毒溃疡、疥疮、跌打损伤等症。

有毒部位 叶、茎和树汁液有毒。

毒性成分 含白叶藤甙。

中毒反应 人中毒后出现腹痛、心脏收缩增强、心率减慢等症状，严重的甚至因心跳停止而死亡。

马莲鞍（马莲鞍属）

拉 丁 名 *Streptocaulon juventas*

别　　名 暗消藤、哈骂醒合（傣语）、哈骂不果（哈尼语）。

形态特征 木质藤本；根圆柱状，木质，根皮暗褐色，有不规则纵皱纹或瘤状凸起，小枝粗壮，密被棕黄色绒毛，后渐脱落无毛。叶厚纸质，倒卵形或阔椭圆形，长 7~13 厘米，宽 3~6 厘米，先端尖或钝，基部心形，中脉表面凹下，侧脉每边 14~18 条，表面稍凹下，与中脉在背面均凸起，表面深绿色，背面浅绿色；两面密被棕黄色绒毛；叶柄长 3~7 毫米，密被绒毛。聚伞花序圆锥状，腋生，比叶短，三歧、花序梗，花序轴，分枝，花梗，苞片，小苞片均密被棕黄色绒毛；花萼 5 裂，裂片披针形，被棕黄色绒毛：花冠辐状，外面黄绿色，内面黄色，外面密被棕黄色绒毛；花冠 5 裂片，长圆状卵形，向右覆盖；副花冠裂片丝状，与花丝背部合生，着生于花宽基部，花丝离生，丝状或钻状，花药与柱头顶粘着，药隔顶的膜片在柱头顶合生；花粉器匙形，载粉器内藏有许多四合花粉，基部的粘盘贴于柱头上；子房被柔毛，心皮 2 枚，离生，柱头为圆锥状凸起。蓇葖果双生，叉开呈 180°，或过之；种子长约 9 毫米，种毛长约 3 厘米。花期 6~8 月，果期 8~11 月。

分布生境 贵州省望谟地区有分布，云南、广西亦有分布。

利用价值 药用：可治痢疾，湿热腹泻，感冒发热，慢性肾炎，跌打等症，叶还可治毒蛇咬伤。

有毒部位 种子、叶有毒。

毒性成分 含强心甙类化合物。

中毒反应 人中毒后出现腹痛、腹泻、头晕等症状。

杠柳（杠柳属）

拉 丁 名 *Periploca sepium*

别　　名 北五加、五加皮、狗奶子、立柳、山五加皮。

形态特征 落叶蔓性灌木，长达 4 米。主根圆柱形，灰褐色，内皮淡黄色。茎灰褐色；小枝常对生，具纵纹及皮孔。叶膜质，披针状长圆形，长 5~9 厘米，先端渐尖，基部楔形，侧脉 20~25 对；叶柄长约 3 毫米。聚伞花序腋生，常成对。花梗长约 2 厘米；花萼裂片三角状卵形，长约 3 毫米；花冠紫色，辐状，直径约 1.5 厘米，花冠筒长约 3 毫米，裂片椭圆形，长约 8 毫米，中间加厚呈纺锤状，反折，无毛，内面被长柔毛；副花冠裂片无毛。蓇葖果 2 枚，圆柱形，长 7~12 厘米，直径约 5 毫米，顶端常相连。种子窄长圆形，长约 7 毫米，宽约 1 毫米。种毛长 3 厘米。花期 5~6 月，果期 7~9 月。

分布生境 贵州省赤水、桐梓、印江（梵净山）等地有分布，生长于海拔 800~1100 米的疏林边或灌丛中。

利用价值 药用：茎皮入药，可祛风湿、壮筋骨、强腰膝，治风湿关节炎、筋骨痛等症。经济：种子可以榨油，基叶的乳汁含有弹性橡胶。杠柳皮有杀虫作用。观赏：由于杠柳根茎萌发力强，又多枝丛生，可逐年采割或平茬。当年萌发的新枝条，在沙地上也可长到100厘米，可作为较好的薪炭林。杠柳根系发达，具有较强的无性繁殖能力，同时具有较强的抗旱性，是一种极好的固沙植物。

有毒部位 皮有毒。

毒性成分 含北五加皮甙、杠柳毒甙等。

中毒反应 北五加皮甙强心作用很强，用量过多易中毒。注射于动物，可使其血压极快上升，3~20分钟即可致死。

黑龙骨（杠柳属）

拉丁名 *Periploca forrestii*

别　名 风藤、飞仙藤、牛尾蕨、青蛇胆、铁骨头。

形态特征 藤状灌木，长达10米。多分枝；除花外全株无毛。叶革质，披针形，长3.5~7.5厘米，宽0.5~1厘米，基部楔形，侧脉近平行；叶柄长1~2毫米。聚伞花序腋生，较叶短，花少数。花径约5毫米；花萼裂片卵形或近圆形，长约1.5毫米；花冠黄绿色，花冠筒短，裂片长圆形，长约2.5毫米，直立，中间厚；副花冠裂片被微柔毛，较花冠筒稍短；花药基部肿大，粘生；柱头圆锥状。蓇葖果2枚，细长圆柱形，长约11厘米，直径约5毫米。种子扁长圆形，种毛长约3厘米。花期3~4月，果期6~9月。

分布生境 贵州省纳雍、印江、安龙、兴义、兴仁、贵阳、荔波、三都、瓮安等地有分布，生长于海拔800~1000米的向阳林边或灌丛中。

利用价值 药用：可舒筋活血、祛风除湿，治风湿性关节炎、跌打损伤、闭经等症。

有毒部位 茎、叶有毒。

毒性成分 叶含强心甙。

中毒反应 小鼠腹腔注射茎的氯仿提取物1000毫克/千克，全部死亡。民间作为毒狗药，故称“狗闹花”。

青蛇藤（杠柳属）

拉丁名 *Periploca calophylla*

别　名 管人香、黑骨头、鸡骨头、宽叶风仙藤、铁夹藤、乌骚风。

形态特征 藤状灌木。除花外，全株无毛，幼枝灰白色，老枝黄褐色，密被皮孔。叶近革质，椭圆状披针形，长4.5~6厘米，宽1.5厘米，先端渐尖，基部楔形，中脉在上面微凹，侧脉在两面平；叶柄长1~2毫米。聚伞花序长约2厘米，具花约10朵；苞片卵圆形，长约1毫米，具缘毛。花萼裂片卵形，长1.5毫米，具缘毛，内面基部具5腺体；花冠深紫色，辐状，直径约8毫米，无毛，内面被白色柔毛，花冠筒短，裂片长圆形，直立；副花冠环状，5~10裂（其中5裂丝状），被长柔毛；花药背部被长柔毛，花粉器匙形；子房无毛，柱头短圆锥状，顶端2裂。蓇葖果2枚，长箸状，长约12厘米，直径约5毫米。种子窄长圆形，长1.5厘米，宽3毫米，种毛长3~4厘米。花期4~5月，果期8~9月。

分布生境 贵州省安龙地区有分布，生长于海拔400~600米的岩石上、灌丛中、溪林边。

利用价值 药用：茎可入药，治腰痛、风湿麻木、跌打损伤及蛇咬伤等症。经济：茎皮纤维可编制绳索及造纸原料。

有毒部位 全株有毒，茎的毒性较大。

毒性成分 含强心甙类物质。

中毒反应 小鼠腹腔注射茎的氯仿提取物200~1000毫克/千克，开始出现活动减少、共济失调、瘫痪，进而阵挛性惊厥而死亡。狗注射5~10毫克/千克，出现不安、前肢无力、呼吸加深、嗜睡等症状。

催吐鲫鱼藤（鲫鱼藤属）

拉 丁 名 *Secamone minutiflora*

别　　名 小花青藤、小花四粉块藤。

形态特征 藤状灌木，有乳汁，除花序和叶柄外，全株无毛。叶薄纸质，椭圆状卵圆形，长3~4.5厘米，宽1.2~1.8厘米，端部锐尖，基部楔形，有透明腺点；侧脉纤细，两面扁平，不明显；叶柄长2~3毫米，被微毛。聚伞花序假伞形状，腋生，比叶短；花序梗和花梗被柔毛，纤细，花小；小苞片卵状披针形，长1毫米，外面被微毛；萼片卵圆形，长1毫米，外面密被柔毛，花冠近辐状，张开直径约4毫米，花冠筒短，花冠裂片长圆形，长约1.5毫米；副花冠裂片侧面扁平，镰刀状；花药顶端膜片内弯；花粉块4个连在着粉腺上；子房无毛，柱头伸出花药顶端膜片之外。蓇葖果披针形，长5厘米，直径（基部）约9毫米，无毛；种子长圆形，长1厘米，宽4毫米，褐色，顶端种毛长2.5厘米。花期5~7月，果期8~10月。

分布生境 贵州省平塘、安龙、兴义、册亨等地有分布，生长于海拔400~900米的山坡、山谷灌丛中。

利用价值 药用：可祛风除湿、消肿止痛，主治风湿关节疼痛、肢体麻木、小儿麻痹症后遗症、跌打损伤等症。

有毒部位 根和茎有毒。

毒性成分 含C_{21}甾体化合物。

中毒反应 小鼠腹腔注射茎的氯仿提取物1000毫克/千克，迅速死亡。

朱砂藤（鹅绒藤属）

拉 丁 名 *Cynanchum officinale*

别　　名 朱砂莲、白敛、桔梗。

形态特征 藤状灌木，主根圆柱状；嫩枝单列柔毛。叶对生，薄革质，卵形，长 5~12 厘米，宽 3~6.5 厘米。先端渐尖，基部耳状心形，耳下垂不内弯，中脉表面下凹，侧脉每边约 6 条，两面无毛，或背面有微毛；叶柄长 2~6 厘米。聚伞花序伞形，腋生；花序梗长 3~6 厘米，有花约 10 朵；花梗长 7~15 毫米；花萼裂片，裂片披针形，长约 2.5 毫米，外面被疏柔毛，内面基部有 5 个腺体，花冠白色或淡绿色，裂片长圆形，无毛；副花冠 5 深裂，裂片卵形，肉质，内面中部有 1 个圆形舌片；花粉块每室 1 个，长圆形，下垂；子房无毛；柱头略为隆起，顶端 2 裂。蓇葖果通常 1 枚，单生，披针形，长约 11 厘米，直径约 1 厘米；种子长卵形，白色种毛长约 2 厘米。花期 5~8 月，果期 7~10 月。

分布生境 贵州省印江、安龙、贞丰、兴仁、雷山、从江等地有分布，生长于海拔 1200~2170 米山坡、路旁、沟边灌丛中。

利用价值 药用：根入药，可补虚、镇痛，治狂犬病、癫痫、毒蛇咬伤等症。

有毒部位 根、茎、叶有毒，根的毒性较大。

毒性成分 含 C_{21} 甾体化合物、娃儿藤生物碱等。

中毒反应 动物中毒后先出现困倦、无力、嗜睡、恶心、呕吐、眩晕等症状，进而昏迷、四肢抽搐、癫痫样发作、瘫痪、不省人事，甚至因呼吸衰竭而死亡。

青羊参（鹅绒藤属）

拉 丁 名 *Cynanchum otophyllum*

别　　名 千年生、奶浆藤、白芍、青阳参、青洋参、白岑白芪、白药。

形态特征 多年生草质藤本；根圆柱状，直径约 8 毫米；茎有两列柔毛。叶对生，膜质，长卵形，长 7~9 厘米，基部宽 4~6 厘米，先端尖或渐尖，基部深耳状心形，耳圆形下垂，中脉下凹，侧脉每边 6~7 条，两面被柔毛或无毛；叶柄长 3~6 厘米，无毛。聚伞花序伞房状，腋生，花序梗长 2~4 厘米，有花 20 余朵，花梗长 5~9 毫米；花萼 5 裂片，卵形，外面疏被微柔毛，内面基部有 5 个腺体；花冠白色，5 裂片，长圆形，外面无毛。内面被微柔毛；副花冠杯状，比合蕊冠略长，裂片中间有 1 个小齿，或无；花粉块每室 1 个，平行，下垂，有短柄；子房无毛。柱头顶端略 2 裂。蓇葖果双生，常只 1 枚，纺锤状，披针形，长约 8 厘米，中间较粗，两端较小而尖，中间直径约 1 厘米；种子长约 8 毫米。种毛长 3 厘米。花期 6~9 月，果期 8~11 月。

分布生境 贵州省威宁、纳雍、松桃、兴义、兴仁、安龙、黄平、雷山等地有分布，生长于海拔 1000~2000 米的山坡或山谷疏林下。

利用价值 药用：药理研究显示有抗惊厥、抗实验性癫痫和保护淋巴细胞 DNA 等作用，现代临床用于治疗风湿性关节炎、跌打损伤、久病腰痛、消化不良、脘腹胀痛和虫蛇咬伤等症。

有毒部位 全株有毒。

毒性成分 含青羊参甙甲、乙，牛皮消素，洋地黄毒苷和 β-谷甾醇等。

中毒反应 动物中毒后先出现困倦、无力、嗜睡、恶心、呕吐、眩晕等症状，进而昏迷、四肢抽搐、癫痫样发作、瘫痪、不省人事，甚至因呼吸衰竭而死亡。

牛皮消（鹅绒藤属）

拉 丁 名 *Cynanchum auriculatum*

别　　名 飞来鹤、耳叶牛皮消、隔山消、牛皮冻、何首乌、瓢瓢藤。

形态特征 蔓性半灌木，有肥厚块状根；茎圆柱形，被白色微柔毛。叶对生，膜质，宽卵形或卵状长圆形，长 4~12.5 厘米，宽 4~7.6 厘米，先端短渐尖，有长约 1 厘米的尖头，基部耳状心形，耳下垂，不弯曲向内，中脉凹下，侧脉每边约 5 条，两面脉上被微柔毛；叶柄长 5~10 厘米，无毛。聚伞花序伞房状，花序梗长 5~8 厘米，有花约 30 朵，花梗长 1~2.2 厘米；花萼 5 裂，裂片卵状长圆形；花冠白色，内面有疏柔毛，副花冠浅杯状，裂片椭圆形，肉质，顶端钝，每 1 裂片内面有一个三角形舌状鳞片；花粉块每室 1 个，下垂；柱头圆锥状，顶端 2 裂。蓇葖果双生，披针形，长约 8 厘米，直径约 1 厘米；种子卵状椭圆形，种毛白色，长约 2 厘米。花期 7~8 月，果期 8~10 月。

分布生境 贵州省毕节、大方、习水、印江、荔波、瓮安、凯里、雷山、榕江等地有分布，生长于海拔 800~2000 米的山坡、林边、河沟边灌丛中。

利用价值 药用：块根入药，可养阴清热、润肺止咳，治神经衰弱、肾炎、水肿、胃与十二指肠溃疡、小儿疳积、痢疾等症；外用治疗疮、毒蛇咬伤。

有毒部位 根有毒。

毒性成分 含痉挛性的萝藦毒素、牛皮消甙元、牛皮消甙等。

中毒反应 人中毒后出现流涎、呕吐、痉挛、呼吸困难、心跳缓慢等症状。

大理白前（鹅绒藤属）

拉 丁 名 *Cynanchum forrestii*

别　　名 狗毒、白薇、白龙须、蛇辣子。

形态特征 多年生直立草本，茎单生，有单列柔毛，稀在基部有分枝。叶薄纸质，长 4~7 厘米，宽 1.3~3.5 厘米，先端钝或短尖，基部近圆形或微带心形，中脉表面凸起，侧脉每边约 5 条，弯曲向上，在叶边内消失，表面中侧脉上微有毛；叶柄长约 5 毫米，微有毛。聚伞花序伞形，腋生或近顶生，有花 10 余朵，花序梗长 3~4 厘米；花萼 5 裂片，披针形，细小；花冠黄色，辐状，裂片长圆形，长约 2 毫米，基部有柔毛，边有纤毛；副花冠肉质，裂片三角形，与合蕊柱等长；花粉块每室 1 个，下垂；柱头略隆起。蓇葖果常单生，稀双生，披针形，长约 6 厘米，直径约 8 毫米，无毛；种子扁平，种毛长约 2 厘米。花期 4~7 月，果期 6~11 月。

分布生境 贵州省兴仁、兴义等地有分布。

利用价值 药用：根入药，可清热散邪、生肌止痛。

有毒部位 根有毒。

毒性成分 含 C_{21} 甾体化合物等。

中毒反应 小鼠腹腔注射根的氯仿提取物 50~100 毫克/千克，先是出现活动减少、部分小鼠瘫痪现象，进而大部分死亡。

竹灵消（鹅绒藤属）

拉 丁 名 *Cynanchum inamoenum*

别　　名 白龙须、老君须、雪里蟠桃、婆婆针线包、川白薇、牛角风、九造台。

分布特征 直立草本，常由基部生出数分枝，有须根多数；茎顶部有卷曲柔毛。以下有单列毛。后变无毛、叶薄膜质，阔卵形，长4~5 厘米，宽 1.5~4 厘米，先端短尖，基部近心形，中脉凹下，侧脉每边约 5 条，表面脉上近无毛或被微柔毛，背面无毛；叶柄长 6~10 毫米，初时有毛。聚伞花序伞形，在茎顶叶腋中互生，花序梗长 3~5 厘米，花梗长 8~10 毫米，被卷曲短柔毛；花萼 5 裂片，披针形，长约 2 毫米，近无毛；花冠辐状，裂片卵状长圆形，无毛；副花冠裂片三角形，肉质；花药顶端有圆形膜片；花粉块每室 1 个，下垂，近平行，有短的花粉块柄，着粉腺椭圆形，柱头扁平。蓇葖果双生，稀单生，狭披针形，长约 5.5 厘米；种子种毛长约 2.5 厘米。花期 5~7 月，果期 7~10 月。

分布生境 贵州省印江地区有分布。

利用价值 药用：根入药，可除燥清热、散毒、通疝气，治妇女血厥、妊娠遗尿、产后虚烦、淋巴腺炎、疥疮等症。

有毒部位 全株有毒，根的毒性较大。

毒性成分 含 C_{21} 甾体化合物。

中毒反应 小鼠腹腔注射氯仿提取物 600~1000 毫克/千克，出现行动迟缓、眼睑下垂、耳郭反射消失、瘫痪等症状，进而死亡。

白薇（鹅绒藤属）

拉 丁 名 *Cynanchum atratum*

别　　名 薇草、知微老、老瓜瓢根、山烟根子、百荡草、白马薇、白前、老君须。

形态特征 多年生草本，高达 50 厘米。茎密被毛。叶对生，卵形或卵状长圆形，长 5~12 厘米，先端骤尖或渐尖，基部圆形或近心形，两面被白色绒毛，侧脉 6~10 对；叶柄长约 5 毫米。聚伞花序伞状，无花序梗，具 8~10 花。花梗长约 1.5 厘米；花萼裂片披针形，长约 3 毫米，被短柔毛，内面基部具 5 腺体；花冠深紫色，辐状，直径 1~2.2 厘米，被短柔毛，内面无毛，裂片卵状三角形，长 4~7 毫米，具缘毛；副花冠 5 深裂，裂片与合蕊冠等长；花药顶端附属物圆形，花粉块长圆状卵球形；柱头扁平。蓇葖果纺锤形或披针状圆柱形，长 5.5~11 厘米，直径 0.5~1.5 厘米，顶端渐尖。种子淡褐色，种毛长 3~4.5 厘米。花期 4~8 月，果期 6~10 月。

分布生境 贵州省安龙、安顺、贵阳、平塘等地有分布，生长于海拔800~1200米的山坡。

利用价值 药用：根及根茎入药，可除虚烦、清热解毒、生肌止痛，治小便淋沥、肾炎、尿路感染、水肿、支气管炎、妇女产后虚烦呕吐等症；白薇油能直接加强心肌收缩，同时有解毒、利尿作用；白薇甙能使心肌收缩作用增强、心率变慢，可用于治疗充血性心力衰竭；白薇对肺炎球菌有抑制作用。

有毒部位 全株有毒，根毒性较大。

毒性成分 含白薇素、挥发油、强心甙。其中，强心甙中主要为甾体多糖甙，挥发油的主要成分为白薇素。

中毒反应 人中毒后先出现头痛、头晕、呕吐、恶心、腹痛、腹泻、烦躁、肢冷等症状，进而昏迷、痉挛，甚至死亡。

马利筋（马利筋属）

拉 丁 名 *Asclepias curassavica*

别　　名 莲生桂子花、芳草花、金凤花、羊角丽、黄花仔、唐绵、山桃花、野鹤嘴、水羊角、金盏银台、土常山、竹林标、见肿消、野辣子、辣子七、对叶莲、老鸦嘴、红花矮陀陀、草木棉。

形态特征 多年生草本，高达1米。茎淡灰色，被微柔毛或无毛。叶对生，膜质，披针形或长圆状披针形，长6~15厘米，宽1~4厘米，先端渐尖，基部延至叶柄，两面无毛或下面脉被微毛，侧脉8~10对；叶柄长约1厘米。聚伞花序与叶近等长，具8~20花；花序梗长3.5~6厘米，被柔毛。花梗长1.2~2.5厘米，被柔毛；花萼裂片披针形，长约3毫米，被柔毛；花冠紫或红色，裂片长圆形，长5~8毫米；副花冠裂片黄色或橙色，匙形，长3.5~4毫米；合蕊冠长2.5~3毫米；花粉块长圆形，下垂，着粉腺紫红色。蓇葖果纺锤形，长5~10厘米，直径1~1.5厘米。种子卵圆形，长6~7毫米，种毛长2~4厘米。花期近全年，果期8~12月。

分布生境 贵州省各公园中多有栽培。本种原产于拉丁美洲的西印度群岛，现广植于世界热带与亚热带地区。

利用价值 药用：可除虚热、利尿、活血。经济：马利筋还可以作为引蝶植物加以使用。叶片是蝴蝶的幼虫——毛毛虫的食草，而以桦斑蝶幼虫最喜欢马利筋；花是昆虫的重要蜜源植物。观赏：主要用作庭植、花坛栽植、切花和盆栽。马利筋可作为观赏作物用于园林绿化，但马利筋有毒，使用时应加以注意，以免产生不良后果。

有毒部位 全株有毒，尤以乳汁含毒性较强。

毒性成分 含马利筋甙、牛角瓜甙、易牛角瓜甙等多种牛角瓜强心甙类化合物。

中毒反应 人误食马利筋乳汁会出现衰弱、肿胀、无法站立或行走、发高烧、脉搏加速但微弱、呼吸困难、瞳孔放大等症状。初为头痛、头晕、恶心、呕吐；继而腹痛、腹泻、烦躁、谵语；最后四肢冰冷、冷汗、面色苍白、脉搏不规则、瞳孔散大、对光不敏感、痉挛；随即昏迷、因心跳停止而死亡。

萝藦（萝藦属）

拉 丁 名 *Metaplexis japonica*

别　　名 芄兰、斫合子、白环藤、羊婆奶、婆婆落针线包、羊角、天浆壳、蔓藤草、奶合藤、土古藤、浆罐头、奶浆藤、斑风藤、老瓜瓢、哈喇瓢、鹤光飘、洋飘飘、天将果、千层须、飞来鹤、乳浆藤、鹤瓢棵、野蕻菜、赖瓜瓢、老人瓢。

形态特征 多年生草质藤本，茎幼时密被柔毛，老时渐脱落，叶膜质，卵状心形，长5~10厘米，宽4~6厘米，先端尖，基部耳状心形，耳长1~2厘米，或较短，中脉表面凹下，侧脉每边10~12条，叶基部似五出脉，背面粉绿色，两面无毛或幼时被微柔毛，叶柄长3~6厘米，顶端有多数腺体丛生。总状聚伞花序腋生或腋外生，花序梗长6~12厘米，花梗长8毫米，均被短柔毛。有花10余朵；花蕾圆锥状，花萼裂片披针形，长约6毫米，被微柔毛；花冠白色，有淡紫红色斑纹，近辐状，花冠筒短，裂片披针形，开展而顶部反卷，基部向左覆盖，内面被柔毛；副花冠杯状，着生于合蕊冠上，5裂；雄蕊连生呈圆锥状，包围雄蕊，花药顶端具白色膜片；花粉块卵球形，下垂子房无毛，柱头延伸成一长喙，顶端2裂。蓇葖果叉生，纺锤形，长约9厘米，无毛；种子卵形，扁平，长1.5厘米。花期7~8月，果期9~11月。

分布生境 贵州省印江（梵净山）地区有分布，生长于海拔800~1000米的山谷、路边。

利用价值 药用：全株入药，治劳伤、虚弱、缺奶、血带、咳嗽等症；根入药，治跌打、蛇咬、疔疮等症；茎、叶入药，可治小儿疳积；种毛可止血；乳汁可治瘊子。经济：茎皮纤维坚韧，可造人造棉。观赏：该种植物多作地栽布置庭院，是矮墙、花廊、篱栅等处的良好垂直绿化材料。

有毒部位 根、茎有毒。

毒性成分 含揉珊瑚甙元、萝藦醇甲醚、萝藦米等C_{21}甾体甙类化合物。

中毒反应 人中毒后出现流涎、呕吐、痉挛、呼吸困难、心跳减慢等症状。

铰剪藤（铰剪藤属）

拉 丁 名 *Holostemma ada-kodien*

别　　名 无。

形态特征 藤状灌木，有乳汁；茎细弱，无毛。叶片纸质，卵形或长圆状卵形，长3.5~8.5厘米，宽1~4厘米，先端渐尖或尖，基部心形，基部三出脉，中脉表面稍凸起，背面明显凸起，叶基一对侧脉向外生出3~4支脉，其余侧脉每边4~5条，弧曲向上，在叶边内连接，三级脉近横行。网脉稀疏，背面较明显，两面略被微柔毛，中侧脉上较密；叶柄长1~2.5厘米，被微毛。花序伞形或不规则总状，腋生，花序梗长约2厘米，花梗长1.5~2厘米，被微柔毛；花萼裂片卵形，长约2毫米，外面被微柔毛，花冠黄白色，直径约1.5厘米，辐状，裂片5裂，卵状长圆形，长约8毫米，向右覆盖，无毛，花冠筒极短；副花冠环状，10裂，着生于合蕊冠基部，比花药短，长约3毫米；花药较大，长圆形，顶部两侧有角，互相粘合成有10翅的柱状体，顶端小；花粉块有细弱的花粉块柄，下垂，着粉腺黑色；子房无毛，柱头内藏。蓇葖果双生或单生，披针形，长10~13厘米，无毛；种子卵形，边膜质，呈翅状，种毛长2~3厘米。花期6~7月，果期9~10月。

分布生境 贵州省望谟（蔗香）、安龙（坡脚）等地有分布，生长于海拔500米的山坡。

利用价值 药用：全株入药，治妇女产后虚弱，可催奶等。

有毒部位 茎和树汁液有毒。

毒性成分 含三萜成分：α-香树脂醇、羽扁豆醇、β-谷甾醇等。

中毒反应 人量大服用引起中毒，出现头昏、无力等症状，重则惊厥、死亡。小鼠腹腔注射茎的氯仿提取物1000毫克/千克，死亡。

通光藤（牛奶菜属）

拉 丁 名 *Marsdenia tenacissima*

别　　名 大苦藤、地甘草、乌骨藤、黄桧、下奶藤、勒藤。

形态特征 坚韧木质藤本；茎密被柔毛。叶宽卵形，长和宽15~18厘米，基部深心形，两面均被绒毛，或叶面近无毛。伞状复聚伞花序，腋生，长5~15厘米；花萼裂片长圆形，内有腺体；花冠黄紫色；副花冠裂片短于花药，基部有距；花粉块长圆形，每室1个直立，着粉腺三角形；柱头圆锥状。蓇葖长披针形，长约8厘米，直径1厘米，密被柔毛；种子顶端具白色绢质种毛。花期6月，果期11月。

分布生境 贵州省兴义（仓更、靖南）、安龙（龙广）等地有分布，生长于海拔700~1100米的山坡灌丛中或石灰岩山上的灌丛中。

利用价值 药用：藤茎入药，可清热解毒、止咳平喘、通乳、抗癌，主治咽喉肿痛、肺热咳喘、支气管炎、扁桃腺炎、膀胱炎、湿热黄疸、小便不利、乳汁不通、疮疖、癌肿等症。

有毒部位 茎、根或叶有毒。

毒性成分 含通光藤甙元、锥弗甙元等。

中毒反应 小鼠静脉注射总甙 LD_{50} 274毫克/千克，死前出现惊厥症状，呼吸先停，心脏停搏于舒展期。

南山藤（南山藤属）

拉 丁 名 *Dregea volubilis*

别　　名 假夜来香、春筋藤、双根藤、大果咀彭、假猫豆、各山消、苦凉菜、苦菜藤、帕格牙姆、帕空耸。

形态特征 粗壮大藤本。茎具皮孔。枝条具小瘤状凸起。叶对生；叶柄长2.5~6厘米；叶片宽卵形或近圆形，长8~15厘米，宽5~12厘米，先端急尖或短渐尖，基部截形或浅心形，近无毛。伞状聚伞花序腋生；倒垂；花萼5裂片，外面被柔毛，内面有腺体多个；花冠黄绿色，夜吐清香，裂片5裂，宽卵形；副花冠裂片着生于雄蕊背面，肉质膨胀；花粉块每室1个，直立；子房具疏柔毛，花柱短，柱头先端具圆锥状凸起。蓇葖果披针状圆柱形，长达12厘米，直径约3厘米，外果皮被白粉，具皱纹棱条。种子宽卵形，扁平，有薄边，长达1.2厘米，宽约6毫米，先端具白色绢质种毛，长达4.5厘米。花期4~9月，果期7~12月。

分布生境 贵州省全省有分布，生长于海拔500米以下的山地林中。

利用价值 药用：全株入药，可祛风、除湿、止痛、清热和胃，常用于治感冒、风湿关节痛、腰痛、妊娠呕吐、食管癌、胃癌等症。

有毒部位 全株有小毒。

毒性成分 含C_{21}甾体甙类化合物。

中毒反应 人中毒后出现流涎、呕吐、痉挛、呼吸困难、心跳减慢等症状。

苦绳（南山藤属）

拉 丁 名 *Dregea sinensis*

别　　名 奶浆藤、隔山撬、白丝藤。

形态特征 藤本，长达8米。幼枝被褐色绒毛；茎具皮孔。叶纸质，卵状心形，长2~13厘米，基部深心形，上面被短柔毛或近无毛，下面被绒毛，侧脉约5对；叶柄长1.5~5厘米。聚伞花序伞状，花多达20朵，花序梗长3~6厘米。花梗细，长约25厘米；花萼裂片卵状长圆形，被短柔毛；花冠白色，内面紫色，直径约1.6厘米，裂片卵状长圆形，长6~7毫米，具缘毛；副花冠裂片卵圆形，肥厚，顶端骤尖；花粉块长，基部窄，或镰刀状；子房无毛，柱头圆锥状，为花药顶端附属物包被。蓇葖果柱状披针形，长5~6厘米，直径1~2厘米，具不明显纵纹，顶端弯曲。种子扁卵状长圆形，长0.9~1.2厘米，种毛长2.5~4.5厘米。花期4~8月，果期7~12月。

分布生境 贵州省瓮安（琮珠场）、印江（永利）等地有分布，生长于海拔约850米的路旁灌丛中。

利用价值 药用：全株入药，可催乳、止咳、祛风湿；叶外敷可治骨折、痈疖等症。

有毒部位 茎有毒。

毒性成分 含C_{21}甾体甙类化合物。

中毒反应 小鼠腹腔注射茎的氯仿提取物800~1000毫克/千克，先出现无力、伏地、四肢外展、呼吸困难、阵发性翻滚、耳郭反射消失等症状，进而翻正反射消失，5~12小时死亡。

多花娃儿藤（娃儿藤属）

拉 丁 名 *Tylophora floribunda*

别　　名 土细辛、双飞蝴蝶、一见香、小尾伸根、老君须。

形态特征 多年生缠绕藤本，具乳汁；根须状，黄白色；全株无毛；茎纤细，分枝多。叶卵状披针形，长3~5厘米，宽1~2.5厘米，顶端渐尖或急尖，基部心形，叶面深绿色，叶背淡绿色，密被小乳头状凸起；侧脉每边3~5条，叶背凸起，明显；叶柄纤细，长约5毫米。聚伞花序广展，腋生或腋外生，比叶为长；花序梗曲折，每一曲度生有一回至二回伞房式花序；花淡紫红色，花小，直径约2毫米；花萼裂片长圆状披针形，花萼内面基有5个腺体；花冠辐状，裂片卵形；副花冠裂片卵形，贴生于合蕊冠基部，钝头，顶端达花药的基部，花药菱状四方形，顶端有圆形膜片；花粉块每室1个，近球状，平展；子房无毛；柱头盘状五角形，顶端小凸起。蓇葖果双生，叉开180°~200°，线状披针形，长5厘米，直径4毫米，无毛；种子近卵形，棕褐色，无毛，顶端具白色绢质种毛；种毛长2厘米。花期5~9月，果期8~12月。

分布生境 贵州省绥阳、赤水、安顺、普定等地有分布，生长于海拔800~1200米的林边、沟边。

利用价值 药用：根及全株入药，可治小儿惊风、白喉、跌打损伤、关节肿痛、蛇咬伤等症。经济：藤蔓为琉球青斑蝶及姬小纹青斑蝶幼虫的食草。观赏：植株细弱，全株有短柔毛，形似羊角之蓇葖果向左右两边叉开，相当别致，植为小型盆栽，颇为美观。

有毒部位 根有小毒。

毒性成分 含娃儿藤碱、异娃儿藤碱、娃儿藤宁碱等。

中毒反应 动物过量服用出现头晕、眼花、四肢无力、呕吐、呼吸困难等症状，严重的甚至因心跳停止而死亡。

38. 玄参科 Scrophulariaceae

白背枫（醉鱼草属）

拉 丁 名 *Buddleja asiatica*

别　　名 驳骨丹、狭叶醉鱼草、水杨柳、山埔姜、七里香。

形态特征 灌木，高1~3米；嫩枝、叶背、花序均密被白色星状绵毛；嫩枝略呈四棱形。老时呈圆形。叶对生，卵状披针形或披针形，长6~20厘米，宽1~5厘米，边缘疏生细锯齿，叶背下被白色星状绒毛，上面无毛，侧脉每边10~13条，上面平，下面微凸；叶柄长约0.5厘米，具黄色绒毛。花有柄，淡紫色，芳香，长约1厘米，多数小聚伞花序集成穗状圆锥花序；花萼4裂，密被状绒毛；花冠筒7~10

毫米，外面疏生星状绒毛鳞毛；雄蕊着生于花筒喉部；子房无毛。蒴果条状长圆形，直径 3~4 毫米，成熟果 4 瓣裂；种子多数，两端有长尖翅。花期 4~6 月，果期 8~10 月。

分布生境 贵州省兴义、安龙、兴仁、水城、安顺、纳雍、毕节、大方、黔西、清镇、贵阳、贵定、凯里、镇远、都匀、罗甸等地有分布，生长于海拔 450~1300 米的向阳坡地、路旁或河岸沟渠。

利用价值 药用：洗净晒干或鲜用，可续筋接骨、消肿止痛；根和叶入药，可祛风化湿、行气活络。经济：花芳香，可提取芳香油。

有毒部位 全株有毒。

毒性成分 主要含倍半萜和黄酮甙类化合物。

中毒反应 动物中毒后出现头晕、呕吐、腹痛、呼吸困难、四肢麻木、震颤等症状。

密蒙花（醉鱼草属）

拉 丁 名 *Buddleja officinalis*

别　　名 蒙花、小锦花、黄饭花、疙瘩皮树花、鸡骨头花、羊耳朵。

形态特征 灌木，高达 4 米。小枝梢 4 棱，密被灰白色星状毛。叶对生，纸质，窄椭圆形、长卵形或卵状披针形，长 4~19 厘米，先端渐尖，基部楔形，常全缘，稀疏生锯齿，上面疏被星状毛，下面密被白色或褐黄色星状毛，侧脉 8~14 对，中脉及侧脉凸起；叶柄长 0. 2~2 厘米，2 叶柄基部之间具托叶线。花密集成圆锥状聚伞花序，长 5~30 厘米，密被灰白色柔毛。小苞片披针形；花萼钟状，长 2. 5~4. 5 毫米，裂片长 0. 6~1. 2 毫米，花萼及花冠密被星状毛；花冠白或淡紫色，喉部橘黄色，长 1~1. 3 厘米，花冠筒长 0. 8~1. 1 厘米，裂片长 1. 5~3 毫米；雄蕊着生于花冠筒中部；于房中部以上至花柱基部被星状短柔毛。蒴果椭圆形，2 瓣裂，被星状毛，花被宿存。种子两端具翅。花期 2~4 月，果期 4~8 月。

分布生境 贵州省安龙、兴义、册亨、正安、务川及黔东南等地有分布，生长于海拔 800~1300 米的林缘及山地灌木林丛中。

利用价值 药用：具有抗炎、免疫调节、降血糖、抗氧化、抗血管内皮细胞增生等作用，临床用于干眼症、白内障、角膜软化、两眼畏光等症，疗效较好。食疗也可缓解眼部疾患。兽医用枝叶治牛和马的红白痢。经济：花可提取芳香油，亦可作黄色食品染料。茎皮纤维坚韧，可作造纸原料。观赏：花芳香而美丽，为南方一种较良好的庭园观赏植物。

有毒部位 根、茎、叶、花均有毒。

毒性成分 主要含有蒙花甙、醉鱼草素乙等黄酮甙类物质。

中毒反应 动物中毒后出现头晕、呕吐、腹痛、呼吸困难、四肢麻木、震颤等症状。

大序醉鱼草（醉鱼草属）

拉 丁 名 *Buddleja macrostachya*

别　　名 长穗醉鱼草、白叶子、羊巴巴叶、锡金醉鱼草。

形态特征 小乔木或灌木状，高达 6 米。小枝 4 棱，具窄翅。枝条、叶上面、蒴果幼时被星状短绒毛，老渐脱落。叶对生，纸质，披针形或椭圆状披针形，长 4~45 厘米，先端渐尖，基部楔形，具细齿，下面密被星状短绒毛，侧脉 16~26 对，叶柄短或近无柄，叶柄间具 1~2 叶状托叶，有时早落。花芳香，总状聚伞花序长 33 厘米，直径 4 厘米。花梗长约 2 毫米；花萼及花冠被星状绒毛及腺毛，花萼钟状，长 4~6 毫米，内面无毛，裂片长 2~2.5 毫米；花冠淡紫至紫红色，长 0.9~1.5 厘米，喉部黄或红色，花冠筒长 0.9~1.1 厘米，内面上部被毛，裂片长 2~4 毫米；雄蕊着生于花冠筒喉部；子房被星状毛及腺毛，花柱基部被毛，柱头棒状。蒴果长卵圆形，长 0.7~1 厘米，花柱宿存。种子褐色，长 2~2.5 毫米，两端具窄翅。花期 3~9 月，果期 6~12 月。

分布生境 贵州省兴义、长顺、惠水、安顺等地有分布，生长于海拔 900~1300 米的灌丛林带及沟渠旁。

利用价值 药用：可祛风散寒、消积止痛。观赏：可作观赏植物。

有毒部位 根、叶有毒。

毒性成分 主要含黄酮甙类化合物。

中毒反应 动物中毒后出现头晕、呕吐、腹痛、呼吸困难、四肢麻木、震颤等症状。

滇川醉鱼草（醉鱼草属）

拉 丁 名 *Buddleja forrestii*

别　　名 端丽醉鱼草、苍山醉鱼草。

形态特征 灌木，高达 5 米。小枝 4 棱，具窄翅。叶对生，薄纸质，披针形或长圆状披针形，长 5~35 厘米，先端渐尖，基部楔形，常下延至叶柄，具细齿，侧脉 15~18 对；叶柄长 0.2~1.5 厘米；叶柄间具托叶线。总状聚伞花序顶生及腋生，长 6~25 厘米；花梗长 1~2 毫米；花萼及花冠疏被星状毛及腺毛，花萼钟状，长 4~5 毫米，裂片长约 2 毫米，裂片内面疏被柔毛；花冠橙色、蓝紫或紫红色，花冠筒长 0.7~1.6 厘米，裂片长 2~6 毫米；雄蕊着生于花冠筒喉部。蒴果卵圆形或长卵圆形，长 0.6~1 厘米，直径 2~3 毫米，2 瓣裂，无毛，花萼及花柱宿存。种子长卵圆形，长 2~4 毫米，周具翅。花期 6~10 月，果期 7~12 月。

分布生境 贵州省赤水、桐梓、毕节等地有分布，生长于海拔 1800~4000 米的山地疏林中或山坡灌木丛中。

利用价值 药用：可祛风除湿、止咳化痰、散瘀。经济：可用于毒鱼、杀虫。

有毒部位 根、叶有毒。

毒性成分 主要含黄酮甙类化合物。

中毒反应 人中毒后出现头晕、呕吐、腹痛、呼吸困难等症状。

大叶醉鱼草（醉鱼草属）

拉 丁 名 *Buddleja davidii*

别　　名 绛花醉鱼草、穆坪醉鱼草、兴山醉鱼草、白背叶醉鱼草、白壶子。

形态特征 落叶灌木，高约 2 米；嫩枝、叶背、花序均密被白色星状绵毛，幼枝略呈四棱形。叶对生，卵状披针形或披针形，长 5~15 厘米，宽约 4 厘米，边缘疏生细锯齿，背面密被星状绒毛，侧脉每边 10~13 条；叶柄长 3~5 毫米，具星状绒毛。花有柄，长 0.8~1 厘米；花淡紫色，芳香，由 4~6 朵组成的小聚伞形花序再组成状圆锥花序，长 12~15 厘米，花长 1 厘米，花萼 4 深裂，被星状绒毛，花冠筒细而直，长 1~1.5 毫米，外被疏星状绒毛及毛。花冠 5 裂；雄蕊着生于花筒中部；子房无毛。果条状矩圆形，长 6~8 毫米，有少量鳞毛；种子多数，两端具长尖翅。花期 5~8 月，果期 9~11 月。

分布生境 贵州省赤水、道真、习水、绥阳、贵阳、瓮安、惠水、三都、兴仁、贞丰、册亨、黎平、从江、铜仁、梵净山等地有分布，生长于海拔 750~4000 米的丘陵山地路边、沟渠及灌丛林中。

利用价值 药用：可祛风散寒、止咳、消积止痛。经济：花可以提取芳香油。观赏：枝条柔软多姿，花美丽而芳香，是优良的庭园观赏植物。

有毒部位 叶和根皮有毒。

毒性成分 主要含醉鱼草素类成分。

中毒反应 动物中毒后出现头晕、呕吐、腹痛、呼吸困难、四肢麻木、震颤等症状。

醉鱼草（醉鱼草属）

拉 丁 名 *Buddleja lindleyana*

别　　名 鱼尾草、醉鱼儿草、樚木、闹鱼花、痒见消、毒鱼草。

形态特征 落叶灌木，高约 2 米；嫩枝四棱形，具翅；叶背面、花序及嫩枝具棕黄色星状绒毛。叶对生，卵圆形或卵状披针形，长5~10 厘米，宽 2~4 厘米，全缘或具疏生波状齿，侧脉每边 10~13 条，网状脉密集，叶柄长 0.5 厘米。花序顶生，穗状，长 7~20 厘米；花萼、花冠密生细鳞片，花柄长约 0.5 厘米；萼裂片三角形；花冠紫色，花冠筒内面具细柔毛，稍有弯曲，长约 1 厘米，直径约 2 毫米；雄蕊着生于花冠筒下部。蒴果矩圆形，长约 5 毫米，被鳞片；种子多数，细小，无翅。花期 5~8 月，果期 8~11 月。

分布生境 贵州省关岭、安顺、松桃、德江、铜仁等地有分布，生长于海拔 600~1100 米处。

利用价值 药用：可祛风除湿、止咳化痰、散瘀。兽医用枝叶治牛泻血。经济：

本植物花可提取香油。捣碎投入河中能使活鱼麻醉，便于捕捉，故有“醉鱼草”之称。全株可用作农药，专杀小麦吸浆虫、螟虫及灭孑孓等。观赏：花芳香而美丽，为公园常见优良观赏植物。

有毒部位 花、茎叶、根有毒。

毒性成分 主要含醉鱼草甙、醉鱼草素乙等黄酮甙类成分。

中毒反应 动物中毒后出现头晕、呕吐、腹痛、呼吸困难、四肢麻木、震颤等症状。

地黄（地黄属）

拉 丁 名 *Rehmannia glutinosa*

别　　名 生地、怀庆地黄、小鸡喝酒。

形态特征 多年生草本，高 10~30 厘米，密被灰白色柔毛和腺毛；根茎肉质，鲜时黄色，在栽培条件下，直径可达 5.5 厘米，茎紫红色。叶在基部呈莲座状，向上则强烈缩小成苞片，或逐渐缩小，在茎上呈互生，卵形至长椭圆形，长 2~6 厘米，宽 1~6 厘米，边缘具不规则锯齿，上面绿色，下面略为紫色或紫红色；基部渐狭成柄。花具细弱之梗，在茎顶排成总状花序，或全部单生于叶腋内，花萼长 1~1.5 厘米，密生多细胞长柔毛和白色长毛，具 10 条隆起的脉；萼齿 5 枚，少有 5~7 枚的；花冠长 3~4.5 厘米，筒部多少弓曲，外面紫色，有长柔毛，花冠裂片 5 裂，先端尖或微凹，内面黄紫色，外面红紫色，两面均被长柔毛；雄蕊 4 枚，药室长圆形，基部叉开；子房幼时 2 室，老时因隔膜撕裂而成 1 室，无毛；花柱顶部扩大成 2 枚片状柱头。蒴果卵形至长卵形，长 1~1.5 厘米。花果期 4~7 月。

分布生境 贵州省全省常见有栽培，海拔 1100 米以下的沙质壤土地区栽培条件较好。

利用价值 药用：地黄味甘苦，性凉，具有滋阴补肾、养血补血、凉血的功效。凡阴虚血虚肾虚者食之，颇有益处。此外，地黄有强心利尿、解热消炎、促进血液凝固和降低血糖的作用。鲜地黄入药，可清热生津、凉血、止血，治热病伤阴、舌绛烦渴、发斑发疹、吐血、衄血、咽喉肿痛等症。生地黄入药，可清热凉血、养阴、生津，治热病舌绛烦渴、阴虚内热、骨蒸劳热、内热消渴、吐血、衄血、发斑发疹等症。熟地黄入药，可滋阴补血、益精填髓，治肝肾阴虚、腰膝酸软、骨蒸潮热、盗汗遗精、内热消渴、血虚萎黄、心悸怔忡、月经不调、崩漏下血、眩晕、耳鸣、须发早白等症。观赏：地黄适于盆栽，若在温室中促成栽培，可在早春开花。因其高大、花序花形优美，可在花境、花坛、岩石园中使用。

有毒部位 全株有毒。

毒性成分 含益母草甙、桃叶珊瑚甙、地黄甙（A、B、C、D）、二氢梓醇甙、梓醇甙。

中毒反应 牲畜食后引起呕吐、腹泻，大剂量可使心脏中毒。

39. 泽泻科 Alismatcaeae

泽泻（泽泻属）

拉 丁 名 *Alisma plantago-aquatica*

别　　名 东方泽泻、一枝花、水泻、水泽。

形态特征 多年生沼泽草本；具地下球茎，直径可达 4.5 厘米，外皮褐色。叶全部基生，卵形或椭圆形，长 3~14 厘米，宽 2~6 厘米，顶端渐尖或锐尖，基部心形或楔形具 5~7 条纵脉，纵脉叶基部至叶顶端汇合，横脉多数；叶柄长 5~50 厘米，基部鞘状，边缘膜质。花葶从基生叶丛中抽出，直立，长 10~100 厘米，通常 3~4 轮分枝，轮生分枝再分枝，形成大型圆锥状复伞形花序；分枝下有苞片，苞片披针形或线形；花萼 3 枚，广卵形，暗绿色，长 2.5~3.5 毫米，宽 2.5~3 毫米，宿存；花瓣 3 枚，卵形，白色，薄膜质，通常较花萼小，亦有略大萼的，脱落；雄蕊 6 枚，花药黄白色，长约 1 毫米；蕊花柱侧生，宿存。瘦果扁平，倒卵形，长 2~2.5 毫米，宽约 1.5 毫米，背部有 1~2 条浅沟。花期 4~8 月，果期 5~10 月。

分布生境 贵州省水城、金沙、毕节、威宁、遵义、清镇、贵阳、惠水、开阳、长顺、兴义、望谟、三都、独山、施秉、德江等地有分布，海拔 500~1280 米地区均有生长。

利用价值 药用：块茎含挥发油、生物碱、树脂、蛋白质及大量淀粉，入药可消肿、利尿、祛湿，治肾炎；叶、花、果实入药，可清热、利尿、渗湿。观赏：本种花较大，花期较长，用于花卉观赏。

有毒部位 全株有毒，地下块茎毒性较大。

毒性成分 主要含泽泻醇等多种三萜类成分。

中毒反应 牲畜皮肤触之可发痒、发红、起疱；食后出现腹痛、腹泻等症状，还能引起麻痹。泽泻含有刺激性物质，内服可引起胃肠炎，贴于皮肤引起发疱，其叶可作为皮肤发红剂。羊吃此植物无害，而牛可引起中毒，表现为血尿。

野慈姑（原亚种）（慈姑属）

拉 丁 名 *Sagittaria trifolia subsp. trifolia*

别　　名 剪刀草、水慈姑、慈姑、燕尾草。

形态特征 多年生水生或沼泽草本。高可达 1 米；须根。叶片窄狭，具 5 条纵脉，中脉不明显，两侧裂片较窄，常呈飞燕状，长 8~12 厘米，宽 3~11 毫米，尾端渐尖。总状花序，小花通常 3 朵轮生，下部雌花，具梗，上部雄花，具细长的梗；苞片披针形，基部略连合；花瓣、花萼各 3 枚，花瓣较花萼大，通常长 7~8 毫米，宽 5~6 毫米，白色，基部间或有紫色斑点；雄蕊多数，带蓝色；心皮多数、离生，密集成圆球形。果实斜倒卵形，长 4~5.5 毫米，扁平，背部、腹面均具薄翅。花果期 7~10 月。

分布生境 贵州省毕节、道真、习水、金沙、铜仁、松桃、黄平、沿河、兴义、贵阳（花溪）、清镇、凯里、册亨、江口、雷山、瓮安等地有分布，生长于池沼及稻田中。

利用价值 药用：全株入药，可清热解毒、凉血消肿，治黄疸、瘰疬、蛇咬伤等症。

有毒部位 全株有毒，以球茎毒性最大。

毒性成分 主要含皂甙生物碱。

中毒反应 人中毒后出现皮肤发麻、瘙痒，眼睛失明，口、舌、喉发痒肿胀、疼痛，胃有灼烧感、恶心、呕吐、腹泻等症状。

40. 毛茛科 Ranunculaceae

高乌头（原变种）（乌头属）

拉 丁 名 *Aconitum sinomontanum*

别　　名 穿心莲、曲芍、麻布袋、破骨七。

形态特征 根长达 20 厘米，圆柱形。茎高 60~150 厘米，中下部近无毛，上部近花序处被反曲短柔毛，生 4~6 叶。基生叶 1 枚，与茎下部叶具长柄；叶片肾形或圆肾形，长 12~14.5 厘米，宽 20~28 厘米，基部宽心形，3 深裂约至 6/7 处，边缘有不整齐的三角形锐齿，中裂片较小，楔状窄菱形，渐尖，侧裂片斜扇形，不等 3 裂稍超过中部，两面疏被短柔毛或变无毛；叶柄长 30~50 厘米，近无毛。总状花序长 20~50 厘米，具密集的花；轴及花梗多少密被紧贴反曲短柔毛；苞片比花梗长，下部苞片叶状，其他苞片线形，长 0.7~1.8 厘米；下部花梗长 2~5.5 厘米，中部以上的长 0.5~1.4 厘米；小苞片通常生于花梗中部，线形，长 3~9 毫米；花萼片蓝紫色或淡紫色，密被短曲柔毛，上萼片圆筒形，高 1.6~3 厘米，粗 4~9 毫米，外缘在中部之下稍缢缩，下缘长 1.1~1.5 厘米；花瓣长达 2 厘米，唇舌形，长约 3.5 毫米，距长约 6.5 毫米，向后拳卷；花丝大多具 1~2 个小齿；心皮 3 个，无毛。蓇葖果长 1.1~1.7 厘米。种子倒卵圆形，具 3 棱，长约 3 毫米，褐色，密生横窄翅。花期 6~9 月。

分布生境 贵州省纳雍、印江（梵净山护国寺）等地有分布，生长于海拔 110~2000 米的山坡林下。

利用价值 药用：可温中止痛、散寒燥湿，治风寒、关节冷痛、麻木瘫痪、跌打损伤等症。从高乌头根中提取的高乌甲素具有较强的镇痛作用，常用于癌症的治疗，并且因其无成瘾无蓄积而优于吗啡和杜冷丁。

有毒部位 块根有毒。

毒性成分 主要含乌头碱、刺乌头碱、高乌头乙碱等。

中毒反应 人中毒后出现恶心、呕吐、流涎、心悸烦躁、肢冷、心律失常、血压下降、呼吸困难等症状。

黄草乌（乌头属）

拉 丁 名 *Aconitum vilmorinianum*

别　　名 昆明乌头、草乌。

形态特征 多年生草本。块根椭圆球形。茎缠绕，茎有分枝，被短柔毛或近无毛。叶片五角形，长5~10厘米，宽8~15.5厘米，基部心形，3全裂至基部或近之，中全裂片宽菱形，短尖，3裂近中部，边有小裂片与牙齿，侧全裂片斜扇形，不等2裂稍过中部，外侧1枚裂片可再深裂，边有小裂片同牙齿，表面有紧贴短柔毛，背面沿脉被毛；叶柄长达11厘米，与叶片近等长。花序腋生，有花3~6朵，轴与花梗密被反曲淡黄色短柔毛；花梗长2~4厘米；小苞片线形，生于花梗中下部；萼片蓝紫色，外面密被短柔毛，上萼片高盔形，高约2厘米，外缘与下缘形成向下展的喙，侧萼片长1~4厘米；花瓣无毛，唇长约3毫米，向后弯曲；雄蕊无毛；心皮5个，无毛，或上部疏生短柔毛。果直，无毛，长约1.8厘米。花期8~10月，果期9~10月。

分布生境 贵州省毕节地区有分布，生长于海拔1700米的山坡上。

利用价值 药用：根、叶、花入药，治跌打损伤、风湿等症；块根入药，治流感、炭疽病、风湿痛等症；叶、花、花蕾入药，治发热性疼痛、头痛、牙痛等症。

有毒部位 根剧毒。

毒性成分 含滇乌碱、黄草乌碱（甲、乙、丙）等。

中毒反应 人中毒后出现肢冷、心律失常、呼吸困难等症状，严重的甚至因心脏骤停而死亡。

拳距瓜叶乌头（乌头属）

拉 丁 名 *Aconitum hemsleyanum*

别　　名 草乌、血乌。

形态特征 多年生缠绕草本。有块根，茎、枝叶等均无毛。茎中部叶有长3~4厘米叶柄；叶片卵状五角形，长8~9厘米，宽约7厘米，基部心形，3深裂至离基部约1厘米处，中央深裂片卵状菱形，渐尖，不明显3裂，边缘有粗锐齿，侧裂片斜扇形，不等2裂至中部或以下。总状花序生于茎或枝顶端，轴与花梗无毛，稀有短柔毛；下部苞片叶状，3深裂或不分裂，椭圆形；上部苞片小为线形；萼片深蓝色，无毛，上萼片圆筒状盔形，长约1.5厘米，高约1.3厘米，缘不明显；花瓣无毛，瓣长约8毫米，距长约5毫米，拳卷，雄蕊无毛；心皮5枚，无毛。果未见。

分布生境 贵州省纳雍、盘县（八大山）等地有分布，生长于海拔530~1900米的山坡灌丛中。

利用价值 药用：根入药，外用治疥疮、无名肿毒，但皮肤破损时不能使用。

有毒部位 全株有毒。

毒性成分 主要含滇乌碱。

中毒反应 人中毒后出现恶心、呕吐、流涎、心悸烦躁、肢冷、心律失常、血压下降、呼吸困难等症状。

岩乌头（原变种）（乌头属）

拉 丁 名 *Aconitum racemulosum var. racemulosum*

别　　名 岩乌子、岩乌、雪上一枝蒿。

形态特征 多年生草本，高达 80 厘米，全体无毛。块根长圆形或近圆柱形。茎下部叶有长柄，在开花时枯萎，茎中部叶有长 3~5 厘米叶柄；叶片革质，五角形，长 6~10 厘米，宽 6.5~9 厘米，基部心形，浅心形或平截，3 深裂过中部，中央深裂片卵状菱形，尾状渐尖，边缘疏生钝齿，叶脉伸出呈短芒尖，主脉与侧脉两面隆起，网脉不明显；茎上部叶逐渐变，基部楔形，3 裂或不裂；叶柄变短至长约 8 毫米。花序顶生或腋生，轴与花梗无毛，下部花序有时 1 花，上部花序达 6 花；花梗长约 1 厘米；小苞片披针形或线形，长 3~4 毫米，生花梗上部；萼片蓝色，上萼片圆筒状盔形或高盔形，高约 2.5 厘米，宽约 1 厘米，外缘稍凹：花瓣爪无毛，长 5~7 毫米，瓣片大，唇长约 6 毫米，向后弯曲；雄蕊无毛；心皮 3 个，无毛。蓇葖果长约 1.6 厘米。花期 8~9 月。

分布生境 贵州省毕节、消镇等地有分布，云南（东北）、四川（天全、南川）、湖北（西部）亦有分布。

利用价值 药用：可止痛，治跌打损伤等症。

有毒部位 块根有毒。

毒性成分 主要含乌头碱、下乌头碱、一枝蒿碱等。

中毒反应 人中毒后出现嗜睡、口腔灼烧感、发麻、肢冷、恶心、呕吐、流涎、腹痛、呼吸困难、心律失常、血压下降等症状。

乌头（乌头属）

拉 丁 名 *Aconitum carmichaelii*

别　　名 草乌、乌药。

形态特征 多年生草本。有倒圆锥形块根。茎高达 150 厘米，具分枝，上部疏被反曲短柔毛。叶在茎上等距分布，茎下部的叶开花时枯萎，茎中部叶有长达 7 厘米叶柄，以上的叶柄较短；叶片纸质，五角形，长 5~10 厘米，宽 7~13 厘米，基部浅心形，3 深裂达基部或近基部，中央全裂片宽菱形，有时倒卵状菱形或菱形，顶急尖，有时短渐尖，二回裂片 1~2 对，全缘，有时生 1~3 齿，侧全裂片不等 2 浅裂，有时分裂至中部，表面极稀被微柔毛，背面只在脉上有毛。顶生总状花序长 6~15 厘米，轴与花梗密被卷曲短柔毛；下部苞片 3 裂，长 2~3 厘米，其余苞片披针形或狭卵形，边缘有卷曲柔毛；花梗长 1.5~3 厘米，小苞片生于中下部；萼片蓝紫色，外面被短柔毛，上萼片高盔形，高约 2 厘米，下缘稍凹，喙不明，侧萼片长约 1.7 厘米；花瓣无毛，瓣片长约 1 厘米，距长约 2 毫米，通常拳卷，雄蕊无毛；心皮 3~5 个，子房被短柔毛。蓇葖果长约 1.5 厘米。花期 5~6 月，果期 7~8 月。

分布生境 贵州省赤水、湄潭、梵净山、凯里、岑巩、剑河、独山、贵阳、安龙等地有分布，生长于海拔 900~1700 米的山坡灌丛中与林下。

利用价值 药用：乌头是贵州省分布较广的一种药用植物。块根药用，民间也用作土农药防治病虫害。通常药用商品主要是栽培品。在医疗上，附子治大汗亡阳、四肢厥逆、霍乱转筋、脉微欲绝，肾阳衰弱的腰膝冷痛、阳痿、水肿，脾阳衰弱的泄泻久痢、脘腹冷痛、形寒畏冷、精神不振、风寒湿痹、脚气等症；川乌治中风、拘挛疼痛、半身不遂、风痰积聚、癫痫等症。

有毒部位 全株有毒，根毒性最大。

毒性成分 根具大毒，主根（母根）加工后称“川乌”，侧根（子根）则称“附子”，所含的化学成分有次乌头碱、乌头碱、新乌头碱、塔拉地萨敏、川乌碱甲、川乌碱乙等化合物。

中毒反应 人中毒后主要出现恶心、呕吐、流涎、腹痛、腹泻、眩晕、眼花、视物模糊、心悸、胸闷、心动过缓、呼吸困难、手足抽搐、神志不清、大小便失禁、血压及体温下降等症状。

还亮草（翠雀花属）

拉 丁 名 *Delphinium anthriscifolium*

别　　名 无。

形态特征 一年生草本，茎高达 78 厘米，具直根。茎无毛或上部疏被反曲柔毛。二回至三回近羽状复叶，或三出复叶；叶菱状卵形或三角状卵形，长 5~11 厘米，羽片 2~4 对，对生，稀互生，窄卵形，先端长渐尖，常分裂近中脉，小裂片窄卵形或披针形，上面疏被柔毛，下面无毛或近无毛；叶柄长 2.5~6 厘米。总状花序具2~15 花；序轴及花梗被反曲短柔毛。小苞片披针状线形，长 2.5~4 毫米；花梗长 0.4~1.2 厘米；花长 1~2.5 厘米；萼片堇色或紫色，椭圆形，长 6~11 毫米，疏被短柔毛，距钻形或圆锥状钻形，长 5~15 毫米；花瓣顶部宽；退化雄蕊无毛，蓝紫色，瓣片斧形，2 深裂近基部，雄蕊无毛；心皮 3 枚，花序疏被柔毛或近无毛。种子球形，具横窄膜翅。花期 3~5 月。

分布生境 贵州省赤水、湄潭、贵阳、兴义、望谟、罗甸、平塘、榕江、剑河等地有分布，生长于海拔 300~1300 米的河边与山坡灌丛中。

利用价值 药用：全株入药，治风湿骨痛，外涂治痈、疮、癣、癫等症。观赏：还亮草凭借植株挺拔、叶片清秀、花序饱满、着花繁密等特点，成为欧洲园林中的“俏佳人”，被大量用在花园中。

有毒部位 全株有毒。

毒性成分 主要含二萜生物碱。

中毒反应 人中毒后出现行走困难、心律失常、呼吸困难、肌肉抽搐、全身性痉挛、呼吸衰竭等症状。

滇川翠雀花（翠雀花属）

拉 丁 名 *Delphinium delavayi*

别　　名 细草乌、鸡足草乌。

形态特征 茎高达 1 米，与叶柄密被反曲糙毛。茎下部叶具长柄；叶五角形，长 4.5~6 厘米，宽 7.5~11 厘米，3 深裂，中裂片菱形，侧裂片斜扇形，不等 2 深裂，两面疏被糙伏毛；叶柄长为叶片的 2~3 倍。总状花序窄长，具多花；序轴及花梗密被白色短糙毛及黄色短腺毛。花梗长 1.2~3.5 厘米；小苞片生于花梗顶端或距花 2~6 毫米，窄披针形，长 0.5~1 厘米；萼片蓝紫色，宽椭圆形，长 1~1.2 厘米，被柔毛，距钻形，长 1.6~2.1 厘米；花瓣蓝色，无毛；退化雄蕊的瓣片长方形，2 浅裂，腹面中央被白或黄色髯毛，雄蕊无毛；心皮 3 个。种子密生鳞状横翅。花期 7~11 月。

分布生境 贵州省盘县（八大山）、兴义（靖南黑马角）等地有分布，生长于海拔 1500~2300 米的山坡、路旁阴处。

利用价值 药用：根入药，可祛风除湿、散寒止痛、通络散瘀，既治风湿关节痛、胃痛、跌打损伤、癫痫等症，又治蛔虫症。观赏：滇川翠雀花清雅秀丽，开花繁茂，花期长，可作为簇植花卉，布置花坛、花境或在草坪、道路边缘栽植，深受人们喜爱；滇川翠雀花耐阴性较强，是林下地被的优良材料。

有毒部位 根有毒。

毒性成分 含有丰富的特征性化学成分二萜生物碱，是毒性成分，具显著的生理活性，另外还含有黄酮、甾醇、脂肪酸等。二萜生物碱可分为 C-19 二萜生物碱和 C-20 二萜生物碱。

中毒反应 动物中毒后出现四肢无力、呼吸困难、惊厥、心脏骤停等症状。

康定翠雀花（翠雀花属）

拉 丁 名 *Delphinium tatsienense*

别　　名 鸡爪乌。

形态特征 茎高达 80 厘米，叶柄密被反曲平伏柔毛。基生叶开花时常枯萎，茎下部叶具长柄；叶五角形或近圆形，长 3.2~6.2 厘米，宽 4.5~8.5 厘米，3 全裂，中裂片菱形，二回至三回近羽状细裂，侧裂片斜扇形，2 深裂近基部，上面被短伏毛，下面疏被长柔毛；叶柄长 5.5~17.5 厘米。伞房状总状花序具 3~12 花。花梗长 3~7.5 厘米，密被反曲白色柔毛，常混生黄色腺毛。小苞片钻形，生于花梗中部，长3~3.5 毫米。萼片深紫蓝色，椭圆状倒卵形或宽椭圆形，长 1~1.2 厘米，被柔毛，距钻形，长2~2.5厘米；退化雄蕊的瓣片宽倒卵形，先端不裂、微凹或微2浅裂，腹面中央被黄色髯毛，花丝疏被短毛或无毛；心皮3枚。种子沿棱具窄翅。花期7~9月。

分布生境 贵州省全省有分布，生长于海拔2300~3250米的山地草坡。喜冷爽湿润气候，不耐夏季炎热高温，要求深厚肥沃、通气性良好的微酸性或中性土壤。

利用价值 药用：全株入药，治风湿疼痛、软组织损伤等症；根泡酒后服用可祛风毒。观赏：康定翠雀花清雅秀丽，开花繁茂，花期长，可作为簇植花卉，布置花坛、花境或在草坪、道路边缘栽植。康定翠雀花耐阴性较强，是林下地被的优良材料，可以丰富城市景观。

有毒部位 根有毒。

毒性成分 主要含二萜类生物碱。

中毒反应 动物中毒后出现四肢无力、呼吸困难、惊厥、心脏骤停等症状。

云南翠雀花（翠雀花属）

拉 丁 名 *Delphinium yunnanense*

别　　名 倒提壶、鸡脚草乌、小草乌、月下参。

形态特征 多年生草本植物，茎高可达90厘米，下部短柔毛，上部无毛，疏生叶。茎最下部叶在开花时枯萎，下部叶有长柄；叶片五角形，表面被贴伏的短柔毛，背面疏被糙毛；总状花序狭长，疏花3~10朵；花梗无毛；小苞片生于花梗上部，钻形，萼片蓝紫色，椭圆状倒卵形，花瓣无毛；退化雄蕊紫色，瓣片倒卵形，花丝无毛或疏被短毛；种子小，金字塔形。花期8~10月。

分布生境 贵州省西部（兴义、安龙、清镇、普安、水城、威宁、晴隆、长顺、大方、盘县等地）有分布，生长于海拔1000~2400米的山地草坡或灌丛边。

利用价值 药用：云南翠雀花为中国贵州常用黔药，是贵州汉族、苗族、彝族等民族习用药物，可祛风除湿、止痛、定惊，治风寒湿痹、胃痛、癫痫、小儿惊风、跌打损伤等症。观赏：云南翠雀花清雅秀丽，开花繁茂，花期长，可作为簇植花卉，布置花坛、花境或在草坪、道路边缘栽植，深受人们喜爱。云南翠雀花耐阴性较强，是林下地被的优良材料，可以丰富城市景观。

有毒部位 根有毒。

毒性成分 含二萜生物碱。

中毒反应 动物中毒后出现四肢无力、呼吸困难、惊厥等症状，严重的甚至死亡。

天葵（天葵属）

拉 丁 名 *Semiaquilegia adoxoides*

别　　名 麦无踪、千年老鼠屎、紫背天葵、耗子屎。

形态特征 块根长达2.5厘米，直径3~6毫米，褐黑色。茎高达32厘米，疏被柔毛，分枝。基生叶多数，一回三出复叶；小叶扇状菱形或倒卵状菱形，长 0.6~2.5 厘米，宽 1~2.8 厘米，3 深裂，裂片疏生粗齿；叶柄长 3~12 厘米。花序具二至数花。萼片 5 枚，白色，带淡紫色，窄椭圆形，长 4~6 毫米；花瓣匙形，长 2.5~3.5 毫米，基部囊状；雄蕊 8~14 枚，花药椭圆形，退化雄蕊 2 枚，窄披针形；心皮 3~5 枚，花柱短。蓇葖果长 6~7 毫米。

分布生境 贵州省兴义、兴仁、毕节、威宁、赤水、正安、遵义、铜仁、黎平、贵阳等地有分布，生长于海拔 800~1200 米的山坡、灌木丛边湿润处。

利用价值 药用：根名“天葵子”，有小毒，治疗疮、乳腺炎、扁桃腺炎、淋巴结核、跌打损伤等症。经济：块根可作土农药，防治蚜虫、红蜘蛛、稻螟等虫害。

有毒部位 块根有小毒。

毒性成分 主要含氰甙、唐松草酚定、硝基酚甙等化合物。

中毒反应 人中毒后出现口腔苦涩、流涎、头痛、头晕、恶心、呕吐、心悸、脉快、发绀并瞳孔放大、对光反射消失、牙关紧闭、全身阵发性痉挛等症状，严重的甚至因呼吸麻痹或心跳停止而死亡。

盾叶唐松草（唐松草属）

拉 丁 名 *Thalictrum ichangense*

别　　名 岩扫把、龙眼草。

形态特征 植株无毛。茎高达 32 厘米。须根具小块根。基生叶具长柄，一回至二回三出复叶；小叶纸质，菱状卵形，稀圆卵形或近圆形，基部盾状，长 2~4 厘米，浅 3 裂，疏生圆齿，脉平；叶柄长 5~12 厘米。茎生叶 1~3 对，小。花序伞房状，稀疏。花梗长 0.3~2 厘米；萼片白色，早落，卵形，长约 3 毫米；雄蕊多数，花丝上部倒披针形，下部丝状；心皮 5~16 枚，具细柄，花柱近无，柱头小。瘦果纺锤形或近镰刀形，长约 4.5 毫米，心皮柄长 1~1.8 毫米。花期 4~7 月。

分布生境 贵州省兴义（顶效）、晴隆等地有分布，生长于海拔 1300 米的河边、山坡上灌丛中。

利用价值 药用：全株入药，可散寒、祛风湿、去目雾、消肿；根入药，可治小儿抽风、小儿白口疮等症。

有毒部位 全株有毒，根毒性较大。

毒性成分 主要含喹啉类生物碱。

中毒反应 人中毒后出现流涎、头痛、头晕、恶心、呕吐、心悸、血压下降、惊厥等症状，严重的甚至死亡。

唐松草（唐松草属）

拉 丁 名 *Thalictrum aquilegifolium var. sibiricum*

别　　名 草黄连、马尾连、黑汉子腿、紫花顿、土黄连。

形态特征 多年生草本，高 60~150 厘米。全株无毛。茎直立，有分枝。叶互生；叶柄长4.5~8厘米，有鞘；托叶膜质，不裂；基生叶在开花时枯萎；茎生叶为三回至四回三出复叶；叶片长10~30厘米，小叶草质，顶生小叶倒卵形或近圆形，长1.5~2.5厘米，宽1.2~3厘米，先端圆或微钝，基部圆楔形或圆形，3浅裂，裂片全缘或有1~2牙齿；侧生小叶多斜楔形，叶背面脉稍隆起；上部叶近无柄。单歧聚伞花序伞房状，分枝多，有多数密集的花；花两性，花梗长4~17厘米，萼片4枚，花瓣状，宽椭圆形，长3~3.5毫米，白色或淡紫色，时落；无花瓣；雄蕊多数，长6~9毫米，花丝上部宽下部结线状，花药长圆形，长约1.2毫米，先端钝；心皮6~8枚，有长柄，花柱短，柱头生于腹面。瘦果倒卵形，长4~7毫米，有3条宽纵翅，基部变狭，果柄长3~5毫米，宿存花柱甚短。花期6~8月，果期7~9月。

分布生境 贵州省少数地方有分布，生长于海拔500~1800米的草原、山地林边草坡或林中。

利用价值 药用：可解毒消肿、明目、止泻，根可治痈肿疮疖、黄疸型肝炎、腹泻等症，是重要蒙药之一。观赏：唐松草茎叶舒展有度，细腻雅致，且有白霜；花小繁密，花萼、花丝披散，风姿雅丽，可盆栽。

有毒部位 全株有毒，根毒性较大。

毒性成分 含生物碱，根含小檗碱。

中毒反应 人中毒后出现恶心、呕吐、手臂酸痛、中枢神经抑制、心律失常等症状，也可引起肝、肾毒性。

野棉花（银莲花属）

拉 丁 名 *Anemone vitifolia*

别　　名 无。

形态特征 多年生草本。根状茎本质。叶全为基生叶，单叶，3~5对，有长约30厘米叶柄；叶片心状卵形或心状宽卵形，3~5浅裂，边缘有尖锐小牙齿，表面疏被短糙毛或无毛，背面被很密白色绒毛。花葶粗壮，有一回至四回分枝，上部明显被灰白色柔毛；苞片3个，具长1.5~2.5厘米的柄，3~5浅裂，密被白色绒毛；花梗长3~5厘米；萼片5枚，白色或带粉红色，倒卵形，长1.8~2.2厘米，宽1.4~1.6厘米，外面被很密短绒毛，内面无毛；雄蕊长约4毫米，花丝线形；心皮约400枚，子房密被绵毛。瘦果密被绵毛有细柄。花期8月，果期10月。

分布生境 贵州省全省有分布，生长于山地草坡、沟边或疏林中。

利用价值 药用：根状茎入药，治跌打损伤、风湿关节痛、肠炎、痢疾、蛔虫病等症；对体外癌细胞有不同程度的抑制作用，在抗炎、抗菌、镇痛镇静、抗惊厥抗组胺、抗氧化，以及其他的一些药理活性有不同程度的作用。经济：可作土农药，灭蝇蛆等。

有毒部位 根有毒。

毒性成分 主要含皂甙类，其甙元以齐墩果酸和常春藤皂甙元为主，研究得到多种皂甙类成分。此外还有黄酮类、香豆素类、有机酸类、内酯类和挥发油类等化学成分。

中毒反应 人中毒后出现腹痛、腹胀、腹泻等症状。

打破碗花花（银莲花属）

拉 丁 名 *Anemone hupehensis*

别　　名 野棉花、遍地爬、五雷火。

形态特征 多年生草本。株高 50~90 厘米，具根状茎。叶深绿色基生，三出复叶，具叶柄，小叶不裂或 3~5 浅裂，具细齿，背面有毛。聚伞花序顶生，大型多分枝，2 枚总苞叶状，小花无花瓣。萼片 5 枚，花瓣状，外密生柔毛。花期 7~9 月。

分布生境 贵州省兴义、纳雍、大方、遵义、桐梓、江口（梵净山）、贵阳、平坝、凯里等地有分布，生长于海拔 800~1980 米的山坡、路旁、沟边、田边、林边湿润处。

利用价值 药用：根状茎入药，治热性痢疾、胃炎、各种顽癣、疟疾、消化不良、跌打损伤等症。经济：全株用作土农药，水浸液可防治稻苞虫、负泥虫、稻螟、棉蚜、菜青虫、蝇蛆等，以及小麦叶锈病、小麦秆锈病等。观赏：可片植或作为花坛、花境的背景植物。

有毒部位 全株有毒，根毒性较大。

毒性成分 根及全株含白头翁素（anemonin）和三萜皂齐墩果酸-3-O-β-D-吡喃核糖基-（1→3）-α-L-吡喃鼠李糖基-（1→3）-α-L-吡喃阿拉伯糖甙、齐墩果酸 3-O-β-D-吡喃核糖基-（1→3）-α-L-吡喃鼠李糖基-（1→2）-β-D-吡喃木糖甙，以及齐墩果酸。

中毒反应 接触人皮肤黏膜，出现肿胀、疼痛。超量内服或误食后，首先出现口腔灼热、肿胀等口腔炎症状，然后咀嚼困难、呕吐、腹痛腹泻、便血、血压下降、循环衰竭、呼吸困难、瞳孔散大，严重的可致死亡。

草玉梅（银莲花属）

拉 丁 名 *Anemone rivularis*

别　　名 虎掌草、白花舌头草、汉虎掌、见风青、见风黄、五倍叶。

形态特征 植株高达 65 厘米。根茎木质，直径 0.8~1.4 厘米。基生叶 3~5 对，具长柄；叶心状五角形，长 2.5~7.5 厘米，宽达 14 厘米，3 全裂，中裂片宽菱形或菱状卵形，3 深裂，具小齿，侧裂片斜扇形，不等 2 深裂，两面被糙伏毛。花葶 1~3 枚；聚伞花序二回至三回分枝；苞片 3~4 对，具短柄，宽菱形，3 裂近基部，一回裂片稍细裂；花径 1.3~3 厘米。萼片 6~10 枚，白色，倒卵形，长 0.6~1.4 厘米，宽 0.4~1 厘米，先端密被柔毛；花丝丝状，花药长圆形；心皮 30~60 枚，无毛，花柱钩曲。花期 5~8 月。

分布生境 贵州省遵义、梵净山、凯里、兴义、安龙等地有分布，雷公山亦有分布，生长于海拔850~1610米的山坡潮湿处。

利用价值 药用：根状茎入药，治肝炎、痢疾、扁桃腺炎、喉炎以及跌打损伤等症。

有毒部位 根有毒。

毒性成分 主要含草玉梅内酯、草玉梅甙等。

中毒反应 对人皮肤刺激大，时间长会起疱。

石龙芮（毛茛属）

拉 丁 名 *Ranunculus sceleratus*

别　　名 野芹菜。

形态特征 一年生草本。茎高达75厘米，无毛或疏被柔毛。基生叶5~13对，叶五角形、肾形或宽卵形，长1~4厘米，宽1.5~5厘米，基部心形，3深裂，中裂片楔形或菱形，3浅裂，小裂片具1~2纯齿或全缘，侧裂片斜倒卵形，不等2裂，两面无毛或下面疏被柔毛，叶柄长1.2~15厘米；茎生叶渐小。伞房状复单歧聚伞花序顶生，苞片叶状；花径4~8毫米。花托被柔毛或无毛；萼片5枚，卵状椭圆形，长2~3毫米；花瓣5枚，倒卵形，长2.2~4.5毫米；雄蕊10~19枚。瘦果斜倒卵球形，长约1毫米，无毛，偶具2~3条短横皱；宿存柱头长约0.1毫米。花期1~7月。

分布生境 贵州省赤水、正安、遵义、铜仁、贵阳、大方、毕节、威宁、普定、晴隆、兴义、册亨、罗甸等地有分布，生长于水田边、河边、溪边以及浅水水田中。

利用价值 药用：治疟疾、痈肿、结核、疮毒、蛇毒等症。

有毒部位 全株有毒，花毒性较大。

毒性成分 含毛茛甙、原白头翁素、白头翁素等生物碱。

中毒反应 人误食可致口腔灼热，随后出现口腔肿胀、咀嚼困难、剧烈腹泻、脉搏缓慢、呼吸困难、瞳孔散大等症状。新鲜叶含有强烈挥发性刺激成分，与皮肤接触可引起炎症及水疱，内服可引起剧烈胃肠炎和中毒症状，但很少引起死亡。因其辛辣味十分强烈，一般不致食用过多。

毛茛（毛茛属）

拉 丁 名 *Ranunculus japonicus*

别　　名 老虎脚迹、五虎草。

形态特征 多年生草本。根茎短。茎中空。基生叶数枚，心状五角形，3深裂，中裂片楔状菱形或菱形，3浅裂，具不等牙齿，侧裂片斜扇形，不等2裂，茎生叶渐小。花序顶生，3~15花，萼片5枚，卵形，花瓣5枚，倒卵形；雄蕊多数，花柱宿存。瘦果扁，斜宽倒卵圆形，具窄边。花期4~8月。

分布生境 贵州省正安、赤水、绥阳、松桃、铜仁、江口、大方、毕节、威宁、普定、贵阳、贵定、雷山、黎平、荔波、晴隆、兴仁等地有分布，生长于田边、水沟旁或林边，路旁湿润处。

利用价值 药用：含原白头翁素，有毒，可为发泡剂或杀菌剂，捣碎外敷可以消肿，治疟疾和疮癣。

有毒部位 全株有毒。

毒性成分 主要含毛茛甙、白头翁素、原白头翁素等生物碱。

中毒反应 毛茛含有强烈挥发性刺激成分，与人皮肤接触可引起炎症及水疱，内服可引起剧烈胃肠炎和中毒症状，但很少引起死亡，因其辛辣味十分强烈，一般不致食用过多。

茴茴蒜（毛茛属）

拉 丁 名 *Ranunculus chinensis*

别　　名 黄花草、土细辛、鸭脚板。

形态特征 多年生或1年生草本。茎高达50厘米，与叶柄被开展糙毛。基生叶数枚，为三出复叶，长4~8厘米，宽4~10.5厘米，小叶具柄，顶生小叶菱形或宽菱形，3深裂，裂片菱状楔形，疏生齿，侧生小叶斜扇形，不等2深裂，两面被糙伏毛，叶柄长4~20厘米；茎生叶渐小。花序顶生，三花至数花。花梗长0.5~2厘米；萼片5枚，反折，窄卵形，长3~5毫米；花瓣5枚，倒卵形，长5~6毫米；雄蕊多数。聚合果长圆形；瘦果扁，斜倒卵圆形，长2~2.5毫米，无毛，具窄边，宿存花柱长0.2毫米。花期4~9月。

分布生境 贵州省赤水、绥阳、遵义、松桃、铜仁、黎平、毕节、普定、兴仁、册亨等地有分布，生长于田边、沟边、路旁、林边湿润地。

利用价值 药用：全株入药，味辛、苦，性温，可解毒退黄、截疟、定喘、镇痛，主治肝炎、黄疸、肝硬化腹水、疟疾、胃痛、风湿痛等症。

有毒部位 全株有毒。

毒性成分 主要含乌头碱、白头翁素、原白头翁素等。

中毒反应 人中毒后出现口腔灼热、恶心、腹痛、腹泻、便血、呕吐、瞳孔散大、痉挛等症状，严重的甚至因呼吸衰竭而死亡。

禺毛茛（毛茛属）

拉 丁 名 *Ranunculus cantoniensis*

别　　名 自扣草。

形态特征 多年生草本。茎高达65厘米，与叶柄均被开展糙毛。基生叶为三出复叶，长3~14厘米，宽3.8~17厘米，小叶具柄，顶生小叶菱状卵形或宽卵形，3深裂，具小齿，侧生小叶斜宽卵形，不等2全裂或2深裂，两面疏被糙伏毛，叶柄长4.5~20厘米；茎生叶较小。花序顶生，4~10花。花托被糙伏毛；萼片5枚，反折，窄卵形，长3~4毫米；花瓣5枚，窄椭圆形或倒卵形，长4~7.5毫米；雄蕊多数；花柱直或稍弯，较子房短约3倍。聚合果球形；瘦果扁，斜倒卵圆形，长2.5~

3 毫米，无毛，具窄边；宿存花柱三角形，长 1 毫米，直或稍弯。花期 3~9 月。

分布生境 贵州省赤水、松桃、贵阳、纳雍、凯里、独山、罗甸、望谟、安龙、兴义等地有分布，生长于田边、水沟旁、林边湿润处。

利用价值 药用：可清肝明目、除湿解毒、截疟，主治眼翳、目赤、黄疸、痈肿、风湿性关节炎、疟疾等症。

有毒部位 全株有毒。

毒性成分 含原白头翁素，鲜茎叶中含量约 0.12%，鲜根约含 0.3%，干茎叶约含 0.34%。另含黄酮类化合物、酚类、有机酸等。

中毒反应 人中毒后先出现口腔灼热、肿胀等口腔炎症状，致使咀嚼困难、呕吐、腹痛、腹泻、便血，随后心搏快而弱、血压下降、循环衰竭、呼吸困难、瞳孔散大，严重的可致死亡。

五虎草（毛茛的变种）（毛茛属）

拉 丁 名 *Ranunculus japonicus var. japonicus*

别　　名 水茛、鹤膝草、辣子草。

形态特征 多年生草本。茎直立，高 30~70 厘米，中空，有槽，具分枝。几乎全株被柔毛，须根多数簇生。基生叶多数，叶片圆心形或五角形，常 3 深裂；叶柄长达 15 厘米。下部叶，与基生叶相似，向上叶变小。聚伞花序有花多数，疏散；花梗上达 8 厘米；萼片生白柔毛。聚合果近球形，瘦果扁平。花果期 4~9 月。

分布生境 贵州省全省有分布，生长于田沟旁和林缘路边的湿草地上。

利用价值 药用：捣敷发泡，治黄疸、目疾。

有毒部位 全株有毒，花的毒性最大，其次为叶和茎。

毒性成分 主要含乌头碱、飞燕草碱、白头翁素、原白头翁素等。

中毒反应 人中毒后最初出现烦躁不安、口内灼热肿胀、咀嚼困难等症状，继而出现呕吐、疝痛、下痢、尿血、脉搏徐缓、呼吸困难、瞳孔散大、衰竭、失去知觉等症状，最后痉挛死亡。

41. 白花菜科 Cleomaceae

羊角菜（羊角菜属）

拉 丁 名 *Gynandropsis gynandra*

别　　名 白花菜、白花草。

形态特征 一年生草本，高约 1 米。常被腺毛，无刺。叶为 3~7 小叶组成掌状复叶，小叶倒卵状椭圆形，倒披针状菱形，先端急尖，钝形或圆形，基部楔形或渐狭下延成叶柄，两面无毛，边缘有浅细锯齿或有腺纤毛，中央小叶最大，长 1~5 厘米，宽 10~20 毫米，侧生小叶依次渐小；叶柄 2~8 厘米，小叶柄长 2~4 毫米，基部下延，彼此联结成蹼状，无托叶。总花序长15~25厘米，花通常多数；苞片由3枚小叶组成，有柄或无柄，中央小叶长达1.5厘米，侧生小叶极小或近无；花梗1.5厘米；萼片分离，有腺毛；花瓣白色或淡红色，有花蕾时不覆盖雄蕊和雌蕊，基部有爪，长约10毫米；雄蕊6枚，不等长；雌雄蕊柄约1.8厘米，雌蕊柄长4~10毫米，在雄花中近无柄；子房线柱形，柱头头状。蒴果圆柱形，5~7厘米，无毛，有纵条纹，种子肾形，黑褐色，表面有瘤状小突体，无假种皮。花果期5~7月。

分布生境 贵州省罗甸（羊里）地区有分布，生长于海拔300米的路旁、荒地。

利用价值 药用：全株入药，可散风祛湿、活血止痛；外用于痔疮、风湿痹痛、疟疾等症；种子磨粉功效同芥末，含油约25%供药用。食用：羊角菜富含对人体有益的17种微量元素，有氨基酸及人体必需的钙、铁等元素。羊角菜具有独特的风味，是闻名遐迩的地方特产。其味清香鲜美，能提神生津、开胃健脾、增进食欲。

有毒部位 全株有毒。

毒性成分 主要含芥子油甙有毒生物碱。

中毒反应 动物中毒后出现头晕、恶心、呕吐、多汗、视物模糊、四肢麻木等症状。

42. 交让木科（虎皮楠科）Daphniphyllaceae

牛耳枫（虎皮楠属）

拉 丁 名 *Daphniphyllum calycinum*

别　　名 南岭虎皮楠。

形态特征 灌木，高达5米。小枝灰褐色，皮孔稀疏。叶纸质，椭圆形、倒卵状卵圆形或宽椭圆形，长10~20厘米，宽4~10厘米，下面被白粉，稍背卷，侧脉8~11对；叶柄长5~15厘米。总状花序长2~6厘米。雄花花梗长1~2厘米，苞片椭圆形，长约5毫米，花萼盘状，直径约5毫米，裂片3~4裂，宽三角形，长约3毫米，雄蕊9~10枚，长约4毫米，花丝极短，花药长圆形，药隔突出，较花药长，顶端稍内弯；雌花花梗长6~8毫米，苞片卵形，长约3毫米，花萼裂片宽椭圆形或宽三角形，长约2毫米，柱头2枚，直立，稍外弯。果卵圆形，长约1厘米，被白粉，具小疣状凸起，柱头宿存，基部具宿萼裂片；果柄长1.5厘米。花期4~6月，果期8~9月。

分布生境 贵州省荔波及黎平有分布，生长于海拔380~600米的密林中。

利用价值 药用：枝叶入药，可祛风止痛、解毒消肿，主治风湿骨痛、疮疡肿毒、跌打骨折、毒蛇咬伤等症；根入药，可清热解毒、活血化瘀、消肿止痛，主治外感发热、咳嗽、咽喉肿痛、胁下痞块、风湿骨痛、跌打损伤等症。经济：种子榨油可作肥皂和润滑油。

有毒部位 根、叶、种子有毒。

毒性成分 含有毒性的二萜生物碱、牛耳枫碱。

中毒反应 人中毒后出现运动障碍、呼吸困难、心脏停搏等症状，严重的甚至死亡。

虎皮楠（虎皮楠属）

拉 丁 名 *Daphniphyllum oldhamii*

别　　名 无。

形态特征 小乔木至大乔木，高 3~18 米。小枝纤细，圆柱形，黑褐色，具皮孔。叶纸质或厚纸质，长圆形或长椭圆形，稀椭圆形，长 8~15.5 厘米，宽 2.4~4.5 厘米，先端短渐尖，基部宽楔形或楔形，边缘不反卷或略反卷，表面黑绿色，背面灰白绿色，被白粉及乳头状突头，主脉和侧脉两面凸起，网脉不显或微显；叶柄长 1.8~4 厘米。总状花序腋生，长 4~5.5 厘米；雄花未见；雌花花梗长 6~18 毫米，纤细；萼片 4~5 枚，三角形；子房卵形，柱头 2 枚，分叉。果椭圆形，长 8~9 毫米，直径约 6 毫米，具不明显的瘤状凸起，先端宿存花柱长不到 1 毫米，柱头 2 枚，反卷，基部无宿存萼片。花期 4~5 月，果期9~11 月。

分布生境 贵州省赤水、三都、荔波等地有分布，生长于海拔 330~900 米的山脚、山腰、密林、疏林及灌木丛中。

利用价值 药用：可清热解毒、活血散瘀，主治感冒发热、扁桃体炎、脾脏肿大、毒蛇咬伤、骨折等症。经济：种子榨油供制肥皂。观赏：树形美观，常绿，可作绿化和观赏树种。

有毒部位 树皮、叶、种子有毒。

毒性成分 主要含虎皮楠碱、牛耳枫碱等。

中毒反应 人中毒后出现运动障碍、呼吸困难、心脏停搏等症状，严重的甚至死亡。

交让木（虎皮楠属）

拉 丁 名 *Daphniphyllum macropodum*

别　　名 山黄树、豆腐头、枸血子、枸色子、水红朴。

形态特征 乔木或灌木状，高达 11 米。小枝粗，暗褐色。叶革质，长圆形或长圆状披针形，长 14~25 厘米，先端尖，稀渐尖，基部楔形或宽楔形，下面有时被白粉；侧脉 12~18 对，细密，两面均明显；叶柄粗，长 3~6 厘米，紫红色，上面具槽。雄花序长 6~7 厘米，无花萼，雄蕊 8~10 枚，花药长方形，药隔不突出，花丝长约 1 毫米；雌花序长 6~9 厘米，无花萼，子房卵形，长约 2 毫米，有时被白粉，花柱极短，柱头 2 枚，叉开。果椭圆形，长约 1 厘米，直径约 5 毫米，柱头宿存，暗褐色，具疣状凸起；果柄纤细，长 1~1.5 厘米。花期 3~5 月，果期8~10 月。

分布生境 贵州省雷山（雷公山）、从江、荔波等地有分布，生长于海拔 1300~2154 米的山腰、山谷密林中。

利用价值 药用：叶和种子入药，治疖毒红肿。经济：木材白至淡黄色，纹理斜，结构细密，不耐腐，易加工，刨面光滑，适于制家具、板料、室内装修、文具及一般工艺用材；叶煮液，可防治蚜虫；种子可榨油供工业用。观赏：树冠整齐，绿叶光润，偶有红色叶柄闪露，亦能展现其特有的色彩美。在园林中可孤植或丛植，更宜于与其他观赏花果树木配植，如与南天竹同栽，则高低错落，搭配自然，临冬绿叶红果相互辉映，自成佳景。

有毒部位 树皮有毒。

毒性成分 主要含二萜类有毒生物碱、交让木碱。

中毒反应 人中毒后出现运动障碍、呼吸困难、心脏停搏等症状，严重的甚至死亡。

43. 瑞香科 Thymelaeaceae

▶▶▶ 尖瓣瑞香（瑞香属）

拉 丁 名 *Daphne acutiloba*

别　　名 无。

形态特征 常绿灌木，高约 1.5 米；小枝幼时有稀薄平贴毛，老枝紫褐色，细瘦无毛。叶互生，革质，长圆状披针形至椭圆状倒披针形，长 4~8 厘米，宽 1~2.5 厘米，顶端短渐尖，钝或微有凹缺，无毛；花白色，常 5~7 朵组成顶生头状花序；花梗极短，被短柔毛；萼筒长 12~14 毫米，宽 2 毫米，裂片 4 裂，长 5~6 毫米，无毛；雄蕊 8 枚，2 轮，分别着生于花被筒中部及上部；花盘环状；子房卵形，无毛。核果近球形，成熟深红色。

分布生境 贵州省纳雍、贞丰、安龙、册亨、安顺、罗甸、平塘、荔波、雷山、黎平等地有分布，生长于山坡密林及灌木丛中。

利用价值 药用：治外感风寒（湿痰、寒痰咳嗽）、胃脘疼痛等症。经济：可杀虫。茎皮纤维可供造纸原料；种子可以榨油。

有毒部位 花、叶有毒。

毒性成分 主要含瑞香辛、瑞香毒素、伞形花内酯等。

中毒反应 对人皮肤和胃肠道有强烈刺激作用，出现皮炎、皮疹、水疱、呕吐、腹泻等症状。

▶▶▶ 芫花（瑞香属）

拉 丁 名 *Daphne genkwa*

别　　名 药鱼草、老鼠花、闹鱼花、头痛花、鱼毒。

形态特征 落叶灌木，高1米左右；茎多分枝，枝细长而直立，呈褐紫色；新枝及幼叶背面与萼外面均被绢丝状短柔毛，叶对生，偶为互生，椭圆状长椭圆形，长3~5厘米，宽0.9~1.5厘米，先端尖，有短柄。先叶开花，淡紫红色，3~7朵簇生于叶腋短梗上，花萼筒状，萼筒细瘦，长约1厘米，裂片4枚，长约5毫米，裂片卵形；雄蕊8枚，2轮，着生于萼筒中部及上部；花盘环状；子房上位；卵形；花柱短，柱头头状；核果白色，内含种子1粒。花期4~5月，果期6~7月。

分布生境 贵州省贵阳、三都、榕江等地有分布，生长于山坡路旁或疏林中。

利用价值 药用：花蕾入药为治水肿药，可利尿、镇咳、祛痰、抗惊厥；此外，能明显增强异戊巴比妥钠对犬的麻醉作用。经济：根可毒鱼，全株可作农药，煮汁可杀虫，灭天牛虫效果良好；茎皮纤维柔韧，可作造纸和人造棉原料。

有毒部位 全株有毒，花、根毒性较大。

毒性成分 主要含芫花酯甲、乙、丙，瑞香毒素，芫花甙等。

中毒反应 对人皮肤和胃肠道有强烈刺激作用，出现皮炎、皮疹、水疱、呕吐、腹泻等症状。

长柱瑞香（瑞香属）

拉 丁 名 *Daphne championii*

别　　名 小叶瑞香、野黄皮。

形态特征 小灌木，高达1米；小枝褐色纤细，密被灰白色长硬毛；单叶互生，椭圆形，长1~4.5厘米，宽0.8~1.8厘米，先端锐尖，两面均被平贴丝状毛，侧脉纤细，作弧形弯曲；叶柄极短，长约1毫米。花小，绿白色，常3朵着生于叶腋内或成簇；萼筒长6~8毫米，筒外密被绢状毛，顶端4裂，裂片卵形，长不及2毫米；雄蕊8枚，2轮排列于萼筒的中上部；花丝极短，不外露；子房无柄，顶端密被成丛绢毛。花柱近与子房等长，约1毫米，柱头小，头状；花盘环状，鳞片膜质，顶端多裂。花期2~3月，果期4~5月。

分布生境 贵州省罗甸地区有分布，生长于海拔400米的山地路旁灌木丛中。

利用价值 药用：全株入药，可消痞散积。经济：茎皮纤维柔韧，是制造打字蜡纸、复写纸等的原料，又可制人造棉。

有毒部位 全株有毒。

毒性成分 主要含瑞香毒素。

中毒反应 对人皮肤和胃肠道有强烈刺激作用，出现皮炎、皮疹、水疱、呕吐、腹泻等症状。

毛瑞香（瑞香属）

拉 丁 名 *Daphne kiusiana var. atrocaulis*

别　　名 紫枝瑞香、野梦花、贼腰带、大黄构。

形态特征 常绿灌木，高0.5~1米，幼枝与老枝均系深紫色或紫褐色；叶厚纸质；花白色，密集的头状花序，顶生，无总花梗；基部数枚苞片早落；花被筒状，外面灰黄色绢状毛；核果，卵状椭圆形，熟时红色。花期3~4月，果期8~9月。

分布生境 贵州省松桃、印江、石阡、瓮安、安顺、雷山、黎平等地有分布，生长于海拔800~2000米的潮湿山坡林下或沟谷灌木丛中。

利用价值 药用：可活血、散血、止痛，治风湿关节疼痛、坐骨神经痛、跌打损伤及水肿疮疖等症。经济：茎皮纤维可作造纸和人造棉的原料；花可提取芳香油，为名贵香料之一；枝、叶、花尚可作农药。

有毒部位 根皮有毒。

毒性成分 主要含黄瑞香甲素、瑞香毒素等。

中毒反应 对人皮肤和胃肠道有强烈刺激作用，出现皮炎、皮疹、水疱、呕吐、腹泻等症状。

白瑞香（瑞香属）

拉 丁 名 *Daphne papyracea*

别　　名 小构皮、雪花构。

形态特征 常绿灌木，植株高1米左右。枝灰色至灰褐色，无毛。叶纸质，互生，长圆形或长圆状披针形，长6~14厘米，宽1~4厘米，顶端渐尖，基部楔形，两面均无毛。花白色，5~10朵簇生于枝顶，近于头状，苞片外面有绢状毛；花被筒状，长约1.5厘米，被淡黄色短柔毛，萼筒顶端4裂片，裂片长约5毫米；雄蕊8枚，2轮排列，分别着生于萼筒上部及中部；花盘环状，边缘波状；子房长圆形，长3~4毫米，无毛。核果卵状球形。

分布生境 贵州省毕节、习水、独山、安龙、剑河、贵阳、罗甸以及梵净山等地有分布，多生长于石灰岩山坡灌木丛中。

利用价值 药用：根部入药，可祛风除湿、活血止痛，治风湿关节疼痛、跌打损伤等症。经济：茎皮纤维可制打字蜡纸、皮纸和人造棉。

有毒部位 根有毒。

毒性成分 根含有瑞香因子P1、P2，瑞香素，瑞香素-8-β-葡萄糖甙。地上部分含有蒲公英赛酮，蒲公英赛醇，蒲公英赛醇乙酸酯，蒲公英赛酸，β-谷甾醇-D-葡萄糖甙，以上4种为三萜类成分，另含黄酮类成分芫花素，香豆精类化合物瑞香素。

中毒反应 对人皮肤和胃肠道有强烈刺激作用，出现皮炎、皮疹、水疱、呕吐、腹泻等症状。

了哥王（荛花属）

拉 丁 名 *Wikstroemia indica*

别　　名 南岭荛花、山雁皮、地棉皮、山棉皮、黄皮子。

形态特征 灌木，高达2米，枝红褐色，全株平滑无毛，多分枝；叶片对生，薄革质，倒卵状长椭圆形，长 2~4 厘米，宽 0.8~1.8 厘米，全缘，顶端钝或急尖，基部阔楔形，干时棕色至红棕色，侧脉细小；叶柄极短；花黄绿色，通常数朵簇生于枝顶，组成短总状花序，总花梗长 5~10 毫米，花被筒状细长，裂片 4 枚，宽卵形，长约 3 毫米；雄蕊 8 枚，2 轮排列，着生于萼筒内，花丝短，花药呈椭圆形，花盘多少深裂成 2 鳞片或 4 鳞片；子房椭圆形或倒卵形，1 室，花柱短，柱头短 4 裂。核果椭圆形，红色。花期 5~6 月，果期 8~9 月。

分布生境 贵州省印江、凯里、独山、荔波、安龙、册亨、黎平等地有分布，多生长于山地丘陵、草坡灌木丛中，分布于长江以南各省区。

利用价值 药用：根入药可清热解毒、化痰止痛、消肿散结、通经利水治支气管炎、淋巴结炎、风湿性关节炎、跌打损伤等症；叶捣碎可消肿散结，外敷治疗疮。经济：茎皮纤维可以制造各种蜡纸、打字纸和人造棉；种子含油，亦可供制肥皂。根、叶之煮汁可作杀虫剂。观赏：了哥王是一种很有观赏价值的植物，成熟果实为红色，叶片较小，树冠低矮呈圆形。

有毒部位 全株有毒。

毒性成分 主要含南尧素、南尧辛、尧花酚等。

中毒反应 与人皮肤接触出现皮炎、皮疹症状，服用过量出现剧烈恶心、呕吐、腹痛、腹泻等症状。

狼毒（狼毒属）

拉 丁 名 *Stellera chamaejasme*

别　　名 绵大戟、甘遂、断肠草、拔萝卜、燕子花、馒头花。

形态特征 多年生草本，茎直立，丛生，基部木质化，呈褐色，高 20~40 厘米，地下有宿根，粗壮，呈圆柱形，木质多纤维，分枝或不分枝，表面棕色，内面淡黄色；叶互生，无柄或近无柄，质薄，椭圆状披针形，先端渐尖，基部楔形，长 2~4 厘米，宽 2~8 毫米，全缘，无毛；头状花序，多数聚生枝顶，具总苞；花萼花瓣状，黄色或白色，顶端 5 裂，裂片倒卵形，长2~3 毫米，其上有紫红色网纹；萼筒细、圆柱状，长 8~12 毫米，有明显纵脉纹；雄蕊 10 枚，2 轮排列，着生于萼筒中部以上，花丝极短；子房七位，椭圆形，1 室，上部密被细毛，花柱短，柱头球形。果实圆锥形，干燥，包藏于宿存萼筒基部。

分布生境 贵州省威宁、毕节、大方、水城、盘县、安龙、兴仁等地有分布，喜干燥地，多生长于向阳山坡、草丛中。

利用价值 药用：根入药，可祛痰、治积，外敷治疥癣或其他皮肤病症。经济：根还可提取工业酒精，根及茎皮可造纸，可作杀虫剂。

有毒部位 根有大毒。

毒性成分 主要含狼毒甙、狼毒素等。

中毒反应 与人接触引起过敏性皮炎，对眼、鼻、咽喉有强烈而持久的刺激性，服用出现剧烈腹痛、腹泻等胃肠道症状。

44. 杜鹃花科 Ericaceae

短尾杜鹃（杜鹃属）

拉 丁 名 *Rhododendron brevicaudatum*

别　　名 无。

形态特征 灌木，高 2~2.5 米。枝条细瘦，幼枝疏生鳞片。叶散生，革质，倒披针形至长圆状披针形，长 3~9 厘米，宽 0.9~2.5 厘米（但有些标本叶长达 12 厘米，宽 3 厘米），先端钝尖至急尖为尾状，基部楔形，表面深绿色，有疏鳞片，背面除中脉外，密被细小覆瓦状易脱落的棕褐色鳞片；叶柄长 8~15 毫米。顶生密总状花序，有花多朵；总花轴长 1~1.5 厘米；花梗长 7~10 毫米，有鳞片；花乳白色；花萼深 5 裂，裂片狭三角形，长约 3 毫米，边缘有睫毛；花冠钟状，长 6~8 毫米，口径约 1 厘米，外面有鳞片；雄蕊 10 枚，伸出花冠外，花丝无毛。蒴果长圆形，长 8~10 毫米，表面有疏鳞片；成熟纵向 5 裂；花萼宿存。花期 6~7 月，果期 9~11 月。

分布生境 贵州省雷山（雷公山）、安龙（龙头大山）等地有分布，常生长于海拔 1400~1600 米的阔叶林下。

利用价值 观赏：杜鹃枝繁叶茂，绮丽多姿，萌发力强，耐修剪，根桩奇特，是优良的盆景材料。园林中最宜在林缘、溪边、池畔及岩石旁成丛成片栽植，也可于疏林下散植，是花篱的良好材料，可经修剪培育成各种形态。

有毒部位 叶有剧毒，尤以幼叶最毒。

毒性成分 主要含木藜芦毒素。

中毒反应 人中毒后出现恶心、呕吐、血压下降、呼吸抑制等症状，严重的甚至因呼吸衰竭而死亡。牲畜误食，常中毒死亡。

黄花杜鹃（杜鹃属）

拉 丁 名 *Rhododendron lutescens*

别　　名 无。

形态特征 灌木，高 2~4 米。幼枝纤细，疏生鳞片。叶长圆状披针形至宽披针形，长 6~10 厘米，宽 2.5~3 厘米，先端渐尖为尾状，基部宽楔形，表面深绿色，背面苍白色，两面有细鳞片，相距等于其直径的 4~5 倍；叶柄长约 1 厘米，有鳞片。花单一顶生或同时单一腋生于近枝顶，由一个顶芽发出呈丛生状；花梗长约 1 厘米，有疏鳞片和微柔毛；花萼小，有同样鳞片和柔毛；花冠宽漏斗形，淡黄色，长 2~2.5 厘米，外面有鳞片和白毛，5 裂，裂片向外开展；雄蕊 10 枚，花丝不等长，长花丝基部密被柔毛；子房有白色鳞片，花柱无毛。蒴果有鳞片，狭长柱形，有密鳞。花期 5~6 月，果期 8~9 月。

分布生境 贵州省贵定（云雾山）地区有分布，生长于海拔 700~1000 米的山坡灌丛中。

利用价值 观赏：杜鹃枝繁叶茂，绮丽多姿，萌发力强，耐修剪，根桩奇特，是优良的盆景材料。园林中最宜在林缘、溪边、池畔及岩石旁成丛成片栽植，也可于疏林下散植，是花篱的良好材料，可经修剪培育成各种形态。

有毒部位 枝、叶有毒。

毒性成分 主要含木藜芦毒素。

中毒反应 人中毒后出现恶心、呕吐、血压下降、呼吸抑制等症状，严重的甚至因呼吸衰竭而死亡。

云南杜鹃（杜鹃属）

拉 丁 名 *Rhododendron yunnanense*

别　　名 无。

形态特征 落叶、半落叶或常绿灌木，稀小乔木，高达 2~6 米。幼枝疏生鳞片和柔毛。叶椭圆形、长圆形或长圆状披针形，长 3~7 厘米，先端具短尖头，幼时上面和边缘有刚毛，下面灰绿色，疏被鳞片，相距为其直径的 2~6 倍；叶柄长 3~8 毫米，被鳞片或有刚毛。花序短总状，顶生，有 3~6 花。花梗长 0.5~3 厘米，被鳞片；花萼不发育，环状或 5 浅裂，长 0.5~1 毫米，外面被疏鳞片，边缘有缘毛或无；花冠白色带粉红或浅紫色，内面常有红、褐或黄色斑点，宽漏斗状，长 1.8~3.5 厘米，外面常无鳞片；雄蕊 10 枚，伸出花冠外，花丝基部被短柔毛；子房 5 室，被鳞片，花柱长于雄蕊。蒴果长圆形，长 0.6~2 厘米。花期 4~6 月。

分布生境 贵州省贵阳、毕节、黔西等地有分布，生长于海拔 1200~1700 米的山坡疏林或灌丛中。

利用价值 药用：可清热、止血、调经。观赏：杜鹃枝繁叶茂，绮丽多姿，萌发力强，耐修剪，根桩奇特，是优良的盆景材料。园林中最宜在林缘、溪边、池畔及岩石旁成丛成片栽植，也可于疏林下散植，是花篱的良好材料，可经修剪培育成各种形态。

有毒部位 枝、叶有毒。

毒性成分 主要含木藜芦毒素。

中毒反应 人中毒后出现恶心、呕吐、血压下降、呼吸抑制等症状，严重的甚至因呼吸衰竭而死亡。牲畜误食，常中毒死亡。

硬叶杜鹃（杜鹃属）

拉 丁 名 *Rhododendron tatsienense*

别　　名 黑水杜鹃。

形态特征 常绿灌木，高达 1.5~2.5 米。幼枝暗紫红色，被鳞片。叶硬革质，椭圆形或椭圆状披针形，长 2~6 厘米，基部钝圆或宽楔形，上面幼时被鳞片，下面淡绿色，密被大小稍不等的褐色小鳞片，鳞片凹下状，相距为其直径的 1~1.5 倍；叶柄长 4~8 毫米，被鳞片。花序顶生，短总状，有 2~4 花。花梗长 2~6 毫米，密被鳞片；花萼长不及 1 毫米，环状或波状，外面密被鳞片；花冠淡红色，宽漏斗状，长 1.2~2.5 厘米，外面疏被鳞片；雄蕊 10 枚，伸出花冠，花丝基部被柔毛；子房 5 室，密被鳞片，花柱伸出花冠。蒴果长圆形，长 0.7~1.4 厘米，密被鳞片。花期4~6 月。

分布生境 贵州省梵净山地区有分布，生长于海拔 1700 米的山坡林下。

利用价值 观赏：杜鹃枝繁叶茂，萌发力强，耐修剪，根桩奇特，是优良的盆景材料。园林中最宜在林缘、溪边、池畔及岩石旁成丛成片栽植，也可于疏林下散植，是花篱的良好材料，可经修剪培育成各种形态。

有毒部位 叶有毒。

毒性成分 主要含木藜芦毒素。

中毒反应 人中毒后出现恶心、呕吐、血压下降、呼吸抑制等症状，严重的甚至因呼吸衰竭而死亡。牲畜误食，常中毒死亡。

马缨杜鹃（杜鹃属）

拉 丁 名 *Rhododendron delavayi*

别　　名 马缨花。

形态特征 常绿灌木或小乔木，高达 13 米。小枝初被白色柔毛，后无毛。叶革质，椭圆状披针形，长 7~15 厘米，先端骤尖，基部楔形，边缘反卷，上面深绿色，成长后无毛，下面有灰白或淡棕色海绵状毛被；叶柄长 1~2 厘米，后无毛。顶生伞形花序有 10~20 花，花序轴长 1 厘米，被红棕色柔毛。花梗长约 1 厘米，被淡褐色柔毛花萼长 2 毫米，5 裂，被绒毛和腺体；花冠钟状，长 3~5 厘米，肉质深红色，基部有 5 个黑红色蜜腺囊；雄蕊 10 枚，花丝无毛；子房密被红棕色柔毛，花柱长约 2 厘米，无毛。蒴果圆柱形，长 1.8~2 厘米，被毛。花期 5 月，果期 12 月。

分布生境 贵州省大方、毕节、威宁、水城等地有分布，生长于海拔 1700~2000 米的山坡灌木丛中。

利用价值 药用：花入药，可清热、解毒、止血、调经，治骨髓炎、流感、痢疾、消化道出血、衄血、咯血、月经不调等症。

有毒部位 花有小毒。

毒性成分 主要含木藜芦毒素。

中毒反应 人中毒后出现恶心、呕吐、血压下降、呼吸困难等症状。

大白杜鹃（杜鹃属）

拉 丁 名 *Rhododendron decorum*

别　　名 大白花杜鹃、羊角菜、白花菜、白豆花。

形态特征 常绿灌木或小乔木，高 1~3 米，稀达 6~7 米；树皮灰褐色或灰白色；幼枝绿色，无毛，老枝褐色。冬芽顶生，卵圆形，无毛。叶厚革质，长圆形、长圆状卵形至长圆状倒卵形，上面暗绿色，下面白绿色。顶生总状伞房花序，有花 8~10 朵，有香味；花冠宽漏斗状钟形，变化大，长 3~5 厘米，直径 5~7 厘米，淡红色或白色。蒴果长圆柱形，黄绿色至褐色，肋纹明显。花期 4~6 月，果期 9~10 月。

分布生境 贵州省全省有分布，生长于海拔 1000~3300 米的灌丛或森林下。

利用价值 药用：花入药，味辛、酸，性温，可止咳、止痒、固精、杀虫，治肾虚。观赏：大白杜鹃枝繁叶茂，绮丽多姿，萌发力强，耐修剪，根桩奇特，是优良的盆景材料。

有毒部位 花和叶有毒。

毒性成分 主要含大白花结晶Ⅰ、Ⅱ。

中毒反应 人中毒后出现恶心、呕吐、腹泻、腹痛、视物模糊、头晕、四肢发麻、呼吸困难、心悸、心率过缓和血压降低等症状。牛和羊在春、冬两季迫于饥饿而采食其叶发生中毒。轻者食欲降低、呛咳、精神萎靡；重者结膜充血、呼吸急促、流涎、四肢无力、步态蹒跚、心悸；严重者极度狂躁，而后持久抑制、呼吸困难，因窒息而死亡。

亮叶杜鹃（杜鹃属）

拉 丁 名 *Rhododendron vernicosum*

别　　名 光泽杜鹃。

形态特征 常绿灌木或小乔木。小枝淡绿色。叶薄革质，长卵圆形或椭圆形，先端圆，有短尖头，基部近圆，不对称。总状伞形花序有 6~10 花，花梗紫红色，被红色短柄腺体，花萼小，7 浅裂，花冠宽漏斗钟状，白色或淡红色，内面有或无色点，7 裂；雄蕊 14 枚，子房圆锥状，密被红色腺体，花柱有紫红色短柄腺体。蒴果微弯曲。花期 4~6 月，果期 8~10 月。

分布生境 贵州省全省有分布，生长于海拔 2650~4300 米的森林中。

利用价值 观赏：亮叶杜鹃花为淡红色至白色，下面托以翠绿色的叶片，在枝头形成锦簇花团，有较高的观赏价值。可以植于庭园中作为花坛的中心材料，或植于假山坡上、池畔及溪旁，有水光花色相映生辉的景色，花枝亦可作切花瓶插。

有毒部位 花和叶有毒。

毒性成分 主要含木藜芦毒素。

中毒反应 人中毒后轻者出现头晕、心率减慢、恶心、腹痛、腹泻等症状；重者出现频繁打喷嚏、项痛、出冷汗、无力、心律不齐、血压下降等症状，严重时休克。

腺果杜鹃（杜鹃属）

拉 丁 名 *Rhododendron davidii*

别　　名 无。

形态特征 常绿灌木或小乔木，高达 8 米。小枝无毛。叶革质，长圆状倒披针形或倒披针形，长 10~17 厘米，先端骤尖，有尖头，基部楔形，边缘反卷，上面深绿色，下面淡白色，两面无毛，侧脉 12~16 对，不隆起；叶柄长 1.5~2 厘米，无毛。总状花序顶生，有 6~12 花；花序轴长 3~10 厘米，被短柄腺体和柔毛。花梗红色，长 1~2 厘米，有短柄腺体；花萼长 1~1.5 毫米，6 裂，外面被短柄腺体；花冠宽钟状，长 3.5~4.5 厘米，玫瑰红或紫红色，7~8 裂，上面 1 片最大，有紫色斑点；雄蕊 13~16 枚，长 3~4.5 厘米，花丝无毛；子房圆锥形，密被短柄腺体；花柱长 4~4.5 厘米，无毛或在基部有腺体。蒴果短圆柱形，长约 2 厘米，被腺体痕迹。花期 4~5 月，果期 7~8 月。

分布生境 贵州省东北部（梵净山）有分布，生长于海拔 2300 米的疏林中。

利用价值 药用：可清热、止血、调经。观赏：腺果杜鹃花冠阔钟形，雪青色，具有较高的观赏价值，可以植于庭园中的疏林边或池畔，亦可作切花用。

有毒部位 枝和叶有毒。

毒性成分 主要含木藜芦毒素。

中毒反应 人中毒后出现恶心、呕吐、血压下降、呼吸抑制等症状，严重的甚至因呼吸衰竭而死亡。牲畜误食，常中毒死亡。小鼠腹腔注射氯仿或甲醇提取物 500 毫克/千克，肌张力增加、活动减少、竖尾，最后死亡。

美容杜鹃（杜鹃属）

拉 丁 名 *Rhododendron calophytum*

别　　名 美丽杜鹃。

形态特征 常绿灌木或小乔木，高达 12 米。幼枝粗壮，绿色或带紫色，初被白色柔毛，旋脱落。叶厚革质，长圆状倒披针形或长圆状披针形，长 11~30 厘米，先端骤尖，基部楔形，边缘微反卷，上面无毛，下面淡绿色，幼时被白色柔毛，后无毛，中脉在上面凹下，侧脉 18~22 对；叶柄粗，长 2~2.5 厘米。总状伞形花序有 15~30 花，总轴长 1.5~2 厘米，被黄褐色簇毛。花梗长 3~7 厘米；花萼长 1.5 毫米，无毛；花冠宽钟状，长 4~5 厘米，白色或粉红色，内面下方有紫红色斑块，5~7 裂，裂片不等大；雄蕊 15~22 枚，长 1.5~2.6 厘米；子房绿色，无毛，长约 6 毫米；花柱粗，无毛；柱头盘状，直径 8 毫米。蒴果柱状椭圆形，长 2~4.5 厘米，无毛。花期 4~5 月，果期9~10 月。

分布生境 贵州省雷山、绥阳（宽阔水）等地有分布，生长于海拔 1550~1700 米的山坡密林中。

利用价值 药用：叶、根可药用。根可祛风除湿。观赏：美容杜鹃树姿优美，叶色深绿，花团颜色多变，花在初开时为桃红色，后变为粉红色至白色。盛花时节，常散发出阵阵清香，令人赏心悦目。具有较高的观赏价值，可以作为矮林树种植于园林中，亦可分散栽培。

有毒部位 叶有毒。

毒性成分 主要含木藜芦毒素。

中毒反应 人中毒后出现恶心、呕吐、血压下降、呼吸抑制等症状，严重的甚至因呼吸衰竭而死亡。牲畜误食，常中毒死亡。

羊踯躅（杜鹃属）

拉 丁 名 *Rhododendron molle*

别　　名 黄杜鹃、闹羊花、羊不食草。

形态特征 落叶灌木。幼枝被柔毛和刚毛。叶纸质，长圆形或长圆状披针形，长 5~12 厘米，先端钝，有短尖头，基部楔形，边缘有睫毛，幼时上面被微柔毛，下面被灰白色柔毛，有时仅叶脉有毛；叶柄长 2~6 毫米，被柔毛和疏生刚毛。总状伞形花序顶生，有 9~13 花，先花后叶或同放。花梗长 1~2.5 厘米，被柔毛和刚毛；花萼被柔毛、睫毛和疏生刚毛；花冠漏斗状，长 4.5 厘米，金黄色，内面有深红色斑点，外面被绒毛，5 裂；雄蕊 5 枚，花丝中下部被柔毛；子房圆锥状，被柔毛和刚毛，花柱无毛。蒴果圆柱状，长 2.5~3.5 厘米，被柔毛和刚毛。花期 3~5 月，果期 7~8 月。

分布生境 贵州省毕节、盘县、贵阳（六冲关有栽培）等地有分布，生长于海拔 1100~1700 米的丘陵地带。

利用价值 药用："神农本草"及"植物名实图考"把羊踯躅列入毒草类，可治风湿性关节炎、跌打损伤等症。近年来在医药工业上用作麻醉剂、镇疼药；全株还可作农药。

有毒部位 全株有剧毒，花、果毒性最大。

毒性成分 主要含羊踯躅结晶、八厘麻毒素等。

中毒反应 人误食出现恶心、腹泻、呕吐、呼吸困难、心律不齐、手足麻木、血压升高、昏睡、痉挛等症状，严重的甚至因呼吸抑制而死亡。猪、牛、羊食之先出现流涎、呕吐、切齿、四肢外展、步态蹒跚、腹胀、呼吸困难、后肢瘫痪、哀鸣不安等症状，随后全身痉挛而死。

亮毛杜鹃（杜鹃属）

拉 丁 名 *Rhododendron microphyton*

别　　名 小杜鹃。

形态特征 常绿灌木，高达 2 米，分枝繁密。幼枝密生红棕色扁平伏毛。叶互生，椭圆形或卵状披针形，长 0.5~3 厘米，先端尖，有细圆齿，两面散生红棕色扁平糙伏毛；叶柄长 2~5 毫米，被糙伏毛。伞形花序顶生，有 3~7 花，常有较小的腋生花序生于其下。花梗长 3~6 毫米，被扁平糙伏毛；花萼 5 枚，被毛；花冠漏斗钟状，长 1.2~2 厘米，蔷薇色或白色，5 枚，上方 3 裂片有深红色点，冠筒长 0.8~1 厘米；雄蕊 5 枚，伸出花冠，下部有毛；子房密被亮红棕色糙伏毛，花柱长于雄蕊，长达 3 厘米，无毛。蒴果长约 8 毫米，密被红棕色糙伏毛和疏生柔毛。花期 3~9 月，果期 7~12 月。

分布生境 贵州省西部有分布，生长于海拔 1300~3200 米的山脊或灌丛中，通常在海拔 2000 米处尤为普遍。

利用价值 药用：根入药，可祛风除湿、调理气血、淡化色斑、收敛止血、消肿止痛。观赏：杜鹃枝繁叶茂，萌发力强，耐修剪，根桩奇特，是优良的盆景材料。园林中最宜在林缘、溪边、池畔及岩石旁成丛成片栽植，也可于疏林下散植，是花篱的良好材料，可经修剪培育成各种形态。花季中绽放给人热闹而喧腾的感觉，不是花季时，深绿色的叶片可栽种在庭园中作为矮墙或屏障。

有毒部位 枝和叶有毒。

毒性成分 主要含木藜芦毒素。

中毒反应 人中毒后出现恶心、呕吐、血压下降、呼吸抑制等症状，严重的甚至因呼吸衰竭而死亡。牲畜误食，常中毒死亡。

白花杜鹃（杜鹃属）

拉 丁 名 *Rhododendron mucronatum*

别　　名 尖叶杜鹃、白杜鹃。

形态特征 半常绿灌木，高达 2 米，分枝密。幼枝密被开展长柔毛，叶二型：春叶较大而早落，长 3.5~5.5 厘米，宽 1~2.5 厘米，先端尖或钝尖，基部楔形：夏叶小而宿存，长 1~3.7 厘米，宽 0.6~1.2 厘米，两面密被糙伏毛和腺毛：叶柄长 2~4 毫米，密被扁平长糙伏毛和短腺毛。花序顶生，常有 1~3 花。花梗长 1.5 厘米，密被长柔毛和腺毛；花萼绿色，5 裂，长约 1.2 厘米，密被腺状柔毛；花冠漏斗状，长 3~4.5 厘米，白色或粉红色，有红色条纹，无紫斑，无毛，5 裂；雄蕊 10 枚，长于花冠，花丝中下部被毛；子房密被刚毛，花柱无毛。蒴果卵圆形，长约 1 厘米，短于宿萼。花期 4~5 月，果期 6~7 月。

分布生境 贵州省各地公园有栽培。原产于中国。现已为很多国家引种栽培，供观赏。

利用价值 药用：花、叶、根入药，可美容养颜、活血消肿、祛风除湿，既能淡化色斑、滋养细嫩肌肤，治疗人类因湿度过重导致的风湿骨痛和关节疼痛，也能治疗白带异常。观赏：栽培植物，贵州省各地公园有栽培，供观赏。

有毒部位 花有毒。

毒性成分 主要含木藜芦毒素。

中毒反应 人中毒后出现恶心、呕吐、头晕、眼花、呼吸困难、四肢麻木等症状。

爆仗花（杜鹃属）

拉 丁 名 *Rhododendron spinuliferum*

别　　名 密通花。

形态特征 灌木，高 0.5~3.5 米。幼枝被灰色短柔毛，杂生长刚毛，老枝褐红色，近无毛。叶坚纸质，散生，叶片倒卵形、椭圆形、椭圆状披针形或披针形，花序腋生枝顶成假顶生；花冠筒状，两端略狭缩，长 1.5~2.5 厘米，朱红色、鲜红色或橙红色，上部 5 裂，裂片卵形，直立。蒴果长圆形，长 1~1.4 厘米，被疏绒毛并可见鳞片。花期 2~6 月。

分布生境 贵州省威宁（则觉）地区有分布，生长于海拔 1900~2500 米的松林、松栎林、油杉林或山谷灌木林中。

利用价值 药用：根、叶、花入药，味辛，性温，可祛风除湿、通经活络、消炎；花亦可用于治癣。观赏：该物种因花朵美丽，颜色鲜艳，广泛分布于中国大部分地区，是一种常见的花卉，常用作园林装饰。

有毒部位 根、叶、花有小毒。

毒性成分 主要含木藜芦毒素。

中毒反应 人中毒后出现恶心、呕吐、头晕、眼花、呼吸困难、四肢麻木等症状。

腋花杜鹃（杜鹃属）

拉 丁 名 *Rhododendron racemosum*

别　　名 无。

形态特征 小灌木，高可达 2 米，分枝多。叶片散生，长圆形或长圆状椭圆形，上面密生黑色或淡褐色小鳞片，下面通常灰白色，叶柄短，被鳞片。花序腋生枝顶或枝上部叶腋，有花 2~3 朵；花梗纤细，花萼小，环状或波状浅裂，花冠小，宽漏斗状，粉红色或淡紫红色，裂片开展，花丝基部密被开展的柔毛；蒴果长圆形，花期 3~5 月，果期 8 月。

分布生境 贵州省毕节、威宁等地有分布，生长于海拔 1800~2400 米的疏灌丛中。

利用价值 观赏：杜鹃枝繁叶茂，萌发力强，耐修剪，根桩奇特，是优良的盆景材料。园林中最宜在林缘、溪边、池畔及岩石旁成丛成片栽植，也可于疏林下散植，是花篱的良好材料，可经修剪培育成各种形态。花季中绽放给人热闹而喧腾的感觉，不是花季时，深绿色的叶片可栽种在庭园中作为矮墙或屏障。

有毒部位 枝、叶、花有毒。

毒性成分 主要含木藜芦毒素。

中毒反应 人中毒后出现恶心、呕吐、头晕、眼花、呼吸困难、四肢麻木等症状。

灯笼吊钟花（吊钟花属）

拉 丁 名 *Enkianthus chinensis*

别　　名 灯笼花、灯笼树、荔枝木。

形态特征 落叶灌木或小乔木，高达 8 米，小枝无毛，叶聚生枝端，坚纸质或薄纸质，椭圆形或长圆状椭圆形，长 1.5~4 厘米，先端锐尖，基部楔形或宽楔形，有锯齿，两面无毛，中脉在上面凹下，侧脉和网脉在两面微显或不显；叶柄长 0.5~1.5 厘米。伞房状总状花序，长 3~7 厘米；花序轴纤细，无毛或被短柔毛。花梗细，长 1.5~3 厘米，无毛或被短柔毛；花萼裂片三角形，长 2~3 毫米，先端渐尖；花冠橙黄色，具红色条纹，宽钟状，长 0.7~1 厘米，裂片常暗红色，微反卷；雄蕊长不及花冠长度之半，花丝中部以下宽，被微柔毛，药室顶毛或有短柔毛。蒴果卵圆形，下垂，高 4~7 毫米；果柄长 1~3.5 厘米。花期 5~7 月，果期 7~9 月。

分布生境 贵州省惠水、平塘、雷山（雷公山）、黔东北（梵净山）等地有分布，生长于海拔 1100~2400 米的杂木林中或灌丛中。

利用价值 药用：全株入药，味微涩，性平，归肝经和肾经，可祛风除湿、散瘀止痛，主治跌打损伤、风湿性疼痛和女性产后腹痛等症。观赏：吊钟花形奇特，极为雅致。盆栽用于装饰阳台、窗台、书房等，也可吊挂于防盗网、廊架等处以供观赏。

有毒部位 花、叶有毒。

毒性成分 主要含四环二萜毒素。

中毒反应 小鼠腹腔注射花及叶的氯仿提取物 1000 毫克/千克，16 小时后死亡。

美丽马醉木（马醉木属）

拉 丁 名 *Pieris formosa*

别　　名 兴山马醉木、长苞美丽马醉木。

形态特征 灌木或小乔木。幼叶常带红色；叶革质，披针形至长圆形，先端渐尖，基部楔形，叶缘全有锯齿。萼片披针形，花冠筒形坛状或坛状，裂片近圆形；花丝直伸，被毛。蒴果卵圆形。种子被黄褐色柔毛，纺锤形。花期 5~6 月，果期7~9 月。

分布生境 广泛分布于贵州省各地，常生长于海拔 700~1700 米的灌木丛或疏密林中。长江流域以南一带及南亚、中南半岛北部也有分布。

利用价值 药用：用作洗剂治疗疥疮和癣疥。经济：叶有剧毒，煮汁可以杀虫。观赏：马醉木叶片极具观赏价值。

有毒部位 茎、叶有毒。

毒性成分 主要含马醉木毒素。

中毒反应 中毒后出现流涎、呕吐、腹痛、腹泻、呼吸困难、后躯麻痹等症状。各种动物均可发生，绵羊最易感，其次为山羊，牛、马等发病较少。

滇白珠（变种）（白珠树属）

拉 丁 名 *Gaultheria leucocarpa var. yunnanensis*

别 名 筒花木、满山香、白珠木、苗婆疯、九木香、透骨草。

形态特征 常绿灌木，高达 3 米。枝条近“之”字形，无毛。叶革质，卵状长圆形或稀卵形，长 7~11 厘米，宽 2.5~4 厘米，先端明显尾状，基部心形至圆形，边缘具粗浅不规则锯齿，稍向外卷，第三次侧脉呈弧形，在背面甚明显；叶柄长约 5 毫米，无毛。总状花序腋生，长 5~7 厘米：有花 10~15 朵；小苞片着生于花梗顶部；花梗长达 1 厘米，无毛；花萼裂片 5 枚，卵状三角形，边缘有睫毛；花冠绿白色，钟状，长 5~6 毫米，口部 5 裂，裂片钝尖；雄蕊 10 枚，生于花冠基部，花丝粗短，花药每室顶部有 2 长芒；子房球形。有毛，花柱无毛，短于花冠。果黑色，表面被毛。花期 6~8 月，果期 9~10 月。

分布生境 贵州省全省广泛分布，是一种较为常见的植物。

利用价值 药用：可祛风除湿、解毒止痛、治风湿关节痛；外用治疮疡肿毒。经济：枝叶含芳香油 0.5%~0.85%，主要成分为柳酸甲脂，是提取芳香油的良好原料。

有毒部位 枝、叶有毒。

毒性成分 含槲皮素-3-O-β-D 葡萄糖醛酸苷、山萘酚-3-O-β-D-葡萄糖醛酸苷、龙胆酸甲酯、水杨酸甲酯、白珠树甙、滇白珠素 A、滇白珠素。

中毒反应 人中毒后出现头晕、口干、恶心、呕吐、胃部不适等症状。

珍珠花（珍珠花属）

拉 丁 名 *Lyonia ovalifolia*

别 名 南烛、米饭花。

形态特征 灌木或小乔木。叶卵形或椭圆形，先端渐尖，基部楔形或浅心形。花序下部有 1~3 枚叶状苞片，花 5 基数，花萼裂片长圆形或三角形，花冠白色，筒状，花丝顶端具 2 枚，芒状附属物。蒴果球形，缝线粗厚。种子短线形，无翅。花期 5~6 月，果期 7~9 月。

分布生境 贵州省赤水、习水、梵净山、瓮安、安顺、贵阳、毕节、凯里、黄平、荔波、独山、兴义、安龙（龙头大山）、普安等地有分布，常生长于海拔 400~1500 米的林下或灌丛中。

利用价值 药用：果实入药，名“南烛子”，可强筋益气、固精；江西民间草医用叶捣烂治刀斧砍伤。食用：果实成熟后酸甜，可食；采摘枝、叶渍汁浸米，煮成“乌饭”，江南一带民间在寒食节（农历四月）有煮食乌饭的习俗。

有毒部位 全株有毒，花毒性最大。

毒性成分 全株含梫木毒素，嫩叶含量尤多。

中毒反应 人中毒后出现昏迷、呼吸麻痹、运动神经末梢麻痹、呕吐、大便次数增多、多尿、神经中枢及运动神经末梢麻痹、肌肉痉挛等症状。

小果珍珠花（珍珠花属）

拉丁名 *Lyonia ovalifolia var. elliptica*

别　　名 小果南烛、白心木、乌饭、饱饭花。

形态特征 灌叶灌木或小乔木，高 3~7 米。幼枝有微毛，后脱落。单叶互生；叶片纸质，卵形至卵状椭圆形，长 5~10 厘米，宽 2~2.5 厘米，顶端渐尖或急尖，基部圆形、圆楔形或近心形，全缘，下面脉上有柔毛。总太花序生在老枝的叶腋，长 3~8 厘米，稍有微毛，下部常有数片小叶；萼片三角状卵形，尖头，长约 2 毫米；花冠白色，椭圆状坛形，长约 8 毫米，5 浅裂，外面被裂柔毛；雄蕊 10 枚，无芒状附属物，顶孔开裂；子房 4~5 室，有毛。蒴果扁球形，较小，直径约 3 毫米，果序长 12~14 厘米，子房和蒴果无毛。花期 6 月，果期 10 月。

分布生境 贵州省松桃、印江、贵阳、安顺、惠水、凯里、独山、罗甸、望谟、册亨、安龙、兴义、兴仁、普安、盘县、毕节等地有分布，常生长于海拔 700~1500 米的山坡阳处或灌丛中。

利用价值 药用：味甘，性温，可补脾益肾、祛风解毒、强壮滋补、活血强筋，治脾虚腹泻、跌打损伤、腰脚无力、全身酸麻等症，亦可治刀伤。

有毒部位 叶、树皮、花、种子有毒。

毒性成分 主要含南烛毒素 A、B、C、D。

中毒反应 人中毒后出现流涎、呕吐、步态蹒跚、四肢麻痹、不能站立、腹胀、间歇性疝痛、呼吸急促等症状，严重的甚至死亡。

乌鸦果（越橘属）

拉丁名 *Vaccinium fragile*

别　　名 土千年健、千年矮、老鸦泡、老鸦果。

形态特征 常绿矮小灌木。枝被具腺长刚毛和柔毛。叶密生，长圆形或椭圆形，长 1.2~3.5 厘米，宽 0.7~2.5 厘米，革质，先端锐尖、渐尖或钝圆，基部钝圆或楔形，有细齿，齿尖针芒状，两面被刚毛和柔毛或近无毛，侧脉不显；叶柄长 1~1.5 毫米。总状花序腋生，长 1.5~6 厘米，花偏侧着生；序轴连同花梗被具腺长刚毛和柔毛；苞片叶状，长 4~9 毫米，两面被糙伏毛，有时带红色，小苞片卵形或披针形，长 2.5~4 毫米，生于花梗中下部，毛被同苞片。花梗长 1~2 毫米；花萼绿色带红；花冠白色，有 5 条红色脉纹，长 0.5~1 厘米，口部缢缩；雄蕊内藏，药室背部有上举的距，药管与药室近等长。浆果熟时紫黑色，直径 4~5 毫米。花期春夏至秋季，果期 7~10 月。

分布生境 贵州省威宁、毕节、大方等地有分布，生长于海拔 2300 米的灌木丛中。

利用价值 药用：全株入药，可舒筋络、祛风湿、镇痛。食用：果实成熟时味酸甜，可食。

有毒部位 根有毒。

毒性成分 主要含四环二萜毒素。

中毒反应 小鼠腹腔注射根的氯仿或甲醇提取物500毫克/千克，出现流涎、肌张力增加、扭体、对外界刺激敏感、活动减少等症状，随后因呼吸抑制而死亡。

▶▶▶ 假木荷（假木荷属）

拉 丁 名 *Craibiodendron stellatum*

别　　名 粗糠树、假吊钟、金叶子、老火树。

形态特征 小乔木或灌木，高达8米。枝无毛。叶厚革质，椭圆形，长6~13厘米，先端圆或微凹，基部钝或近圆，边缘外卷，两面无毛或沿中脉疏生柔毛，下面疏生黑色腺点，侧脉14~18对，平行；叶柄长约5毫米。圆锥花序长15~20厘米；花序轴多少被灰色微毛；苞片早落。花白色，芳香；花梗长2~6毫米，毛被同花序轴；小苞片窄三角形，外被柔毛；花冠钟状，长3~4毫米，外被柔毛，裂片与筒部近等长；雄蕊内藏，花丝疏被柔毛，近中部膝曲；子房密被柔毛。蒴果扁球形，直径约1.5厘米，被柔毛。种子长0.5~1厘米。花期7~10月，果期10月至翌年4月。

分布生境 贵州省全省有分布，生长于海拔700~1600米的疏林中。

利用价值 药用：根含狗脚草素，可消炎、镇痛，主治风湿痹痛、半身不遂、跌打损伤等症。

有毒部位 叶有毒。

毒性成分 主要含金叶子结晶A、B。

中毒反应 人中毒后出现头晕、呕吐、视物模糊、手脚麻木、神志不清等症状。

45. 藜芦科 Melanthiaceae

▶▶▶ 藜芦（藜芦属）

拉 丁 名 *Veratrum nigrum*

别　　名 黑藜芦、山葱。

形态特征 植株高达1米，通常粗壮，基部的鞘枯死后残留物为黑色纤维网。叶椭圆形、宽卵状椭圆形或卵状披针形，大小常有较大变化，通常长22~25厘米，先端锐尖，无柄或茎上部的叶具短柄，两面无毛。圆锥花序密生黑紫色花；侧生总状花序近直立伸展，通常具雄花；顶生总状花序常较长，几乎全部着生两性花；花序轴密被白色绵状毛；小苞片披针形，边缘和背面有毛；生于侧生花序上的花梗长约5毫米，约等长于小苞片，密被绵状毛，花被片开展或在两性花中稍反折，长圆形，长5~8毫米，先端圆，基部稍收窄，全缘；雄蕊长为花被片的1/2；子房无毛。蒴果直立，长1.5~2厘米，直径1~1.3厘米。花果期7~9月。

分布生境 贵州省威宁、赫章、水城、安龙、湄潭、都匀、江口、松桃等地有分布，生长于海拔1200~2000米的山坡林下或草丛中。

利用价值 药用：根入药，治中风痰壅、癫痫、淋巴管炎、疟疾、乳腺炎、骨折、跌打损伤、头癣、疥疮等症，还可用于灭蛆、蝇等。

有毒部位 全株有毒，根毒性较强。

毒性成分 主茎含介芬胺、假介芬胺、玉红介芬胺、秋水仙碱、计明胺及藜芦酰棋盘花碱等。

中毒反应 人中毒后出现口腔胃部发热疼痛、流涎、恶心、呕吐、无力、出汗、便血、震颤、痉挛、昏迷等症状，严重的甚至因呼吸停止而死亡。

蒙自藜芦（藜芦属）

拉 丁 名 *Veratrum mengtzeanum*

别　　名 披麻草、小棕包。

形态特征 植株高达1.3米，基部具膜质鞘，鞘枯死后常在先端略破裂为带网眼的纤维网。叶窄长圆形或带状，长22~50厘米，宽1~3厘米，先端锐尖，两面无毛；无柄。圆锥花序塔状，疏生少数侧生总状花序，侧生总状花序轴粗壮；花序轴被短绵状毛；花多数，稍疏生，淡黄绿色带白色。花被片伸展，质较厚，近倒卵状匙形或椭圆状倒卵形，长0.8~1.2厘米，先端钝圆，基部具爪，全缘，下部有两个腺体；侧生花序上的花梗比苞片长或近等长；子房无毛。蒴果直立，长1.5~2厘米，直径约1厘米。花果期7~10月。

分布生境 贵州省织金、长顺、贵阳、德江、印江（梵净山）、铜仁等地有分布，生长于山路草丛中或林下。

利用价值 药用：除具一般藜芦属共有的功效外，还可治疗跌打损伤、骨折、截瘫、癫痫等症。因有毒，宜慎用。

有毒部位 全株有毒，根毒性较强。

毒性成分 主要含藜芦胺毒素。

中毒反应 人中毒后出现口腔胃部发热疼痛、流涎、恶心、呕吐、无力、出汗、便血、震颤、痉挛、昏迷等症状，甚至因呼吸停止而死亡。

狭叶藜芦（藜芦属）

拉 丁 名 *Veratrum stenophyllum*

别　　名 无。

形态特征 植株高达1米许。茎基部有膜质鞘；鞘枯死后为带网眼的纤维网或至少在鞘端如此。叶在下面的（近基生）带状、窄长圆形、倒披针形或有时近窄镰刀状，长约30厘米或更长，宽1.5~2.5厘米，先端锐尖，基部成鞘，抱茎，两面无毛；无柄。圆锥花序具密集的花；侧生总状花序轴纤弱，通常着生雄花；顶生总状花序生两性花；花序轴密被淡白色绵状毛，每一侧生花序基部有1枚长于或短于侧生花序的苞片。花被片淡黄绿色，长圆形或卵状长圆形，通常长5~7毫米，先端稍尖，基部收窄成短柄状，全缘，背面基部稍有毛，无明显可见的腺体；苞片近等长或长于花梗，背面生绵状毛；子房无毛。蒴果直紧贴花序主轴。花果期7~10月。

分布生境 贵州省赫章地区有分布，生长于海拔约2000米的山坡草地或林下阴处。

利用价值 药用：根入药，可活血化瘀、消肿止痛，治中风痰壅、喉不通畅、跌打损伤、风湿疼痛、创伤止血、疥癣、恶疮等症。

有毒部位 根或根茎有毒。

毒性成分 含狭叶藜芦含介芬胺、B1-查茄碱、棋盘花胺、3-当归棋盘花胺、茄定二烯二醇、3-藜芦酰棋盘花胺。

中毒反应 人中毒后出现流涎、恶心、呕吐、无力、出汗、便血、震颤、痉挛、昏迷等症状，严重的甚至因呼吸停止而死亡。

金线重楼（重楼属）

拉 丁 名 *Paris delavayi*

别　　名 滇王孙。

形态特征 多年生草本，高30~100厘米。地下根茎横生，肥厚，黄褐色，有斜形环节，并生须根。茎单一，无毛。叶4~9片，通常为7片，轮生茎顶；叶片长卵形。春夏间在轮生叶的中心抽出花梗，顶端生1朵花。秋季果熟；蒴果球形，内有多数鲜红色种子。

分布生境 贵州省梵净山地区有分布，生长于海拔1400~2100米的常绿落叶混交林及箭竹灌丛。

利用价值 药用：可清热解毒、消肿止痛、凉肝定惊。

有毒部位 根、茎有小毒。

毒性成分 主要含甾体皂甙。

中毒反应 人中毒后出现恶心、呕吐、头痛、痉挛、抽搐等症状。

毛重楼（重楼属）

拉 丁 名 *Paris mairei*

别　　名 花叶重楼、毛叶重楼。

形态特征 植株高可达1米，全株被有短柔毛；根状茎粗达1~2厘米。叶5~10枚，披针形、倒披针形或椭圆形，长5~14厘米，宽1~2.5厘米。内轮花被片长条形，与外轮的等长或超过，有时可以宽达2毫米。花期5~7月，果期8~9月。

分布生境 我国特有植物。贵州省纳雍地区有分布，生长于海拔1800米以上的山坡林下阴湿处。

利用价值 药用：味苦，性微寒，归肝经，可清热解毒、消肿止痛、凉肝定惊，治痈疮、咽喉肿痛、毒蛇咬伤、跌打伤痛、惊风抽搐等症。现代医学证明毛重楼具有抗癌、抗病毒、抗微生物、镇痛、镇静、止咳平喘、止血等重要的药用价值，是云南白药、宫血宁、抗病毒冲剂、季德胜蛇药片等国家重点保护中药的主要原材料。

有毒部位 根、茎有毒。

毒性成分 主要含甾体皂甙。

中毒反应 人中毒后出现恶心、呕吐、头痛、痉挛、抽搐等症状。

七叶一枝花（重楼属）

拉 丁 名 *Paris polyphylla*

别　　名 蚤休、灯台七。

形态特征 植株高 35~100 厘米，无毛；根状茎粗厚，直径达 1~2.5 厘米，外面棕褐色，密生多数环节和许多须根。茎通常带紫红色，直径 0.8~1.5 厘米，基部有灰白色干膜质的鞘 1~3 枚。叶 5~10 枚，矩圆形、椭圆形或倒卵状披针形，长 7~15 厘米，宽 2.5~5 厘米，先端短尖或渐尖，基部圆形或宽楔形；叶柄明显，长 2~6 厘米，带紫红色。花梗长 5~30 厘米；外轮花被片绿色，3~6 枚，狭卵状披针形，长 3~7 厘米；内轮花被片狭条形，通常比外轮长；雄蕊 8~12 枚，花药短，长 5~8 毫米，与花丝近等长或稍长，药隔突出部分长 0.5~2 毫米；子房近球形，具棱，顶端具一盘状花柱基，花柱粗短，具 4~5 分枝。蒴果紫色，直径 1.5~2.5 厘米，3~6 瓣裂开。种子多数，具鲜红色多浆汁的外种皮。花期 4~7 月，果期 8~11 月。

分布生境 贵州省贵阳、清镇、威宁等地有分布，生长于海拔 1800~3200 米的山坡林下及灌丛阴湿处。

利用价值 药用：味苦，性凉，具小毒，可败毒抗癌、消肿止痛、清热定惊、镇咳平喘，治痈肿肺痨久咳、跌打损伤、蛇虫咬伤、淋巴结核、骨髓炎、扁桃体炎、腮腺炎、乳腺炎等症，是云南白药的主要成分之一。

有毒部位 根茎、皮部含毒较多。

毒性成分 有小毒，含蚤休苷、蚤休士宁苷及生物碱等。

中毒反应 人超量食用可致中毒。对消化系统、神经系统和心脏均有毒害作用。临床表现为恶心、呕吐、头晕、眼花、头痛、腹泻、面色苍白、烦躁不安、精神萎靡、唇绀，严重者出现痉挛、抽搐、脉速、心律不齐、心音迟钝等症状。

46. 黄脂木科 Xanthorrhoeaceae

山菅（山菅属）

拉 丁 名 *Dianella ensifolia*

别　　名 山菅兰、山交剪、老鼠砒。

形态特征 植株高可达1~2米；根状茎圆柱状，横走，粗5~8毫米。叶狭条状披针形，长30~80厘米，宽1~2.5厘米，基部稍收狭成鞘状，套叠或抱茎，边缘和背面中脉具锯齿。顶端圆锥花序长10~40厘米，分枝疏散；花常多朵生于侧枝上端；花梗长7~20毫米，常稍弯曲，苞片小；花被片条状披针形，长6~7毫米，绿白色、淡黄色至青紫色，5脉；花药条形，比花丝略长或近等长，花丝上部膨大。浆果近球形，深蓝色，直径约6毫米，具5~6颗种子。花果期3~8月。

分布生境 贵州省榕江地区有分布，生长于海拔700米的山沟阴处或林下。

利用价值 药用：叶可治蛇咬伤；根状茎入药，可治腹痛，磨成粉状外敷可治脓肿、癣、淋巴结炎等症。茎和叶捣汁，与米炒香或将汁液浸米晒干后可作为老鼠药。

有毒部位 全株有毒，茎汁毒性尤强。

毒性成分 含秋水仙碱类有毒生物碱。

中毒反应 人误食出现腹泻、食欲缺乏及精神萎靡等症状，严重的甚至因呼吸困难而死亡。家畜误服可死亡。

黄花菜（萱草属）

拉 丁 名 *Hemerocallis citrina*

别　　名 金针菜、柠檬萱草。

形态特征 植株一般较高大；根近肉质，中下部常有纺锤状膨大。叶7~20枚，长50~130厘米，宽6~25毫米。花葶长短不一，一般稍长于叶，基部三棱形，上部圆柱形，有分枝；苞片披针形，下面的长可达3~10厘米，自下向上渐短，宽3~6毫米；花梗较短，通常长不到1厘米；花多朵，最多可达100朵以上；花被淡黄色，有时在花蕾时顶端带黑紫色；花被管长3~5厘米，花被裂片长6~12厘米，内三片宽2~3厘米。蒴果钝三棱状椭圆形，长3~5厘米。种子20多个，黑色，有棱，从开花到种子成熟需40~60天。花果期5~9月。

分布生境 贵州省多在遵义、黔东南及铜仁等地栽培，其余地区也有零星栽培。

利用价值 药用：花入药或食用可健胃、通乳、补血，哺乳期妇女乳汁分泌不足者食之，可起到通乳下奶的作用；根入药，可利尿、消肿，治水肿、小便不利等症；叶入药，可安神，治神经衰弱、心烦不眠、体虚水肿等症。经济：黄花菜是重要的经济作物。根可以酿酒；叶可以造纸和编织草垫；花葶干后可以作纸煤和燃料。

观赏：黄花菜是花卉园艺方面的珍品，因其品种繁多，四季有花，家庭庭院仍将其作为点缀花草观赏。食用：因其含有丰富的卵磷脂，黄花菜有较好的健脑、抗衰老功效，对注意力不集中、记忆力减退、脑动脉阻塞等症状有特殊疗效，故人们称之为“健脑菜”。

有毒部位 全株有毒。

毒性成分 主要含秋水仙碱，在人体内由秋水仙碱转化为二氧秋水仙碱而使人中毒。

中毒反应 人中毒后出现头昏、恶心、呕吐、腹痛、腹泻、四肢无力等症状。

萱草（萱草属）

拉 丁 名 *Hemerocallis fulva*

别　　名 忘忧草、宜兰。

形态特征 多年生草本。根近肉质，中下部常纺锤状。叶条形，长 40~80 厘米，宽 1.3~3.5 厘米。花葶粗壮，高 0.6~1 米；圆锥花序具 6~12 朵花或更多，苞片卵状披针形。花橘红或橘黄色，无香味；花梗短，花被长 7~12 厘米，下部 2~3 厘米合生成花被管。外轮花被裂片长圆状披针形，宽 1.2~1.8 厘米，具平行脉，内轮裂片长圆形，下部有“A”形彩斑，宽达 2.5 厘米，具分枝脉，边缘波状皱褶，盛开时裂片反曲；雄蕊伸出，上弯，比花被裂片短；花柱伸出，上弯，比雄蕊长。蒴果长圆形。花果期 5~7 月。

分布生境 贵州省贵阳、惠水、福泉、清镇、安顺、普定、瓮安、息烽等地有分布，常生长于溪沟边、田坎上或山谷潮湿向阳处。

利用价值 食用：花可作黄花菜食用。经济：萱草在现代化学染料出现之前，还是一种常用的染料。观赏：花色鲜艳，易于栽培，且春季萌发早，绿叶成丛极为美观。园林中多丛植或于花境、路旁栽植。萱草类耐半阴，又可作疏林地被植物。萱草对氟十分敏感，当空气受到氟污染时，萱草叶子的尖端就会变成红褐色，所以常被用来监测环境是否受到氟污染的指针植物。

有毒部位 根有毒。

毒性成分 主要含天门冬素、秋水仙碱等。

中毒反应 家兔、犬中毒先出现瞳孔散大，对光反射消失、失明、后肢瘫痪和膀胱尿潴留等症状，随后死亡。

47. 天门冬科 Asparagaceae

玉簪（玉簪属）

拉 丁 名 *Hosta plantaginea*

别　　名 白花玉簪。

形态特征 根状茎粗厚，直径1.5~3厘米。叶卵状心形、卵形或卵圆形，长14~24厘米，宽8~16厘米，先端近渐尖，基部心形，侧脉6~10对；叶柄长20~40厘米。花葶高40~80厘米，具几朵花至10余朵花，外苞片卵形或披针形，长2.5~7厘米，宽1~1.5厘米，内苞片很小；花单生或2~3簇生，长10~13厘米，白色，芳香。花梗长约1厘米；雄蕊与花被近等长或略短，基部1.5~2厘米贴生花被管。蒴果圆柱状，有3棱，长约6厘米，直径约1厘米。花果期8~10月。

分布生境 贵州省兴义、绥阳（宽阔水）、江口（梵净山）等地有分布，生长于海拔1050~1400米的常绿林下灌丛中。

利用价值 药用：花入药，可清咽、利尿、通经；叶和根有小毒，外用治乳腺炎、中耳炎、疮痈肿毒、溃疡；根茎入药，可清热、利湿、凉血、消肿、镇痛。观赏：常栽培供观赏，为美丽的园林观赏植物，玉簪叶娇莹，花苞似簪，色白如玉，清香宜人，是中国古典庭院中重要花卉之一。在现代庭院中多配植于林下草地、岩石园或建筑物背面，也可三两成丛点缀于花境中，还可以作为盆栽布置于室内及廊下。食用：花去掉雄蕊后亦可作蔬菜或甜食。

有毒部位 全株有小毒。

毒性成分 主要含有毒甾体皂甙。

中毒反应 人食用不当，可损伤牙齿致牙齿脱落。

紫萼（玉簪属）

拉 丁 名 *Hosta ventricosa*

别　　名 紫玉簪。

形态特征 根状茎粗0.3~1厘米。叶卵状心形、卵形至卵圆形，长8~19厘米，宽4~17厘米，先端通常近短尾状或骤尖，基部心形或近截形，极少叶片基部下延而略呈楔形，具7~11对侧脉；叶柄长6~30厘米。花葶高60~100厘米，具10~30朵花；苞片矩圆状披针形，长1~2厘米，白色，膜质；花单生，长4~5.8厘米，盛开时从花被管向上骤然呈近漏斗状扩大，紫红色；花梗长7~10毫米；雄蕊伸出花被之外，完全离生。蒴果圆柱状，有3棱，长2.5~4.5厘米，直径6~7毫米。花期6~7月，果期7~9月。

分布生境 贵州省毕节、贵阳、福泉、江口（梵净山）等地有分布，生长于林下、草坡或灌丛中。

利用价值 药用：全株入药，可止血、止痛、解毒，治吐血、崩漏、湿热带下、咽喉肿痛、胃痛、牙痛等症。观赏：各地常见栽培，供观赏。

有毒部位 全株有毒。

毒性成分 主要含有毒甾体皂甙。

中毒反应 人中毒后出现恶心、呕吐等症状。

吉祥草（吉祥草属）

拉 丁 名 *Reineckea carnea*

别　　名 观音草、小九龙盘、千里马。

形态特征 多年生常绿草本。茎匍匐地蔓生于地面，分节，粗 2~3 毫米，逐年向前延长或发出新枝，每节上有一残存的叶鞘，顶端的叶簇由于茎的连续生长，有时似长在茎的中部，两叶簇间可距几厘米至十几厘米。叶每簇常 3~8 枚，狭长，呈条形至披针形，长 10~38 厘米，宽 0.5~3.5 厘米，常在叶片中段最宽，先端渐尖，基部渐狭成柄，深绿色；纵脉在叶上、下两面均凸起。花长 5~15 厘米；穗状花序圆柱状，长2~6.5 厘米，上部的花有时仅具雄蕊；苞片卵状三角形，淡褐色或带紫色，长 5~7 毫米，每苞片通常具 1 朵花，花芳香，粉红色；裂片长圆形，长5~7毫，先端钝，稍肉质，花开时反卷；雄蕊 6 枚，短于花柱而稍长于花被，花丝丝状。花药背着，内向纵裂，近长圆形，两端微凹，长 2~2.5 毫米；子房长 3 毫米，花柱丝状。浆果近球形，直径 6~10 毫米，熟时鲜红色。

分布生境 贵州省全省广泛分布，常见于绥阳、贵阳、长顺、雷山、江口（梵净山）等地，生长于阴湿山坡、谷地上或密林下，也常有栽培。

利用价值 药用：全株入药，可润肺止咳、清热利湿、活血；外用治跌打损伤或骨折。观赏：吉祥草植株造型优美，叶色翠绿，耐寒、耐阴，装入金鱼缸或其他玻璃器皿中进行水养栽培，摆放于吧台、茶几上，是一件精致、高雅的艺术品，亦可陶冶情操，放松心情。

有毒部位 全株有毒。

毒性成分 含有毒强心甙。

中毒反应 人中毒后出现恶心、厌食、呕吐、流涎、头晕、心悸等症状。

万年青（万年青属）

拉 丁 名 *Rohdea japonica*

别　　名 冬不凋草、开口剑、铁扁担。

形态特征 万年青是多年生草本植物，根状茎粗 1.5~2.5 厘米。叶 3~6 枚，厚纸质，矩圆形、披针形或倒披针形，长 15~50 厘米，宽 2.5~7 厘米，先端急尖，基部稍狭，绿色，纵脉明显浮凸；鞘叶披针形，长 5~12 厘米。花葶短于叶，长 2.5~4 厘米；穗状花序长 3~4 厘米，宽 1.2~1.7 厘米；具几十朵密集的花；苞片卵形，膜质，短于花，长 2.5~6 毫米，宽 2~4 毫米；花被长 4~5 毫米，宽 6 毫米，淡黄色，裂片厚；花药卵形，长 1.4~1.5 毫米。浆果直径约 8 毫米，熟时红色。花期5~6 月，果期 9~11 月。

分布生境 贵州省梵净山、铜仁、松桃、雷公山、罗甸、荔波等地有分布，生长于海拔 750~1700 米的林下潮湿处或草地上。

利用价值 药用：全株入药，可清热解毒、散瘀止痛。观赏：各地常有盆栽，供观赏。

有毒部位 根、茎有毒。

毒性成分 主要含万年青甙甲、乙、丙、丁，万年青宁和万年青皂甙元。

中毒反应 人中毒后出现恶心、呕吐、腹泻、胸闷、四肢发冷、昏迷等症状，严重的甚至出现心跳停止。

开口箭（开口箭属）

拉 丁 名 *Campylandra chinensis*

别　　名 青龙胆、罗汉七。

形态特征 根状茎粗厚，长圆柱形，伸长，绿色至黄色，多节，节上着生纤维质根，直径1~1.5厘米。叶基生，4~12枚，近革质或纸质，倒披毛针形、条状披针形、条形或长圆状披针，长15~65厘米，宽1.5~3.5厘米，光端渐尖，基部渐狭，两面均无毛；叶脉在叶表面凸出，明晰；鞘叶2枚，披针形或长圆形，长2.5~10厘米。穗状花序直立，少有弯曲，密生多花，长2.5~9厘米；总花梗短，长1~6厘米；苞片绿色，卵状披针形至披针形，膜质，除每花有一苞片外，另有几枚无花的苞片在花序顶端聚生成丛，此类苞片为长披针形，明显地较中、下之苞片长，长3~3.5厘米；花短钟状，长5~7毫米；花被筒长2~2.5毫米，筒口肉质增厚，且与裂片分离；裂片卵形，先端渐尖，长3~5毫米，宽2~4毫米，肉质，密生微小乳突体，黄色或黄绿色；雄蕊在花被筒口处排成一轮，花丝基部扩大，其扩大部分贴生于花被片上，或形成花被筒口与裂片分离的部分，花丝上部分离，稍厚，长1~2毫米，内弯，花药卵形或近圆形；子房近球形。3室，直径约2.5毫米，花柱极短，不明显，柱头钝三棱形，顶端3裂。浆果球形或稍压扁，熟时紫红色至深褐色，直径3~10毫米。

分布生境 贵州省雷山（雷公山、雷公坪）、梵净山等地有分布，生长于海拔1100~2100米的山坡谷地或山间凹地潮湿处。

利用价值 药用：可清热解毒、祛风除湿、散瘀止痛，治白喉、咽喉肿痛、风湿痹痛、跌打损伤、胃痛、痈肿疮毒、毒蛇及犬咬伤等症。

有毒部位 根、茎有毒。

毒性成分 含甾体皂甙。

中毒反应 人中毒后出现头痛、眩晕、恶心、呕吐等症状。

深裂竹根七（竹根七属）

拉 丁 名 *Disporopsis pernyi*

别　　名 竹根假万寿竹、玉竹、十样错、黄鸡脚。

形态特征 根状茎圆柱状。茎具紫色斑点。叶纸质，披针形至近卵形，具柄。花1~2朵生于叶腋，白色，多少俯垂；花被钟形，花被筒长约为花被1/3或略长，口部不缢缩，裂片近长圆形，副花冠裂片膜质，与花被裂片对生，披针形或线状披针形，先端2深裂；花丝极短，背部着生于副花冠裂片先端凹缺处，子房近球形。浆果近球形或稍扁，成熟时暗紫色，具1~3枚种子。花期4~5月，果期11~12月。

分布生境 贵州省册亨、清镇、贵阳、都匀、印江（梵净山）等地有分布，生长于海拔1000~1100米的山坡阴湿处、水旁。

利用价值 药用：根状茎入药，可养阴润肺、生津止渴，治劳伤风湿痛、虚咳多汗、产后虚弱、夜间多尿或遗精腰痛等症。

有毒部位 根、茎有毒。

毒性成分 含槲皮素、槲皮素-3-O-β-D-吡喃葡萄糖苷、木犀草素等。

中毒反应 人中毒后出现恶心、呕吐、腹胀、腹泻等症状。

龙舌兰（龙舌兰属）

拉 丁 名 *Agave americana*

别　　名 龙舌掌、番麻。

形态特征 多年生草本。茎不明显。叶基生呈莲座状，肉质，常30~40枚或更多，倒披针形，长1~2米，宽15~20厘米，先端具暗褐色硬尖刺，叶缘疏生刺状小齿。花茎粗壮，高达6米或更高，圆锥花序大型，具多花。花黄绿色，花被筒长约1.2厘米，花被裂片长2.5~3厘米；雄蕊长约花被2倍；花后花序生出少量珠芽。蒴果长圆形，长约5厘米。

分布生境 贵州省晴隆、兴仁、兴义、安龙、贞丰、册亨、望谟、罗甸等地有分布。

利用价值 观赏：龙舌兰植物花茎高大，花序顶生，极为漂亮，开花时最长的花序记录达3.9米，蔚为壮观。龙舌兰极具观赏价值，是中国南方城市庭园及绿化带的常见花卉。经济：叶纤维供制船缆、绳索、麻袋等，但其纤维的产量和质量均不及剑麻；又总甾体皂苷元含量较高，是生产甾体激素药物的重要原料。

有毒部位 叶汁有毒。

毒性成分 含溶血性皂甙等。

中毒反应 皮肤刺激有灼烧感，动物中毒后出现厌食、活动减少、后肢麻痹等症状。

48. 百部科 Stemonaceae

大百部（百部属）

拉 丁 名 *Stemona tuberosa*

别　　名 九重根、对叶百部、山百部根。

形态特征 块根常纺锤形，长达30厘米。茎少分枝，攀缘状。叶对生或轮生，稀兼有互生，卵状披针形或卵形，长6~24厘米，基部心形，边缘稍波状；叶柄长

3~10 厘米。花单生或 2~3 朵组成总状花序，生于叶腋，稀贴生叶柄。花梗或花序梗长 2.5~12 厘米；花被片黄绿色带紫色脉纹，长 3.5~7.5 厘米，宽 0.7~1 厘米，先端渐尖，内轮比外轮稍宽；雄蕊紫红色，短于花被或近等长，花丝粗，长约 5 毫米，花药长 1.4 厘米，顶端具短钻状附属物；子房卵形。花期 4~7 月。

分布生境 贵州省兴义、兴仁、安龙、册亨、毕节、修文、息烽、贵阳、遵义、都匀等地有分布，生长于海拔 500~1800 的山坡疏林中，以及山谷、阴湿岩石上、溪边、路旁。

利用价值 药用：块根为常用中药，入药内服可润肺、止咳、祛痰；外用可杀虫、止痒、灭虱。经济：可制土农药。观赏：大百部是多年生草本攀缘植物。茎枝柔软，富有弹性，生长非常繁茂。在园林绿地中，宜于在庭园角隅栽培，让其垂直攀缘生长，或援于竹篱矮墙，是垂直绿化、美化的绝好植物。

有毒部位 块茎有毒。

毒性成分 含原百部碱、百部碱、百部宁碱等。

中毒反应 人中毒后出现恶心、呕吐、头晕、头痛、呼吸困难、呼吸中枢麻痹等症状。

49. 薯蓣科 Dioscoreaceae

裂果薯（裂果薯属）

拉 丁 名 *Schizocapsa plantaginea*

别　　名 水三七、水田七、土三七。

形态特征 多年生草本，高 15~20 厘米。块茎粗短，叶片狭椭圆形或狭椭圆状披针形，长 10~15 厘米，宽 3~5 厘米，基部下延，在叶柄两侧呈狭翅，全缘或微波状，侧脉羽状；叶柄长 8~13 厘米。伞形花序，有花数朵；总苞两轮，外轮有苞片 4 片，卵形或三角状卵形，内轮苞片呈线形；花被裂片 6 枚，淡紫色，外轮 3 枚，卵形，长约 1 厘米，宽约 0.4 厘米，内轮 3 枚近圆形，直径约 0.6 厘米；雄蕊 6 枚，花丝顶端兜状，两侧向下突出呈角状；子房下位。蒴果近倒卵形，直径 6~8 毫米。

分布生境 贵州省兴义、册亨、关岭、安顺、赤水、铜仁、荔波、平塘、都匀、独山、黄平、镇远、锦屏、剑河等地有分布，生长于水边湿润的地方。

利用价值 药用：根茎入药，可治跌打损伤、毒蛇咬伤、伤口出血、伤口溃烂等症。

有毒部位 根状茎有毒。

毒性成分 含甾体皂甙等。

中毒反应 对鱼有毒杀作用，还可引起溶血。

箭根薯（蒟蒻薯属）

拉 丁 名 *Tacca chantrieri*

别　　名 蒟蒻薯、大叶屈头鸡。

形态特征 多年生草本。根状茎粗壮，近圆柱形。叶长圆形或长圆状椭圆形，长 20~60 厘米，宽 7~24 厘米。花葶较长；总苞片 4 枚，暗紫色，外轮 2 枚卵状披针形。浆果肉质，椭圆形；种子肾形，有条纹，长约 3 毫米。花果期 4~11 月。

分布生境 贵州省全省有分布，生长于海拔 170~1300 米的水边、林下、山谷阴湿处。

利用价值 药用：根状茎味苦，性凉，入药可清热解毒、消炎止痛，治刀伤、胃及十二指肠溃疡、肝炎、高血压、胃痛、烧烫伤、疮疡等症。观赏：箭根薯株高适中，可以作室内装饰或中庭植物。

有毒部位 全株有毒。

毒性成分 含薯蓣皂甙等。

中毒反应 人中毒后轻者出现腹泻、呕吐等症状，重者可出现肠黏膜脱落引起大量出血死亡。

黄独（薯蓣属）

拉 丁 名 *Dioscorea bulbifera*

别　　名 黄药、山慈姑、零余子薯蓣。

形态特征 缠绕草质藤本。块茎卵圆形或梨形，近于地面，棕褐色，密生细长须根。茎左旋，淡绿或稍带红紫色。叶腋有紫棕色，球形或卵圆形，具圆形斑点的珠芽。单叶互生，宽卵状心形或卵状心形，长 15~26 厘米，先端尾尖，全缘或边缘微波状。雄花序穗状，下垂，常数序簇生叶腋，有时分枝呈圆锥状；雄花花被片披针形，鲜时紫色；基部有卵形苞片 2 枚。雌花序与雄花序相似，常二至数序簇生叶腋；退化雄蕊 6 枚，长约为花被片的 1/4。蒴果反曲下垂，三棱状长圆形，长 1. 3~3 厘米，直径 0. 5~1 厘米，两端圆，成熟时草黄色，密被紫色小斑点，每室 2 种子，着生于果轴顶部。种子深褐色，扁卵形，种翅栗褐色，向种子基部延伸呈长圆形。花期 7~10 月，果期 8~11 月。

分布生境 贵州省全省有分布，海拔几十米至 2000 米的高山地区都可生长，多生长于河谷边、山谷阴沟或杂木林边缘。

利用价值 药用：块茎入药，可清热、消肿、解毒、化痰、散结、凉血、止血，用于瘿瘤、咳嗽痰喘、瘰疬、疮疡肿毒、毒蛇咬伤，主治甲状腺肿大、淋巴结核、咽喉肿痛、吐血、咯血、百日咳等症；外用治疮疖。

有毒部位 块根有毒。

毒性成分 含皂甙、黄独素与薯蓣皂甙元等。

中毒反应 人中毒后引起口、舌、喉灼烧痛，出现流涎、恶心、呕吐、腹泻、腹痛、昏迷、呼吸困难、心脏停搏等症状，严重的甚至死亡。

50. 荨麻科 Urticaccae

大蝎子草（蝎子草属）

拉 丁 名 *Girardinia diversifolia*

别　　名 大荨麻、虎掌荨麻、掌叶蝎子草。

形态特征 多年生草本，茎下部常木质化。茎高约 40 厘米，生长刺毛和向上贴生的白色糙毛和白色短柔毛，叶轮廓宽卵形或五角形，长、宽 8~14 厘米，基部圆形或宽楔形，具 3~7 深裂片，边缘具牙齿或重牙齿，表面疏生白色刺毛和糙毛，背面生白色糙毛和白色短柔毛，沿脉疏生长刺毛，塞出脉 3 条；叶柄长 6~12 厘米，毛被与茎同；托叶卵形。雌雄同株（雄花序生于雌花序的下部）或异株；雄花序多次二叉状分枝，长 5~11 厘米，排成总状或近圆锥状，雄花花被片 4 枚，卵形，内凹，雄蕊 4 枚，退化雌蕊杯状；雌花序总状或近圆锥状，小团伞花序轴稀生长刺毛和密生白色糙毛，雌花花被片 2 枚，大小不相等，子房狭长圆状卵形，边缘不生刚毛。瘦果近心形，长约 2.5 毫米。花果期 9~10 月。

分布生境 贵州省普安及凯里有分布，生长于海拔 600~1500 米的山谷、潮湿地中。

利用价值 药用：可祛痰、利湿、解毒，治咳嗽痰多、水肿等症；外用治疮毒。根鲜捣烂外敷，治骨折。

有毒部位 刺毛有毒。

毒性成分 含乙酰胆碱、5-羟色胺和组胺等。

中毒反应 接触人皮肤后刺痛难忍。

蝎子草（蝎子草属）

拉 丁 名 *Girardinia diversifolia subsp. Suborbiculata*

别　　名 无。

形态特征 一年生草本植物。茎高可达 100 厘米，叶膜质，叶片宽卵形或近圆形，先端短尾状或短渐尖，上面疏生纤细的糙伏毛，下面有稀疏的微糙毛，叶柄疏生刺毛和细糙伏毛；托叶披针形或三角状披针形，花雌雄同株，雌花序对生于叶腋；雄花序穗状，团伞花序枝密生刺毛，花被片深裂卵形，丙凹，雌花近无梗：瘦果宽卵形，双凸透镜状，花期 7~9 月，果期 9~11 月。

分布生境 贵州省全省有分布，生长于海拔 50~800 米的林下沟边或住宅旁阴湿处。

利用价值 药用：主治蛇虫叮咬、跌打肿痛等症，处理后内服还能起到活血散瘀，治疗喉咙肿痛的作用。经济：蝎子草生长迅速、植株高大（当年株高半米以上、温暖地区次年可超过 1.5 米），适宜作果园、菜园、瓜地、鱼塘、菇橱等的围栏。

有毒部位 刺毛有毒。

毒性成分 含乙酰胆碱、5-羟色胺和组胺等。

中毒反应 与人皮肤接触后出现烧痛、红肿等症状。

念珠冷水花（冷水花属）

拉 丁 名 *Pilea monilifera*

别 名 项链冷水花。

形态特征 草本。茎单一或少分枝。叶同对的不等大，椭圆形至卵状长圆形，先端渐尖，基部圆或浅心形，具齿。雌雄异株或同株，雄花序单生叶腋，团伞花簇 2~8 个疏生于序轴，呈串珠状；雌花序团伞花簇数个，呈串珠状生于序轴或成穗状。雄花花被片 4 枚，三角状卵形，先端喙状。雌花花被片 3 枚，三角形。瘦果卵圆形，褐色。花期 6~8 月，果期 7~9 月。

分布生境 贵州省印江（梵净山）、雷山（雷公山）、榕江（月亮山）等地有分布，常生长于海拔 980~1360 米的沟边或密林阴湿处。

利用价值 药用：全株入药，味淡、微苦，可清热利湿、退黄、消肿散结、健脾和胃，主治湿热黄疸、赤白带下、淋浊、尿血、消化不良、跌打损伤、外伤感染等症。经济：全株可作猪饲料。

有毒部位 根有毒。

毒性成分 含槲皮素、有毒皂甙等。

中毒反应 小鼠腹腔注射根的氯仿提取物 300 毫克/千克，出现活动减少，部分惊厥死亡。

楼梯草（楼梯草属）

拉 丁 名 *Elatostema involucratum*

别 名 半边伞、养血草、冷草、鹿角七、上天梯。

形态特征 多年生草本。叶无柄或近无柄，斜倒披针状长圆形或斜长圆形，先端骤尖，基部不等，窄侧楔形，宽侧圆形或浅心形，具齿。花雌雄同株或异株。雄花序托常不明显，花 5 基数；雌花序具极短梗，花序托小。瘦果卵球形。花期 5~10 月。

分布生境 贵州省雷山地区有分布，生长于海拔 1850 米的山顶上。

利用价值 药用：全株入药，可活血化瘀、利尿、消肿。

有毒部位 根、茎有毒。

毒性成分 含槲皮素、山奈酚等。

中毒反应 人中毒后出现恶心、呕吐、腹胀、腹泻等症状。

51. 木兰科 Magnoliaceae

山玉兰（长喙木兰属）

拉 丁 名 *Lirianthe delavayi*

别　　名 山波罗、优昙花。

形态特征 常绿乔木，高达 12 米，胸径 80 厘米，树皮灰色或灰黑色，粗糙而开裂。嫩枝榄绿色，被淡黄褐色平伏柔毛，老枝粗壮，具圆点状皮孔。叶厚革质，卵形，卵状长圆形，边缘波状，叶面初被卷曲长毛，后无毛。花芳香，杯状，直径 15~20 厘米；花被片 9~10 枚，外轮 3 片淡绿色，长圆形，向外反卷，内两轮乳白色，倒卵状匙形。聚合果卵状长圆体形，蓇葖果狭椭圆体形，背缝线两瓣全裂，被细黄色柔毛，顶端缘外弯。花期 4~6 月，果期 8~10 月。

分布生境 贵州省江口（梵净山）、罗甸、雷山（雷公山）等地有分布，多生长于海拔 900~1300 米的阔叶林中。

利用价值 药用：树皮、花入药，可作厚朴代用品。树皮入药，可温中理气、健脾利湿，主治消化不良、慢性胃炎、呕吐、腹痛、腹胀、腹泻等症；花入药，可宣肺止咳，主治鼻炎、鼻窦炎、支气管炎、咳嗽等症。观赏：花大，洁白，芳香，可作优良观赏树种。

有毒部位 树皮、花有毒。

毒性成分 含木兰箭毒碱等。

中毒反应 小鼠腹腔注射树皮的氯仿提取物 400 毫克/千克和甲醇提取物 100 毫克/千克，惊厥死亡。

厚朴（厚朴属）

拉 丁 名 *Houpoea officinalis*

别　　名 无。

形态特征 乔木，高达 15 米，树皮厚，紫褐色，油润面带辛辣味，不开裂。小枝粗壮，淡黄色或灰黄色，幼时有绢毛，顶芽粗大，长 4~5 厘米，窄卵状圆锥形，密生黄褐色柔毛。叶大，近革质，常 5~7 片集生于枝顶，长圆状倒卵形，长 20~45 厘米，宽 10~24 厘米，先端圆钝或短急尖。基部楔形，背面幼时被灰色弯曲的细柔毛，有明显的白粉状物，侧脉每边 20~40 条；叶柄粗壮，长 2. 5~4 厘米，托叶痕长为叶柄的一半以上。花白色，花被片 9~12 厘米，厚肉质，外轮 3 片，长圆状倒卵形，长 8~10 厘米，宽 4~5 厘米，先端钝圆，内 2 轮倒卵状匙形，长 8~8. 5 厘米，宽 4. 5 厘米，直立，花药线形，花丝较粗。红色，柱头先端稍反曲，带红色。聚合果长圆状卵形，长 9~15 厘米，基部宽圆；蓇葖具长 2~3 毫米的短喙；种子三角状倒卵形，长约 1 厘米，外种皮红色，内面黑色。花期 5~6 月，果期 8~10 月。

分布生境 贵州省威宁、织金、正安、湄潭、思南、石阡、松桃、梵净山、兴义、盘县、普安、水城、剑河、雷公山等地有分布，生长于海拔 800~1500 米的疏林中。

利用价值 厚朴乃我国特产，全株是宝，被列为贵州省稀有、珍贵保护树种。药用：树皮、根皮、花、种子及芽皆可入药（其树皮即为著名中药“厚朴”），可化湿导滞、行气平喘、化食消痰、祛风镇痛；种子入药，可明目益气；芽入药，可作妇科药。观赏：叶大荫浓，花大美丽，亦可作绿化观赏树种。经济：籽可榨油，含油量 35%，出油率 25%，可制肥皂。木材供建筑、板料、家具、雕刻、乐器、细木工等用。

有毒部位 茎皮、根皮有毒。

毒性成分 含厚朴酚、四氢厚朴酚、木兰箭毒碱等。

中毒反应 人中毒后出现普遍性抑制、运动失调等症状，最后因呼吸抑制而死亡。

紫玉兰（通称）（玉兰属）

拉 丁 名 *Yulania liliiflora*

别　　名 木兰、辛夷、木笔。

形态特征 落叶灌木，高达 3~4 米。树皮灰褐色。小枝带褐紫色或绿紫色，叶椭圆状倒卵形或倒卵形，长 10~18 厘米。先端急尖或渐尖，基部楔形或窄楔形，侧脉每边 8~10 条，叶柄粗短，基部较宽厚，疏生细柔毛，托叶痕为叶柄长的一半。与叶同时开放或先于叶开放，直径 10 厘米，有香气，花梗长约 1 厘米，被有长柔毛。花被片 9 枚，外轮 3 枚萼片状，披针形，紫绿色，长 2~3 厘米，通常早落，内两轮花瓣状。长圆状倒卵形，外面紫红色或紫色，内面白色，长 8~10 厘米，先端钝圆；雄蕊花丝紫红色，药隔伸出呈短尖头。雌蕊群圆柱形，心皮紫红色，花柱单一，先端尖而微弯。聚合果圆柱形．长 7~10 厘米，淡褐色。蓇葖外面平滑无毛；种子红色。花期 3~4 月，果期 8~10 月。

分布生境 贵州省全省有栽培，喜温暖湿润和阳光充足的环境，较耐寒，但不耐旱和盐碱，怕水淹，要求肥沃、排水好的沙壤土，生长于海拔 300~1600 米的山坡林缘中。

利用价值 药用：可镇痛、消炎，主治鼻炎、头痛等症。观赏：紫玉兰是著名的早春观赏花木，早春开花时，满树紫红色花朵，幽姿淑态，别具风情，适用于古典园林中厅前院后配植，也可孤植或散植于小庭院内。

有毒部位 玉兰的树皮、叶、花蕾有小毒。

毒性成分 含柠檬醛、丁香油酚、桉油精、木兰箭毒碱等。

中毒反应 人中毒后出现普遍性抑制、运动失调、心力衰竭、呼吸困难等症状。

52. 五味子科 Schisandraceae

红花八角（八角属）

拉 丁 名 *Illicium dunnianum*

别　　名 野八角、山八角。

形态特征 灌木，高 1~1.5 米。小枝纤细，棕褐色，有皱纹，老枝灰色，叶薄革质，常 3~8 枚聚生近枝顶，条状披针形或窄倒披针形，长 4~10 厘米，宽 8~15 毫米，先端尾状渐尖，基部窄楔形，近缘稍反卷，干后表面灰绿色，背面浅棕色，中脉稍凹下，侧脉极不明显，叶柄较短，长 3~7 毫米，具窄翅。花腋生，单生或2~3 朵簇生于枝梢叶腋，花梗长约 1 厘米，花被片 20 枚，粉红色或红色，最大的宽卵形，长 6~8 毫米，宽 5~7 毫米，雄蕊 19~31 枚，长约 2 毫米，花肾形，花丝粗；心皮 8~13 枚，长约 1.5 毫米。果梗纤细，长 2~3.5 厘米。蓇葖果较小，长 9~15 毫米，具光泽。花期 4~5 月，果期 9~10 月。

分布生境 贵州省黔西、贞丰、清镇等地有分布，生长于山谷水旁、沿河两岸或山地林中。

利用价值 药用：外用治跌打损伤、挫伤骨折、风湿疼痛等症。经济：果实有毒，可作农药。木材可制各种器具。树皮可提取染料。

有毒部位 叶、果有毒。

毒性成分 含莽草酸等。

中毒反应 人中毒后出现心跳加快、心脏麻痹、血压下降等症状。

大八角（八角属）

拉 丁 名 *Illicium majus*

别　　名 神仙果。

形态特征 乔木，高达 20 米。叶互生或 3~6 枚成轮生状，革质，长圆状披针形或倒披针形，长 10~20 厘米，先端渐尖，基部楔形，上面中脉凹下，宽约 1 毫米，侧脉 6~9 对；叶柄长 1~2.5 厘米。花腋生、近顶生或老枝生花，单生或 2~4 簇生。花蕾球形；花梗长 2~6 厘米；花被片红色，内凹，肉质，15~34 枚，外轮圆形或宽卵形，中轮最大，长 0.8~1.5 厘米，内轮渐窄小；雄蕊 12~41 枚，1~3 轮；心皮 11~14 枚。聚合果径 4~4.5 厘米；果柄长 2.5~8 厘米，蓇葖 11~14 枚，长 1.2~2.5 厘米，顶端骤尖，喙尖钻状，长 3~7 毫米。种子淡褐或褐色，长 0.6~1 厘米。花期 4~6 月，果期 7~10 月。

分布生境 贵州省绥阳、江口（梵净山）、清镇、荔波、雷山（雷公山）等地有分布，常生长于海拔 500~1200 米的山谷密林中。

利用价值 经济：可毒鱼，可作农药。

有毒部位 果、皮、叶有毒，果毒性较大。

毒性成分 含槲皮素、山奈酚等。

中毒反应 动物中毒后引起剧烈阵发性惊厥。

红茴香（八角属）

拉 丁 名 *Illicium henryi*

别　　名 红毒茴。

形态特征 灌木状，稀小乔木。叶互生或2~5簇生枝顶，革质，窄披针形至倒卵状椭圆形，先端长渐尖，基部楔形。花腋生、腋上生、近顶生或老枝生花，单生或2~3簇生。花蕾球形，花被片红色，肉质，外轮宽卵形或圆形，中轮最大，内轮渐小；雄蕊9~20枚，稀达28枚，1~2轮。聚合果，蓇葖7~8枚，先端具尖喙。种子淡褐或浅灰色。花期4~6月，果期8~10月。

分布生境 贵州省毕节、正安、江口、印江（梵净山）、松桃、修文、荔波、黎平、雷山（雷公山）等地有分布，喜湿润，耐阴，常生长于海拔500~800米的山沟密林、疏林或溪涧灌丛中。

利用价值 药用：根、果入药，可镇呕行气，治胃寒呕吐，主治外伤出血、骨折、劳伤等症；根、根皮有毒，使用时宜慎，民间用其祛风除湿、散疲止痛，治跌打损伤、风湿等症。经济：果、叶可提取芳香油，也可作香料。观赏：花红叶绿，适合作观赏植物，在我国分布较广。

有毒部位 果、叶和根有毒。

毒性成分 根皮中含有花旗松素，果实中含日本莽草素，（伪）日本莽草素，6-去氧（伪）日本莽草素，挥发油0.24%。叶含挥发油0.126%。

中毒反应 根皮提取物具有明显的中枢兴奋作用和外周毒草碱样作用，如使用不当或剂量过大可致中毒，患者开始出现恶心、呕吐等症状，继而出现严重呼吸困难，发绀，最后可惊厥致死。

红毒茴（八角属）

拉 丁 名 *Illicium lanceolatum*

别　　名 披针叶茴香、莽草、红茴香。

形态特征 常绿小乔木，高3~10米；树皮红褐色，无毛。小枝略呈轮状分枝。叶互生，少数聚生于小枝上部，革质而厚，倒披针形，披针形或长椭圆形，长6~15厘米，宽2~4.5厘米，先端短尾尖或渐尖，基部楔形，边缘微反卷，表面绿色，有光泽，背面淡绿色，无毛，叶柄长1~1.5厘米。花单生或2~3朵簇生于叶腋，花梗长1.5~5厘米；花被片10~15枚，红色或深红色，数轮，呈瓦状排列，外轮的较小，内轮最大，长椭圆形，长7~12毫米，宽5~8毫米；雄蕊6~11枚，长约3毫米，排成1轮，心皮8~12枚，长4~5毫米，花柱钻形，长2~3毫米。聚合果直径约2.5厘米，呈星芒状排列；果梗长5厘米。蓇葖较大，10~13个，木质，先端有锐长而弯曲的尖头；种子扁平，淡褐色，有光泽。花期 5 月，果期 8~10 月。

分布生境 贵州省黔西、纳雍、金沙、遵义、绥阳（宽阔水）、德江、清镇、贵阳、荔波、罗甸、惠水、施秉、凯里、雷山（雷公山）等地有分布，喜湿润而耐阴，常生长于海拔 800~1000 米的山沟、溪谷阴处密林下、疏林中。

利用价值 药用：叶外用治跌打扭伤，内用治丹毒；根皮入药，可行血祛辛瘀、杀虫、散瘀止痛、祛风除湿。经济：用其10%~15%水浸液可作农业用的杀虫剂；木材坚韧致密，可作细木工之用材。

有毒部位 枝、叶、根、果有毒。

毒性成分 含莽草素、新莽草素、莽草酸等。

中毒反应 人中毒后出现恶心、呕吐、口渴、腹泻、头痛、眩晕、狂躁、幻视、心律失常、四肢麻木、呼吸急促、昏迷、谵语、阵发性惊厥等症状，严重的甚至因呼吸衰竭而死亡。

野八角（八角属）

拉 丁 名 *Illicium simonsii*

别　　名 川茴香。

形态特征 灌木状，稀小乔木。叶近对生或互生，革质，披针形至椭圆形，先端尖，基部楔形。花单生叶腋，或簇生枝顶，或生于老枝上。花蕾卵圆形，花被片淡黄或近白色，扁平，薄肉质，中轮最大，内轮渐小；雄蕊 16~35 枚，2~3 轮。聚合果，蓇葖7~9 枚，顶端具喙状尖头。种子淡黄或灰褐色。花期 2~4 月及 10~11 月，果期 8~10 月及翌年 6~8 月。

分布生境 贵州省毕节、威宁、水城、安顺、荔波、雷公山、梵净山等地有分布，多生长于海拔 1305~2400 米的山腰上或山顶杂木林或灌木丛中。

利用价值 药用：叶、果忌食用，但可作药用，能杀虫，还可生肌、接骨、治疮。经济：贵州省民间俗称“山八角”，果、叶含有芳香油，采取鲜叶、果，用蒸馏法提取挥发油。

有毒部位 叶、果有毒。

毒性成分 含莽草毒素等。

中毒反应 人中毒后出现运动失调、阵发性惊厥等症状，严重的可因呼吸衰竭而死亡。

53. 罂粟科 Papaveraceae

血水草（血水草属）

拉 丁 名 *Eomecon chionantha*

别　　名 水血草、水黄莲、片莲、鸡爪莲、扒山虎、广扁线、捆仙绳、黄水草。

形态特征 多年生草本，具红黄色汁液。根茎匍匐，多分枝。基生叶数枚，心形或心状肾形，先端尖，基部耳形，边缘波状，叶柄基部具窄鞘。花葶直立，聚伞状伞房花序具3~5朵花，萼片2枚，合成佛焰苞状，先端渐尖，花瓣4枚，白色，倒卵形；雄蕊70枚以上，花柱宿存，果时伸长。蒴果窄椭圆形，种子多数。特产单种属。花期3~6月，果期6~10月。

分布生境 贵州省遵义、梵净山、雷山、黎平等地有分布，常生长于海拔600~1800米的林下阴处或山谷沟边。

利用价值 药用：全株入药，治痨伤咳嗽、跌打损伤、毒蛇咬伤、便血、痢疾等症。

有毒部位 全株有毒。

毒性成分 含白屈菜赤碱。

中毒反应 人中毒后出现呕吐、腹痛、痉挛、昏睡等症状。

博落迴（博落迴属）

拉 丁 名 *Macleaya cordata*

别　　名 落回、山火筒、喇叭竹。

形态特征 多年生大型草本，高可达2.5米，全株背有白粉，折断后有橙色汁液流出。根茎粗大、肥厚，橙黄色。茎直立，圆柱形，中空。叶大，互生，宽卵形或近圆形，5~9浅裂，边缘有不规则锯齿，背面有白粉。圆锥花序顶生，长15~40厘米；萼片2枚，黄白色，无花瓣。蒴果红色，带白粉。花期6~8月。果期10月。

分布生境 贵州省印江（梵净山）、贵阳、雷山（雷公山）、瓮安等地有分布，常生长于海拔800~1400米的山坡灌丛中或沟边岩石上。

利用价值 药用：根或全株入药，可消肿、解毒、杀虫，治指疔、脓肿、急性扁桃体炎、中耳炎、滴虫性阴道炎、下肢溃疡、烫伤、顽癣等症。观赏：干茎高大粗壮、叶大如扇、开花繁茂，宜植于庭园僻偶、林缘池旁。

有毒部位 全株有毒。

毒性成分 含血根碱、白屈菜赤碱、博落回碱等。

中毒反应 人中毒后可致急性心源性脑缺血症，出现胸闷、心悸、恐惧、四肢发麻、头昏眼花、手足抽搐、大汗等症状，严重的甚至因呼吸停止而死亡。

虞美人（罂粟属）

拉 丁 名 *Papaver rhoeas*

别　　名 丽春花、赛牡丹、锦被花、百般娇、蝴蝶满园春、虞美人花。

形态特征 一年生草本，植株被开展刚毛。茎直立，细瘦，分枝，高25~90厘米。根单式。叶互生，披针形或狭卵形，长3~15厘米，宽1~8厘米，羽状分裂，茎下部叶全裂，全裂片披针形，上部之叶羽状深裂至浅裂，裂片披针形，最上部之叶粗齿状羽裂，顶端裂片较大，两面被淡黄色贴伏刚毛；上部叶无柄，下部叶有柄。花单生，花梗长 10~15 厘米；花蕾卵状长圆形或阔卵形，长 1.5~3 厘米；萼片 2 枚，长 1~1.8 厘米，宽椭圆形，外面被刚毛；花瓣月，长 2.5~3.5 厘米，近圆形或宽卵形，先端有钝齿或缺刻或全缘，朱红色或紫红色，基部有深紫色斑点；雄蕊多数，花丝丝状，深紫红色，长约 0.8 毫米，花药长圆形，黄色，子房倒卵形，长约 1 厘米，无毛，柱头 5~18 枚，辐射状。蒴果近球形，直径 1~1.3 厘米，无毛，具有明显的肋；花盘扁平，边缘圆齿状；种子多数，肾状长圆形，极小。

分布生境 原产欧洲。全国各地均有栽培，贵州省庭园多栽培作观赏。

利用价值 药用：全株、花、果实皆可入药，可镇痛、镇咳、止泻，治咳嗽、痢疾、腹痛等症。观赏：适宜用于花坛、花境栽植，也可盆栽或作切花用。在公园中成片栽植，景色宜人。经济：种子含油 40%以上。

有毒部位 全株有毒，果实毒性较大。

毒性成分 含丽春花定、丽春花宁等生物碱。

中毒反应 家畜误食中毒出现狂躁、嗜睡、呼吸不均等症状，严重的甚至死亡。

罂粟（罂粟属）

拉 丁 名 *Papaver somniferum*

别　　名 鸦片、大烟、米壳花、罂子粟、御米、象谷、米囊、囊子、阿芙蓉。

形态特征 一年生或两年生草本，无毛或稀在植株下部或总花梗上有很少刚毛，高 30~100 厘米。根单式。茎直立，分枝或不分枝，无毛，被白粉。叶互生，长圆形或长卵形，长 5~15 厘米，宽 2~7 厘米，先端渐尖，基部心形，边缘具不整齐波锯齿，或成羽状浅裂，两面无毛，被白粉；下部叶具短柄，上部叶抱茎，无柄，基部抱茎。花单生茎顶，花梗长可达 25 厘米，宽 1~3 厘米，萼片 2 枚，宽卵形，绿色；花瓣大，圆形或近扇形，长 4~7 厘米，宽 3~14 厘米，全缘、波状或分裂，白色、粉红色、紫色等，雄蕊多数，花丝线形，长 1~1.5 厘米，白色，花药长圆形，淡黄色，子房球形，直径 1~2 厘米，无毛；柱头具 8~12 枚，辐射状分枝。蒴果长圆状椭圆形或球形，长3~6 厘米，孔裂；种子细小，极多数，黑色或深灰色。花期 6~7 月，果期 8~9 月。

分布生境 原产于南欧。贵州省山区曾有栽培。

利用价值 药用：加工入药，可敛肺、涩肠、止咳、止痛和催眠，治久咳、久泻、久痢、脱肛、心腹筋骨诸痛等症。食用：种子榨油，可供食用，罂粟籽是重要的食物产品，其中含有对健康有益的油脂。观赏：花大美观，供庭园观赏，广泛应用于世界各地的沙拉中，罂粟花绚烂华美，是一种很有价值的观赏植物。

有毒部位 茎、叶、花、果有毒，果毒性较大。但种子无毒。

毒性成分 含吗啡、那可汀、可待因、罂粟碱等多种生物碱。

中毒反应 人中毒后开始出现面红、疲倦、心烦、口渴、嗜睡等症状，进而出现意识混乱、恶心、厌食、便秘症状，严重的则昏睡、反射消失、脉弱、皮肤湿冷、对光反射消失甚至死亡，长期服用会成瘾。

金钩如意草（紫堇属）

拉 丁 名 *Corydalis taliensis*

别　　名 水晶金钩如意草、五味草、水黄连、如意草、断肠草、大理紫堇。

形态特征 多年生无毛草本，高 15~30 厘米。有长直根，茎分枝，基生叶具长柄；茎生叶 3~5 枚，具长柄，叶片轮廓宽卵形，长 2~5 厘米，二回三出全裂，一回叶片具细柄，二回 2~3 深裂，小裂片狭卵形或近倒披针形，先端钝或近楔形。总状花序顶生，长 6~7 厘米；苞片最下部的 3~5 枚，其余全缘；花紫色，上花瓣长 1.7~2 厘米，呈圆筒形，长 0.8~1 厘米，末端圆形，微向下弯曲；蜜腺体穿距约 1/2。蒴果条形，长约 1.5 厘米，宽约 1.5 毫米。

分布生境 贵州省威宁（黑石头马摆大山）地区有分布，生长于海拔 700~2700 米的山地林下或阴处岩石上灌丛中。

利用价值 药用：全株入药，可祛风除湿、清热、止痛、明目，治风湿痛、肺热咳嗽、肝炎、泄泻、痢疾、牙痛、目赤等症。

有毒部位 全株有毒。

毒性成分 含乙酰紫堇灵、必枯灵、左旋紫堇碱等。

中毒反应 人中毒后出现嗜睡、呕吐、呼吸急促、昏迷、心脏停搏等症状。

紫堇（紫堇属）

拉 丁 名 *Corydalis edulis*

别　　名 蝎子花、麦黄草、断肠草、闷头花。

形态特征 一年生草本。主根细长。茎分枝，花枝常与叶对生。叶具长柄，一回至二回羽状全裂，一回具短柄，二回近无柄，倒卵圆形，羽状分裂。总状花序具 3~10 花，花萼近圆形，具齿，花冠粉红或紫红色，外花瓣较宽，先端微凹，上花瓣呈圆筒形，约花瓣 1/3，蜜腺伸达近距末端，大部与距贴生，下花瓣近基部渐窄，内花瓣具鸡冠状凸起，爪稍长于瓣片。柱头呈纺锤形。蒴果线形，下垂。花期 4 月，果期 5~6 月。

分布生境 贵州省全省有分布，常生长于海拔 400~1200 米的丘陵林下、沟边或荒地。

利用价值 药用：可清热解暑，主治中暑头痛、腹痛、尿痛、肺结核咯血等症；外用治化脓性中耳炎、脱肛、疮疡肿毒、虫咬伤等症。

有毒部位 全株有毒。

毒性成分 含紫堇灵、乙酰紫堇灵等。

中毒反应 人中毒后出现嗜睡、呕吐、呼吸急促、昏迷、心脏停搏等症状。

54. 黄杨科 Buxaceae

黄杨（黄杨属）

拉 丁 名 *Buxus sinica*

别　　名 千年矮、瓜子黄杨。

形态特征 灌木或小乔木，高 1~6 米；枝圆柱形，有纵棱，灰白色；小枝四棱形，全面被短柔毛或外方相对两侧面无毛。叶革质，阔椭圆形、阔倒卵形、卵状椭圆形或长圆形，叶面光亮，中脉凸出，下半段常有微细毛。花序腋生，头状，花密集，雄花约 10 朵，无花梗，外萼片卵状椭圆形，内萼片近圆形，长 2.5~3 毫米，无毛，雄蕊连花药长 4 毫米，不育雌蕊有棒状柄，末端膨大；雌花萼片长 3 毫米，子房较花柱稍长，无毛。蒴果近球形。花期 3 月，果期 5~6 月。

分布生境 贵州省桐梓、绥阳、湄潭、平坝、贵阳、紫云、平塘、龙里、长顺、雷山、镇远等地有分布，常生长于海拔 700~1500 米的山谷林中。

利用价值 药用：根、叶入药，可祛风除湿、行气活血，治风湿关节痛、痢疾、胃痛、疝痛、腹胀、牙痛、跌打损伤、疮疡肿毒等症。观赏：园林中常作绿篱、大型花坛镶边，修剪成球形或其他整形栽培，点缀山石或制作盆景。木材坚硬细密，是雕刻工艺的上等材料。

有毒部位 叶有毒。

毒性成分 含环维黄杨星 C、D，环原黄杨星 A、C，黄杨明等。

中毒反应 人中毒后出现腹痛、腹泻、步态不稳、痉挛等症状，严重的甚至因呼吸和循环障碍而死亡。

板凳果（板凳果属）

拉 丁 名 *Pachysandra axillaris*

别　　名 多毛板凳果、光叶板凳果、宿柱三角咪。

形态特征 亚灌木，茎下部匍匐，具须状不定根，上部直立，高达 50 厘米。叶坚纸质，宽卵形、卵形或卵状长圆形，长 5~16 厘米，宽 3~10 厘米，先端尖，基部浅心形、平截或圆形，幼叶下面被柔毛，后渐脱落至稀少，具粗齿；叶柄长 2~7 厘米，被短柔毛。花序腋生，长 1~5 厘米，花序轴及苞片均被短柔毛。花白色或红色；雄花 5~10 朵，萼片椭圆形或长圆形，长 2~3 毫米，花药长椭圆形，不育雌蕊高约 0.5 毫米；雌花长约 4 毫米，萼片覆瓦状排列，卵状披针形或长圆状披针形，长 2~3 毫米。果黄至红色，球形，直径约 1 厘米，宿存花柱长约 1 厘米。花期 2~5 月，果期 9~10 月。

分布生境 贵州省桐梓、正安、兴义、安龙等地有分布，生长于海拔 600~2500 米的山地林下或灌丛中。

利用价值 药用：可祛风除湿、舒筋活络，治风湿关节痛、肢体麻木、跌打损伤、头痛等症。

有毒部位 根有毒。

毒性成分 含甾体生物碱。

中毒反应 人中毒后出现疝痛、下痢、便血、运动失调、肌肉痉挛、惊厥等症状。

55. 千屈菜科 Lythraeae

石榴（石榴属）

拉 丁 名 *Punica granatum*

别　　名 安石榴、山力叶、丹若、若榴木、金罂、金庞、涂林、天浆。

形态特征 落叶灌木或乔木，高 3~5 米，稀达 10 米。枝顶常成尖锐长刺，幼枝具棱角，无毛，老枝近圆柱形。叶通常对生，长圆状披针形，长 2~9 厘米，先端短尖、钝尖或微凹，基部尖或稍钝，上面光亮；叶柄长 5~7 毫米。花大，1~5 朵生于枝顶或腋生。萼筒长 2~3 厘米，通常红色或淡黄色，顶端 5~7 裂，裂片稍外展，卵状三角形，长 0.8~1.3 厘米，外面近顶端有一黄绿色腺体，边缘有小乳突；花瓣与萼裂片同数，红色、黄色或白色，长 1.5~3 厘米，宽 1~2 厘米，先端圆；花丝无毛，长达 1.3 厘米；花柱长超过雄蕊。浆果近球形，直径 5~12 厘米，淡黄褐或淡黄绿色，有时白色，稀暗紫色。种子多数，钝角形，肉质外种皮淡红色至乳白色。花期 5~7 月，果期 8~9 月。

分布生境 原产于伊朗、阿富汗等地。贵州省全省有栽培，常见于公园、宅旁或村边路旁。

利用价值 药用：根、花及果皮入药，可收敛止泻、杀虫；果皮入药，称石榴皮，味酸涩，性温，用于功能涩肠止泻，治慢性下痢及肠痔出血等症；根皮入药可驱绦虫和蛔虫。食用：果供食用。经济：树皮、根皮和果皮均含多量鞣质（20%~30%），可提制栲胶。

有毒部位 根、皮有毒。

毒性成分 含石榴皮碱、伪石榴皮碱等生物碱。

中毒反应 人中毒后出现恶心、呕吐、腹泻、反射亢进、惊厥、肌无力、瞳孔散大、眩晕、头痛、虚脱等症状，严重的因呼吸麻痹而死亡。

56. 五加科 Araliaceae

常春藤（常春藤属）

拉 丁 名 *Hedera nepalensis var. sinensis*

别　　名 爬墙虎、三角枫、散骨风。

形态特征 常绿攀缘灌木。茎灰棕色或黑棕色，有气生根。叶片革质，在不育枝上通常为三角状卵形至箭形，先端渐尖，基部戟形，全缘或3裂，花枝上的叶片通常为椭圆状卵形，略歪斜而带菱形，先端渐尖，基部楔形至圆形。伞形花序单个顶生或数个总状排列或伞房状排列成圆锥花序，花淡黄白色或淡绿白色，芳香，花瓣5枚，三角状卵形，雄蕊5枚，花药紫色，子房5室，花盘隆起，黄色；花柱全部合生成柱状。果实球形，红色或黄色，花柱宿存。花期9~11月，果期翌年3~5月。

分布生境 贵州省习水、遵义、德江、安龙、册亨、贵定、荔波、从江等地有分布，生长于海拔530~2300米的林内或林缘岩石处，攀缘于林上。

利用价值 药用：全株入药，可舒筋散风，茎叶捣碎可治衄血，也可治痛疽或其他初起肿毒。经济：茎叶含鞣酸，可提制栲胶。观赏：栽培供观赏用。

有毒部位 全株有毒。

毒性成分 含常春藤皂甙等。

中毒反应 人中毒后出现麻醉、腹泻、呕吐、昏迷、呼吸困难等症状。

刺楸（刺楸属）

拉 丁 名 *Kalopanax septemlobus*

别　　名 鼓钉刺、刺枫树、刺桐、云楸、茨楸、棘楸、辣枫树。

分布特征 落叶乔木，高达30米，胸径1米；树皮灰黑色，纵裂，树干及枝上具鼓钉状扁刺。幼枝被白粉。单叶，在长枝上互生，在短枝上簇生，近圆形，直径9~25厘米，3~7掌状浅裂，裂片宽，角状卵形或长圆状卵形，先端渐尖，基部心形或圆形，具细齿，掌状脉5~7条；叶柄细，长8~50厘米，无托叶。花两性；伞形花序组成伞房状圆锥花序；序梗长2~6厘米。花梗长约5毫米，疏被柔毛，无关节；花白或淡黄色；萼筒具5齿；花瓣5枚，镊合状排列；雄蕊5枚，花丝较花瓣长约2倍；子房2室，花柱2枚，连成柱状，顶端离生。果近球形，直径约4毫米，蓝黑色，宿存花柱顶端2裂。种子扁平，胚乳均匀。花期7~8月，果期9~10月。

分布生境 贵州省湄潭、息峰、贵阳、兴仁、册亨、贵定、平塘、荔波、从江等地有分布，生长于海拔350~1400米的山谷林中或山坡灌木丛中。

利用价值 药用：根皮为民间草药，可清热祛痰、收敛镇痛。食用：嫩叶可食。经济：木材纹理美观，有光泽，易施工，供建筑、家具、车辆、乐器、雕刻、箱筐等用材。树皮及叶含鞣酸，可提制栲胶，种子可榨油，供工业用。

毒性成分 含有毒皂甙。

中毒反应 小鼠腹腔注射皮的氯仿提取物1000毫克/千克，出现活动减少、眼睑下垂、四肢无力、翻正反射消失、呼吸抑制等症状，随后死亡。

虎刺楤木（楤木属）

拉 丁 名 *Aralia finlaysoniana*

别　　名 广东楤木、小郎伞、鸟不宿、鹰不扑。

形态特征 多刺灌木，高2~3米。刺长在4毫米以内，基部宽扁，先端通常弯曲。叶为三回羽状复叶，长60~100厘米，叶柄长25~50厘米；托叶和叶柄基部合生，先端截形或斜，叶轴和羽片轴疏生细刺。羽片有小叶5~9枚，基部有小叶1对；小叶片纸质长圆状卵形或卵形，长5~9厘米，宽2.5~4厘米，先端渐尖，基部圆形或浅心形，略歪斜，两面脉上疏生小刺，下面被短柔毛，后毛脱落，边缘有锯齿，侧脉约6对，两面明显，网脉在下面略显。圆锥花序长达50厘米，主轴和分枝有短柔毛或无毛，疏生钩曲短刺，伞形花序直径2~3厘米，有花多数，总花梗1.5~5厘米，有刺，被短柔毛；花梗长7~10毫米，有细刺和粗毛；苞片卵状披针形，长3~5毫米，小苞片线形，长约3毫米，外面均有毛；萼长1.5~2毫米，无毛，边缘有5小齿；花瓣5枚，卵状三角形，长约2毫米；雄蕊5枚；子房5室，花柱5枚，离生。果实球形，直径4毫米，有5棱。花期8~10月，果期9~11月。

分布生境 贵州省册亨、罗甸、荔波、从江等地有分布，生长于海拔600~1100米的灌木丛中。

利用价值 药用：根、根皮入药，可活血化瘀、祛风利湿，治跌打损伤、风湿骨痛、肝炎、前列腺炎、胃痛、泄泻、痢疾、乳痈、疮疖、无名肿毒等症。

有毒部位 根、皮有毒。

毒性成分 含三萜皂甙。

中毒反应 小鼠腹腔注射皮的甲醇提取物200毫克/千克，出现活动减少、呼吸减慢、肌肉张力降低、反射消失等症状。

楤木（原变种）（楤木属）

拉 丁 名 *Aralia elata var. elata*

别　　名 龙牙楤木、刺龙牙、刺老鸦。

形态特征 灌木或小乔木，高2~8米；树皮灰色，疏生粗壮直刺；小枝有黄棕色绒毛，疏生细刺。叶为二回或三回羽状复叶，长达110厘米，叶柄粗壮，具刺。托叶与叶柄基部合生，先端离生部分耳郭形，长1.5厘米或更长。叶轴具刺或有时无刺；羽片有小叶5~13枚，基部有小叶1对；小叶片纸质至薄革质，卵形、阔卵形或长卵形，长5~12厘米，宽3.5~6厘米，先端渐尖或短渐尖，基部近圆形，上面粗糙，疏生粗毛，下面被淡黄色或灰色短柔毛，脉上更密，边缘有锯齿，侧脉6~

10对，两面均明显，网脉在下面明显，小叶近无柄或有长5毫米的柄，顶生小叶柄长1.5~3厘米。圆锥花序顶生，长30~60厘米；分枝长20~35厘米，密生淡黄棕色或灰色短柔毛，伞形花序直径1~1.5厘米，有花多数。总花梗长0.5~1.5厘米，密生短柔毛；苞片披针形，膜质，长5~8毫米，花梗长4~6毫米，密生短柔毛，花白色，芳香。萼无毛，长约1.5毫米。边缘有5个小齿，花瓣5枚，卵状三角形，长1.5~2毫米，雄蕊5枚，花丝长约3毫米；子房5室，花柱5枚，离生或基部合生。果实球形，黑色，直径3~4毫米，有5棱，宿存花柱长约1.5毫米，离生或合生至中部。花期6~7月，果期8~10月。

分布生境 贵州省纳雍、赤水、绥阳、松桃、梵净山、兴义、晴隆、清镇、贵阳、平塘、独山、黄平、雷公山等地有分布，生长于海拔850~1900米的山坡林中或灌木丛中。

利用价值 药用：楤木根土称三通花根、箭当树根，以根皮常用，味辛、微苦，性平，归肝、肾经，可祛风除湿、健脾利水、利尿消肿、活血散瘀、镇痛消炎、接骨、健胃，治急慢性肝炎、脾阳虚衰之水湿停滞、肝硬化腹水、肾炎水肿、淋巴结炎、消渴、胃痛腹泻、跌打损伤、骨折、风湿痛、白带、淋病、血崩、瘰疬、肿瘤等症。楤木皂苷是楤木根的有效成分，有一定的抑制癌细胞增殖的作用，在抑制肿瘤生长的同时可提高机体免疫功能，增强机体自身的抗肿瘤能力，但活性不强。

有毒部位 根皮有毒。

毒性成分 含三萜皂甙，其甙元为齐墩果酸。

中毒反应 小鼠腹腔注射皮的水提取物10~20克/千克，出现抽搐死亡。

穗序鹅掌柴（鹅掌柴属）

拉丁名 *Schefflera delavayi*

别名 德氏鸭脚木、绒毛鸭脚木、大五加皮、假通脱木。

形态特征 小乔木。小枝密被黄褐色星状毛。小叶4~7枚，卵状长椭圆形或卵状披针形，长8~24厘米，基部钝圆，全缘或疏生不规则缺齿，幼树之叶常羽状分裂，下面密被灰白或黄褐色星状毛，侧脉8~15对；叶柄长12~25厘米，小叶柄长1~10厘米。穗状花序组成圆锥状，密被星状绒毛。花无梗；萼具5齿；花瓣三角状卵形，白色；雄蕊5枚；子房4~5室，花柱柱状。果球形，紫黑色，径约4毫米；果柄长约1毫米。花期10~11月，果期翌年1月。

分布生境 贵州省赤水、习水、桐梓、遵义、平塘、三都、雷山、从江、黎平等地有分布，生长于海拔500~1400米的山谷阔叶林中或溪、沟旁灌木丛中。

利用价值 药用：本种为民间常用草药，根皮治跌打损伤，叶有发表功效。

有毒部位 皮、叶有毒。

毒性成分 含有毒皂甙。

中毒反应 小鼠腹腔注射皮、叶的氯仿和甲醇提取物1000毫克/千克，出现活动减少、肌张力增加、呼吸抑制等症状，随后死亡。

红河鹅掌柴（鹅掌柴属）

拉 丁 名 *Schefflera hoi*

别　　名 无。

形态特征 灌木；小枝略被白色星状绒毛，具皮孔。叶有小叶 5~7 对，叶柄长 7~17 厘米，无毛，或基部略被星状绒毛；托叶与叶柄基部合生；小叶革质，狭倒披针形，长 8~13 厘米，宽 2.5~3.5 厘米，先端渐尖，蒸部狭楔形，边缘全缘，略波状，背面于后灰白色，两面无毛，侧脉 8~10 对，在上面与网脉略下陷，在下面稍隆起，明显，网脉不显，小叶柄长 1~1.5 厘米，无毛。花在分枝上总状排列，复组成圆锥花序顶生；苞片卵状披针形，长 4~12 毫米，小苞片卵状三角形，长约 1 毫米，宿存；花梗长约 4 毫米；被绒毛或近无毛，果时延长，萼被绒毛或近无毛，具 5 小齿，花瓣、雄蕊未见。果球形，直径约 5 毫米，具 5 棱，宿存花柱长约 2 毫米；果梗长 5~6 毫米，略被绒毛或无毛。

分布生境 贵州省罗甸地区有分布。

利用价值 药用：茎、髓心入药，可清热、利尿、通气。

有毒部位 皮、叶有毒。

毒性成分 含有毒皂甙。

中毒反应 小鼠腹腔注射皮、叶的氯仿提取物 600 毫克/千克，出现四肢无力、伏地、呼吸抑制等症状，随后死亡。

密脉鹅掌柴（鹅掌柴属）

拉 丁 名 *Schefflera elliptica*

别　　名 七叶莲。

形态特征 灌木，高 3 米；小枝圆柱形，老时近无毛。叶有小叶 6~7 对；叶柄长 8~10 厘米，无毛；托叶和叶柄基部合生成鞘状；小叶片卵状长圆形或椭圆形，长 8~15 厘米，宽 4.5~7 厘米，先端急尖或钝，基部渐狭或圆形，两面均无毛，边缘全缘，略背卷，中脉和侧脉在上面微隆起，在下面明显隆起，侧脉 6~8 对，网脉稠密，在两面均明显；小叶柄长 2~4 厘米，无毛。圆锥花序顶生，伞形花序总状排列于分枝上；苞片早落；总花梗长约 7 毫米；花梗长约 1.5 毫米；萼无毛，边缘全缘；花瓣 5 枚，无毛；雄蕊 5 枚；子房 5 室，无花柱，柱头 5 枚。果实卵球形，直径约 3 毫米，具 5 棱，熟时红色，花盘隆起成圆锥状五角形。花期 5 月，果期 6 月。

分布生境 贵州省兴义、罗甸等地有分布，生长于海拔 800~1000 米的山谷密林中，云南省和湖南省也有分布。

利用价值 药用：可祛风止痛、活血消肿，主治风湿痹痛、胃脘痛、跌打伤肿、骨折、外伤出血等症。

有毒部位 茎有毒。

毒性成分 含有毒皂甙。

中毒反应 小鼠腹腔注射茎的水提取物10~20克/千克，出现呼吸困难、后肢无力、腹部挛缩、抽搐等症状，随后死亡。

57. 伞形科 Umbelliferae

软雀花（变豆菜属）

拉丁名 *Sanicula elata*

别　名 三叶七、水茯苓。

形态特征 多年生草本，高达80厘米。茎上部分枝。基生叶宽卵状心形、圆心形或近五角形，长3~7厘米，宽4~10厘米，掌状3~5裂，裂片有缺刻和锯齿，齿端有小尖头；茎生叶有短柄，叶3~5裂。花序二回至四回叉式分枝，侧枝长，较开展，顶部和中间分枝短，有些侧生伞形花序近无梗；总苞片1~2枚，对生，无柄，披针形，全缘或疏生1~2齿；伞辐不等长；小总苞片7~10枚，长约1毫米；伞形花序有花4~8朵，其中雄花1~4朵，两性花3~4朵。萼齿线状披针形或刺毛状；花瓣倒卵形，白、伞形科淡黄或淡蓝色，先端内凹；花柱较萼齿长2倍，外曲。果长2.5~3毫米，有钩状皮刺。花果期5~10月。

分布生境 贵州省安龙、兴义、盘县等地有分布，生长于海拔1100~1400米的山坡阴处灌丛中或沟谷边。

利用价值 药用：全株入药，味辛，微甘，性凉，可解毒、止血，主治咽痛、咳嗽、月经过多、尿血、外伤出血、疮痈肿毒。

有毒部位 全株有毒。

毒性成分 含毒生物碱等。

中毒反应 小鼠腹腔注射全株的酒精、氯仿提取物1000毫克/千克，出现活动减少现象，随后3/4死亡。

短片藁本（藁本属）

拉丁名 *Ligusticum brachylobum*

别　名 竹节防风、毛前胡、西风、川防风。

形态特征 多年生草本，高1米，全株具微毛。根分叉；根茎密被粗硬的纤维状残留叶鞘。茎直立。基生叶具柄，柄长9~25厘米。复伞形花序顶生或侧生；总苞片2~4枚，叶状，长2~3厘米。分生果长圆形；胚乳腹面平直。花期7~8月，果期9~10月。

分布生境 贵州省全省有分布，生长于海拔1600~3300米的林下、荒坡草地，在气温较低、湿度较大、土堆深厚、肥沃的地方都可以生长。

利用价值 药用：根入药（川防风即为其根的中药名），可发表镇痛、祛风除湿，主治外感表证、头痛昏眩、关节疼痛、四肢拘挛、目赤疮疡、破伤风等症。

有毒部位 根有毒。

毒性成分 含色酮类、香豆素、挥发油等。

中毒反应 小鼠腹腔注射根的乙醚提取物小剂量时，出现活动减少，大剂量（1000 毫克/千克）时，2 小时后死亡。

川芎（藁本属）

拉 丁 名 *Ligusticum sinense* ‘*chuanxiong*’

别　　名 芎䓖、西芎。

形态特征 多年生草本，高 30~60 厘米；根状茎呈不规则的结节状拳形团块，有明显结节状凸起的轮节，外皮黄褐色，有香气。茎常数个丛生，直立，上部分枝，基部的节明显膨大成盘状，易生根。叶互生，二回至三回羽状复叶，小叶 3~5 对，边缘呈不整齐羽状全裂或深裂，裂片细小，两面无毛，有时仅脉上有短柔毛；叶柄长 9~17 厘米，基部扩大成鞘，抱茎。复伞形花序顶生；伞幅 10 多条；小伞梗细短，多数，有短柔毛；总苞片和小总苞片条形；花白色。双悬果卵形，分生果 5 棱，有窄翅。花果期 6~9 月。

分布生境 贵州省湄潭、绥阳、凤岗、正安、松桃、水城、贵阳、惠水、剑河等地有分布，各地有栽培，生长于肥沃、湿润、排水良好的土地。

利用价值 药用：根入药，可祛风活血、行气止痛，主治月经不调、经闭腹痛、胸肋胀痛、冠心病、心绞痛、感冒风寒、头晕、头痛、风湿痛等症；外用塞鼻，治疟疾。与其他药物配伍应用，能发挥活血、行气、祛风和止痛等功效，尤其是应用于治疗血行不畅、疼痛及风寒等方剂中；此外，其对于心脑血管系统、呼吸系统等疾病均具有较好的治疗效果，因此，其为临床上常用配伍药材之一。

有毒部位 根、茎有毒。

毒性成分 含挥发油、生物碱、酚性成分。

中毒反应 小鼠腹腔注射根茎的挥发油 LD_{50} 为 328 毫克/千克，出现活动减少、共济失调、翻正反射消失等症状，4~5 小时后死亡。挥发油对狗静脉注射，出现流涎、呕吐、后肢无力、震颤、痉挛、瘫痪等症状，剂量超过 150 毫克/千克时立即死亡。

前胡（前胡属）

拉 丁 名 *Peucedanum praeruptorum*

别　　名 白花前胡、鸡脚前胡、官前胡、山独活。

形态特征 植株高达 1 米。根圆锥形，末端常分叉。茎髓部充实。叶柄长 5~15 厘米；叶宽卵形，二回至三回分裂，小裂片菱状倒卵形，具粗齿或浅裂，长 1.5~6 厘米；茎上部叶无柄，叶鞘较宽，叶 3 裂，中裂片基部下延。复伞形花序多数，直径 3.5~9 厘米；花序梗顶端多短毛，总苞片无或少数，线形；伞幅 6~15 条，长

0.5~4.5 厘米，内侧有毛，小总苞片 8~12 枚，披针形，有糙毛；伞形花序有 15~20 朵花。萼齿不显著；花瓣白色；花柱短，弯曲。果卵圆形，长约 4 毫米，直径约 3 毫米，褐色，有疏毛；背棱线形稍凸起，侧棱翅状稍厚，棱槽油管 3~5 个，合生面油管6~10 个。花期 8~9 月，果期 10~11 月。

分布生境 贵州省毕节、凤岗、湄潭、梵净山、贞丰、贵阳、罗甸、三都、惠水、黄平、锦屏等地有分布，生长于山坡草地或稀疏林下。

利用价值 药用：根入药，可止咳祛痰、健胃、镇痛、活血散风；外用治肿毒、外伤出血。白花前胡丙素（Pra-C）、吡喃香豆素成分前胡甲素（Pd-Ia）具有抗心肌缺血及保护心肌的作用，角型吡喃骈香豆素 APC 可以作为分化治疗白血病的潜在药物；白花前胡中的香豆素类（TCP）有解热镇痛抗炎、抑制肝药酶活性的作用；白花前胡甲素能促进体外培养的视网膜神经细胞存活，还有一定的抑制体外高压诱导的视网膜神经细胞凋亡的作用。

有毒部位 全株有毒。

毒性成分 含前胡素等多种香豆素类物质。

中毒反应 小鼠腹腔注射全株的石油醚提取物 600 毫克/千克，出现四肢无力、活动减少等症状，随后 1/3 死亡。

58. 木犀科 Oleaceae

女贞（女贞属）

拉 丁 名 *Ligustrum lucidum*

别　　名 冬青、蜡树、女桢、桢木、将军树。

形态特征 常绿乔木或灌木，高达 25 米。叶卵形或椭圆形，长 6~17 厘米，宽 3~8 厘米，先端尖或渐尖，基部近圆，叶缘平，两面无毛，侧脉 4~9 对；叶柄长 1~3 厘米。圆锥花序顶生，塔形。花梗长不及 1 毫米；花萼长 1.5~2 毫米，与花冠筒近等长；花冠长 4~5 毫米，花冠筒较花萼长 2 倍；雄蕊长达花冠裂片顶部。果肾形，稍弯曲，长 0.7~1 厘米，直径 4~6 毫米，成熟时蓝黑或红黑色，被白粉。花期 5~7 月，果期 7 月至翌年 5 月。

分布生境 贵州省赤水、遵义、绥阳、松桃、铜仁、兴义、兴仁、安龙、贞丰、册亨、贵阳、独山、瓮安、施秉、黄平、榕江、黎平等地有分布，生长于海拔 350~1700 米的常绿阔叶林或疏林中。

利用价值 药用：可抗炎、抗菌、抗病毒；可降血糖、血脂及抗动脉粥样硬化，能保护肝脏、增强机体免疫功能；可抗癌，抑制因化疗、放疗所致的白细胞减少；可改善心肌缺氧，增加心输出量，防止血栓形成和降低血压。治肝肾阴虚、头晕目眩、耳鸣、头发早白、腰膝酸软、老年习惯性便秘、慢性苯中毒等症；枝，叶，树皮入药，可祛痰止咳，治咳嗽、支气管炎。经济：用作行道树，绿篱及放养白蜡虫。木材作细木工材料。果即为中药“女贞子”，又名女贞实、冬青子、爆格蛋、白蜡树子、老鼠梓子等。女贞子含有大量的齐墩果酸、皂甙、萜及甾类，含磷脂、多糖及 15 种氨基酸（包括人体必需氨基酸 8 种）、11 种微量元素（其中有 5 种为人体必需元素），营养价值极高。

有毒部位 根和茎皮有毒。

毒性成分 含女贞子甙、紫丁香甙、齐墩果甙等。

中毒反应 人中毒后出现呕吐频繁、腹痛、腹泻、精神萎靡、面色青灰、口唇发绀、瞳孔散大、轻度脱水并伴有低烧等症状。

密花素馨（茉莉属）

拉 丁 名 *Jasminum tonkinense*

别　　名 清明花、羊断肠草、白花断肠草、北越素馨、山葡萄。

形态特征 攀缘灌木，高 1~7 米。小枝扁平，节处稍膨大，直径 2~4 毫米，被短柔毛。叶对生，单叶，叶片纸质，卵形、长卵形、窄椭圆形、椭圆形或披针形，长 3. 5~15 厘米，宽 1~8 厘米，先端锐尖、渐尖至尾状渐尖，基部楔形、钝或圆形、微心形，两面无毛，有时两面脉上疏被短柔毛，侧脉 3~5 对，弧形向上延伸，常在叶缘处汇合，叶脉在两面明显，有时微凹入；叶柄长 0. 2~1. 4 厘米，具沟，被短柔毛，近中部具关节。头状或圆锥状聚伞花序密集，着生于短侧枝上端或枝顶，有花多朵；花序基部具小叶状苞片，苞片卵形，长 0. 5~2. 5 厘米，宽 0. 3~1. 4 厘米，其余线形，长 2~4 毫米，无柄或近无柄；花梗短或缺，被短柔毛；花芳香；花萼外面无毛或疏被短柔毛，内面被短柔毛，裂片长 2~5 毫米，具睫毛；花冠白色，高脚碟状，花冠管长 1. 5~2. 5 厘米，裂片 5~9 枚，窄披针形，长 0. 8~1. 7 厘米，宽 2~5 毫米，先端渐尖或锐尖；花柱异长。果椭圆形或圆柱形，长 1~1. 5 厘米，直径 0. 6~1. 2 厘米，呈黑色。花期 11 月至翌年 5 月，果期 4~6 月。

分布生境 贵州省安龙地区有分布，生长于海拔 600~2000 米的林中、灌丛及峡谷中。

利用价值 药用：植株外用治皮肤瘙痒。

有毒部位 根有毒。

毒性成分 含有毒生物碱。

中毒反应 人中毒后出现头晕、无力、脉弱等症状，对中枢神经有明显抑制作用。

茉莉花（茉莉属）

拉 丁 名 *Jasminum sambac*

别　　名 茉莉。

形态特征 直立或攀缘灌木。小枝被疏柔毛。单叶对生，纸质，圆形或卵状椭圆形，长 4~12.5 厘米，两端圆或钝，基部有时微心形，下面脉腋常具簇毛，余无毛；叶柄长 2~6 毫米，被柔毛，具关节。聚伞花序顶生，通常 3 朵：苞片锥形，长 4~8 毫米。花梗长 0.3~2 厘米；花萼无毛或疏被柔毛，裂片 8~9 枚，线形，长 5~7 毫米；花冠白色，花冠筒长 0.7~1.5 厘米，裂片长圆形或近圆形。果球形，直径约 1 厘米，成熟时紫黑色。花期 5~8 月，果期 7~9 月。

分布生境 贵州省兴义、册亨、望谟、罗甸、贵阳等地均有栽培。

利用价值 药用：花、叶及根皆可入药。花入药，可清热解毒、利湿，治外感发热、腹泻等症；外用治目赤肿痛。根有毒，入药可镇痛，治失眠、跌打损伤等症；其酒浸液，对中枢神经有麻醉作用。观赏：庭园栽培供观赏。经济：花芳香，含挥发油，可提香精和制作茉莉花茶。

有毒部位 根有毒。

毒性成分 含有毒生物碱。

中毒反应 小鼠腹腔注射根的乙醇提取物 LD_{50} 8.37 克/千克，对中枢抑制较明显。

59. 透骨草科 Phrymaceae

透骨草（透骨草属）

拉 丁 名 *Phryma leptostachya*

别　　名 药曲草、粘人裙、前草、一扫光、倒刺草、蝇毒草。

形态特征 多年生直立草本，高 3~100 厘米，茎四棱形，具倒生短毛或无毛，单叶对生，卵形或卵状披针形，革质，长 5~10 厘米，宽 3~6 厘米，先端渐尖，基部楔形，下延，边缘具钝圆锯齿，侧脉 4~6 对，两面均被稀疏细柔毛；叶柄长 0.5~2.5 厘米，穗状花序细长，长 10~30 厘米；苞片和小苞片钻形；花小，淡红色至紫色。花萼上唇 3 裂齿线形，顶端具钩，长 3~4 毫米，下唇 2 齿三角形，长约 1 毫米，萼管长 4~6 毫米；花冠长 6~9 毫米；雄蕊 4 枚，生于花冠管中部以上，露出花冠喉部；子房长圆形，长约为萼管下唇的一半；花柱短于雄蕊。瘦果包藏萼内，长 8~10 毫米，并向下反折，贴生于花序轴上。花期 6~10 月，果期 8~11 月。

分布生境 贵州省大部分地区有分布，生长于海拔 800~2300 米的林下、林缘的湿润处。

利用价值 药用：全株入药，可活血化瘀、利尿解毒、通经透骨；鲜草捣烂外敷，可治疮疖肿疼、毒虫咬伤等症。经济：根及叶的鲜汁或水煎液对菜粉蝶、家蝇和三带喙库蚊的幼虫有强烈的毒性。

有毒部位 全株有毒，根的毒性较大。

毒性成分 含透骨草灵及透骨草醇乙酸酯，后者为杀虫成分。民间用全株煎水消灭蝇蛆和菜青虫。

中毒反应 人中毒后出现腹痛、恶心、呕吐、头晕、昏迷、抽搐等症状。

60. 车前科 Plantaginaceae

毛地黄（毛地黄属）

拉 丁 名 *Digitalis purpurea*

别　　名 洋地黄、自由钟、指顶花、金钟、心脏草、吊钟花。

形态特征 一年生或多年生草本，高 60~120 厘米；全体被灰白色短柔毛和腺毛，有时茎上近无毛；茎单生或数条丛生。基生叶多数，成莲座状，卵形或长椭圆形，长 5~15 厘米，先端尖或钝，基部渐狭，边缘有具短尖的圆齿；叶柄具狭翅，长可达 15 厘米；下部的茎生叶与基生叶同形，向上渐小，叶柄短至无柄；花萼钟状，长约 1 厘米，果期略增大，5 裂至基部，裂片长圆状卵形；花冠紫红色，内面有斑点，长 3~4.5 厘米，裂片很短，先端被白色柔毛。蒴果卵形，长约 1.5 厘米；种子短棒状，表面有网纹和细柔毛。花期 5~6 月。

分布生境 贵州省全省有栽培。

利用价值 药用：叶入药，有强心之效。

有毒部位 全株有毒，种子和叶毒性较大，茎、根毒性很小。

毒性成分 含洋地黄毒甙、羟基洋地黄毒甙、吉他洛甙、洋地黄皂甙等。

中毒反应 人中毒后出现恶心、呕吐、厌食、流涎、头痛、眩晕、失眠、耳鸣、嗜睡、共济失调、痉挛、急性心衰、心律失常、心动过速、心室颤动等症状，严重的甚至死亡。

61. 仙茅科 Hypoxidaceae

小金梅草（小金梅草属）

拉 丁 名 *Hypoxis aurea*

别　　名 野鸡草、山韭菜、小金锁梅、龙肾子。

形态特征 多年生草本，植株矮小。根状茎肉质，近球形。叶 4~12 枚，线形，长 7~30 厘米，宽 2~6 毫米，基部膜质，被黄褐色疏长柔毛。花茎纤细，长 2.5~10 厘米或更长，具 1~2 花，被淡褐色疏长柔毛；苞片小，2 枚，刚毛状。花黄色；花被片长圆形，长 6~8 毫米，被褐色疏长毛，宿存；雄蕊花丝短；子房长 3~6 毫米，被疏长柔毛，花柱短，柱头直立。蒴果棒状，长 0.6~1.2 厘米，成熟时 3 瓣开裂。种子多数近球形，具瘤状凸起。

分布生境 贵州省荔波、雷公山等地有分布，生长于海拔 850 米的山野路旁。

利用价值 药用：全株入药，可温肾壮阳、补气，治肾虚腰痛、疝气痛等症。

有毒部位 全株有毒。

毒性成分 含3-O-β-D-槲皮素葡萄糖苷、3-O-β-D-山奈酚葡萄糖苷、5-O-β-D-芹菜素葡萄糖苷、胡萝卜苷等。

中毒反应 人过量服用出现恶心、呕吐、腹胀、腹泻，食欲不振、精神状态不稳定、烦躁不安、睡眠不深，还伴有夜惊、啼哭、说梦话等症状。

62. 山茶科 Theaceae

油茶（山茶属）

拉丁名 *Camellia oleifera*

别　　名 无。

形态特征 小乔木或灌木状。叶革质，椭圆形或倒卵形，先端钝尖，基部楔形，具细齿。花顶生，苞片及萼片约10枚，革质，宽卵形；花瓣白色，5~7枚，倒卵形，先端凹入或2裂；雄蕊花丝近离生，或具短花丝筒；花柱顶端3裂。朔果球形。花期10月至翌年2月，果期翌年9~10月。

分布生境 贵州省黔东、黔中、黔东南等地有分布，生长于山坡酸性黄壤，常与马尾松、光皮桦等混生或纯林。从长江流域到华南各地广泛栽培。

利用价值 经济：重要木本油料植物，种子含油率达30%以上，供食用及工业用。油茶是抗污染能力极强的树种，对二氧化硫抗性强，抗氟和吸氯能力也很强。因此科学经营油茶林具有保持水土、涵养水源、调节气候的生态效益。

有毒部位 花、根皮有小毒。

毒性成分 含山茶皂甙等。

中毒反应 对冷血动物和某些昆虫如蛙、鱼毒性较大，可毒杀鱼类和农作物害虫。

山茶（山茶属）

拉丁名 *Camellia japonica*

别　　名 薮春、山椿、耐冬、晚山茶、茶花、洋茶、山茶花。

形态特征 乔木，高达13米，灌木状。幼枝无毛。叶革质，椭圆形，长5~10厘米，先端钝尖或骤短尖，基部宽楔形，两面无毛，侧脉7~8对，具钝齿；叶柄长0.8~1.5厘米。单花顶生及腋生，红色。花无梗；苞片及萼片10枚，半圆形或圆形，长0.4~2厘米，被绢毛，脱落；花瓣6~7枚，外层2片近圆形，离生，长2厘米，被毛，余5片倒卵形，长3~4.5厘米，基部连合8毫米，无毛；雄蕊3轮，长2.5~3厘米，外轮花丝筒长1.5厘米；子房无毛，花柱长2.5厘米，顶端3裂。蒴果球形，径3~5厘米，3月裂，果爿木质，厚6~8毫米，每室1~2种子。种子无毛。花期 12 月至翌年 3 月。

分布生境 贵州省全省有栽培。

利用价值 药用：山茶花在药用价值上很高，可收敛、止血、凉血、调胃、理气、散瘀、消肿。观赏：山茶为中国的传统园林花木。经济：中国分布的大量白花油茶、红花油茶和各种山茶，是冬季、春季主要的蜜源植物。去掉雌雄蕊的山茶瓣无毒，花瓣中含有丰富的多种维生素、蛋白质、脂肪、淀粉和各种微量的矿物质等营养物质，还含有高效的生物活性物质。种子含有丰富的不饱和脂肪油，俗称茶子油。茶油半透明，茶褐色，半干性，富含亚油酸，主要供食用，特别适合心血管病患者食用，上等的茶油冬季会凝成乳白色的粒晶。榨油后的油枯，可作洗涤、肥料和杀虫用。果壳富含单宁，可提取栲胶，也可提取皂素制碱。

有毒部位 种子、叶有毒。

毒性成分 主要含山茶甙、山茶皂甙、茶碱等。

中毒反应 动物大量食入会出现过度兴奋、不安、肌肉抽动以致惊厥、呼吸加快、呕吐、下痢等症状。另外对冷血动物和某些昆虫如蛙、鱼毒性较大。

红木荷（木荷属）

拉 丁 名 *Schima wallichii*

别　　名 西南木荷、峨眉木荷、乌叶子。

形态特征 乔木，高达 30 米。幼枝被柔毛。叶薄革质，椭圆形，长 10～17 厘米，先端尖，基部楔形，下面灰白色，被柔毛，侧脉 9～12 对，全缘；叶柄长 1～2 厘米。花淡红色，数朵生枝顶及叶腋，直径 3～4 厘米。花梗长 1～2.5 厘米，被柔毛；苞片 2 枚，早落；萼片半圆形，长 2～3 毫米，宽 5 毫米，被柔毛，内被绢毛；花瓣卵圆形，长 2 厘米，基部被毛；子房被毛，花柱长 8 毫米，顶端 5 裂。蒴果扁球形，直径 1.5～2 厘米，果柄长 2.5 厘米，具皮孔。花期 7～8 月，果期翌年 2～3 月。

分布生境 贵州省兴义、安龙、册亨、罗甸等地有分布，生长于海拔 850 米的山脚坡地，常与细叶云南松、麻栎、槲栎等混生。

利用价值 观赏：木材红色，经久耐用，用途同前。西南木荷比较耐干旱瘠薄环境，而且抗火力强；落叶量大，容易腐烂，能改良土壤。可用它作荒山造林的先锋树种，也可用作防火林带和针阔叶混交林的树种。经济：木材黄褐色或红褐色，结构细，纹理直，易加工，切面光滑美观，是作家具、胶合板和纱锭的良材，小规格材可作线芯、算盘珠和棋子，以及日常生活用具的把柄和农村建设用材等。

有毒部位 根皮、茎皮有毒。

毒性成分 含山奈酚、槲皮素、木荷脂素等。

中毒反应 人接触茎皮后出现红肿、发痒等症状。鸡、鸭误食其木屑可中毒死亡。

木荷（木荷属）

拉 丁 名 *Schima superba*

别　　名 何树、信宜木荷。

形态特征 乔木，高达 30 米，胸径 1.2 米。幼枝无毛。叶革质，椭圆形，长 7~12 厘米，先端尖，或稍钝，基部楔形，两面无毛，侧脉 7~9 对，具纯齿；叶柄长 1~2 厘米。花白色，直径 3 厘米，生枝顶叶腋，常多花成总状花序。花梗长 1~2.5 厘米，无毛；苞片 2 枚，贴近萼片，长 4~6 毫米，早落；萼片半圆形，长 2~3 毫米，无毛，内面被绢毛；花瓣长 1~1.5 厘米，最外 1 片风帽状，边缘稍被毛；子房 5 室，被毛。蒴果扁球形，直径 1.5~2 厘米，花期 6~8 月。

分布生境 贵州省毕节、绥阳、罗甸、三都、荔波、丹赛、黎平、锦屏等地有分布，生长于海拔 400~1800 米的山坡、山腰疏林中。

利用价值 药用：木荷因有大毒故不可内服。捣敷患处可攻毒、消肿，主治疔疮和无名肿毒等症。观赏：树形美丽，可作庭园观赏树种。经济：木材坚韧耐磨，可供建筑及纺织工业纱锭之用。木荷既是一种优良的绿化、用材树种，又是一种较好的耐火、抗火、难燃树种。

有毒部位 叶、茎皮、根皮有毒。

毒性成分 含山柰酚，槲皮素-3-O-β-D-吡喃葡萄糖苷，槲皮素-3-O-β-D-吡喃半乳糖苷和木荷脂素等。

中毒反应 人接触其茎皮后出现红肿、发痒等症状。

63. 锦葵科 Malvaceae

黄麻（黄麻属）

拉 丁 名 *Corchorus capsularis*

别　　名 络麻、圆蒴黄麻。

形态特征 直立木质草本，高 1~2 米，无毛。叶卵状披针形或窄披针形，长 5~12 厘米，先端渐尖，基部圆，3 出脉的两侧脉上行不过半，边缘有细锯齿；叶柄长 2 厘米，托叶丝形，脱落。花单生或数朵排成腋生聚伞花序，有短的花序梗及花梗。萼片 4~5 枚，长 3~4 毫米；花瓣黄色，倒卵形，与萼片等长；雄蕊 18~22 枚，离生；子房无毛，柱头浅裂。蒴果球形，径大于 1 厘米，顶端无角，有纵棱及瘤状凸起，于 5 月裂。花期夏季，果期秋后。

分布生境 贵州省望谟、独山等地栽培或野生分布。

利用价值 药用：可清热解暑、拔毒消肿，用于预防中暑，或治中暑发热、痢疾等症；外用治疮疖肿毒。经济：为著名麻类作物。茎皮纤维可编绳索和麻袋，或混纺织布作窗帘、地毯等用。食用：嫩叶供食用。

有毒部位 全株有毒，种子毒性最大，其次是叶。

毒性成分 含黄麻毒素、黄麻因、圆蒴黄麻甙、黄麻属甙等。

中毒反应 人中毒后出现嗜睡、心律失常、恶心、呕吐等症状。家畜中毒后出现呼吸困难、腹部膨胀、抽搐、下痢等症状，严重的甚至死亡。猫静脉注射致死量（相对于种子）10 毫克/千克。

长蒴黄麻（黄麻属）

拉 丁 名 *Corchorus olitorius*

别　　名 长果黄麻。

形态特征 木质草本，高 1~3 米。叶纸质，长圆披针形，长 7~10 厘米，宽 2~4.5 厘米，先端渐尖，基部圆形，两面均无毛，基出脉 5 条，两侧的上行不过半，中脉有侧脉 7~10 对，边缘有细锯齿；叶柄长 1.6~3.5 厘米，上部有柔毛；托叶卵状披针形，长约 1 厘米。花单生或数朵排成腋生聚伞花序，有短的花序柄及花柄；萼片长圆形，顶端有长角，基部有毛；花瓣与萼片等长或稍短，长圆形，基部有柄；雄蕊多数，离生；雌雄蕊柄极短，无毛；子房有毛，柱头盘状，有浅裂。蒴果长 3~8 厘米，稍弯曲，具 10 棱，顶端有 1 个凸起的角，5~6 爿裂开，有横隔；种子倒圆锥形，略有棱。花期夏秋。

分布生境 原产于印度、巴基斯坦。贵州省独山地区多为栽培。

利用价值 药用：中国自古将长蒴黄麻药用，叶有强心作用。食用：长蒴黄麻叶片内的黏质可作为汤食用，具有强壮、防癌、改善体虚、消除疲劳的作用。经济：茎皮纤维韧性强，可织麻袋，绳索和造纸原料。

有毒部位 全株有毒，种子毒性最大，其次是叶。

毒性成分 含黄麻甙元、黄麻属甙、长蒴黄麻甙。

中毒反应 猫静脉注射致死量（相对于种子）16 毫克/千克。动物死前有明显的强心作用，出现呕吐、惊厥症状。

山芝麻（山芝麻属）

拉 丁 名 *Helicteres angustifolia*

别　　名 大山麻、石秤砣、山油麻、坡油麻。

形态特征 小灌木。小枝被灰绿色柔毛。叶窄长圆形或线状披针形，长 3.5~5 厘米，基部圆，全缘，上面近无毛，下面被灰白或淡黄色星状茸毛，混生刚毛；叶柄长 5~7 毫米。聚伞花序有花 2 朵至数朵。花梗常有锥尖小苞片 4 枚；花萼管状，长 6 毫米，被星状柔毛，5 裂，裂片三角形；花瓣 5 枚，不等大，淡红或紫红色，稍长于花萼，基部有 2 个耳状附属体；雄蕊 10 枚，退化雄蕊 5 枚，线形；子房每室约 10 胚珠。蒴果卵状长圆形，长 1.2~2 厘米，顶端尖，密被星状毛及混生长绒毛。全年花期。

分布生境 贵州省全省有分布，生长于山野草丛、海滨、丘陵。耐寒性强。

利用价值 药用：根或全株入药，味苦、微甘，性寒，可清热解毒、止咳，治感冒高烧、扁桃体炎、咽喉炎、腮腺炎、麻疹、咳嗽、疟疾等症；外用治毒蛇咬伤、外伤出血、痔疮、痈肿疔疮等症。

有毒部位 根、茎、叶、果实有毒。

毒性成分 含黄铜甙、酚类、鞣质等。

中毒反应 人中毒后出现腹泻、腹痛、头痛、恶心、呕吐、多汗、四肢麻木等症状。

陆地棉（棉属）

拉 丁 名 *Gossypium hirsutum*

别　　名 大陆棉、美洲棉、墨西哥棉、高地棉、美棉。

形态特征 一年生草木；小枝疏被长毛。叶轮廓卵状圆形，常3浅裂，少为5裂，宽5~12厘米，长宽近相等，基部心形，裂片三角状卵形，先端渐尖，边全缘，上面近无毛，沿脉被粗毛，下面疏被长柔毛；叶柄长3~14厘米；托叶早落。花单花于叶腋；花梗长3~12厘米；小苞片3枚，长达4厘米，基部分离，有腺体1枚，边缘有7~9齿，有长硬毛和纤毛；花萼杯状，有3个三角裂片，有纤毛；花白色或淡黄色，后变淡红色或紫色，长2.5~3厘米；雄蕊柱长约2厘米。蒴果卵圆形，长3.5~5厘米；种子卵圆形，分离，具白色长棉毛和不易剥离的灰白色短棉毛。花期7~9月，果期8~10月。

分布生境 贵州省施秉、黄平、从江等地有栽培。

利用价值 经济：棉纤维能制成多种规格的织物，从轻盈透明的巴里纱到厚实的帆布和厚平绒，适于制作各类衣服家具布和工业用布。

有毒部位 种子、茎、叶、根有毒。

毒性成分 含棉酚。

中毒反应 动物中毒后出现食欲减少、消瘦、腹泻、呕吐、脱毛、心律不齐、呼吸困难、后肢麻痹、昏睡等症状，可致严重营养不良。

草棉（棉属）

拉 丁 名 *Gossypium herbaceum*

别　　名 小棉、阿拉伯棉。

形态特征 一年生草本或亚灌木，被疏长柔毛。叶轮廓宽卵状圆形，掌状5裂，基部心形，宽常大于长，宽5~10厘米，裂片宽卵形，由叶中部以上分裂，上面有星状长硬毛，下面被细绒毛，沿脉有长柔毛；叶柄长2.5~8厘米，有长柔毛；托叶线形，早落。花单生于叶腋；花梗长1~2厘米，有长柔毛；小苞片阔三角形，长2~3厘米，宽大于长，边缘有6~8尖齿，基部合生，花萼杯状，5浅裂；花黄色，内面基部紫色，直径5~7厘米。蒴果卵圆形，3~4室；种子长约1微米，有白色长棉毛和短棉毛。花期7~8月，果期8~10月。

分布生境 贵州省施秉、从江、荔波等地有栽培。

利用价值 药用：治吐血、下血、血崩、金疮出血等症。

有毒部位 种子有毒。

毒性成分 含棉酚。

中毒反应 动物中毒后出现食欲减少、消瘦、腹泻、呕吐、脱毛、心律不齐、呼吸困难、后肢麻痹、昏睡等症状，可致严重营养不良。

白背黄花稔（黄花稔属）

拉 丁 名 *Sida rhombifolia*

别　　名 黄花地桃花、地膏药、黄花母、千斤坠、枚叶草、山鸡凋、吐黄旗。

形态特征 直立亚灌木，高约1米，有多数分枝，小枝被星状柔毛。叶菱形或长圆状披针形，长2.5~4.5厘米，宽0.6~2.0厘米，先端短尖或钝，基部楔形，边缘有细锯齿，基部三出脉，侧脉每边3~4条，上面疏被星状柔毛或近无毛，下面被灰色星状柔毛；叶柄长3~5毫米，被星状柔毛，托叶刺毛状，与叶柄近等长，早落。花单生于叶腋；花梗长1~2厘米，中部以上有关节，密被星状柔毛；萼杯形，长约5毫米，有5裂片，被星状毛；花冠黄色，直径约1厘米；花瓣倒卵形，长约8毫米，先端圆形；雄蕊柱无毛，长约5毫米，疏生腺状乳突，花柱分枝8~10枚。蒴果半球形，直径约6毫米，被星状柔毛；分果瓣顶端2短芒。花期秋冬季。

分布生境 贵州省安顺、盘县、安龙、罗甸等地有分布，生长于山坡草丛中或路边。

利用价值 药用：全株入药，可消炎解毒、祛风除湿、散瘀拔毒。经济：茎皮纤维可代麻。

有毒部位 根有毒。

毒性成分 含β-苯乙胺，N-甲基-β-苯乙胺，S-右旋-N-甲基色氨酸甲酯，鸭嘴花酚碱，鸭嘴花酮碱，鸭嘴花碱。

中毒反应 人中毒后出现幻觉、震颤以及阵发性惊厥等症状，抑制呼吸及心脏跳动，严重的导致血压下降而死亡。

64. 使君子科 Combretaceae

使君子（使君子属）

拉 丁 名 *Quisqualis indica*

别　　名 毛使君子、西蜀使君子、史君子。

形态特征 攀缘状灌木，高达8米。小枝被棕黄色柔毛。叶对生或近对生，卵形或椭圆形，长5~11厘米，先端短渐尖，基部钝圆，上面无毛，下面有时疏被棕色柔毛，侧脉7~8对；叶柄长5~8毫米，无关节，幼时密被锈色柔毛。顶生穗状花序组成伞房状；苞片卵形或线状披针形，被毛。萼筒长 5~9 厘米，被黄色柔毛，先端具广展、外弯萼齿；花瓣长 1.8~2.4 厘米，先端钝圆，初白色，后淡红色；雄蕊 10 枚，不伸出冠外，外轮生于花冠基部，内轮，生于中部；子房具 3 胚珠。果卵圆形，具短尖，长 2.7~4 厘米，无毛，具 5 条锐棱，熟时外果皮脆薄，青黑或栗色。种子圆柱状纺锤形，白色，长 2.5 厘米。花期初夏，果期秋末。

分布生境 贵州省赤水有栽培，生长于河谷山坡上。

利用价值 药用：种子、根、叶皆可入药，种子是驱蛔虫最好良药之一，根叶亦有同效，叶入药，可健胃、助消化。

有毒部位 种仁有小毒。

毒性成分 含使君子酸钾、胡芦巴碱、芦丁等。

中毒反应 人中毒后出现头痛、眩晕、恶心、呕吐、出冷汗、四肢发冷、抽搐、惊厥、呼吸困难等症状。

65. 五福花科 Adoxaceae

接骨草（接骨木属）

拉 丁 名 *Sambucus javanica*

别　　名 蒴藋、陆英、走马风。

形态特征 高大草本或半灌木，高可达 2 米；茎有棱条，羽状复叶的托叶叶状或有时退化成蓝色的腺体；小叶片互生或对生，狭卵形，先端长渐尖，基部钝圆，两侧不等，边缘具细锯齿，无托叶，复伞形花序顶生，大而疏散，总花梗基部托以叶状总苞片，纤细，可孕性花小；萼筒杯状，萼齿三角形；花冠白色，花药黄色或紫色；果实红色，近圆形，表面有小疣状凸起。花期 4~5 月，果期 8~9 月。

分布生境 贵州省赤水、绥阳、德江、江口、沿河、息峰、安龙、龙里、都匀、独山、雷山、黎平、榕江、从江等地有分布，生长于海拔 650~1600 米的山坡、山沟、水旁潮湿地，密林中或灌丛中。

利用价值 药用：全株入药，可祛风湿、通经活血、解毒消炎，治跌打损伤。

有毒部位 种子、树皮、叶、花及未成熟果实有小毒。

毒性成分 含木犀草素、槲皮素、东莨菪素、山柰酚等。

中毒反应 人中毒后出现恶心、呕吐、腹泻等症状。

66. 禾本科 Poaceae

▶▶▶ 银鳞茅（凌风草属）

拉 丁 名 *Briza minor*

别　　名 无。

形态特征 一年生草本。秆直立，细弱，高 20~30 厘米。叶鞘质薄柔软，疏松裹茎，平滑；叶舌薄膜质，上部者先端尖，长约 5 毫米；叶片质薄，扁平，上面和边缘微粗糙，下面光滑，与叶鞘无明显界限，长 4~12 厘米，宽 4~10 毫米。圆锥花序开展，直立，长 5~10 厘米，分枝细弱，向上伸展，多两歧或三歧分叉；小穗柄细弱，稍糙涩，长约 14 毫米；小穗宽卵形，常淡绿色，长 3~4 毫米，含 3~6 朵小花，基部宽约 4 毫米；颖片较宽，长 2~2.5 毫米，具 3~5 脉，顶端近圆形；外稃具宽膜质边缘，背部平滑或被微毛，具 7~9 脉；第一外稃长约 2 毫米；内稃稍短于外稃，卵形，背面具小鳞毛；花药长约 0.4 毫米；颖果三角形。花果期夏季。

分布生境 贵州省赤水地区有分布，生长于海拔 400 米的路旁、耕地。

利用价值 无历史记载。

有毒部位 全株有毒。

毒性成分 含氰酸的配糖体氰甙。

中毒反应 可致家畜中毒死亡。

67. 酢浆草科 Oxalidaceae

▶▶▶ 酢浆草（酢浆草属）

拉 丁 名 *Oxalis corniculata*

别　　名 鸠酸、酸醋酱、酸味草。

形态特征 草本。根茎稍肥厚。茎细弱，直立或匍匐。叶基生，茎生叶互生，小叶 3 枚，倒心形，先端凹下。花单生或数朵组成伞形花序状。萼片 5 枚，披针形或长圆状披针形，花瓣 5 枚，黄色，长圆状倒卵形；雄蕊 10 枚，基部合生，长短相间，花柱 5 枚。蒴果长圆柱形，有 5 棱。花果期 2~9 月。

分布生境 全国广泛分布，生长于山坡草池、河谷沿岸、路边、田边、荒地或林下阴湿处等。

利用价值 药用：全株入药，可解热利尿、消肿散瘀。经济：茎叶含草酸，可用以磨镜或擦铜器，使其具光泽。

有毒部位 全株有毒。

毒性成分 含大量草酸盐。

中毒反应 人中毒后出现流涎、呕吐、腹泻、肌肉颤动、抽搐、强直性痉挛、血尿、呼吸困难、发绀、虚脱等症状。牛羊食其过量可中毒致死。

68. 叶下珠科 Phyllanthaceae

雀儿舌头（雀舌木属）

拉 丁 名 *Leptopus chinensis*

别　　名 绒叶雀舌木、云南雀舌木、小叶雀舌木。

形态特征 小灌木。叶卵形至披针形，顶端钝或急尖，基部圆或宽楔形。花雌雄同株，单生或2~4朵簇生叶腋。萼片卵形或宽卵形至倒卵形，花瓣白色，匙形，雄花雄蕊离生，花丝丝状，无退化雌蕊，雌花花盘环状，10裂至中部。蒴果球形或扁球形，具宿萼。花期2~8月，果期6~10月。

分布生境 贵州省大部分地区有分布，一般生长于海拔500~1000米（西北部达1500米，西南部达3400米）的山地灌丛、林缘、路旁、岩崖或石缝中，喜光、耐旱，在土层瘠薄的环境，水分少的石灰岩山地亦能生长。

利用价值 药用：根入药，可理气止痛，主治脾胃气滞所致、脘腹胀痛、食欲不振、寒疝腹痛、下痢腹痛等症。

有毒部位 嫩苗及叶有毒。

毒性成分 含三萜类化合物等。

中毒反应 羊大量进食其嫩叶会致死。

一叶萩（白饭树属）

拉 丁 名 *Flueggea suffruticosa*

别　　名 山蒿树、狗梢条、白几木。

形态特征 灌木，高1~3米。根浅红棕色，具点状凸起及横长的皮孔。树皮浅灰棕色，多不规则的纵裂。茎多分枝，当年新枝淡黄绿色，略具棱角。叶互生，椭圆形、矩圆形或卵状矩圆形，长1.5~5厘米，宽1~2厘米，先端短尖或钝头，基部楔形，全缘或有不整齐披状齿或细钝齿，两面无毛；叶柄短。花小，单性，雌雄异株，无花瓣，雄花每3~12朵簇生于叶腋；萼片5枚，卵形；雄花花盘腺体5枚，分离，2裂，与萼片互生；退化子房小，圆柱状，2裂；雌花单生，或2~3朵簇生，花盘全缘，子房3室，花柱3裂。蒴果三棱状扁球形，直径约5毫米，红褐色，无毛，3瓣裂。花期7~8月，果期9~10月。

分布生境 贵州省全省有分布，生长于山坡灌木丛中及向阳处。

利用价值 药用：叶、花入药，可活血舒筋、健脾益肾，治风湿腰痛、四肢麻木，以及偏瘫、阳痿等症。

有毒部位 全株有毒。

毒性成分 含一叶荻碱。

中毒反应 一叶荻碱中毒能引起脊髓性惊厥，但较士的宁弱，引起猫惊厥的量约为士的宁的10.5倍，而引起死亡的量约为士的宁的100倍，故治疗广度较士的宁大。二氢一叶荻碱对小鼠中枢神经系统之兴奋作用与毒性（半数致死量）均较一叶荻碱强1倍。

算盘子（算盘子属）

拉丁名 *Glochidion puberum*

别　名 红毛馒头果、野南瓜、柿子椒。

形态特征 灌木。全株大部密被柔毛。叶长圆形至倒卵状长圆形，基部楔形，托叶三角形。花雌雄同株或异株，2~5朵簇生叶腋，雄花束常生于小枝下部，雌花束在上部，有时雌花和雄花同生于叶腋。萼片6枚，窄长圆形或长圆状倒卵形；雄花雄蕊3枚，合生成圆柱状。雌花花柱合生呈环状。蒴果扁球状，熟时带红色，花柱宿存。花期4~8月，果期7~11月。

分布生境 贵州省全省有分布，多生长于海拔1500~2000米的山野、村旁、路旁、池塘边。

利用价值 药用：果实入药，可清热除湿、解毒利咽、行气活血，治痢疾、泄泻、黄疸、疟疾、淋浊、带下、咽喉肿痛、牙痛、疝痛、产后腹痛等症。经济：种子油供制肥皂及作润滑油；也可作农药。

有毒部位 果实有小毒。

毒性成分 含牡荆素、丁香脂素、没食子酸、胡萝卜苷、β-谷甾醇等。

中毒反应 人大量服用出现恶心、呕吐、腹痛等症状。

黑面神（黑面神属）

拉丁名 *Breynia fruticosa*

别　名 狗脚刺、田中、四眼叶、夜兰茶、蚁惊树、山夜兰、鬼画符、黑面叶、锅盖木、漆鼓、细青七树、青丸木。

形态特征 灌木，高达3米；全株无毛。小枝上部扁。叶革质，卵形、宽卵形或菱状卵形，长3~7厘米，下面粉绿色，干后黑色，具小斑点，侧脉3~5对；叶柄长3~4毫米，托叶三角状披针形。花单生或2~4朵簇生叶腋，雌花位于小枝上部，雄花位于下部，有时生于不同小枝。雄花花梗长2~3毫米；花萼陀螺状，6齿裂。雌花花梗长约2毫米；花萼钟状，6浅裂，萼片近相等，果时约增大1倍，上部辐射张开呈盘状。蒴果球形，直径6~7毫米，花萼宿存。花期4~9月，果期5~12月。

分布生境 贵州省西部至南部有分布，生长于山坡、平地旷野疏林中或灌木丛中。

利用价值 药用：可治慢性支气管炎、腹痛、呕吐、腹泻、疔毒、疮疖、湿疹、皮炎、漆疮、鹤膝风、跌打损伤等症。

有毒部位 全株有毒。

毒性成分 枝、叶和茎皮含鞣质。叶含有酚类与三萜。

中毒反应 人中毒后出现头痛、头晕、上腹不适、频繁呕吐、胃纳减退、黄疸等症状，严重的甚至出现深度昏迷，肝大、压痛，肝功能损伤等症状。

叶下珠（叶下珠属）

拉 丁 名 *Phyllanthus urinaria*

别　　名 阴阳草、假油树、珍珠草。

形态特征 一年生草本，高达 60 厘米；基部多分枝。枝具翅状纵棱，上部被 1 列疏短柔毛。叶纸质，长圆形或倒卵形，长 0.4～1 厘米，下面灰绿色，近边缘有1～3 列短粗毛，侧脉 4～5 对；叶柄极短，托叶卵状披针形，长约 1.5 毫米。花雌雄同株；雄花 2～4 朵簇生叶腋，常仅上面 1 朵开花；花梗长约 0.5 毫米，基部具苞片1～2 枚；萼片 6 枚，倒卵形；雄蕊 3 枚，花丝合生成柱；花盘腺体 6 枚，分离。雌花单生于小枝中下部叶腋；花梗长约 0.5 毫米；萼片 6 枚，卵状披针形；花盘圆盘状，全缘；子房有鳞片状凸起。蒴果球形，直径 1～2 毫米，红色，具小凸刺，花柱和萼片宿存。花期 4～6 月，果期 7～11 月。

分布生境 贵州省全省有分布，生长于海拔 200～1000 米的山地灌木丛中或稀疏林下，多生长于温暖湿润，土壤疏松的地域，稍耐阴，生长地土质以森林棕壤和沙质土为主。

利用价值 药用：全株入药，微苦、甘，性凉，可清热利尿、明目、消积，治肾炎水肿，泌尿系统感染、结石，肠炎，痢疾，小儿疳积，眼角膜炎，黄疸型肝炎等症。外用治青竹蛇咬伤。

有毒部位 全株有毒，新鲜的较干燥的毒性大。

毒性成分 含一叶荻碱、叶下株碱、叶下株宁等生物碱。

中毒反应 马、牛、羊误食出现肠胃炎、疝痛、出血性下痢等症状，严重的甚至痉挛。小鼠腹腔注射氯仿提取物 600 毫克/千克，惊厥死亡。

69. 大戟科 Euphorbiaceae

油桐（油桐属）

拉 丁 名 *Vernicia fordii*

别　　名 荏桐、桐油树、桐子树、罂子桐。

形态特征 落叶乔木。叶卵圆形，先端短尖，基部平截或浅心形，全缘，叶柄与叶近等长。花雌雄同株，先叶或与叶同放。萼 2～3 裂，被褐色微毛，花瓣白色，有淡红色脉纹，倒卵形；雄花雄蕊8～12 枚，外轮离生，内轮花丝中部以下合生；

雌花子房 3~5 室。核果近球形，果皮平滑。花期 4~5 月，果期 10 月。

分布生境 贵州省全省有分布，多为栽培，品种很多。

利用价值 药用：果实、叶、根及种子油均可入药，可利水消肿、化痰解毒。经济：本种是重要的木本油料植物，种子油有广泛的工业用途，广泛用于制漆、塑料、电器、人造橡胶、人造皮革、人造汽油、油墨等制造业。

有毒部位 全株有毒，种子毒性较大，树皮及树叶次之，新鲜的毒性较大。

毒性成分 含 12-O-棕榈酰基-13-O-乙酰基-16-羟基佛波醇、12-O-棕榈酰基-4-去氧-4β-16-羟基佛波醇-13-乙酸酯等。

中毒反应 人中毒后出现腹痛、呕吐、腹泻、头昏、口渴、虚脱等症状。

麻风树（麻风树属）

拉 丁 名 *Jatropha curcas*

别　　名 膏桐、臭油桐、黄肿树。

形态特征 灌木或小乔木，高 2~5 米；枝叶折断后有乳汁，树皮平滑，枝上具凸起的叶痕。单叶互生，纸质，卵状圆形或近圆形，长宽约等，为 7~17 厘米，先端渐尖，基部心形，全缘或具3~5 浅裂，上面光滑，下面幼时脉上被柔毛，老时无毛；叶柄长 6~16 厘米。花单性同株，聚伞花序腋生，总花梗长，中部以上分枝，无毛或略具茸毛，苞片线状披针形或披针形，长4~8 毫米，花淡绿色，直径 7~8 毫米；雄花花梗短，萼片基部稍连合，长约 4 毫米，大小不等；花瓣基部也连合，长约 6 毫米，里面被茸毛；腺体 5 枚，长约 1 毫米，雄蕊 10 枚，排成 2 轮，外轮 5 枚分离，内轮 5 枚花丝基部合生；雌花；花后花梗延长，萼片分离，长约 6.5 毫米，花瓣也分离，长约 5 毫米；子房 3 室，花柱 3 枚，顶端 2 裂。蒴果类球形，直径约 3 厘米，黄色。种子长圆形，长径约 1.8 厘米，黑色、平滑。花期 4~5 月。

分布生境 贵州省安龙、册亨、望谟等地有分布，生长于山谷路旁、灌丛中。

利用价值 药用：叶和树皮、干燥乳汁均可入药，可止血、解痉、排脓生肌；种子油有峻泻作用，与巴豆相似，但作用较弱。经济：种子油可供工业用。

有毒部位 种子有大毒，枝叶次之。

毒性成分 榨去油后含毒性蛋白麻风树毒素，对血液有害，可引起中毒。其中某些成分有抑制蛙心、降低犬血压、抑制呼吸之作用，还能兴奋大鼠小肠的运动，而且不能被阿托品阻断。

中毒反应 3~5 粒种子（去壳、磨细）即可引起人泻下，也可产生恶心、呕吐、上腹烧灼感。

木薯（木薯属）

拉 丁 名 *Manihot esculenta*

别　　名 树薯、葛薯、树番薯、臭薯。

形态特征 直立灌木，枝条常为草质，通常光滑无毛，高 1~3 米，有乳汁，肉质。叶互生，3~7 条掌状深裂，裂片倒披针形、披针形或线状披针形，长 7~17 厘米，宽 1.5~4 厘米，全缘，掌状脉在下面突出而明显，叶柄略具棱，长 8~22 厘米。花单性同株，直径约 1 厘米，圆锥花序顶生和腋生，长5~8 厘米；花萼 5 裂，花瓣状；雄花雄蕊 10 枚，2 轮，长 6~7 毫米；雌花子房卵形，长约 4 毫米，3 室，具 6 条纵棱。蒴果椭球形，长径 1.5~1.8 厘米，短径 1~1.5 厘米，聚 6 条狭而波状的纵翅。种子扁长球形，白色，具斑纹。花期 5~10 月。

分布生境 原产于南美洲，贵州省安龙、册亨、望谟、罗甸、荔波、榕江从江等地引种栽培。

利用价值 经济：木薯的块根富含淀粉，是工业淀粉原料之一。木薯的栽培较粗放，且产量高，是我国南部山区常见的杂粮作物，因块根含氰酸毒素，需经漂浸处理后才可食用，一些低毒品种，如面包木薯，剥去皮层后，便可除毒。木薯还具有保健功能。

有毒部位 全株有毒，新鲜块根毒性较大。

毒性成分 含氰甙亚麻苦甙。

中毒反应 人中毒后出现恶心、呕吐、腹泻、头晕、呼吸困难、瞳孔散大、昏迷、抽搐、休克等症状，严重的甚至因呼吸衰竭而死亡。

毛果巴豆（巴豆属）

拉 丁 名 *Croton lachynocarpus*

别　　名 无。

形态特征 灌木，高达 2 米。幼枝、幼叶、花序和果均密被星状毛。叶纸质，长圆形或椭圆状卵形，稀长圆状披针形，长 4~13 厘米，先端钝、短尖或渐尖，基部近圆或微心形，具不明显细钝齿，齿间常有具柄腺体，老叶下面密被星状毛，基脉 3 出，侧脉 4~6 对，叶基部或叶柄顶端有 2 枚具柄盘状腺体；叶柄长 1~6 厘米。总状花序顶生；苞片钻形。雄花具 10~12 枚雄蕊：雌花萼片被星状柔毛，子房被黄色绒毛，花柱线形，2 裂。蒴果扁球形，直径 0.6~1 厘米，被毛。种子椭圆形，暗褐色，光滑。花期 4~5 月。

分布生境 贵州省东南部及南部有分布，生长于河谷暖热地区的山坡、溪边灌丛中，分布于我国南部。

利用价值 药用：根入药，有小毒，可祛寒祛风、散瘀活血。

有毒部位 根和种仁有毒。

毒性成分 含巴豆毒素、巴豆甙等。

中毒反应 人中毒后出现口腔食道灼烧、恶心、呕吐、上腹剧痛、剧烈腹泻、大便带血、头痛、头晕、脱水、呼吸困难、痉挛、昏迷等症状，严重的甚至因呼吸衰竭而死亡。

巴豆（巴豆属）

拉 丁 名 *Croton tiglium*

别　　名 巴菽、刚子、老阳子、巴霜刚子、巴仁、猛子仁、双眼龙。

形态特征 小乔木或灌木状。幼枝疏被星状毛，后脱落。叶卵形或椭圆形，长7~12厘米，先端短尖或尾尖，稀渐尖，基部宽楔形或近圆形，微心形，具细齿，或近全缘，老叶无毛或近无毛，基出脉3~5对，侧脉3~4对，基部两侧叶脉有腺体；叶柄长2.5~5厘米，近无毛。总状花序顶生；苞片钻状。雄花花蕾近球形，疏生星状毛或近无毛；雌花萼片近无毛。蒴果椭圆形，长约2厘米，疏被星状毛或近无毛。种子椭圆形，长约1厘米。花期4~6月。

分布生境 贵州省赤水、习水、湄潭等地有分布，生长于河谷暖热地区，野生或栽培。

利用价值 药用：根、叶入药，可治风湿骨痛及疮毒。经济：种仁含油50%以上，供工业用油，或作泻剂；民间用枝、叶作杀虫药或毒鱼。

有毒部位 全株有毒，种子毒性较大。

毒性成分 含巴豆树脂、巴豆毒蛋白（巴豆毒素）、巴豆甙及生物碱。

中毒反应 人中毒后出现口腔食道灼烧、恶心、呕吐、上腹剧痛、剧烈腹泻、大便带血、头痛、头晕、脱水、呼吸困难、痉挛、昏迷等症状，严重的甚至因呼吸衰竭而死亡。以巴豆液喂饲小鼠、兔、山羊、鸭、鹅等动物皆无反应；黄牛食之过量，则易出现腹泻、食欲不振及疲乏等症状，但不致中毒死亡。对青蛙亦属无害，但对鱼、虾、田螺及蚯蚓等，则有毒杀作用。巴豆毒素兔皮下注射的LD_{50}为50~80毫克，巴豆油酸大鼠口服的LD50为1克/千克；豚鼠皮下注射的LD_{50}为600毫克/千克。巴豆油注射在豚鼠的颚及悬雍部可引起蛋白尿和血尿。

蓖麻（蓖麻属）

拉 丁 名 *Ricinus communis*

别　　名 红麻、金豆、牛蓖、洋麻子。

形态特征 一年生大型草本、亚灌木、灌木或小乔木，茎中空，光滑，幼嫩部分被白粉。叶大而薄，直径15~60厘米，掌状5~11深裂，盾状着生，裂片先端急尖或渐尖，边缘有锯齿，齿尖有腺体；叶柄长度约与叶片直径相等或较短，顶端有腺体。花序粗壮，长15~40厘米，无毛；雄花；萼片长约10毫米，宽3~4毫米，雄蕊多数；雄花；萼片较雄花为小，常不等大、早落，子房卵形，直径约4毫米，有刺或无刺，花柱红色，2裂。蒴果球形，直径1.5~2.5厘米，通常其软刺，也有无刺品种；种子长约1.5厘米，有灰白色斑纹及凸起的种阜。花期较长，为4~11月。

分布生境 贵州省全省广为栽培，有的亦为野生。

利用价值 药用：其种子、根、叶等均可入药，可消肿拔毒、泻下通滞、镇静解痉、祛风散瘀。叶入药，可消肿拔毒、止痒，治疮疡肿毒；鲜品捣烂外敷，治湿疹瘙痒；煎水外洗，可灭蛆、杀孑孓。根入药，可祛风活血、止痛镇静，治风湿关节痛、破伤风、癫痫、精神分裂症。种子入药，可镇静解痉、祛风散瘀，治破伤风、癫痫、风湿疼痛、跌打瘀痛、瘰疬等症。经济：种子油供工业、医药用。

有毒部位 全株有毒，种子毒性较大。

毒性成分 蓖麻子中含蓖麻毒蛋白及蓖麻碱，特别是前者，可引起中毒。

中毒反应 人中蓖麻子毒会出现头痛、胃肠炎、体温上升、白细胞增多、血象核左移、无尿、黄疸、冷汗、频发痉挛、心血管性虚脱等症状，中毒症状发生前常有一段较长的潜伏期。蓖麻毒蛋白引起大鼠急性中毒，主要产生肝及肾的伤害，碳水化合物代谢紊乱，蓖麻中的凝集素可与血球起凝集作用。

山靛（山靛属）

拉 丁 名 *Mercurialis leiocarpa*

别　　名 方茎草。

形态特征 多生草本，高 30~60 厘米，可达 1 米；根茎横走；茎细长，直立，具四棱，绿色。单叶对生，膜质，长椭圆形、长卵形或披针形，长 4~14 厘米，宽 1.5~6 厘米，顶端渐尖，基部近圆形，边缘有细锯齿；上面无毛，下面被疏柔毛；叶柄长1~4 厘米，托叶披针形，长 3~4 毫米。花单性异株，小型，无瓣，组成腋生的穗状花序；雄花；花萼膜质，3 深裂，裂片广卵形，雄蕊 14~20 枚，无花盘及退化子房；雌花；萼片 3 枚，卵形，花盘裂片 2 枚，钻形，与萼片近等长，子房 2 室，花柱 2 枚，下部合生。蒴果双球形，直径约 9 毫米，无毛或散生刚毛，分果瓣少数瘤状凸起。花期 4~7 月。

分布生境 贵州省除西部地区外均有分布，生长于山披林下或林缘草地上。

利用价值 药用：全株入药，主治发热、水肿、眼疾、耳聋、耳痛、风湿、伤口脓肿、疣、肿块、女性生殖系统疾病、烧伤、瘙痒等症。

有毒部位 全株有毒。

毒性成分 含有毒生物碱。

中毒反应 出现胃肠炎、下痢、血尿等症状。

云南土沉香（海漆属）

拉 丁 名 *Excoecaria acerifolia*

别　　名 草沉香、刮筋板、刮金槭、走马胎、刮金板、小霸王、岩石榴、水银茶、土沉香、红人太岁、红刮筋板。

形态特征 叶互生，纸质，卵状披针形或长椭圆形，长 4~7 厘米，宽 1.5~3.5 厘米，边缘有细锯齿；叶柄长 1~3 毫米。花小，单性，雌雄同株，无花瓣。穗状花序腋生。雄花着生于花序上端，多数，无花盘；萼片 3 枚，近离生；雄蕊 3 枚，无退化雌蕊。雌花生于花序的基部，少数；萼片 3 枚，基部合生；子房 3 室，每室 1 胚珠；花柱 3 枚，分离，向外卷曲。蒴果近球形，略具 3 棱，无毛。

分布生境 贵州省北部、东部地区有分布，生长于海拔 800~1400 米的山沟沿岸及山坡灌丛中。

利用价值 药用：全株入药，可行气、破血、消积、抗疟，治症瘕、食积、鼓胀、黄疸、疟疾等症。

有毒部位 全株有毒。

毒性成分 含瑞香二萜类化合物。

中毒反应 小鼠腹腔注射全株的甲醇提取物 600 毫克/千克，部分死亡。

乌桕（乌桕属）

拉 丁 名 *Triadica sebifera*

别　　名 桕子树、血血木、红乌桕。

形态特征 落叶乔木，高达 15 米，有乳汁；树皮暗灰色，具深纵裂纹。叶片纸质，菱形至阔菱状卵形，顶端微凸尖渐尖，全缘，长3~7.5 厘米，宽 3~9 厘米，基部阔楔形，侧脉 5~10 对；叶柄长 2.5~6 厘米，顶端有 2 枚腺体。花序顶生，长 6~12 厘米，雌雄同序；雄花：10~15 朵簇生 1 苞片腋内，苞片菱状卵形，宽约 1 毫米，顶端渐尖，近基部两侧各有 1 枚近肾形的腺体，花萼杯状，浅 3 裂，雄蕊 2 枚，稀 3 枚，外露；雌花：着生于花序轴基部，散生，着生处的两侧各有 1 枚近肾形的腺体；苞片 3 枚，菱状卵形，花萼 3 深裂；子房 3 室，花柱基部合生，柱头外卷。蒴果木质，梨状球形，直径 1~1.5 厘米。种子近圆形，黑色，被蜡层，直径约 8 毫米。花期 5~11 月，果期 6~12 月。

分布生境 贵州省全省有分布，生于旷野或疏林中。

利用价值 药用：根皮及叶入药，可消肿解毒、利尿、泻下、杀虫，叶多鲜用，可杀虫、解毒、利尿、通便，治血吸虫病、肝硬化腹水、大小便不利、毒蛇咬伤等症；外用治疔疮、鸡眼、乳腺炎、跌打损伤、湿疹、皮炎等症。经济：为经济庭园树种；种子含油脂及蜡层，是制蜡烛及肥皂、油漆的原料；木材供雕刻和家具用。

有毒部位 木材、乳汁、叶及果实均有毒。

毒性成分 含黄酮甙类化合物异槲皮甙、三萜化合物等。

中毒反应 人中毒后出现腹痛、腹泻、腹鸣、头昏、四肢及口唇麻木、耳鸣、心慌、面色苍白、四肢厥冷等症状。接触乳汁可引起刺激、糜烂。

山乌桕（乌桕属）

拉 丁 名 *Triadica cochinchinensis*

别　　名 红心乌桕、红叶乌桕。

形态特征 落叶乔本或灌木，高 3~12 米；树皮暗褐色，有皮孔。叶互生，叶片纸质，椭圆状卵形，长 3~10 厘米，宽 2~5 厘米，顶端急尖或渐尖，基部急尖，全缘，侧脉每边 8~12 条，叶柄长 2~7.5 厘米，雌雄同序；雄花：7 朵聚生于苞片腋内；苞片卵形，顶端锐尖，两侧各有腺体 1 枚；花萼杯状，具不整齐的裂齿；雄蕊 2 枚，稀 3 枚；雌花：着生于花序轴的近基部，萼片 3 枚，三角形；子房卵形，花柱和子房等长，柱头 3 裂，外卷。蒴果黑色球形，直径 1.5 厘米。种子近球形，直径 3~4 毫米，外被蜡层。花期 5~6 月，果期 6~12 月。

分布生境 贵州省南部及东南部地区有分布，生长于山谷或山坡混交林中。

利用价值 药用：根皮及叶入药，治跌打扭伤、痈疮、毒蛇咬伤及便秘等症。经济：种子含油脂及蜡层，可作肥皂的原料。木材可制火柴枝和茶箱。山乌桕的花富含糖分，招引蜂蝶；种子为鸟类所喜食，对营造人与自然和谐共处、建造鸟语花香的优美环境能起到积极的作用。观赏：该植物为优良的秋色植物和生态林树种，是“四旁”和园林绿化的优良观叶景观树种。

有毒部位 种子、皮、叶有毒。

毒性成分 含山柰酚、槲皮素、二氢槲皮素、山柰酚-3-O-β-D-吡喃葡萄糖苷。

中毒反应 其枝叶粗提物 2000 微克/毫升浓度下对斜纹夜蛾、小菜蛾 3 龄幼虫不产生毒杀作用；对松材线虫作用 48 小时后杀线活性达 83.33%，毒杀效果优于树皮提取物。且杀线活性成分分布于石油醚萃取物、乙酸乙酯萃取物中，LC_{50}值分别为 103.77 微克/毫升、138.22 微克/毫升。

白木乌桕（白木乌桕属）

拉 丁 名 *Neoshirakia japonica*

别　　名 乳白木、白乳木。

形态特征 灌木或乔木，高 1~8 米，各部均无毛；枝纤细，平滑。带灰褐色。叶互生，纸质，叶卵形、卵状长方形或椭圆形，长 7~16 厘米，宽 4~8 厘米，顶端短尖或凸尖，基部钝、截平或有时呈微心形，两侧常不等，全缘。花单性，雌雄同株常同序，聚集成顶生，长 4.5~11 厘米的纤细总状花序，雌花数朵生于花序轴基部，雄花数朵生于花序轴上部，有时整个花序全为雄花。雄花：花梗丝状，长 1~2 毫米；苞片在花序下部的比花序上部的略长，卵形至卵状披针形，每一苞片内有 3~4 朵花；花萼杯状，3 裂，裂片有不规则的小齿；雄蕊 3 枚，稀 2 枚，常伸出于花萼之外，花药球形，略短于花丝。雌花：花梗粗壮，长 6~10 毫米；苞片 3 深裂近达基部，裂片披针形，长 2~3 毫米，通常中间的裂片较大，两侧之裂片其边缘各具 1 腺体；萼片 3 枚，三角形，长和宽近相等，顶端短尖或有时钝；子房卵球形，平滑，3 室，花柱基部合生，柱头 3 枚，外卷。蒴果三棱状球形，直径 10~15 毫米。分果爿脱落后无宿存中轴；种子扁球形，直径 6~9 毫米，无蜡质的假种皮，有雅致的棕褐色斑纹。花期 5~6 月，果期 7~11 月。

分布生境 贵州省全省有分布。

利用价值 药用：可消肿利尿。

有毒部位 种子有毒。

毒性成分 含大戟二萜醇酯、巴豆醇-12，13-二酯等。

中毒反应 对鱼有强烈毒性。

粗糠柴（野桐属）

拉 丁 名 *Mallotus philippensis*

别　　名 加麻刺、红果果、香桂树。

形态特征 小乔木，小枝、幼叶和花序均被褐色星状柔毛。叶互生或近对生，卵形，长圆形或披针形，长5~16厘米，宽2~6厘米，先端渐尖，基部圆形、钝或宽楔形，基出3脉，近叶柄处有2枚腺体；上面无毛，下面略呈粉绿色，被星状短柔毛和红色腺点；叶柄长2~5厘米。花单性同株，总状花序顶生或生于上部叶腋，常有分枝，长3~8厘米，雄花序单生或成束，雌花序单生；雄花：萼片3~4枚，卵形，长2~3毫米，外被星状柔毛及腺点，雄蕊18~32枚，花药2室；雌花：花萼管状，3~5齿裂，被星状柔毛及腺点，子房2~3室，被颗粒状鲜红色腺点。蒴果3棱状球形，直径6~8毫米，无刺，密被深红色颗粒状腺点及星状毛。种子球形，直径约4.5毫米，黑色。花期3~5月。

分布生境 贵州省除西部地区外均有分布，生长于海拔500~1300米的山地、路旁、疏林中。

利用价值 药用：果壳及上面的毛茸、腺点入药，可驱虫、通污；根入药，可清热利湿，治急、慢性痢疾，咽喉肿痛等症；果上腺体粉末入药，可驱绦虫兼能驱蛲虫、线虫。经济：种子可榨油。

有毒部位 果实和叶背的红色粉末状腺点有毒。

毒性成分 含粗糠柴毒素等根皮酚类化合物。

中毒反应 人服食过量可引起中毒，出现恶心、呕吐、强烈下泻等症状。

石岩枫（野桐属）

拉 丁 名 *Mallotus repandus*

别　　名 黄豆树、万子藤、大力王。

形态特征 灌木，有时藤木状；小枝常被黄褐色星状毛。叶互生，椭圆形、卵形或长卵形，长8~20厘米，宽5~12厘米。先端渐尖，基部略心形或圆形，全缘成波状，成熟叶片上面无毛或仅脉上有疏毛，下面密被黄褐色星状毛及黄色透明腺点。花单性异株，雄花序总状或分枝为圆锥状；胶生或顶生，雄花：花萼3~4裂，密被黄褐色星状毛，雄蕊多数；雌花序为总状花序，不分枝，雌花：花萼3~5裂，密被星状茸毛，子房3室，子房及花柱上均密被黄褐色茸毛及腺点。蒴果球形，直径5~8毫米，也密被茸毛和腺点。种子球形，黑色。直径约3毫米。花期4~7月。

分布生境 贵州省安龙、册亨、望谟、罗甸等地有分布，生长于岩山，路旁向阳处。

利用价值 药用：根、茎、叶入药，可祛风活络、舒筋止痛。经济：种子可榨油。

有毒部位 全株有毒。

毒性成分 含紫珠萜酮、岩白菜素、胡萝卜甙等。

中毒反应 人中毒后出现恶心、呕吐、腹痛、腹胀等症状。

金刚纂（大戟属）

拉 丁 名 *Euphorbia neriifolia*

别　　名 麒麟阁、霸王鞭、水殃、龙骨、火殃勒。

形态特征 灌木，高达1米，有白色乳汁；枝圆柱状或具3~6棱，小枝肉质，绿色，有3~5肥厚的翅状棱。叶少，对生，倒卵形、卵状长圆形至匙形，两面光滑无毛，顶端钝圆有小尖头，基部渐狭，全缘或有时上部叶缘有不明显的细齿，长4~6厘米，宽1.5~2厘米；无柄；托叶皮刺状，宿存，坚硬。杯状聚伞花序单生或每3枚簇生，总花柄短而粗壮，总苞半球形5浅裂，裂片边缘撕裂。总苞腺体4枚，二唇形；无花瓣状附片，雄花多枚，花辨倒披针形，边缘撕裂。蒴果无毛，分果爿稍压扁状。花期4~6月，果期5~7月。

分布生境 贵州省习水、兴义、册亨、望谟、罗甸等地有分布，多种植作绿篱或盆栽。

利用价值 药用：茎、叶入药，治肠炎、痢疾等症；外用治疥疮。

有毒部位 茎、叶、乳汁有毒。

毒性成分 含三萜类化合物。

中毒反应 乳汁接触人皮肤引起皮炎、起疱，入眼可致失明，误食出现剧烈下泻、呕吐、头晕、昏迷等症状。

猩猩草（大戟属）

拉 丁 名 *Euphorbia cyathophora*

别　　名 草一品红。

形态特征 一年生直立草本，高达80厘米。叶互生，叶形多变化，卵形、椭圆形、披针形或条形，呈琴形分裂或不分裂，中部及下部的叶长4~10厘米；宽2.5~3厘米。叶柄长2~3厘米，花序下部的叶一部或全部紫红色；托叶腺点状。杯状聚伞花序多数在茎及分枝顶端排列成密集的伞房状；总苞钟状，顶端5裂，腺体1~2枚；杯状；无花瓣状附片；雄花：20朵或更多，苞片膜质，顶端撕裂，子房卵形，3室，花柱3枚，离生，顶端2裂。蒴果近球形，直径约5毫米，无毛，种子卵形，有疣状凸起。花期7月，果期7~8月。

分布生境 原产于美洲热带地区。喜温暖干燥和阳光充足环境，不耐寒，怕霜冻，耐半阴，怕积水，宜在疏松肥沃和排水良好的腐质土壤中生长。

利用价值 观赏：猩猩草上部叶片红白镶嵌，异常热闹，常用作花境或空隙地的背景材料，也可作盆栽和切花材料。

有毒部位 全株有小毒。

毒性成分 含β-谷甾醇、三萜化合物等。

中毒反应 乳汁接触人皮肤引起红肿，误食出现口腔灼烧、呕吐、腹泻等症状。

地锦（大戟属）

拉 丁 名 *Euphorbia humifusa*

别　　名 地锦草、铺地锦、田代氏大戟、血见愁、红丝草、奶浆草。

形态特征 一年生草本，茎纤细，匍匐，近基部分枝带红色，无毛。叶通常对生，长圆形，长5~10毫米，宽4~6毫米，顶端钝圆，基部偏斜，边缘有细锯齿，绿色或带淡红色，两面无毛或有稀疏毛。杯状花序单生于叶腋，总苞倒圆锥形，浅红色。顶端4裂，裂片长三角形，腺体4枚，横矩圆形，具白色花瓣状附片，子房3室；花柱3枚。蒴果三棱状球形，无毛，种子卵形，黑褐色，外被白色蜡粉。花期5~10月，果期6~11月。

分布生境 贵州省全省有分布，生长于原野荒地、路旁及田间。

利用价值 药用：全株入药，其味辛、性平，可清热解毒、凉血止血、利湿退黄，治痢疾、泄泻、咯血、尿血、便血、崩漏、疮疖痈肿、湿热黄疸等症。

有毒部位 全株有毒。

毒性成分 含黄酮类化合物、没食子酸、槲皮素、东莨菪素等。

中毒反应 人中毒后出现恶心、呕吐、头晕、头痛、腹胀、腹泻等症状。

一品红（大戟属）

拉 丁 名 *Euphorbia pulcherrima*

别　　名 猩猩木、老来娇。

形态特征 灌木，高1~3米，全体无毛。叶互生，卵状椭圆形至披针形，长7~15厘米；生于下部的叶全为绿色，全缘或浅波状或浅裂，下面被柔毛；生于上部的叶较狭，通常全缘，开花朱红色。杯状花序顶生，多数，总苞坛形，边缘齿状分裂，有1~2枚大而黄的腺体，腺体杯状，无花瓣状附片，子房3室，无毛，花柱3枚，顶端2裂。蒴果。花期为12月至翌年2月。

分布生境 贵州省各地温室内常有栽培，供观赏，性喜温暖。原产于墨西哥，我国绝大部分省区均有栽培。

利用价值 药用：茎叶入药，可消肿，治跌打损伤。观赏：常见于公园、植物园及温室中，供观赏。

有毒部位 全株有小毒。

毒性成分 含β-谷甾醇、邻苯二甲酸双-（2-乙基）己醇酯、阿魏酸、胡萝卜甙和芦丁等。

中毒反应 一品红植株内的白色乳汁具有轻微毒性，可刺激皮肤或胃部。误食可能会造成腹泻和呕吐，对敏感人群可能会造成过敏反应。如果汁液进入眼中可能会造成暂时性失明。

飞扬草（大戟属）

拉 丁 名 *Euphorbia hirta*

别　　名 飞相草、乳籽草、大飞羊、飞扬、节节花、白乳草。

形态特征 一年生草本，被硬毛，通常基部多分枝；枝常呈红色或淡紫色，匍匐或扩展，长15~40厘米。叶对生，披针状长圆形至卵状披针形，长1~4厘米，宽0.5~1.5厘米，边缘有细锯齿，稀全缘，顶端锐尖，基部圆而偏斜，中央常有1紫色斑，两面被短柔毛，下面及沿脉的毛较密，叶柄长1~2毫米。杯状花序多数密集成腋生头状花序，总苞宽钟形，外面被密生短柔毛，顶端4裂，腺体4枚，漏斗状，有短柄及花瓣状附片。蒴果卵状三棱形，被贴伏的短柔毛。种子卵状四棱形。花期4~8月，果期5~11月。

分布生境 贵州省除西部地区外各地均有分布，生长于向阳山坡、山谷、路旁或灌丛下。

利用价值 药用：全株入药，味辛、酸，性凉，可清热解毒、利湿止痒、通乳，治肺痈、乳痈、疔疮肿毒、牙疳、痢疾、泄泻、热淋、血尿、湿疹、脚癣、皮肤瘙痒、产后少乳等症。

有毒部位 全株有毒。

毒性成分 含替亚毒素及佛波醇酯类化合物等。

中毒反应 人中毒后出现恶心、腹痛、下痢等症状。

乳浆大戟（大戟属）

拉 丁 名 *Euphorbia esula*

别　　名 猫眼草、烂疤眼、华北大戟、新疆大戟、太鲁阁大戟、岷县大戟、东北大戟、松叶乳汁大戟、宽叶乳浆大戟、乳浆草。

形态特征 多年生草本。根圆柱状。茎高达60厘米，不育枝常发自基部。叶线形或卵形，长2~7厘米，宽4~7毫米，先端尖或钝尖，基部楔形或平截；无叶柄；不育枝叶常为松针状，长2~3厘米，直径约1毫米，无柄。总苞叶3~5枚；伞幅3~5条，长2~4（5）厘米；苞叶2枚，肾形，长0.4~1.2厘米。花序单生于。歧分枝顶端，无梗：总苞钟状，高约3毫米，边缘5裂，裂片半圆形至三角形，边缘及内侧被毛，腺体4枚，新月形，两端具角，角长而尖或短钝，褐色。雄花多枚；雌花1，子房柄伸出总苞；子房无毛，花柱分离。蒴果三棱状球形，长5~6毫米，具3纵沟花柱宿存。种子卵圆形，长2.5~3毫米，黄褐色；种阜盾状，无柄。花果期4~10月。

分布生境 贵州省西南部思南、松桃、湄潭、兴义、贵阳等地有分布，生长于山坡草地或砂质地上。东北各省、内蒙古、河北、山东、四川、云南、湖北、湖南、安徽、江苏、浙江等省区亦有分布。亚洲其他地区和欧洲也有。

利用价值 药用：全株入药，可利尿消肿、拔毒止痒，治四肢水肿、小便淋痛不利、疟疾等症；外用治瘰疬、疮癣瘙痒等症。经济：种子含油约35%，供工业用油。

有毒部位 全株有毒。

毒性成分 含巨大戟醇-3，20-二苯甲酸酯等。

中毒反应 人误食引起肠胃黏膜腐蚀，先呕吐后峻泻。可毒鼠、雀、蚊、蝇及其幼虫。

大戟（大戟属）

拉丁名 *Euphorbia pekinensis*

别　名 湖北大戟、京大戟。

形态特征 多年生草本，高30~80厘米。根粗壮，圆锥形。茎直立，被白色短柔毛，上部有分枝。叶互生，长3~8厘米，宽5~13毫米，全缘，下面稍被白粉。杯状聚伞花序顶生或腋生；顶生者通常有5伞梗，基部有卵形或卵状披针形，苞片5枚轮生，腋生者梗单生，杯状花序总苞坛形，顶端4裂，腺体椭圆形，无花瓣状附片；子房球形，3室，花柱3枚，顶端2枚。蒴果三棱状球形，表面具疣状凸起，种子卵形，光滑。花期5~9月，果期6~10月。

分布生境 贵州省全省有分布，生长于山坡、路旁、荒地、草丛及疏林下。

利用价值 药用：根入药，称“京大戟”，为利尿剂和峻泻剂，可通经、逐水通便、消肿散结，主治水肿；抑可作兽药用。

有毒部位 根有毒。

毒性成分 含京大戟甙、大戟酸、大戟醇类及树脂等。

中毒反应 根的乳汁对人皮肤有刺激作用，出现红肿等皮炎症状。

泽漆（大戟属）

拉丁名 *Euphorbia helioscopia*

别　名 五灯草、五朵云、五风草。

形态特征 一年生或二年生草本，高10~30厘米。茎无毛或仅分枝上部略具疏毛，基部紫红色，上部淡绿色，分枝多而斜升。叶互生，倒卵形或匙形，长1~3厘米，宽0.5~1.8厘米，先端钝圆或微凹缺，基部宽楔形，边缘在中部以上有细锯齿，无柄。茎顶端具5片轮生叶状苞片，与下部叶相似，但较大。多歧聚伞花序顶生，有5伞梗，每伞梗又生出3小伞梗，每小伞梗又第三回分2叉；杯状花序钟状，总苞顶端4浅裂：裂间腺体4枚，肾形；雄花：10余朵，每花仅雄蕊1枚，下有短柄；雌花：1朵，位于雄花中央；子房有长柄，伸出雄花之外，3室；花柱3裂。蒴果球形，直径约3毫米。种子褐色，卵形，有明显凸起的网纹。花期4~7月，果期5~11月。

分布生境 贵州省全省有分布，生长于山沟、路旁、荒野及湿地。

利用价值 药用：全株入药，可清热、祛痰、利尿消肿、杀虫止痒。经济：茎、叶滤液可防治小麦吸浆虫、麦蚜虫、红蜘蛛及棉蚜虫等；种子含油率约30%，供工业用油。

有毒部位 全株有毒。

毒性成分 含12-去氧佛波醇酯等。

中毒反应 乳汁对人口腔黏膜有刺激作用，入眼有失明的危险。内服过量出现腹痛、腹泻、呕吐、严重脱水等症状。

续随子（大戟属）

拉 丁 名 *Euphorbia lathyris*

别　　名 千金子、小巴豆、千层楼、一把伞、铁蜈蚣。

形态特征 二年生草本，高达1米。茎直立，粗壮，无毛，多分枝。茎下部的叶密生，条状披针形，全缘，无柄；茎上部的叶交互对生，卵状披针形，先端锐尖，基部心形而多少抱茎，长5~12厘米，宽1~2厘米。杯状聚伞花序顶生，2~4伞梗，基部轮生2~4枚，每伞梗有叉状分枝，苞片2枚，三角状卵形，杯状花序总苞钟形，顶端4~5裂，腺体4枚，新月形，两端具短而钝的角。蒴果近球形，无毛。种子长圆状球形；表面有黑褐相间的条纹。花期4~7月，果期6~9月。

分布生境 原产欧洲。我国栽培已有一千余年。贵州省全省有栽培，间有野生；喜阳光，生长于向阳山坡。

利用价值 药用：全株入药，可治蛇咬伤。种子可作利尿、泻下剂和通经药，外用涂疥癣、恶疮等。种子、茎、叶及茎中白色乳汁均可入药，可逐水消肿、破症杀虫、导泻、镇静、镇痛、抗炎、抗菌、抗肿瘤。临床报道，可治疗晚期血吸虫病腹水、毒蛇咬伤、妇女经闭等症。经济：种子含油率达50%，可制肥皂、软皂、润滑油等。续随子是一种理想的能源植物，其种子油主要成分与菜籽油相近，可作为生物柴油原油，因此续随子可全株利用。续随子的种子浸提液可作土农药，用于防治螟虫、蚜虫等。其油粕可作肥料施于作物根部，同时可防治地老虎、蝼蛄等害虫。

有毒部位 种子有毒。

毒性成分 含多种巨大戟醇酯。

中毒反应 人中毒后出现呕吐、腹泻、痉挛等症状，可促癌。

土瓜狼毒（大戟属）

拉 丁 名 *Euphorbia prolifera*

别　　名 无。

形态特征 多年生草本，高达50厘米。根茎粗大，枝棕色，内面淡红色；茎丛生，不分枝，草质，圆柱形，不分枝或少分绿色，有时带紫色，无毛，草质。叶互生，稀对生或近轮生，披针形或椭圆状披针形，长1.2~2.8厘米，宽3~9毫米，先端渐尖或尖，基部圆，两面无毛，全缘，侧脉4~6对；叶柄长约1毫米，基部具关节。头状花序顶生，具绿色叶状苞片。花黄、白色或下部带紫色，芳香；无花梗；

萼筒纤细，长 0.9~1.1 厘米，具明显纵脉，基部稍膨大，无毛，裂片 5 枚，长圆形，长 2~4 毫米，先端圆，常具紫红色网状脉纹；雄蕊 10 枚，有 2 轮，下轮着生于花萼筒中部以上，上轮着生于花萼筒喉部，花药微伸出；子房被黄色丝状毛，近无柄，上部被丝状柔毛。果圆锥状，长约 5 毫米，顶端有灰白色柔毛，为萼筒基部包被；果皮淡紫色，膜质。花期 4~6 月，果期 7~9 月。

分布生境 贵州省普定地区有分布。

利用价值 药用：可利水、通便、行气、散瘀、杀虫、解毒，主治水肿、便秘、食积、胃痛、跌打损伤、骨折、疥癣、疮毒等症。经济：根还可提取工业用酒精，根及茎皮可造纸。

有毒部位 全株有毒，根毒性较大。

毒性成分 含大戟树脂、生物碱及皂甙等。

中毒反应 人中毒后出现腹痛、腹泻、呕吐、烦躁、眩晕、步态不稳、痉挛等症状。

绿玉树（大戟属）

拉 丁 名 *Euphorbia tirucalli*

别　　名 光棍树、绿珊瑚、铁罗、神仙棒。

形态特征 小乔木，高达 6 米。茎与枝幼时绿色；小枝肉质，具乳汁。叶互生，长圆状线形，长 0.7~1.5 厘米，先端钝，基部渐窄，全缘，无柄或近无柄，常生于当年生嫩枝上，稀疏，旋脱落，常呈无叶状：由茎行使光合功能；苞叶干膜质，早落。花序密集枝顶，具梗：总苞呈陀螺状，内侧被短柔毛，腺体 5 枚，盾状卵形或近圆形。雄花数枚，伸出总苞：雌花 1 枚，子房柄伸至总苞边缘；子房无毛，花柱中下合生。蒴果：棱状球形，直径约 8 毫米，平滑。种子卵圆形，直径约 4 毫米，平滑，种阜微小。花果期 7~10 月。

分布生境 原产非洲东部（安哥拉），广泛栽培于热带和亚热带，并有逸为野生现象。贵州省各地有栽培，或作为行道树（南方）或温室栽培观赏（北方）。喜温暖（25℃~30℃）、耐旱、耐盐和耐风，好光照，能于贫瘠土壤中生长。

利用价值 药用：对金黄葡萄球菌具有抗生作用。其汁液入药可通便、祛风，治淋病、百日咳、哮喘、水肿、麻风、黄疸病、膀胱结石等症；其乳汁入药可用于治疗发痒及蝎子的蜇咬；而且绿玉树可用于治疗阳痿、毒蛇咬伤等症，并可以用作解毒。观赏：由于绿玉树具有耐旱、耐盐、耐风及在贫瘠的土壤也可生长的特点，人们经常将它种植在少雨地区。这样不仅可以绿化造林还可以保护土壤。经济：绿玉树的乳汁中含有丰富的碳氢化合物，且与石油的成分相似。可以直接或与其他物质混合成原油，作为燃料油替代石油。

有毒部位 树液有毒。

毒性成分 含多种佛波醇酯类物质。

中毒反应 刺激人皮肤可出现发炎、红肿、痛痒和脓包等症状；入眼可致暂时失明；服用可致泻。对鱼毒性较大，可致死。

70. 橄榄科 Burseraceae

橄榄（橄榄属）

拉 丁 名 *Canarium subulatum*

别　　名 黄榄、青果、山榄、白榄、红榄、青子、谏果、忠果。

形态特征 常绿乔木。高可达 35 米，胸径可达 150 厘米。小叶 3~6 对，纸质至革质，侧脉 12~16 对，果序长 1.5~15 厘米，具 1~6 果。卵圆形至纺锤形，成熟时黄绿色，外果皮厚，核硬，两端尖，核面粗化。花期 4~5 月，果期 10~12 月。

分布生境 贵州省毕节、赤水、车网、习水、二郎、黄金及望谟、罗甸等地有分布，生长于海拔 650 米以下的河谷或栽培。

利用价值 药用：果、叶、树皮入药，可清热解毒、化痰消积，治晕车；叶、树皮入药可防治脑炎；根入药可舒筋活络。

有毒部位 树皮有毒。

毒性成分 主要含有毒生物碱。

中毒反应 人服用橄榄树皮水煎剂可致急性中毒性肝炎，出现食欲缺乏、上腹部不适、恶心、呕吐、乏力等症状，伴有腹痛、腹泻、皮疹。

71. 茜草科 Rubiaceae

钩藤（钩藤属）

拉 丁 名 *Uncaria rhynchophylla*

别　　名 双钩藤、鹰爪风、钩丁。

形态特征 藤本；嫩枝较纤细，方柱形或略有 4 棱角，无毛。叶纸质，椭圆形或椭圆状长圆形，长 5~12 厘米，宽 3~7 厘米，两面均无毛，干时褐色或红褐色，下面有时有白粉，顶端短尖或骤尖，基部楔形至截形，有时稍下延；侧脉 4~8 对，脉腋窝陷有黏液毛；叶柄长 5~15 毫米，无毛；托叶狭三角形，深 2 裂达全长 2/3，外面无毛，里面无毛或基部具黏液毛，裂片线形至三角状披针形。头状花序不计花冠直径 5~8 毫米，单生叶腋，总花梗具一节，苞片微小，或呈单聚伞状排列，总花梗腋生，长 5 厘米；小苞片线形或线状匙形；花近无梗；花萼管疏被毛，萼裂片近三角形，长 0.5 毫米，疏被短柔毛，顶端锐尖；花冠管外面无毛，或具疏散的毛，花冠裂片呈卵圆形，外面无毛或略被粉状短柔毛，边缘有时有纤毛；花柱伸出冠喉外，柱头棒形。果序直径 10~12 毫米；小蒴果长 5~6 毫米，被短柔毛，宿存萼裂片近三角形，长 1 毫米，星状辐射。花果期 5~12 月。

分布生境 贵州省雷山、三都、黎平、榕江等地有分布，生长于海拔 500 米左右的山地阔叶林内。

利用价值 药用：钩和小枝入药作镇静药。以干燥带钩茎枝入药，可镇静、降压、清热平肝、息风定惊，治头痛眩晕、感冒夹惊、惊痫抽搐、妊娠子痫、高血压等症。钩藤是治疗心脑血管疾病的首选药材之一，临床上有着悠久的应用历史。经济：钩藤种植投资少、易管理、经济寿命长，不占用农田，是一项适合农民群众选择发展的好产业，能促进农村经济的发展、农民增收。观赏：钩藤是藤本植物中的一种，藤本植物又称攀缘植物，通过主茎缠绕或攀缘器官攀缘其他物升高。钩藤是垂直绿化的好材料，用枝叶茂盛的藤本植物钩藤作日晒的绿化屏障，赏心悦目，同时改善视觉条件，美化环境，改善卫生。

有毒部位 钩和小枝有毒。

毒性成分 含钩藤碱、异钩藤碱、去氢钩藤碱等。

中毒反应 钩藤碱和钩藤总碱小鼠腹腔注射的半数致死量分别为 162.3 毫克/千克、144.2 毫克/千克，中毒时活动减少，全身无力。

▶▶▶ 鸡矢藤（鸡矢藤属）

拉 丁 名 *Paederia foetida*

别　　名 牛皮冻、女青、狭叶鸡矢藤、疏花鸡矢藤。

形态特征 藤状灌木，无毛或被柔毛。叶对生，膜质，卵形或披针形，长 5~10 厘米，宽 2~4 厘米，顶端短尖或削尖，基部浑圆，有时心状形，叶上面无毛，在下面脉上被微毛；侧脉每边 4~5 条，在上面柔弱，在下面凸起；叶柄长 1~3 厘米；托叶卵状披针形，长 2~3 毫米，顶部 2 裂。圆锥花序腋生或顶生，长 6~18 厘米，扩展；小苞片微小，卵形或锥形，有小睫毛；花有小梗，生于柔弱的三歧常作蝎尾状的聚伞花序上；花萼钟形，萼檐裂片钝齿形；花冠紫蓝色，长 12~16 毫米，通常被绒毛，裂片短。果阔椭圆形，压扁，长和宽 6~8 毫米，光亮，顶部冠以圆锥形的花盘和微小宿存的萼檐裂片；小坚果浅黑色，具 1 阔翅。花期 5~6 月。

分布生境 贵州省全省有分布，生长于山坡灌木丛中。

利用价值 药用：花和叶的汁可治毒虫蜇伤，又可治疗冬季冻疮；茎叶治小儿疳积、支气管炎、肺结核、咳嗽等症；根治肝炎、痢疾、风湿骨痛、毒蛇咬伤等症。观赏：鸡矢藤，扁圆柱形的茎，茎面无毛或近无毛的，花序轴及花均被疏柔毛，花色是淡紫色的，气味较为特别，可作为中药，味微苦、涩，是中药植物也是花卉景观植物。

有毒部位 全株有小毒。

毒性成分 含鸡矢藤甙、鸡矢藤甙酸等。

中毒反应 人中毒后出现呕吐、腹泻等症状。小鼠腹腔注射全株的乙醇提取物

500 毫克/千克，出现活动减少、呼吸困难、共济失调、阵发性痉挛等症状，继而瘫痪，最后因呼吸抑制而死亡。

云南鸡矢藤（鸡矢藤属）

拉 丁 名 *Paederia yunnanensis*

别　　名 毛鸡矢藤。

形态特征 藤状灌木，长达 7 米。枝被绒毛或硬毛。叶近膜质，卵状心形，长 6~10 厘米，宽 3.5~6 厘米，先端短尖或尾尖，基部心形，上面被柔毛，下面密被绒毛，稀两面均被微柔毛，侧脉 6~8 对；叶柄长 2.5~5 厘米，被绒毛，托叶膜质，披针状三角形，长 0.7~1 厘米，被微柔毛。圆锥花序腋生或生于顶部侧枝，狭窄，长 6~12 厘米，被柔毛；苞片托叶状。花具短梗，常密集生花序分枝成裂片 5 裂，长约 1 毫米，被硬毛；花冠筒长约 7 毫米，被硬毛，裂片宽三角形，长 1~2.5 毫米。果卵形，长 7~9 毫米，无毛，宿存萼裂片被毛；小坚果有乳头状毛，有翅。花期 6~10 月。

分布生境 贵州省贞丰、册亨、关岭等地有分布，生长于海拔 1000 米以上的山坡灌木丛中。

利用价值 药用：根入药，可消炎、止痛、接骨，治肝炎、急性结膜炎、眼内异物、骨折等症。

有毒部位 全株有小毒。

毒性成分 含鸡矢藤甙、鸡矢藤甙酸等。

中毒反应 小鼠腹腔注射全株的乙醇提取物 500 毫克/千克，出现活动减少、呼吸困难、共济失调、阵发性痉挛等症状，继而后肢瘫痪，最后因呼吸抑制而死亡。

茜草（茜草属）

拉 丁 名 *Rubia cordifolia*

别　　名 血茜草、血见愁。

形态特征 草质攀缘藤本。茎数至多条，有 4 棱，棱有倒生皮刺，多分枝。叶 4 枚轮生，纸质，披针形或长圆状披针形，长 0.7~3.5 厘米，先端渐尖或钝尖，基部心形，边缘有皮刺，两面粗糙，脉有小皮刺，基出脉 3 对，稀外侧有 1 对很小的基出脉；叶柄长 1~2.5 厘米，有倒生皮刺。聚伞花序腋生和顶生，多 4 分枝，有花十余朵至数十朵，花序梗和分枝有小皮刺；花冠淡黄色，干后淡褐色，裂片近卵形，微伸展，长 1.3~1.5 毫米，无毛。果球形，直径 4~5 毫米，成熟时橘黄色。花期 8~9 月，果期 10~11 月。

分布生境 贵州省全省有分布，生长于山地灌丛草坡或林缘。

利用价值 药用：根入药，可凉血、止血、祛瘀、利尿，治吐血、衄血、崩漏下血、外伤出血、经闭瘀阻、关节痹痛、跌扑肿痛等症。经济：茜草是一种历史悠久的植物染料，根含茜根酸、紫色精和茜素，可作为染料。

有毒部位 根有毒。

毒性成分 含茜草素、异茜草素、羟基茜草素、茜草酸、茜草甙等。

中毒反应 茜草素对蚯蚓、囊尾蚴、蜗牛等有毒，但对哺乳动物和人等则相对无毒。小鼠口服茜草双酯淀粉糊 200 毫克无任何毒性反应；腹腔注射油酸乙酯茜草双酯混悬液的半数致死量为 3012.4±66.4 毫克/千克。狗长期每日口服茜草双酯 5.4 克/只，连续 90 天，未见毒性反应，剂量增至 9.6 克/只，则出现明显毒性反应，个别死亡。

大叶茜草（茜草属）

拉 丁 名 *Rubia schumanniana*

别　　名 咸洒、小红参、灯儿草、四能草、女儿红。

形态特征 草本。叶 4 枚轮生，披针形至宽卵形，先端渐尖或近短尖，基部宽楔形至浅心形，边稍反卷而粗糙。聚伞花序多具分枝，成圆锥花序式，顶生和腋生，花序梗有直棱，花冠白或绿黄色，干后常褐色，裂片 4~6 裂，近卵形，先端渐尖或短尾尖，常内弯。黑色浆果球状。花果期夏秋季。

分布生境 贵州省威宁、盘县、兴义、册亨、印江（梵净山）等地有分布，生长于海拔 1200~2200 米的山地灌丛中或岩石缝隙中。

利用价值 药用：全株入药，可止血化瘀、消炎解毒，治血热引起的各种出血、便血、尿血、月经过多、肿瘤、经闭、水肿、血崩、跌打损伤、肝炎、痈肿疔毒、蛇伤等症。

有毒部位 根有毒。

毒性成分 含大叶茜草素、蒽醌类等。

中毒反应 小鼠腹胀注射根的乙醚提取物 240 毫克/千克，出现活动减少、身体摇晃、颤动、四肢无力等症状，加大剂量则症状加剧、瘫痪、死亡。

72. 旋花科 Convolvulaceae

打碗花（打碗花属）

拉 丁 名 *Calystegia hederacea*

别　　名 燕覆子（图考）、蒲（铺）地参、盘肠参、兔耳草。

形态特征 一年生草本，高 30~40 厘米。全株无毛。茎平卧，具细棱。茎基部叶长圆形，长 2~5.5 厘米，先端圆，基部戟形；茎上部叶三角状戟形，侧裂片常 2 裂，中裂片披针状或卵状三角形；叶柄长 1~5 厘米。花单生叶腋，花梗长 2.5~5.5 厘米；苞片 2 枚，卵圆形，长 0.8~1 厘米，包被花萼，宿存；萼片长圆形；花冠漏斗状，粉红色，长 2~4 厘米。蒴果卵圆形，长约 1 厘米。种子黑褐色，表面有小疣。

分布生境 贵州省贵阳、惠水、龙里等地有分布，生长于海拔 800~1400 米的山坡草地、路旁和荒地。

利用价值 根入药，治妇女月经不调，赤白带下等症。

有毒部位 根、茎有毒。

毒性成分 含有防已内酯、掌叶防已碱、叶含山柰酚-3-半乳苷成分等。

中毒反应 人食用过量出现恶心、腹痛、呕吐、脱水等症状。

牵牛（番薯属）

拉 丁 名 *Ipomoea nil*

别　　名 牵牛花、喇叭花。

形态特征 一年生缠绕草本；长 2~5 米。叶宽卵形或近圆形，长 4~15 厘米，为 3~5 裂，先端渐尖，基部心形；叶柄长 2~15 厘米。花序腋生，具少花，花序梗长 1.5~18.5 厘米；苞片线形或丝状，小苞片线形。花梗长 2~7 毫米；萼片披针状线形，长 2~2.5 厘米，内 2 片较窄，密被开展刚毛；花冠蓝紫或紫红色，筒部色淡，长 5~10 厘米，无毛；雄蓝及花柱内藏；子房 3 室。蒴果近球形，直径 0.8~1.3 厘米。种子卵状三棱形，黑褐或米黄色，长 5~6 毫米，被微柔毛。花期 5~9 月，果期 6~9 月。

分布生境 贵州省贵阳、遵义、兴义、都匀等地大多为栽培，稀逸为野生。多栽培于庭园供观赏，野生于山坡灌丛，路旁草地。

利用价值 药用：种子为著名中药，被称为牵牛子，或黑丑、丑牛，可泻水利尿、逐痰、杀虫。观赏：牵牛花是常见的观赏植物。

有毒部位 全株有毒，种子毒性较大。

毒性成分 含牵牛子甙、麦角生物碱等。

中毒反应 人服用过量出现呕吐、腹泻、腹痛、便血、语言障碍、昏迷等症状。

茑萝（番薯属）

拉 丁 名 *Ipomoea quamoclit*

别　　名 茑萝松、五角星花、羽叶茑萝、锦屏封、金丝线、绕龙花。

形态特征 一年生柔弱缠绕草本，无毛。叶卵形或长圆形，长 2~10 厘米，宽 1~6 厘米，羽状深裂至中脉，具 10~18 对线形至丝状的平展的细裂片，裂片先端锐尖；叶柄长 8~40 毫米，基部常具假托叶。花序腋生，由少数花组成聚伞花序；总花梗大多超过叶，长 1.5~10 厘米，花直立，花柄较花萼长，长 9~20 毫米，在果时增厚呈棒状；萼片绿色，稍不等长，椭圆形至长圆状匙形，外面 1 个稍短，长约 5 毫米，先端钝而具小凸尖；花冠高脚碟状，长 2.5 厘米以上，深红色，无毛，管柔弱，上部稍膨大，冠檐开展，直径 1.7~2 厘米，5 浅裂；雄蕊及花柱伸出；花丝基部具毛；子房无毛。蒴果卵形，长7~8 毫米，4 室，4 瓣裂，隔膜宿存，透明。种子 4 枚，卵状长圆形，长 5~6 毫米，黑褐色。

分布生境 贵州省贵阳、遵义、铜仁等地有分布。

利用价值 药用：可清热消肿，治耳疔、痔瘘等症。观赏：茑萝松的细长光滑的蔓生茎，长可达4~5米，柔软，极富攀缘性，花叶俱美，为庭园栽养观赏植物。

有毒部位 种子有毒。

毒性成分 含牵牛子甙。

中毒反应 人服用过量出现呕吐、腹泻、腹痛、便血、语言障碍、昏迷等症状。

73. 桔梗科 Campanulaceae

半边莲（半边莲属）

拉 丁 名 *Lobelia chinensis*

别　　名 瓜仁草、急解索、细米草、蛇舌草、半边花、水仙花草、镰么仔草。

形态特征 多年生草本。根圆柱形，侧生须根，黄白色，肉质。茎细弱匍匐，节上生根，分枝直立，高6~20厘米，无毛。叶互生，狭披针形或条形，先端急尖，基部圆形，无毛，长8~25毫米，宽2~6毫米。花单生叶腋；花梗纤细；花萼筒呈长柱形，基部渐细而与花梗相连，裂片披针形；花冠粉红色或淡紫色，长约11毫米，裂片披针形，花丝中部以上连合。蒴果倒圆锥形。种子椭圆形，近肉色。花果期5~10月。

分布生境 贵州省全省有分布，生长于田边、沟边、潮湿地及阴坡。

利用价值 药用：全株含有山梗菜碱等多种生物碱，入药可清热解毒、利尿消肿，治毒虫蛇咬伤、痈肿炎症、阑尾炎及肝硬化和晚期血吸虫病腹水等症。

有毒部位 全株有毒。

毒性成分 含山梗菜碱等多种吡啶生物碱、黄酮甙、皂甙等。

中毒反应 人中毒后出现流涎、恶心、呕吐、头痛、腹痛、腹泻、脉弱、瞳孔散大、昏睡、痉挛等症状，甚至因呼吸抑制或心脏停搏而死亡。

西南山梗菜（半边莲属）

拉 丁 名 *Lobelia seguinii*

别　　名 野烟、红雪柳。

形态特征 半灌木状草本，植株高大，可达2.5米。茎多分枝，无毛。叶螺旋状效列，下部的长矩圆形，长达25厘米，具长柄，中部以上的披针形，长6~20厘米，先端渐尖，基部渐狭，边缘有锯齿，无毛，纸质。总状花序生主茎和分枝的顶端，花较密集，偏向花序轴一侧；花序下部的几枚苞片条状披针形，边缘有细锯齿，长于花，上部的变窄成条形，全缘，短于花；花梗长5~8毫米，稍背腹压扁，向后弓垂，顶端生2枚条状小苞片；花萼筒倒卵状矩圆形至倒锥状，长5~8毫米，无毛，裂片披针状条形，长8~25毫米，宽1.5~2毫米，全缘，无毛；花冠紫红色、紫蓝色或淡蓝色，长 2.5~3.5 厘米，内面喉部以下密生柔毛，上唇裂片长条形，宽约 1 毫米，相当于花冠长的 2/3，上升或平展，下唇裂片披针形，约为花冠长的一半，外展；雄蕊连合成筒，花丝筒约与花冠筒等长，除基部外无毛，花药管长 5~7 毫米，基部有数丛短毛，背部无毛，下方 2 花药顶端生笔毛状髯毛。蒴果矩圆状，长 1~1.2 厘米，宽 5~7 毫米，无毛，因果梗向后弓曲而倒垂。种子矩圆状，表面有蜂窝状纹饰。花果期 8~10 月。

分布生境 贵州省西部及北部地区有分布，生长于山地草坡和林边。

利用价值 药用：全株入药，可消炎、止痛、解毒和杀虫，治风湿性关节炎、跌打损伤、疮疡肿毒及扁桃腺炎等症。

有毒部位 全株有毒。

毒性成分 主要含山梗菜碱。

中毒反应 人误食出现头昏、心慌、呕吐、血压下降等症状。小鼠腹腔注射全株乙醇提取物 35.1 克/千克，出现活动减少，震颤等症状；注射氯仿提取物 600 毫克/千克，惊厥死亡。

密毛山梗菜（半边莲属）

拉 丁 名 *Lobelia clavate*

别　　名 大将军。

形态特征 半灌木状草本。主根粗壮，侧根纤维状。茎分枝多，密生毡毛。基生叶倒卵状椭圆形，茎生叶矩圆状椭圆形，顶端锐尖，基部楔形至圆形，边缘密生小齿和短睫毛，两面被短毡毛。总状花序多个组成圆锥花序，花密集；总苞片与叶同型但较小，边缘锯齿状，其间有小齿和睫毛，苞片披针状条形，被短毡毛；花梗弓曲，圆柱状，生毡毛；花萼筒半球形，密被短毡毛，裂片披针状条形；花冠白色，外面被短毡毛，内面生长柔毛；雄蕊连合成筒，花丝筒密被短柔毛。蒴果近球形，密被短柔毛。种子矩圆形。花果期 1~4 月。

分布生境 贵州西部和西南部地区有分布，生长于山地草坡上、林下或路边。

利用价值 药用：根、叶入药，味辛，性凉，可消炎、止痛、解毒、祛风、杀虫，治风湿性关节炎、跌打损伤、蛇伤、痈肿等症。

有毒部位 全株有毒。

毒性成分 主要含山梗菜碱。

中毒反应 小鼠腹腔注射全株的氯仿提取物 1000 毫克/千克，出现兴奋奔走、震颤、步态不稳、嗜睡等症状。

74. 石蒜科 Amaryllidaceae

蒜（葱属）

拉 丁 名 *Allium sativum*

别　　名 胡蒜、大蒜。

形态特征 鳞茎单生，球状或扁球状，常由多数小鳞茎组成，外为数层鳞茎外皮包被，外皮白或紫色，膜质，不裂。叶宽线形或线状披针形，短于花葶，宽达2.5厘米。花葶圆柱状，高25~60厘米，中部以下被叶鞘；总苞喙长7~20厘米，早落；伞形花序具株芽，间有数花。花梗纤细，长于花被片；小苞片膜质，卵形，具短尖；花常淡红色；内轮花被片卵形，长3毫米，外轮卵状披针形，长4毫米，长于内轮；花丝短于花被片，基部合生并与花被片贴生，内轮基部扩大，其扩大部分两侧具齿，齿端长丝状，比花被片长，外轮锥形；子房球形；花柱不伸出花被。花期7月。

分布生境 我国各地普遍栽培。

利用价值 药用：鳞茎作药用，可增强免疫力、抗菌杀毒，同时也可抗衰老、软化血管、活血化瘀，对心血管、脑血管疾病有一定的缓解作用。食用：幼苗、花葶（蒜薹）和鳞茎均供蔬菜食用。

有毒部位 全株有小毒。

毒性成分 含石蒜生物碱。

中毒反应 有刺激肝、肺、胃、眼的效力。患有胃病的人食之，会使胃部疼痛加剧；患有肝热和肝炎的人食之，会使病情严重；患有眼病的人食之，会使眼睛昏沉、发痒、红肿。健康人偏食之也易伤脾、损肺、坏肝、毁眼。

石蒜（石蒜属）

拉 丁 名 *Lycoris radiata*

别　　名 龙爪花、蟑螂花、老鸦蒜、红花石蒜、山乌毒。

形态特征 多年生草本。鳞茎近球形，直径1~3厘米。叶深绿色，秋季出叶，窄带状，长约15厘米，宽约5毫米，先端钝，中脉具粉绿色带。花茎高约30厘米，顶生伞形花序有4~7花；总苞片2枚，披针形，长约3.5毫米，宽约5毫米。花两侧对称，鲜红色，花被筒绿色，长约5毫米；花被裂片窄倒披针形，长约3厘米，宽约5毫米，外弯，边缘皱波状；雄蕊伸出花被，比花被长约1倍。花期8~9月，果期10月。

分布生境 贵州省赤水（官渡）、正安、务川、凤冈、湄潭（马山）、翁安、贵阳（六冲关、新添寨）、黔西及关岭等地有分布，生长于海拔800~1600米阴湿山坡、溪沟边石缝中或河边灌丛中，庭园中亦有栽培。

利用价值 药用：鳞茎入药，有小毒，可解毒、祛痰、利尿、催吐、杀虫等，主治咽喉肿痛、痈肿疮毒、瘰疬、肾炎水肿、毒蛇咬伤等症。石蒜碱具一定抗癌活性，并能抗炎、解热、镇痛及催吐；加兰他敏和力可拉敏用以治疗小儿麻痹症。

有毒部位 全株有毒，花毒性较大，其次是鳞茎。

毒性成分 含石蒜碱、多花水仙碱、石蒜宁碱、石蒜胺碱等。

中毒反应 人中毒后出现恶心、呕吐、头晕、舌硬直、心跳过缓、手足发冷、烦躁、惊厥、虚脱等症状，严重的甚至因呼吸麻痹而死亡。

忽地笑（石蒜属）

拉 丁 名 *Lycoris aurea*

别　　名 铁色箭。

形态特征 多年生草本。鳞茎卵圆形，直径约 5 厘米。叶秋季抽出，剑形，长约 60 厘米，宽 1.7~2.5 厘米，先端渐尖，中脉淡色带明显。花茎高约 60 厘米，顶生伞形花序有 4~7 花；总苞片 2 枚，披针形，长约 3.5 厘米，宽约 8 毫米。花两侧对称，黄色，花被筒长 1.2~1.5 厘米，花被裂片倒披针形，长约 6 厘米，宽约 1 厘米，外弯，背面中脉具淡绿色带，边缘波状皱缩；雄蕊稍伸出花被，比花被长约 1/6,花丝黄色；花柱上部玫瑰红色。蒴果具 3 棱。种子少数，近球形，黑色。花期 8~9 月，果期 10 月。

分布生境 贵州省凤冈、黔西、织金（金龙）、贵阳（花溪、六冲关）、榕江（平阳）等地有分布，生长于海拔 600~1300 米阴湿山坡及山谷石缝中。

利用价值 药用：鳞茎为提取加兰他敏的良好原料，作治疗小儿麻痹症的药物。经济：鳞茎可制酒精或作农药，也可作造纸的糊料。观赏：可作观赏植物。

有毒部位 全株有毒，鳞茎毒性较大。

毒性成分 含石蒜碱、多花水仙碱、石蒜胺碱等。

中毒反应 出现流涎、呕吐、下泻、舌硬直、惊厥、四肢发冷、休克等症状，严重的甚至惊厥而死。

水仙（水仙属）

拉 丁 名 *Narcissus tazetta var. chinensis*

别　　名 凌波仙子、金盏银台、落神香妃、玉玲珑、金银台、天蒜等。

形态特征 多年生草本。鳞茎卵球形。叶扁平，线形，粉绿色，长 20~40 厘米，宽 0.8~1.5 厘米，先端钝。花莲与叶近等长；伞形花序有 4~8 朵花。花梗不等长；花白色，芳香；花被管灰绿色，长约 2 厘米；花被裂片 6 裂，宽卵形或宽椭圆形，先端短尖；副花冠淡黄色，浅杯状，长不及花被 1/2；雄蕊着生花被筒内，花药基着。花期为春季。

分布生境 贵州省各地庭园有栽培，亦有不少家庭栽植于盆中或水盆中。

利用价值 药用：可清热解毒、散结消肿；外科用作镇痛剂，治腮腺炎、痈疖疔毒初起红肿热痛等症。观赏：可作观赏植物。经济：水仙花芳香油含量达 0.2%~0.45%，经提炼可调制香精、香料；可配制香水、香皂及高级化妆品；水仙香精是香型配调中不可缺少的原料。水仙花清香隽永，采用水仙鲜花熏茶，制成高档水仙花茶、水仙乌龙茶等，茶气隽香、味甘醇。

有毒部位 全株有毒，鳞茎毒性较大。

毒性成分 含石蒜碱、多花水仙碱等多种生物碱。

中毒反应 人误食出现呕吐、腹痛、出冷汗、下痢、昏睡、体温升高、虚脱等症状，严重的甚至因痉挛、麻痹而死亡。牛羊误食鳞茎，立即出现痉挛、瞳孔放大、暴泻等症状。

花朱顶红（朱顶红属）

拉 丁 名 *Hippeastrum vittatum*

别　　名 孤挺花、百支莲、喇叭花。

形态特征 多年生草本。鳞茎大，球形，直径 5~7.5 厘米。叶 6~8 枚，鲜绿色，宽带状，长 30~60 厘米，宽 2~6 厘米。花茎高 50~70 厘米；伞形花序有花 2~6 朵，花大；佛焰苞状总苞片披针形，长 5~7.5 厘米；花被漏斗状，红色，中心及边缘有白色条纹；花被管长约 3 厘米，花被裂片倒卵形至长圆形，长 9~15 厘米，宽 2.5~4 厘米，顶端急尖，喉部有小形不显著的鳞片；雄蕊 6 枚，着生于花被管喉部，短于花被裂片；子房下位，胚珠多数；花柱与花被近等长或稍长，柱头 3 裂。蒴果球形，3 瓣开裂；种子扁平，花期为春夏。

分布生境 贵州省各地庭院与家庭栽培供欣赏。

利用价值 药用：主要用于各种不知名的肿痛、跌打损伤和瘀血红肿等，可煎汤内服，也可以研成末加水调成膏进行涂抹。此外，花朱顶红的花籽也有很多功效，对于脾胃消化吸收功能十分有利，脾阳亏、胃阴虚都可以食用；具有强健机体、滋肾遗精的作用，对治疗女性白带多、小便频繁等也有帮助；还可用于降低血糖，对糖尿病人有很大益处。观赏：花朱顶红具有很高的观赏价值。

有毒部位 鳞茎有小毒。

毒性成分 含石蒜碱等。

中毒反应 人误食出现呕吐、昏睡、腹泻等症状。

75. 鸢尾科 Iridaceae

鸢尾（鸢尾属）

拉 丁 名 *Iris tectorum*

别　　名 蓝蝴蝶、紫蝴蝶、扁竹花。

形态特征 植株基部包有老叶残留叶鞘及纤维。根状茎粗壮，二歧分枝，直径约1厘米。叶基生，黄绿色，宽剑形，无明显中脉，长15~50厘米，宽1.5~3.5厘米。花茎高20~40厘米，顶部常有1~2侧枝；苞片2~3枚，绿色，草质，披针形，长5~7.5厘米，包1~2花。花蓝紫色，直径约10厘米：花被筒细长，上端喇叭形；外花被裂片圆形或圆卵形，长5~6厘米，有紫褐色花斑，中脉有白色鸡冠状附属物，内花被裂片椭圆形，长4~4.5厘米，爪部细；雄蕊长约2.5厘米，花药鲜黄色；花柱分枝扁平，淡蓝色，长约3.5厘米，顶端裂片四方形，子房纺锤状柱形，长1.8~2厘米。蒴果长椭圆形或倒卵圆形，长5~6厘米。种子梨形，黑褐色。花期4~5月，果期6~8月。

分布生境 贵州省遵义、平坝、贵阳、惠水、贵定、都匀、独山、铜仁、凯里等地有分布，生长于山坡、林缘、水边湿地，各地庭园也常见栽培。

利用价值 药用：根状茎入药，可活血祛瘀、祛风利湿、解毒、消积。

有毒部位 全株有毒，以根茎和种子毒性较大，尤以新鲜的根茎更甚。

毒性成分 含鸢尾甙、鸢尾甲黄甙。

中毒反应 猪、牛误食后出现峻泻及呕吐症状。

唐菖蒲（唐菖蒲属）

拉 丁 名 *Gladiolus gandavensis*

别　　名 十样锦、剑兰、菖兰、荸荠莲、十三太保。

形态特征 球茎扁球形，直径2.5~4.5厘米，有棕黄色膜质包被。叶基生或在花茎基部互生，剑形，有数条纵脉及突出中脉，基部鞘状，先端渐尖，嵌迭状2列，长40~60厘米，宽2~4厘米。花茎不分枝，高50~80厘米。穗状花序顶生；花下有膜质苞片2枚。花无梗，两侧对称，黄、红、白或粉红色，直径6~8厘米；花被筒弯曲，花被裂片卵圆形或椭圆形，上方3片稍大；雄蕊3枚，着生于花被筒，长5~6厘米；花柱长约6厘米，柱头3裂。蒴果椭圆形或倒卵圆形。种子扁，有翅。花期7~9月，果期8~10月。

分布生境 贵州省遵义、湄潭、铜仁、贵阳、都匀、凯里、兴义、独山等地有栽培，少数可逸为半野生。

利用价值 药用：球茎入药，可清热、解毒、滋阴，治腮腺炎、淋巴腺炎及跌打损伤等。观赏：为著名观赏花卉，常栽培于庭园中。

有毒部位 鳞茎有毒。

毒性成分 含黄酮甙类物质。

中毒反应 人中毒后出现呕吐、腹痛、便血等症状。

76. 菖蒲科 Acoraceae

菖蒲（菖蒲属）

拉 丁 名 *Acorus calamus*

别　　名 泥菖蒲、野菖蒲、臭菖蒲、山菖蒲、白菖蒲、剑菖蒲、大菖蒲。

形态特征 多年生草本。根茎横走，稍扁，分枝，直径 0.5~1 厘米，黄褐色，芳香。叶基生，基部两侧膜质叶鞘宽 4~5 毫米，向上渐窄，脱落；叶剑状线形，长 0.9~1.5 米，基部对褶，中部以上渐窄，草质，绿色，光亮，两面中肋隆起，侧脉 3~5 对，平行，纤弱，伸至叶尖。花序梗二棱形，长 15~50 厘米；叶状佛焰苞剑状线形，长 30~40 厘米；肉穗花序斜上或近直立，圆柱形，长 4.5~8 厘米。花黄绿色，花被片长约 2.5 毫米，宽约 1 毫米：花丝长 2.5 毫米。浆果长圆形，成熟时红色。花期 6~9 月。

分布生境 贵州省及全国各省区均有分布，生长于海拔 2600 米以下的水边、沼泽湿地，并常有栽培。

利用价值 药用：根茎入药，味辛、苦，性湿，可开窍化痰、健胃、辟秽、杀虫。

有毒部位 全株有毒，根茎毒性较大。

毒性成分 含细辛脑、欧细辛脑、顺式-甲基异丁香酚等。

中毒反应 人口服出现强烈幻视症，大鼠腹腔注射菖蒲油 LD_{50} 为 221 毫克/千克，几分钟出现呼吸快而浅，阵发性痉挛症状，最后死亡。

石菖蒲（菖蒲属）

拉 丁 名 *Acorus tatarinowii*

别　　名 九节菖蒲、山菖蒲、药菖蒲、金钱蒲、菖蒲叶、水剑草、香菖蒲、随手香、小石菖蒲、建菖蒲、钱蒲。

形态特征 多年生草本。根茎长 5~10 厘米，芳香。叶基对折，两侧膜质叶鞘棕色，脱落；叶质较厚，线形，绿色，长 20~30 厘米，宽不及 6 毫米，无中肋，平行脉多数。花序梗长 2.5~15 厘米，叶状佛焰苞长 3~14 厘米，宽1~2 毫米；肉穗花序黄绿色，圆柱形，长 3~9.5 厘米，直径 3~5 毫米。果序直径达 1 厘米；果黄绿色。花期 5~6 月，果期 7~8 月。

分布生境 贵州省全省有分布，常生长于海拔 200~2000 米的山间浅水石上或溪流旁石缝中。

利用价值 药用：可镇静、抗惊厥、改善记忆再现缺失、镇咳祛痰、解痉、抗菌、抗心律失常、降血脂、开窍、抗肿瘤等。

有毒部位 全株有毒。

毒性成分 石菖蒲挥发油中主要含细辛醚、石竹烯、石菖醚等。

中毒反应 人中毒后出现抽搐、惊厥等症状，外界刺激可诱发和加剧，最后死于强直性惊厥。有一定的致癌、致突变作用。

77. 天南星科 Araceae

狮子尾（崖角藤属）

拉 丁 名 *Rhaphidophora hongkongensis*

别　　名 过山龙、大蛇翁、石壁枫、大青龙、大青蛇、香港崖角藤。

形态特征 附生藤本，匍匐于地面、崖石或攀缘于树上。茎梢肉质，直径 0.5~1 厘米，节间长 1~4 厘米，分枝常披散。叶通常呈镰状椭圆形，有时呈长圆状披针形或倒披针形，长 20~35 厘米，基部呈窄楔形，上面绿色，下面淡绿色，1 级、2 级侧脉多数，细弱，斜伸，与中肋成 45°，近边缘向上弧曲；叶柄长 5~10 厘米，关节长 0.4~1 厘米。花序顶生和腋生，花序梗圆柱形，长 4~5 厘米；佛焰苞绿或淡黄色，卵形，渐尖，长 6~9 厘米，蕾时席卷，花时脱落；肉穗花序呈圆柱形，长 5~8 厘米，直径 1.5~3 厘米，粉绿或淡黄色；子房顶部近六边形，长约 4 毫米，宽 2 毫米，柱头黑色，近头状。浆果黄绿色。花期 4~8 月，果翌年成熟。

分布生境 贵州省兴义、罗甸、荔波等地有分布，生长于海拔 400~900 米的林中，攀附于树干或石崖上。

利用价值 药用：全株入药，可祛风除湿、接骨，治脾大、高烧、风湿腰痛等症；外用治跌打损伤、骨折、烫伤。

有毒部位 全株有毒，内服仅能用微量，一般以 1/4 个叶片为限。

毒性成分 含 β-谷甾醇、β-胡萝卜甙、对羟基苯甲酸、羽扇豆醇、豆甾醇等。

中毒反应 小鼠腹腔注射茎的氯仿提取物 500 毫克/千克，出现活动减少、伏地、翻正反射消失等症状，随后死亡。

马蹄莲（马蹄莲属）

拉 丁 名 *Zantedeschia aethiopica*

别　　称 慈姑花、水芋、野芋、慈菇花、海芋百合、花芋。

形态特征 多年生粗壮草本。叶基生；叶呈心状箭形或箭形，全缘，长 15~45 厘米，宽 10~25 厘米，无斑块，后裂片长 6~7 厘米；叶柄长 0.4~1.5 米，下部具鞘。花序梗长 40~50 厘米，光滑；佛焰苞长 10~25 厘米，管部短，黄色，檐部稍后仰，具锥状尖头，亮白色，有时带绿色；肉穗花序呈圆柱形，长 6~9 厘米，直径 4~7 毫米，黄色；雌花序长 1~2.5 厘米；雄花序长 5~6.5 厘米。子房 3~5 室，假雄蕊 3 枚。浆果短卵圆形，淡黄色，直径 1~1.2 厘米，花柱宿存。种子倒卵状球形，直径 3 毫米。花期 2~3 月，果期 8~9 月。

分布生境 贵州省中部、南部地区均有栽培。

利用价值 药用：可清热解毒，治烫伤；鲜马蹄莲块茎适量，捣烂外敷，可预防破伤风。观赏：可作观赏植物。

有毒部位 块茎、佛焰苞、肉穗和花序有毒。

毒性成分 花内含大量草酸钙结晶和生物碱。

中毒反应 人误食出现昏迷等中毒症状。鲜马蹄莲块茎咀嚼一小块可引起舌喉肿痛，只要误食就会引起呕吐。

花磨芋（磨芋属）

拉 丁 名 *Amorphophallus konjac*

别　　名 蒟头、磨芋、蒟蒟、花梗莲、虎掌、花伞把、蛇头根草、花杆莲、麻芋子、野磨芋、花杆南星、土南星、南星、天南星、花麻蛇。

形态特征 多年生草本植物。块茎扁球形，暗红褐色；肉质根，纤维状须根。叶柄黄绿色，光滑，雌花序圆柱形，紫色；雄花序紧接（有时杂以少数两性花），深紫色。胚珠极短，无柄，球形或扁球形浆果，成熟时黄绿色。花期 4~6 月，果期 8~9 月。

分布生境 贵州省全省有分布，喜生长于疏林下，林缘或溪谷两旁湿润地，或栽培房舍附近及田边地角。

利用价值 药用：块茎入药，可解毒消肿、散结等，主治无名肿毒、毒蛇咬伤、痞块等症。食用：块茎加工成磨芋豆腐供蔬食。

有毒部位 全株有毒，块茎毒性较大。

毒性成分 含三甲胺。

有毒反应 新鲜品对人皮肤有刺激，误食后舌头、咽喉出现较强烈的灼伤感。

鞭檐犁头尖（独脚莲属）

拉 丁 名 *Typhonium flagelliforme*

别　　称 半夏、田三七、疯狗薯、水半夏。

形态特征 块茎近圆形、椭圆形、圆锥形或倒卵形，直径 1~2 厘米，具肉质须根。叶 3~4 枚，叶柄长 15~30 厘米，中部以下具鞘；叶片戟形，基部心形或下延。花序柄长 5~10 厘米；佛焰苞管部绿色，檐部绿色至绿白色，披针形，常伸长卷曲为长鞭状，长 7.5~25 厘米；肉穗花序比佛焰苞短或长，有时极长，达 20 余厘米；雌花序卵形，长 1.5~1.8 厘米，中性花序长约 1.5 厘米，雄花序长 5~6 毫米，黄色；附属器淡黄绿色，长16~17 厘米，雄花有雄蕊 2 枚，药室近圆球形；雌花子房倒卵形或近球形，无花柱，柱头小；中性花中部以下棒状，黄色，先端紫色，上部锥形，淡黄色。浆果绿色。花期 4~5 月。

分布生境 贵州省罗甸、独山等地有分布。

利用价值 药用：块茎入药，可燥湿化痰、止咳，内服治咳嗽痰多、支气管炎，常与半夏通用；外用治跌打损伤、疮毒。

有毒部位 块茎有毒。

毒性成分 含松柏甙、甲基松柏甙。

中毒反应 人误食后出现舌、喉麻辣、头晕、呕吐等症状。

犁头尖（独脚莲属）

拉 丁 名 *Typhonium blumei*

别　　名 芋头草、小野芋、犁头草、大叶半夏、犁头七、土半夏、三角青、山半夏、小独脚莲、土巴豆、药狗丹、芋头七、金半夏、野附子、百步还原、独脚莲、耗子尾巴、山茨菇、犁头半夏、三步镖、三角蛇、坡芋、观音芋、野芋蛋、野芋荷。

形态特征 块茎近球形，头状呈椭圆形，直径1~2厘米，褐色，具环节及黄白色纤维状须根。幼株叶1~2枚，叶片深心形、卵状心形至戟形，多年生植株有叶4~8枚，叶柄长20~24厘米，基部鞘状，叶片戟状三角形，侧脉每边3~5条。花序柄单一，长9~11厘米；佛焰苞管部绿色，卵形，长1.5~3厘米，檐部绿紫色，卷成长角状，长12~18厘米，中部以上骤狭呈带状下垂，先端旋曲，内面深紫色，外面绿紫色；肉穗花序中，雌花序长1.5~3毫米，中性花序长1.7~4厘米，雄花序长4~9毫米，附属器深紫色，长10~13厘米，具柄，向上渐狭呈鼠尾状，近直立，下部具疣皱；雄花有雄蕊2枚，药室2个雌花子房卵形，黄色，柱头无柄，呈盘状，具乳突、红色。中性花线形，两端黄色，中部红色。花期5~7月。

分布生境 贵州省赤水、独山等地有分布，生长于海拔1200米以下的地边、低洼湿地、草坡、石隙中。

利用价值 药用：块茎入药，外用可解毒、消肿、散结、止血，主治毒蛇咬伤，痈疖肿毒、血管瘤、淋巴结结核、跌打损伤、外伤出血等症；一般外用，不作内服。

有毒部位 全株有毒，块茎毒性较大。

毒性成分 含木脂素类、酚及其酸类、脱镁叶绿酸及其衍生物。

中毒反应 人误食后出现舌喉麻辣、头晕、呕吐等症状；同时有镇痛和麻醉作用。小鼠腹腔注射全株的氯仿提取物1000毫克/千克，出现肌张力增加、活动减少、呼吸困难等症状。

象头花（天南星属）

拉 丁 名 *Arisaema franchetianum*

别　　名 母猪半夏、岩芋、独叶半夏、红半夏、山半夏、小独脚莲、大理南星。

形态特征 块茎扁球形，直径1~6厘米或更大，茎部生多数肉质须根，四周有多数小球茎，均呈肉红色。叶1枚，叶柄长20~50厘米，肉红色，下部1/4~1/5鞘状；幼株叶片心状箭形，全缘，腰部稍狭缩；成年植株叶片绿色，3全裂，裂片无柄或近无柄，中裂片卵形至宽椭圆形，先端骤狭渐尖，长 7~23 厘米，侧裂片偏斜，稍狭小。花序柄短于叶柄，肉红色；佛焰苞深紫色，具白色或绿白色宽条纹，喉部边缘略反卷，檐部盔状；先端有 5~6 厘米的线形尾尖，下垂；肉穗花序单性，雄花序紫色，长 1.5~4 厘米，花疏，雄花具短柄，药室球形，顶孔开裂。雌花序长 1.2~3.8 厘米，花密，子房绿紫色，顶端近五角形，柱头明显；各附属器圆锥状至尾状略弯曲。浆果绿色。花期 5~7 月，果期 9~10 月。

分布生境 我国特有植物。贵州省贵阳、关岭、兴义、独山及梵净山等地有分布，多生长于海拔 2000 米以下的林下、灌丛或草坡。

利用价值 药用：块茎入药，有毒，可散瘀解毒、消肿止痛，治胃痛、乳腺炎、疮疖肿毒、颈淋巴结结核、毒蛇咬伤等症。

有毒部位 块茎有毒。

毒性成分 含有毒生物碱。

中毒反应 小鼠腹腔注射块茎水提取物 20 克/千克，出现呼吸困难、后肢瘫痪等症状，随后抽搐死亡。小鼠腹腔注射块茎氯仿提取物 1000 毫克/千克，出现肌张力增加、竖尾、呼吸困难等症状。

象南星（天南星属）

拉 丁 名 *Arisaema elephas*

别　　名 大麻芋子、麻芋子、银半夏。

形态特征 块茎近球形，直径 3~5 厘米，具纤维状须根。叶 1 枚，叶柄长 20~30 厘米，无鞘；叶片 3 全裂，中裂片倒心形，顶部平截，中央下凹，具尖头，侧裂片宽斜卵形，先端骤狭而短尖。花序柄长 9~25 厘米，绿色或淡紫色；佛焰苞青紫色，基部黄绿色，管部具白色条纹，喉部边缘斜截形，檐部椭圆状披针形，先端骤狭而渐尖；肉穗花序单性，雄花序长 1.5~3 厘米，附属器基部略呈柄形，中部以上呈线形，细长，从佛焰苞喉部附近下弯，在之字形上升或下垂；雌花序长 1~2.5 厘米，附属器基部扩大至 5~7 毫米，具 5~10 毫米的柄，其余同雄花序；雄花，花药 2~5 枚，药室顶部融合，马蹄形开裂；雌花子房长卵形，花柱短，柱头盘状，被绒毛，胚珠 6~9 枚。浆果砖红色，椭圆形。花期 5~6 月，果期 7~8 月。

分布生境 我国特有植物。贵州省威宁、都匀等地有分布，生长于海拔 1000~2000 米的河岸、山坡林下、草地或荒地。

利用价值 药用：块茎入药，可治腹痛，仅能用微量。

有毒部位 块茎有剧毒。

毒性成分 含氰甙。

中毒反应 人中毒后出现流涎、胃灼痛、恶心、呕吐、腹泻、出汗、惊厥等症状，严重的甚至因心脏停搏而死亡。

花南星（天南星属）

拉 丁 名 *Arisaema lobatum*

别　　名 蛇芋头、大麦冬、狼毒、蛇磨芋、南星七、绿南星、白南星、半边莲。

形态特征 块茎近球形，直径1~4厘米。叶1枚或2枚，叶柄长17~35厘米，下部1/2~2/3具鞘，黄绿色，有紫色斑块；叶片3全裂，中裂片具1.5~5厘米长的柄，长圆或椭圆形，先端骤尖或渐尖，长8~22厘米，侧裂片无柄，极不对称，长5~23厘米。花序柄与叶柄近等长，常较短；佛焰苞淡紫色，长8~14厘米，管部漏斗状，喉部无耳，檐部披针形，狭尖，顶部有时具2~3厘米的尾尖；肉穗花序单性，雄花序长1.5~2.5厘米，雌花序长1~2厘米，各附属器具长6毫米的柄，基部截形，中部稍收缩，上部增粗为棒状，长4~5厘米，直立；雄花具短柄，花药2~3个，药室卵圆形，青紫色，子房倒卵圆形。浆果种子3枚。花期4~7月，果期8~9月。

分布生境 我国特有植物。贵州省兴义、清镇、雷山及梵净山等地有分布，生长于海拔600~2000米的林下或荒地。

利用价值 药用：块茎入药，有毒，外用可解疮毒，常用于治吹风蛇（眼镜蛇）咬伤，也可外敷治疟疾。

有毒部位 块茎有毒。

毒性成分 含有毒皂甙。

中毒反应 小鼠腹腔注射块茎氯仿提取物1000毫克/千克，出现肌张力增加、竖尾、呼吸困难等症状。

刺柄南星（天南星属）

拉 丁 名 *Arisaema asperatum*

别　　名 三步跳、白南星、南星七、螃蟹七、三角莲、蛇芋头。

形态特征 块茎扁球形，直径约3厘米，鳞叶宽线状披针形，带紫红色。叶1枚，叶柄长30~50厘米，被乳突状白色弯刺，基部鞘状，鞘上缘斜截形；叶片3全裂，裂片无柄，中裂片三角状宽倒卵形，先端微凹，具细尖头，基部楔形，侧裂片菱状椭圆形，中肋背面常具白色弯刺。花序柄长25~60厘米，具疣，粗糙；佛焰苞暗紫黑色，具绿色纵纹，管部圆柱形，喉部无耳，不外卷，檐部近直立；肉穗花序单性，雄花序圆柱形，长约3厘米，雄花具短柄，花药2~3枚，黄色，药室扁圆球形，汇合，顶部马蹄形开裂；雌花序圆锥状，长2~3厘米，子房圆柱状，柱头盘状，近无柄；各附属器圆柱形，长6~9厘米，具短柄，近直立。花期5~6月。

分布生境 我国特有植物。贵州省梵净山地区有分布，生长于海拔2180米山坡林下。

利用价值 药用：块茎入药，可止咳祛痰、祛毒消肿、镇痛，治疮疖。

有毒部位 块茎有毒。

毒性成分 含有毒皂甙。

中毒反应 小鼠腹腔注射块茎氯仿提取物1000毫克/千克，出现肌张力增加、竖尾、呼吸困难等症状。

天南星（天南星属）

拉 丁 名 *Arisaema heterophyllum*

别　　名 南星、白南星、山苞米、蛇包谷、山棒子。

形态特征 块茎扁球形，直径2~4厘米，有侧生芽眼。叶通常1枚，叶柄圆柱形，绿色，长30~50厘米，下部3/4鞘筒状；叶片鸟足状分裂，裂片通常13~19片，倒披针形至线状长圆形，先端骤狭渐尖，全缘，中裂片无柄或具短柄，比侧裂片短约1/2，侧裂片向外渐小，呈蝎尾状排列。花序柄长30~55厘米；佛焰苞长5.5~16厘米，管部粉绿色，喉部截形，外缘稍外卷，檐部呈卵状披针形，下弯近盔状，背面绿色至淡黄色，先端骤狭渐尖；肉穗花序两性和雄花序单性，各种花序附属器基部粗5~11毫米，向上渐细狭，长10~20厘米，自佛焰苞喉部以上之字形上升；雌花球形，花柱明显，柱头小，胚珠3~4颗；雄花具柄，花药2~4枚。浆果黄红色。种子黄色，具红色斑点。花期4~6月，果期7~9月。

分布生境 贵州省全省有分布，生长于海拔2700米以下的林下、灌丛或阴湿草坡。

利用价值 药用：历史悠久的中药之一，可解毒消肿、祛风定惊、化痰散结，主治面部神经麻痹、半身不遂、小儿惊风、破伤风、癫痫等症；外用治疗疮肿毒、毒蛇咬伤、灭蝇蛆。用胆汁处理过的称胆南星，主治小儿痰热、惊风抽搐。近年来，鲜天南星制成南星阴道栓剂或南星宫颈管栓剂用于治疗子宫颈癌有良效。经济：块茎含淀粉28.05%，可制酒精、糊料，有毒，不可食用。

有毒部位 块茎有毒。

毒性成分 含有毒皂甙。

中毒反应 人误食后对口腔、咽喉、皮肤黏膜有强烈刺激，出现咽喉灼烧、口舌麻木、咽喉糜烂、水肿、流涎、张口困难等症状，严重的甚至因窒息死亡。

雪里见（天南星属）

拉 丁 名 *Arisaema decipiens*

别　　名 半截烂、大半夏、独角莲、麻醉药、大麻药、野包谷、蛇包谷。

形态特征 根茎横卧，圆锥形或圆柱形，长5~10厘米，粗2~4厘米，节上长肉须根，鳞叶2~3片，披针形。叶2枚，叶柄长15~35厘米，下部具鞘，暗褐色或绿色，具紫、白色斑块；叶片鸟足状分裂，裂片5枚，背面常具紫色斑块，中裂片具长约5毫米的柄，长8~20厘米，侧裂片有或无柄，基部连合，较中裂片短。花序柄远短于叶柄；佛焰苞黄绿、黄、淡红色，具暗紫色或黑色斑点，管部长4~6厘米，喉部斜截形，无耳，檐部披针形至卵状披针形，长 4~10 厘米，先端具长 6~10 厘米的线形尾尖；肉穗花序单性，附属器暗紫色有黑斑，长 2~3.5 厘米，具 5 毫米长的细柄，基部截形，中部以上缢缩为颈状，先端棒状，顶部光滑无钻形凸起，雄花较疏，花药 2~3 个，纵裂；雌花密集，子房近球形，花柱明显，柱头小，盾状。浆果倒卵形，种子 1 枚。花期 8~11 月。

分布生境 我国特有植物。贵州省金沙、织金、黔西、仁怀、绥阳、印江、松桃、江口、贵定、都匀、独山等地有分布，生长于海拔 650~2800 米的山坡常绿阔叶林和苔藓层下，贵阳有栽培。

利用价值 药用：根茎入药，有毒，可解毒止痛、活血散瘀，外用治无名肿毒、跌打损伤等症。

有毒部位 全株有毒。

毒性成分 含新橄榄脂素、α-细辛醚、5，7，4'-三羟基-3'-甲氧基黄酮等。

中毒反应 人中毒后出现恶心、呕吐、腹痛、腹泻等症状。

云台南星（天南星属）

拉 丁 名 *Arisaema silvestrii*

别　　名 江苏南星、江苏天南星、云台天南星。

形态特征 块茎近球形，直径约 2 厘米。叶 2 枚，叶柄绿色，长约 20 厘米，中部以下具鞘；叶片鸟足状分裂，裂片 7~9 枚，倒披针形或披针形，背面略呈粉绿色，中裂片具短柄，长 4~7 厘米，侧裂片依次渐小。花序柄短于叶柄，长 13~15 厘米；佛焰苞淡白绿色，内面具 3~5 条白色纵条纹，全长约 15 厘米，喉部边缘略反卷，檐部长圆形，先端短渐尖；肉穗花序单性，附属器无柄，长圆柱形略成棒状，长约 7 厘米，先端钝圆，光滑，基部具少数钻形中性花；雄花有雄蕊 2~4 枚，药室圆球形，顶孔圆形开裂。花期 4~7 月。

分布生境 我国特有植物。贵州省印江、荔波等地有分布，生长于海拔 790~1400 米的沟谷密林下及山坡灌丛中。

利用价值 药用：块茎入药，外用治无名肿毒、毒蛇咬伤等症。

有毒部位 块茎有毒。

毒性成分 含有毒皂甙。

中毒反应 小鼠腹腔注射块茎氯仿提取物 1000 毫克/千克，出现肌张力增加、竖尾、呼吸困难等症状。

一把伞南星（天南星属）

拉 丁 名 *Arisaema erubescens*

别　　名 天南星、虎掌南星、麻蛇饭、刀口药、闹狗药、半夏、法夏、麻芋杆、一把伞、山包谷、蛇子麦、蛇芋、“都士不礼”（彝族语）、蛇包谷、白南星、麻芋子、狗爪半夏、血南星、野魔芋、山蓄芋、山魔芋、独角莲、铁骨伞、粉南星、蛇舌草、蛇芋头、打蛇棒、虎掌、黄狗卵。

形态特征 块茎扁球形。鳞叶绿白或粉红色，有紫褐色斑纹。叶放射状分裂，裂片3~20枚，呈披针形至椭圆形。佛焰苞绿色，背面有白色或淡紫色条纹；雄肉穗花序花密，雄花淡绿至暗褐色，雄蕊2~4枚，附属器下部光滑；雌花序附属器棒状或圆柱形。浆果红色。花期5~7月，果期9月。

分布生境 贵州省全省有分布，生长于海拔2500米以下的林下、灌丛、草坡、沟谷湿地。我国除东北、北部沿海及新疆外均有分布，南亚北部至东南亚北部也有分布。

利用价值 药用：块茎入药，与天南星通用。

有毒部位 全株有毒，块茎毒性较大。

毒性成分 含三萜皂甙。

中毒反应 人误食后对口腔、咽喉、皮肤黏膜有强烈刺激，出现口喉发痒、灼辣、麻木、舌痛肿大、言语不清、味觉丧失、张口困难、口腔黏膜糜烂、头昏、心慌、四肢发麻等症状，严重的甚至昏迷、窒息、惊厥，最后麻痹而死。

▶▶▶滴水珠（半夏属）

拉 丁 名 *Pinellia cordata*

别　　名 一滴珠、一粒珠、石半夏、水半夏、制蛇子、独叶一枝花。

形态特征 块茎球形、卵形至长圆形，直径2~4厘米，具多数须根。叶1枚，叶柄长12~25厘米，具紫色或绿色紫斑，下部及顶头各有珠芽1枚。幼株叶片心状长圆形，多年生植株叶片心形、心状长圆形或心状戟形，先端长渐尖，有时呈尾状，基部心形，长6~25厘米，宽2.5~7.5厘米，后裂片圆形或锐尖。花序柄短于叶柄；佛焰苞绿色、淡黄带紫色或青紫色，管部长1.2~2厘米，檐部长1.5~1.8厘米，钝或锐尖，管部及檐部界限不太明显；雌花序长1~1.2厘米，雄花序长5~7毫米，附属器青绿色，长6~20厘米，渐狭为线形，略呈“之”字上升。花期3~7月，果期8~9月。

分布生境 我国特有植物。贵州省赤水、贵阳、凯里、雷山等地有分布，生长于海拔1000米以下林缘溪旁、潮湿草地及岩隙中。

利用价值 药用：块茎入药，可解毒止痛、散结消肿，有毒，服用宜慎。

有毒部位 全株有毒，块茎毒性较大。

毒性成分 含3-乙酰氨基-5-甲基异唑、丁基乙烯基醚、茴香脑、苯甲醛等。

中毒反应 块茎汁液对人皮肤和黏膜有刺激，误食后出现喉舌麻木、辛辣、肿痛、失声、头晕、流涎、呕吐等症状，严重的甚至全身麻木。

▶▶▶半夏（半夏属）

拉 丁 名 *Pinellia ternata*

别　　名 地文、守田、羊眼半夏、蝎子草、麻芋果、三步跳、和姑。

形态特征 块茎圆球形，直径1~2厘米。叶2~5枚；幼叶卵状心形或戟形，全缘，长2~3厘米，老株叶3全裂，裂片绿色，长圆状椭圆形或披针形，中裂片长3~10厘米，侧裂片稍短，全缘或具不明显浅波状圆齿；叶柄长15~20厘米，基部具鞘，鞘内、鞘部以上或叶片基部（叶柄顶端）有直径3~5毫米的珠芽。花序梗长25~30（~35）厘米；佛焰苞绿色或绿白色，管部窄圆柱形，长1.5~2厘米，檐部长圆形，绿色，有时边缘呈青紫色，长4~5厘米；雌肉穗花序长2厘米，雄花序长5~7毫米，间隔33毫米；附属器绿至青紫色，长6~10厘米，直立，有时弯曲。浆果卵圆形，黄绿色，花柱宿存。花期5~7月，果期8月。

分布生境 贵州省全省有分布，生长于海拔2500米以下的草坡、荒地、玉米地、疏林下或村舍附近，为旱地中杂草之一。

利用价值 药用：块茎入药，味辛，性温，有毒，可燥湿化痰、止吐；生半夏外用可解毒消肿。

有毒部位 全株有毒，块茎毒性较大。

毒性成分 含尿黑酸、3，4-二羟基苯甲醛等。

中毒反应 块茎汁液对人皮肤和黏膜有刺激，误食后出现喉舌麻木、辛辣、肿痛、失声、头晕、流涎、呕吐、全身麻木、痉挛、呼吸困难等症状，严重的甚至因麻痹而死亡。

虎掌（半夏属）

拉 丁 名 *Pinellia pedatisecta*

别　　名 大三步跳、真半夏、南星、独败家子、半夏子、麻芋子、狗爪半夏、天南星、绿芋子、半夏、麻芋果、掌叶半夏。

形态特征 块茎圆球形，直径达4厘米，肉质须根，长5~6厘米；块茎旁常生若干小球茎。叶常1~3枚，叶柄淡绿色，长20~70厘米，下部具鞘；叶鸟足状分裂，裂片6~11枚，披针形、渐尖，中裂片长15~18厘米，两侧裂片依次渐短小。花序柄长20~50厘米；佛焰苞淡绿色，管部长圆形，长2~4厘米，檐部长披针形，先端锐尖，长8~15厘米；雄花序长5~7毫米，附属器黄绿色，细线形，长10厘米，直立或略弯曲。浆果卵圆形绿色至黄白色。花期6~8月，果期9~11月。

分布生境 贵州省毕节、道真、桐梓、湄潭、凤岗、贵阳、安龙、望谟、独山、雷山等地有分布，生长于海拔1100米以下的林绿坡地、山谷或河谷阴湿处。

利用价值 药用：块茎入药，味苦、辛，有毒，主治恶痢冷漏疮、恶疮疠风等症。

有毒部位 块茎有毒。

毒性成分 含葫芦巴碱、胆碱、环二肽类成分。

中毒反应 人中毒后出现恶心、呕吐、头晕等症状。

芋（芋属）

拉 丁 名 *Colocasia esculenta*

别　　名 芋艿、芋头、台芋、紫芋。

形态特征 块茎通常卵形，常生多数小球茎。叶 2~3 枚或更多，叶柄长20~90 厘米，绿色；叶片长 20~50 厘米，卵状，先端短尖或渐尖，侧脉每边 4 条，后裂片先端圆，合生长度 1/3~1/2。很少开花，花序柄常单生，短于叶柄，佛焰苞长短不一，长 20 厘米左右；管部绿色，长约 4 厘米，粗 2.2 厘米；檐部披针形或椭圆形，长约 17 厘米，边缘内卷，淡黄色至绿白色；肉穗花序长约 10 厘米，下部雌花序，长 3~3.5 厘米，中性花序长 4~4.5 厘米，顶端骤狭，附属器钻形，长约 1 厘米，粗约 1 毫米。花期 4~5 月。

分布生境 我国广泛栽培。

利用价值 药用：块茎入药，可消炎解毒。食用：块茎可作蔬菜、粮食，并可制淀粉，叶和花序亦供蔬食；全株可作猪饲料。

有毒部位 块茎有毒。

毒性成分 含氰甙、酸性毒氰甙、草酸钙等。

中毒反应 人中毒后首先嘴唇、舌出现刺痛感、唾液多等症状，进而咽喉刺痛，影响鼓膜，导致听力障碍和头痛等。

野芋（芋属）

拉 丁 名 *Colocasia esculenta var. antiquorum*

别　　名 水芋头、红广菜、野山芋、红芋、野芋头。

形态特征 块茎球形，有多数须根，匍匐块常从块茎基部外伸，具小球茎，叶柄肥厚，长达 1.6 米；叶盾状卵形，基部心形，长 50 厘米以上；前裂片宽卵形，锐尖，侧脉每边 4~8 条；后裂片卵形，先端钝，长约为前裂片的 1/2，有 2/3~3/4 甚至完全连合。很少开花，花序柄比叶柄短，佛焰苞苍黄色，长 15~25 厘米，管部淡绿色，为檐部长的 1/5~1/2；檐部线状披针形，先端渐尖；雌花序与不育雄花序等长，各长 2~4 厘米；能育雄花序与附属器等长，各长 4~8 厘米。

分布生境 贵州省关岭、兴义、望谟、瓮安、惠水、长顺、罗甸、独山、镇远、麻江、剑河、榕河等地有分布，生长于海拔 1800 米林下阴湿处或水边。

利用价值 药用：块茎入药，可清热解毒、杀虫，外用治无名肿毒、疥疮、吊脚癀（大腿深部脓肿）、痈肿疮毒、虫蛇咬伤、急性颈淋巴腺炎等症。

有毒部位 全株有毒，块茎毒性较大。

毒性成分 含酸性毒皂甙、草酸钙结晶、3，4−二葡萄糖基苯甲醛等。

中毒反应 对人口腔、舌有刺激，出现灼烧感。大鼠注射 0.1 毫克酸性毒皂甙可立即死亡。

大野芋（芋属）

拉 丁 名 *Colocasia gigantea*

别　　名 山野芋、水芋、象耳芋、抬板七、抬板蕉、滴水芋。

形态特征 根茎倒圆锥形，粗 3~5 厘米，有时粗达 9 厘米，长 5~10 厘米。叶丛生，叶柄淡绿色，具白粉，长达 1.5 米，下部 1/2 鞘状，闭合；叶长圆状心形或卵状心形，长达 1.3 米，边缘波状，后裂片圆形，裂弯开展。花序柄近圆柱形，常 5~8 枚列于同一叶柄鞘内，先后抽出，长 30~80 厘米，粗 1~2 厘米，每一花序柄又围有一枚披针形膜质鳞叶，长短与花序柄相近，宽约 3 厘米，背部有 2 条棱凸；佛焰苞长 10~24 厘米，管部绿色，椭圆状，长 3~6 厘米，粗 1.5~2 厘米，席卷，檐部长 7~19 厘米，粉白色，基部兜状，舟形展开，直径 2~3 厘米，先端锐尖；肉穗花序长 8~20 厘米；不育雄花序长圆锥状，长 3~4.5 厘米，下部粗 1~2 厘米，能育雄花序长 4~14 厘米，雄花棱柱状，长约 4 毫米，雄蕊 4 枚，药室长圆柱形；雌花序圆锥状，奶黄色，基部斜截形；附属器极短小，锥状，长 1~5 毫米。浆果圆柱形，长约 5 毫米。花期 4~6 月，果 9 月左右成熟。

分布生境 贵州省全省有分布，常生长于海拔 100~700 米沟谷地带的林下湿地或石缝中。

利用价值 药用：根茎入药，可解毒消肿、祛痰镇痉。

有毒部位 根茎有毒。

毒性成分 含毒皂甙、草酸钙等。

中毒反应 人中毒后出现恶心、呕吐和瞳孔放大以及四肢抽搐、昏迷等症状，严重的甚至死亡。

尖尾芋（海芋属）

拉 丁 名 *Alocasia cucullata*

别　　名 台湾姑婆芋、猪管豆、姑婆芋、狗神芋、虎耳芋、大虫芋、蛇芋、化骨丹、老虎耳、假海芋、卜芥、观音莲、独足莲、老虎芋、老虎掌芋、猪不拱、大附子、大麻芋、黑叶观音莲、千手观音。

形态特征 地上茎圆柱形，粗 3~6 厘米，黑褐色，具环形叶痕。叶柄绿色，长 25~30 厘米，可达 80 厘米，中部至基部有宽鞘；叶深绿色，宽卵状心形，先端骤狭具凸尖，长 10~16 厘米，可达 40 厘米，宽 7~18 厘米，可达 28 厘米；侧脉 5~8 对。花序柄圆柱形，常单生，长 20~30 厘米；佛焰苞管部长圆状卵形，长 4~8 厘米，粗 2.5~5 厘米，檐部狭舟状，边缘内卷，先端具狭长的凸尖，长 5~10 厘米，宽 3~5 厘米，外面上部淡黄色，下部淡绿色，肉穗花序的雌花序长 1.5~2.5 厘米，不育雄花序长 2~3 厘米，能育雄花序近纺锤形，长 3.5 厘米，黄色；附属器淡绿色或黄绿色，狭圆锥形，长约 3.5 厘米。浆果近球形，通常有 1 枚种子。花期 5~6 月。

分布生境 贵州省盘县、镇宁、兴义、晴隆、安龙、望谟、长顺、平塘、都匀、独山等地有分布，生长于海拔 2000 米以下的溪谷湿地，也有栽培。

利用价值 药用：全株入药，可清热解毒、消肿镇痛，治流感、高烧、肺结核、急性胃炎、胃溃疡、慢性胃病、肠伤寒等症；外用治毒蛇咬伤、蜂窝组织炎、疮疖、风湿等。福建用尖尾芋治秃发病。观赏：可作栽培观赏。

有毒部位 全株有毒，以根茎毒性较大。

毒性成分 含氰甙、草酸钙等。

中毒反应 人皮肤接触鲜草汁液后瘙痒，误入眼内可以引起失明；茎、叶误食后出现喉舌发痒、肿胀、流涎、肠胃烧痛、恶心、腹泻、惊厥等症状，严重的甚至因窒息、心脏停搏而死亡。

海芋（海芋属）

拉 丁 名 *Alocasia odora*

别　　名 巨型海芋、滴水观音。

形态特征 大型草本，具匍匐根茎及直立地上茎，高可达 3 米，粗3~10 厘米。叶多数，叶柄绿色或乌紫色，长达 1.5 米；叶片亚革质，草绿色，箭状卵形，边缘波状，长 50~90 厘米，宽 40~90 厘米，后裂片连合 1/10~1/5，前裂片三角状卵形，先端锐尖，Ⅰ级侧脉每边 9~12 条；叶柄和中肋变黑、褐或白色。花序柄 2~3 枚丛生，圆柱形，长 12~60 厘米，绿色或乌紫色；佛焰苞管部绿色，长 3~5 厘米，粗 3~4 厘米；檐部蕾时绿色，花时黄绿或绿白色，舟状长圆形，先端喙状，长 10~30 厘米；肉穗花序芳香：雌花序白色，长 2~4 厘米，不育雄花序绿白色，长 4~6 厘米，能育雄花序淡黄色，长 3~7 厘米；附属器淡绿色至乳黄色，圆锥状，长 3~5.5 厘米，粗 1~2 厘米，有槽纹。花期 4~7 月。

分布生境 贵州省赤水、习水、仁怀、关岭、兴义、晴隆、安龙、贞丰、望谟、长顺、罗甸、都匀、独山等地有分布，生长于海拔 1700 米以下的山谷、岩山灌丛石缝、村庄附近。

利用价值 药用：根茎入药，可清热解毒、拔毒散结、去腐生肌（有毒性用时须遵医嘱）。经济：根茎富含淀粉，可作工业上的代用品，但不可食用。

有毒部位 全株有毒，茎毒性较大。

毒性成分 含氰甙、草酸钙等。

中毒反应 人皮肤接触鲜草汁液后瘙痒，误入眼内可以引起失明；茎、叶误食后出现喉舌发痒、肿胀、流涎、肠胃烧痛、恶心、腹泻、惊厥等症状，严重的甚至因窒息、心脏停搏而死亡。

78. 十字花科 Cruciferae

萝卜（萝卜属）

拉 丁 名 *Raphanus sativus*

别　　名 菜头、白萝卜、莱菔、莱菔子、水萝卜。

形态特征 二年生或一年生草本。根肉质，长圆形、球形或圆锥形，外皮白、红或绿色。茎高1米，分枝，被粉霜。基生叶和下部叶大头羽状分裂，长8~30厘米，顶裂片卵形，侧裂片2~6对，向基部渐小，长圆形，有锯齿，疏被单毛或无毛；上部叶长圆形或披针形，有锯齿或近全缘。总状花序顶生或腋生。萼片长圆形，长5~7毫米；花瓣白、粉红或淡红紫色，有紫色脉纹，倒卵形，长1~2厘米，基部爪长0.5~1厘米。长角果圆柱形，长3~6厘米，在种子间稍缢缩，横隔海绵质，喙长1~1.5厘米。种子1~6枚，卵圆形，红棕色。花期4~5月，果期5~6月。

分布生境 贵州省全省有栽培。

利用价值 药用：种子、根、叶均可入药，种子可下气定喘、清肺化痰；鲜根可清凉止渴、利尿、助消化；叶可止喘、镇痛。食用：根作蔬菜食用。经济：种子的含油量达45%，除食用外，也可供工业用。

有毒部位 种子有毒。

毒性成分 含莱菔素等。

中毒反应 莱菔素对小鼠和离体蛙心有轻微毒性。水提物对小鼠腹腔注射的半数致死量为127.4（123.8~137.1）克/千克，动物多于给药1小时内惊厥而死。

播娘蒿（播娘蒿属）

拉 丁 名 *Descurainia sophia*

别　　名 蒜芥、米米蒿、麦蒿。

形态特征 一年生草本，高达80厘米；被分枝毛，茎下部毛多，向上毛渐少或无毛。叶柄长约2厘米，叶长6~19厘米，宽4~8厘米，三回羽状深裂，小裂片线形或长圆形，长0.2~1厘米。萼片窄长圆形，背面具分叉柔毛；花瓣黄色，长圆状倒卵形，长2~2.5毫米，基部具爪；雄蕊比花瓣长1/3。长角果圆筒状，长2.5~3厘米，无毛，种子间缢缩，开裂；果瓣中脉明显；果柄长1~2厘米。种子每室1行，小而多，长圆形，长约1毫米，稍扁，淡红褐色，有细网纹。花果期4~6月。

分布生境 贵州省贵阳地区有栽培。

利用价值 药用：种子当“葶苈子”药用，可行气、利尿消肿、止咳平喘、祛痰。经济：种子含油量44%，供工业用，并可食用。

有毒部位 种子有毒。

毒性成分 含强心甙。

中毒反应 鸽子静脉注射 MLD 为 2.125 克/千克。

桂竹香（桂竹香属）

拉 丁 名 *Cheiranthus cheiri*

别　　名 香紫罗兰、黄紫罗兰。

形态特征 二年生或多年生草本，高 20~70 厘米。茎直立，多分枝，有明显纵条纹，基部稍木质化，被伏生柔毛。叶披针形，长 2~8 厘米，宽 0.5~1.5 厘米，茎上部叶较小，先端急尖或渐尖，基部渐狭，全缘，两面均有伏生柔毛，具短柄或无柄。总状花序顶生；花黄色至橘黄色，直径 2~2.5 厘米，芳香；萼片直立，长圆形，长约 8 毫米，边缘有白色膜，外面被伏生柔毛；花瓣倒卵形，长约 1.5 厘米，具爪；子房线形，被伏生柔毛。长角果条形，长可达 8 厘米，稍 4 棱状，被伏生柔毛，先端有喙，果瓣有中脉，开裂；果梗粗，长 1~1.5 厘米。种子卵形、长约 2 毫米，褐色。花期 4~5 月，果期 6~7 月。

分布生境 原产于欧洲南部。贵州省各公园常有栽培，我国各地也都有栽培，为观赏植物。

利用价值 药用：花入药，可泻下、通经。经济：种子含油量约为 26%，供工业用。观赏：桂竹香花色有黄、橙、橙红等，是春季常见的草本盆花；适合摆放花坛、花境和庭园景点；高秆、大花品种也可用于切花观赏。

有毒部位 种子有毒。

毒性成分 含墙花甙、墙花毒甙、桂竹香素等强心甙。

中毒反应 猫静脉注射墙花毒甙 MLD 为 119 微克/千克，桂竹香素为 4 微克/千克。

北美独行菜（独行菜属）

拉 丁 名 *Lepidium virginicum*

别　　名 琴叶独行菜。

形态特征 一年生或二年生草本，高达 50 厘米。茎单一，分枝，被柱状腺毛。基生叶倒披针形，长 1~5 厘米，羽状分裂或大头羽裂，裂片长圆形或卵形，有锯齿，被短伏毛，叶柄长 1~1.5 厘米；茎生叶倒披针形或线形，长 1.5~5 厘米，先端尖，基部渐窄。总状花序顶生。萼片椭圆形，长约 1 毫米；花瓣白色，倒卵形，和萼片等长或稍长；雄蕊 2 枚或 4 枚。短角果近圆形，长 2~3 毫米，顶端微缺，有窄翅；宿存花柱极短。种子卵圆形，长约 1 毫米，红棕色，有窄翅；子叶缘倚胚根。花期 4~6 月，果期 5~9 月。

分布生境 习见杂草。贵州省全省有分布，生长于荒地、路旁和山坡。

利用价值 药用：种子作“葶苈子”入药，可利水、平喘。经济：全株可作饲料。

有毒部位 种子有毒。

毒性成分 含强心甙、生物碱等。

中毒反应 人中毒后出现心律失常等症状。

独行菜（独行菜属）

拉 丁 名 *Lepidium apetalum*

别　　名 腺独行菜，腺茎独行菜。

形态特征 一年生或二年生草本，高达 30 厘米。茎直立，有分枝，被头状腺毛。基生叶窄匙形，一回羽状浅裂或深裂，长 3~5 厘米，叶柄长 1~2 厘米；茎生叶向上渐由窄披针形至线形，有疏齿或全缘，疏被头状腺毛；无柄。总状花序。萼片卵形，长约 0.8 毫米，早落；花瓣无或退化成丝状，短于萼片；雄蕊 2 枚或 4 枚。短角果近圆形或宽椭圆形，长 2~3 毫米，顶端微凹，有窄翅；果柄弧形，长约 3 毫米，被头状腺毛。种子椭圆形，长约 1 毫米，红棕色。花期 4~8 月，果期 5~9 月。

分布生境 习见种类。贵州省全省有分布，生长于山坡、路旁、林缘、沟边和荒地上。

利用价值 药用：全株入药，可清热利尿，主治小便不利、血淋等症。种子一般作“葶苈子”用，可止咳化痰、泻肺利水。

有毒部位 种子有毒。

毒性成分 含强心甙。

中毒反应 鸽子静脉注射 MLD 为 4.36 克/千克。

79. 蔷薇科 Rosaceae

枇杷（枇杷属）

拉 丁 名 *Eriobotrya japonica*

别　　名 芦橘、金丸、芦枝。

形态特征 常绿小乔木。叶革质，披针形至椭圆状长圆形，先端急尖或渐尖，基部楔形或渐窄成叶柄，上部边缘有疏锯齿。花多数组成圆锥花序，萼片三角状卵形，花瓣白色，长圆形或卵形，基部有爪；雄蕊 20 枚，花柱 5 枚，离生。果球形或长圆形，黄或橘黄色。花期 10~12 月，果期 5~6 月。

分布生境 贵州省全省有栽培。

利用价值 药用：叶去皮入药，可化痰、止咳。经济：本植物为著名果树，栽培品种很多，果味酸甘，营养丰富，供生食，制罐头、果酒、果酱等；花蜜充足，是良好的蜜源植物。观赏：树形优美，可供庭园观赏。

有毒部位 种子和叶有毒，幼叶毒性较强，尤其是较为枯萎的嫩叶毒性更大。

毒性成分 含苦杏仁甙。

中毒反应 人中毒后出现头晕、头痛、恶心、呕吐、腹泻、胸部有压迫感、呼吸困难、脉弱、昏迷、痉挛等症状，严重的甚至因呼吸抑制而死亡。

光叶石楠（石楠属）

拉 丁 名 *Photinia glabra*

别　　名 扇骨木、光凿树、红檬子、石斑木、山官木。

形态特征 常绿乔本。叶革质，椭圆形至长圆状倒卵形，先端渐尖，基部楔形，疏生浅钝细齿。花多数，顶生复伞房花序，萼片三角形，花瓣白色，倒卵形，反卷，基部有短爪；雄蕊约 20 枚，花柱 2~3 枚，离生或下部合生。果卵圆形，红色。花期 4~5 月，果期 9~10 月。

分布生境 贵州省锦屏、印江、遵义、石阡、贵阳、贵定、黎平、荔波、安龙等地有分布，生长于海拔 500~1100 米的杂木林中。

利用价值 药用：叶供药用，可解毒、利尿。观赏：树形美观，可栽培于庭院；可供用材及作园林树种。经济：种子可榨取工业用油，种子榨油，可制肥皂或润滑油；木材坚硬致密，可作器具、船舶、车辆等。

有毒部位 根和叶有毒。

毒性成分 含氢氰酸、苯甲醛等。

中毒反应 人过量食用出现头晕、头痛、恶心、呕吐、四肢无力、烦躁、心悸等症状。

苹果（苹果属）

拉 丁 名 *Malus pumila*

别　　名 柰、西洋苹果、水果之王、平安果、智慧果、平波、超凡子、天然子、滔婆。

形态特征 乔木，高达 15 米。幼枝密被绒毛。冬芽卵圆形。叶椭圆形、卵形或宽椭圆形，长 4.5~10 厘米，基部宽楔形或圆形，具圆钝锯齿，幼时两面具短柔毛，老后上面无毛；叶柄粗，长 1.5~3 厘米，被短柔毛，托叶披针形，密被短柔毛，早落。伞形花序，具 3~7 花，集生枝顶。花梗长 1~2.5 厘米，密被绒毛；苞片线状披针形，被绒毛；花直径 3~4 厘米；被丝托，外面密被绒毛，萼片三角状披针形或三角状卵形，长 6~8 毫米，全缘，两面均密被绒毛；萼片比被丝托长；花瓣倒卵形，长 1.5~1.8 厘米，白色，含苞时带粉红色；雄蕊 20 枚，长约等于花瓣之半；花柱 5 枚，下半部密被灰白色绒毛。果扁球形，直径 7 厘米以上，顶端常有隆起，萼洼下陷，萼片宿存，果柄粗短。花期 5 月，果期 7~10 月。

分布生境 贵州省全省有栽培，生长于山坡梯田、平原及黄土丘陵等地。

利用价值 经济：果实生食或加工制作果酱、罐头、酿酒等。

有毒部位 种子和嫩叶有毒。

毒性成分 含苦杏仁甙。

中毒反应 人中毒后出现恶心、呕吐、头痛、无力、呼吸困难、惊厥、昏迷等症状。

柔毛路边青（路边青属）

拉 丁 名 *Geum japonicum var. chinense*

别　　名 柔毛水杨梅、追风七。

形态特征 多年生草本，须根丛生。茎高 30~60 厘米，被黄色短柔毛，混生少数粗硬毛，基生叶为大头羽状复叶，有小叶 1~2 对，其余侧生小叶呈附片状，顶生小叶广卵形或卵形，浅裂或不裂，长 3~8 厘米，宽 4~9 厘米，先端圆钝，基部宽楔形至广心形，叶边有粗钝锯齿，两面均被糙伏毛，下部茎生常具 3 小叶，上部茎生叶常为单叶，常 3 裂；茎生叶托叶叶状，边缘有粗齿缺。花常数朵疏散排列于茎顶，花梗密被粗硬毛和短柔毛；花直径 1.5~1.8 厘米；萼片三角卵形，顶端渐尖。副萼片狭小，外面被短柔毛；花瓣近圆形，黄色；雄蕊多数；雌蕊多数，离生，花柱上部 1/4 处扭曲，成熟后自扭曲处脱落。聚合果卵球形至椭圆形，瘦果被长硬毛，宿存花柱光滑，顶端具有小钩，果托被长 2~3 毫米的黄色长硬毛，花果期 7~10 月。

分布生境 贵州省印江、江口、毕节、瓮安、贵阳等地有分布，生长于海拔 650~1100 米的山坡草地、灌丛、路旁。

利用价值 药用：全株入药，味辛、甘，性平，可降压、镇痉、止痛、消肿解毒，治小儿惊风、高血压症、跌打损伤、风湿痹痛、疮疖肿毒等症。

有毒部位 全株有小毒。

毒性成分 含 β-谷甾醇、山奈酚、槲皮素、山奈酚-3-O-β-D-葡萄糖苷。

中毒反应 人中毒后出现恶心、呕吐、腹泻等胃肠刺激症状。

杏（李属）

拉 丁 名 *Prunus armeniaca*

别　　名 杏子、归勒斯、杏花、杏树。

形态特征 落叶乔木，树冠圆形，高达 10 米；小枝红褐色，无毛，叶阔卵形或近圆形，长 5~10 厘米，宽 4~8 厘米，先端骤渐尖，基部近圆形或近心形，边缘有密而细钝锯齿，上面无毛，下面仅脉腋有柔毛；叶柄长 2~3 厘米，有 2 枚腺体，花单生，先叶开放，白色或粉红色，微芳香，直径约 2.5 厘米；花梗短或近无梗；萼筒钟状，外面被疏短柔毛，裂片卵形，无毛，花后反折，花瓣圆形或阔倒卵形；雄蕊多数，子房密被短柔毛。果实近球形，直径约 3 厘米，熟时黄色，染红晕，被细短柔毛或近无毛；核扁球形，平滑，边缘增厚而具锐棱，有沟槽。花期 4 月，果期 6 月。

分布生境 贵州省全省有栽培。

利用价值 药用：苦杏仁供药用，可止咳祛痰；种仁（杏仁）入药，可止咳祛痰、定喘润肠。经济：贵州省普通果树之一，果实生食或加工制作果酱、罐头；杏仁有甜苦两类，甜杏仁供食用或可制杏仁霜，也供药用，有轻泻和滋补效用。

有毒部位 种子有毒。

毒性成分 含苦杏仁甙。

中毒反应 人中毒后出现流涎、恶心、呕吐、腹痛、腹泻、头痛、无力、呼吸困难、惊厥、昏迷等症状，严重的甚至因呼吸衰竭而死亡。

桃（李属）

拉 丁 名 *Prunus persica*

别　　名 陶古日。

形态特征 乔木。芽2~3个簇生，叶芽居中，两侧花芽。叶披针形，先端渐尖，基部宽楔形，具锯齿。花单生，先叶开放。花瓣长圆状椭圆形或宽倒卵形，粉红色，稀白色；花蕊绯红色。核果卵圆形，成熟时向阳面具红晕；果肉多色，多汁有香味，甜或酸甜。花期3~4月，果成熟期因品种而异，常为8~9月。

分布生境 贵州省全省有分布，多见栽培，秦岭以南各省区亦有分布或栽培。

利用价值 药用：桃仁入药，可镇咳祛痰。经济：贵州省普通果树之一，果实生食或加工制作果酱、罐头等。

有毒部位 根、叶、幼枝、皮、花、种子有毒。

毒性成分 含苦杏仁甙。

中毒反应 人中毒后出现恶心、呕吐、头痛、无力、呼吸困难、惊厥、昏迷等症状。

樱桃（李属）

拉 丁 名 *Prunus pseudocerasus*

别　　名 车厘子、莺桃、荆桃、楔桃、英桃、牛桃、樱珠、含桃、玛瑙。

形态特征 落叶乔木，高达8米；小枝灰紫色，无毛或幼时被疏柔毛。叶长圆状卵形或宽卵形，长7~15厘米，宽5~8厘米，先端渐尖，基部圆形，边缘具尖锐重锯齿，上面近无毛，下面脉腋具髯毛；叶柄长10~15毫米，被柔毛，近叶基有2枚腺体；托叶3~4裂，其腺齿。伞形花序或伞房花序，有花2~6朵；花白色，直径约2厘米；先叶开放；花梗长1~1.5厘米，被柔毛，基部有具小腺齿苞片，总苞早落；萼筒钟状，外面被柔毛；萼裂片三角状卵形，比萼筒短，花后反折；花瓣卵形至圆形，先端微凹；雄蕊多数；子房无毛。果实近球形，红色，直径约1厘米。

分布生境 贵州省全省有分布，常栽培，生长于海拔300~600米的山坡向阳处或沟边，樱桃树是喜光、喜温、喜湿、喜肥的果树，宜在年均气温10℃~12℃，年降水量600~700毫米，年日照时数2600~2800小时以上的气候条件下生长。

利用价值 药用：味甘、酸，性微温，可益脾胃、滋养肝肾、涩精、止泻，治脾胃虚弱、少食腹泻、脾胃阴伤、口舌干燥、肝肾不足、腰膝酸软、四肢乏力、遗精、血虚、头晕心悸等症，也可对面部雀斑等顽固性斑类起到淡化作用。经济：果实可以作为水果食用，外表色泽鲜艳、晶莹美丽、红如玛瑙、黄如凝脂，果实富含糖、蛋白质、维生素及钙、铁、磷、钾等多种元素。

有毒部位 种子有毒。

毒性成分 含氰甙，若食用过多会引起铁中毒或氰化物中毒。

中毒反应 人中毒后出现口腔苦涩、头晕、头痛、恶心、呕吐等症状，严重的出现意识不清、呼吸微弱、昏迷等症状，直至因严重缺氧导致死亡。

80. 豆科 Fabaceae

（一）含羞草亚科

亮叶猴耳环（围涎树属）

拉 丁 名 *Abarema lucida*

别　　名 亮叶围涎树、水肿木、火烫木、亮叶牛蹄豆、颔垂豆。

形态特征 乔木，高 2~10 米；小枝无刺，嫩枝、叶柄和花序均被褐色短茸毛。羽片 1~2 对；总叶柄近基部、每对羽片下和小叶片下的叶轴上均有圆形而凹陷的腺体，下部羽片通常具 2~3 对小叶，上部羽片具 4~5 对小叶；小叶斜卵形或长圆形，长 5~11 厘米，宽 2~4.5 厘米，顶生的一对最大，对生，余互生且较小，先端渐尖而具钝小尖头，基部略偏斜，两面无毛或仅在叶脉上有微毛，上面光亮，深绿色。头状花序球形，有花 10~20 朵，总花梗长不超过 1.5 厘米，排成腋生或顶生的圆锥花序；花萼长不及 2 毫米，与花冠同被褐色短茸毛；花瓣白色，长 4~5 毫米，中部以下合生；子房具短柄，无毛。荚果旋卷成环状，宽 2~3 厘米，边缘在种子间缢缩；种子黑色，长约 1.5 厘米，宽约 1 厘米。花期 4~6 月，果期 7~12 月。

分布生境 贵州省赤水县复兴区的城关地区有分布，生长于山坡林、灌丛、路旁。

利用价值 药用：枝叶入药，可消肿祛湿。

有毒部位 种子和豆荚有毒。

毒性成分 含喉耳环碱。

中毒反应 人中毒后出现呕吐、眩晕等症状，严重的甚至死亡。

山槐（合欢属）

拉 丁 名 *Albizia kalkora*

别　　名 山合欢、马缨花、白夜合、黑心树、夜蒿树。

形态特征 落叶小乔木或灌木，高 3~8 米。枝条暗褐色，被短柔毛，皮孔显著。二回羽状复叶；羽片 2~4 对；腺体密被黄褐色或灰白色短茸毛；小叶 5~14 对，长圆形或长圆状卵形，长1.8~4.5厘米，先端圆钝，有细尖头，基部不对称，两面均被短柔毛，中脉稍偏于上缘。头状花序2~7枚生于叶腋或于枝顶排成圆锥花序。花初时白色，后变黄色，花梗明显；花萼管状，长2~3毫米，5齿裂；花冠长6~8毫米，中下部连合呈管状，裂片披针形，花萼、花冠均密被长柔毛；雄蕊长2.5~3.5厘米，基部连合呈管状。荚果带状，长7~17厘米，深棕色，嫩荚密被短柔毛，老时无毛。种子4~12枚，倒卵圆形。花期5~6月，果期8~10月。

分布生境 贵州省印江、安龙、贵阳（花溪）等地有分布，生长于海拔300~1400米的路旁沟边、溪边山坡林中。

利用价值 药用：根及茎皮药用，可补气活血、消肿止痛；花有催眠作用。经济：树皮含单宁，纤维可供人造棉和造纸，种子可榨油。

有毒部位 茎、花有毒。

毒性成分 含三萜皂甙。

中毒反应 小鼠腹腔注射茎皮乙醇或水提取物1000毫克/千克，出现活动减少、翻正反射消失等症状，最后惊厥死亡。

毛叶合欢（合欢属）

拉丁名 *Albizia mollis*

别　　名 滇合欢、大毛毛花、嘿邦。

形态特征 乔木，高达18~30米。小枝被柔毛，有棱角。二回羽状复叶；总叶柄近基部及顶部一对羽片着生处各有1枚腺体，叶轴具槽，被长绒毛。羽片3~7对，长6~9厘米；小叶8~15对，镰状长圆形，长1.2~1.7厘米，宽4~7毫米，先端具小尖头，基部截平，两面密被长茸毛或老时上面变无毛；中脉偏于上缘。头状花序排成腋生的圆锥花序。花白色，花梗极短；花萼钟状，长约2毫米，与花冠同被茸毛；花冠长约7毫米，裂片三角形，长2毫米；花丝长2.5厘米。荚果带状，长10~16厘米，扁平，棕色。花期5~6月，果期8~12月。

分布生境 贵州省安龙（化黎）、望谟（岩甲）等地有分布，生长于海拔400~1300米的河边山坡林中。

利用价值 经济：木材坚硬，供制家具、模型、水车车轴。观赏：可作行道树。

有毒部位 茎皮有毒。

毒性成分 含三萜皂甙。

中毒反应 小鼠腹腔注射茎皮水提取物5克/千克，出现四肢无力、攀爬力减弱、伏地不动、呼吸困难等症状，最后死亡。

蒙自合欢（合欢属）

拉丁名 *Albizia bracteata*

别　　名 嘿达垓。

形态特征 乔木，高达8~9米，幼嫩部分被白色短柔毛；当年枝有纵棱，被稀短柔毛，二回偶数羽状复叶，羽片 2~3 对，每羽片有小叶 3~7 对，通常 5 对，偏椭圆形、偏菱形或斜卵形，长 1.5~4.5 厘米，宽 1~2.5 厘米，先端急尖而钝，有时具硬细尖，中脉居中，有时微偏上缘，下面苍白，两面被疏白色短毛；叶柄长 3~5 厘米，近基部有 1 个矩状椭圆形腺体，叶柄、叶轴及其分枝上有一条纵沟槽，疏被白色短柔毛、头状花序排成顶生或腋生的圆锥花序；花具长约 1.5 毫米的短花梗，白色；萼管状，长 2~3 毫米，外被短柔毛，先端浅裂为 5 个很小的短齿；花冠漏斗状，长 7 毫米，外被短柔毛，先端具 5 个披针形裂片；雄蕊多数，花丝细长，达 20 毫米，下部合生成管；子房具柄，无毛。荚果条形，长 17~24 厘米，宽 2.5 厘米，黄色，表面具网状脉，种子 4~6 枚。花期 5~6 月，果期 7~10 月。

分布生境 贵州省贞丰、安龙（亭西）等地有分布，生长于海拔 800~1000 米的山沟、山坡的林中。

利用价值 经济：木材供制器具用。观赏：观赏树种。

有毒部位 茎皮有毒。

毒性成分 含三萜皂甙。

中毒反应 小鼠腹腔注射 0.86 克/千克茎皮的水提取物，出现活动减少等症状，12 小时内死亡。

香合欢（合欢属）

拉 丁 名 *Albizia odoratissima*

别　　名 香茜藤、香须树、黑格、牛角森、黄豆树。

形态特征 常绿乔木，高达 15 米，无刺。小枝初被柔毛。二回羽状复叶；总叶柄近基部和叶轴的顶部 1~2 对羽片间各有 1 腺体；羽片 2~6 对；小叶 6~14 对，长圆形，长 2~3 厘米，先端钝，有时有小尖头，基部斜截形，两面被稀疏贴生短柔毛，中脉偏于上缘。头状花序排成顶生、疏散圆锥花序，被锈色短柔毛。花无梗，淡黄色，有香味；花萼杯状，长不及 1 毫米，与花冠同被锈色短柔毛；花冠长约 5 毫米，裂片披针形；子房被锈色茸毛。荚果长圆形，长 10~18 厘米，扁平，嫩荚密被极短的柔毛，成熟时毛变稀疏，有 6~12 枚种子。花期 4~7 月，果期 6~10 月。

分布生境 贵州省安龙（化黎）、罗甸等地有分布，生长于海拔 500~700 米的山坡林中或灌木丛中。

利用价值 药用：根入药，治风湿关节炎、跌打损伤、疮癣等症。经济：木材坚硬致密，供制车轮、油磨和家具。

有毒部位 种子和茎皮有毒。

毒性成分 含三萜皂甙。

中毒反应 小鼠腹腔注射茎皮水提取物 0.8 克/千克，出现活动减少、竖尾等现象，最后死亡。

楹树（合欢属）

拉 丁 名 *Albizia chinensis*

别　　名 南洋楹、仁仁树、牛尾木、华楹、母引。

形态特征 高大落叶乔木。托叶心形，膜质。二回羽状复叶，小叶无柄，长椭圆形先端渐尖，基部近平截。头状花序排成顶生圆锥花序。花绿白或淡黄色，花萼漏斗状，花冠裂片卵状三角形。荚果扁平。花期3~5月，果期6~12月。

分布生境 贵州省关岭、兴义、安龙等地有分布，生长于山坡林中或田坎边、路旁、谷地。

利用价值 药用：树皮含单宁，可消炎。经济：生长迅速，适为行道树及荫蔽树；木材可作家具、箱板用材。

有毒部位 叶和茎皮有毒。

毒性成分 含三萜酸甙合欢催产素。

中毒反应 小剂量时引起动物子宫痉挛、导致流产；较大剂量时出现厌食、嗜睡、反应迟钝、腹泻、呼吸困难等症状，严重的甚至死亡。

台湾相思（金合欢属）

拉 丁 名 *Acacia confusa*

别　　名 台湾柳、相思树、相思仔、洋桂花。

形态特征 常绿乔木，高达15米，无毛。枝灰色或褐色，无刺；小枝纤细。苗期第一片真叶为羽状复叶，长大后小叶片退化，叶柄变为叶状柄；叶状柄革质，披针形，长6~10厘米，宽0.5~1.3厘米，直或微呈弯镰状，两端渐窄，先端略钝，两面无毛，有明显的纵脉3~8条。头状花序球形，单生或2~3个簇生于叶腋，直径约1厘米；花序梗纤弱，长0.8~1厘米。花金黄色，有微香；花萼长约为花冠之半；花瓣淡绿色，长约2毫米；雄蕊多数，明显超出花冠之外；子房被黄褐色柔毛，花柱长约4毫米。荚果扁平，长4~12厘米，宽0.7~1厘米，干时深褐色，有光泽，于种子间微缢缩，顶端钝而有凸头，基部楔形；种子2~8枚，椭圆形，压扁，长5~7毫米。花期3~10月，果期8~12月。

分布生境 贵州省罗甸（城关、羊里）地区有分布，生长于海拔400~500米的山谷、坡上或河边。

利用价值 药用：树皮含单宁，可提取栲胶。经济：花含芳香油，调香原料；木材坚硬，供车轮、桨橹及农具等用。观赏：供作行道树或庭园绿化。

有毒部位 种子有毒。

毒性成分 含神经毒氨基酸。

中毒反应 人中毒后出现腹痛、恶心、头痛、呕吐、心跳加快等症状，严重的甚至死亡。

银合欢（银合欢属）

拉 丁 名 *Leucaena leucocephala*

别　　名 白合欢、新银合欢、萨尔瓦多银合欢。

形态特征 小乔木，高 2~6 米；幼枝被短柔毛，无刺，老枝无毛。具褐色皮孔，二回偶数羽状复叶，羽片 4~8 对；叶轴长 8~16 厘米，被柔毛，羽片有小叶 4~15 对，小叶条状长圆形，长 7~13 毫米，宽 1.5~3 毫米，顶端钝或急尖，中脉偏上缘，两面无毛；第一对羽片着生处有黑色腺体 1 枚。头状花序球形，1~2 个腋生；花白色；萼筒状中被柔毛；花瓣极狭，上部被毛，雄蕊有疏柔毛，伸出花冠之外，子房被柔毛，柱头凹下，呈杯状。荚果薄带状，长 10~14.5 厘米，宽 15~16 毫米，先端凸尖，无毛，有网纹，褐色，有光泽。花期 7~8 月，果期 8~10 月。

分布生境 贵州省罗甸、望谟（城关）等地有分布，生长于海拔 350~500 米的山坡、村旁、路旁，常有栽培。

利用价值 经济：耐旱力强，木质坚硬，生长迅速，适用于荒山造林。嫩荚和种子可供食用和作饲料，树皮可提取栲胶。观赏：可作庭园观赏树。

有毒部位 叶有毒。

毒性成分 含含羞草素。

中毒反应 马误食之，则鬃尾脱落；反刍动物大量食用产生中毒出现脱毛、食欲减退、生长缓慢、流涎、步态失调、甲状腺肿大以及甲状腺素作用紊乱、消瘦等症状。

含羞草（含羞草属）

拉 丁 名 *Mimosa pudica*

别　　名 感应草、知羞草、呼喝草、怕丑草、见笑草、夫妻草、害羞草。

形态特征 披散、亚灌木状草本，高达 1 米；茎圆柱状，具分枝，有散生、下垂的钩刺及倒生刺毛。托叶披针形，长 0.5~1 厘米，被刚毛。羽片和小叶触之即闭合而下垂；羽片通常 2 对，指状排列于总叶柄顶端，长 3~8 厘米；小叶 10~20 对，线状长圆形，长 0.8~1.3 厘米，先端急尖，边缘具刚毛。头状花序圆球形，直径约 1 厘米，具长花序梗，单生或 2~3 个生于叶腋；花小，淡红色，多数；苞片线形。花萼极小；花冠钟状，裂片 4 枚，外面被短柔毛；雄蕊 4 枚，伸出花冠；子房有短柄，无毛，胚珠 3~4 枚，花柱丝状，柱头小。荚果长圆形，长 1~2 厘米，扁平，稍弯曲，荚缘波状，被刺毛，成熟时荚节脱落，荚缘宿存；种子卵圆形，长 3.5 毫米。花期 3~10 月，果期5~11 月。

分布生境 贵州省全省有栽培。

利用价值 药用：全株供药用，可安神镇静，鲜叶捣烂外敷治带状疱疹。

有毒部位 全株有毒。

毒性成分 含含羞草素等。

中毒反应 人中毒后出现脱发、腹泻、呕吐、食欲下降、胸闷、呼吸困难等症状，严重的甚至因呼吸抑制、心脏骤停而死亡。

海红豆（海红豆属）

拉 丁 名 *Adenanthera pavonina*

别　　名 红豆、相思豆、孔雀豆、美国刺桐。

形态特征 落叶乔木，高 5~10 米，无刺，幼枝被微柔毛。二回羽状复叶，羽片 2~4 对，对生或近对生；小叶 8~12 枚，互生，长圆形或卵形，长 2.5~3.5 厘米，宽 1.5~2.5 厘米，先端圆形，基部近圆形，两面均被短柔毛，具短柄；叶柄、叶轴有微柔毛。总状花序排列为顶生的圆锥花序或单生于叶腋，花小，淡黄色或白色，有香味，具短梗；萼小，长不足 1 毫米，与花梗、总花梗、序轴同被短柔毛；花瓣长约 3 毫米，无毛，基部稍合生；子房被毛，有短柄，荚果长 15~20 厘米，宽 1.5 厘米，种子阔卵形，鲜红色，有光泽。花期 5~7 月，果期 7~10 月。

分布生境 贵州省贞丰（尼罗）地区有分布，生长于海拔 1000~3000 米的山坡林中、山谷阳处。

利用价值 经济：木材供制家具、船舟和建筑用材，并可作红色染料；鲜红色的种子可作装饰品。

有毒部位 全株有毒，种子毒性较大。

毒性成分 含甾甙、黄酮甙等。

中毒反应 人和家畜中毒后出现剧烈腹痛、呕吐、脉弱、呼吸抑制及痉挛等症状。

榼藤子（榼藤属）

拉 丁 名 *Entada phaseoloides*

别　　名 眼镜豆、牛眼睛、过江龙、牛肠麻、过山枫、大血藤、扭骨风、榼子藤。

形态特征 常绿木质大藤本，具卷须，茎扭旋。枝无毛。二回羽状复叶，长 10~25 厘米；羽片通常 2 对，顶生 1 对羽片变为卷须；小叶 2~4 对，对生，革质，长椭圆形或长倒卵形，长 3~9 厘米，先端钝，微凹，基部略偏斜，主脉稍弯曲，主脉两侧的叶面不等大，网脉两面明显；叶柄短。穗状花序长 15~25 厘米，单生或排成圆锥花序，被疏柔毛；苞片被毛；花细小，白色，密集，略有香味。花萼宽钟状，长 2 毫米，具 5 齿；花瓣 5 枚，长圆形，长 4 毫米，无毛，顶端尖，基部稍连合；雄蕊稍长于花冠；子房无毛，花柱丝状。荚果长达 1 米，宽 8~12 厘米，弯曲，扁平，木质，成熟时逐节脱落，每节内有 1 枚种子。种子近圆形，直径 4~6 厘米，扁平，暗褐色，成熟后种皮木质，有光泽，具网纹。花期 3~6 月，果期 8~11 月。

分布生境 贵州省册亨（册阳）地区有分布，生长于海拔 700 米的山坡、山沟潮湿地木丛或林中。

利用价值 药用：藤及种子入药，可祛风湿、通经络、活血散瘀；茎皮浸液可催吐下泻。经济：纤维供造纸或人造棉；种仁含油量约17%。

有毒部位 全株有毒。

毒性成分 人中毒后含三萜榼藤子酸等。

中毒反应 出现头晕、呕吐、呼吸急促、血压急剧下降、心悸、瞳孔散大、昏迷、抽搐等症状，严重的甚至因呼吸衰竭而死亡。

（二）云实亚科

湖北羊蹄甲（显豆属）

拉 丁 名 *Phanera hupehana*

别　　名 马蹄、双肾藤。

形态特征 木质藤本，被稀疏红棕色柔毛。茎纤细，四棱，卷须1个或2个对生。单叶互生；叶柄长3.5~4.5厘米；叶片肾形或圆形，长3~8厘米，宽4~9厘米，先端分裂，裂片顶端圆形，全缘，基部心形至截平，两面疏生红褐色柔毛，后上面无毛；叶脉掌状，有7~9条，伞房花序顶生，长5~8厘米，花序轴、花梗密被红棕色柔毛；苞片与小苞片丝状，被红棕色柔毛，长7毫米；萼管状，有红棕色毛，筒部长1.3~1.7厘米，裂片2个；花冠粉红色，花瓣5瓣，匙形，两面除边缘外，均被红棕色长柔毛，边缘皱波状，基部楔形，长1~1.5厘米；能育雄蕊仅3枚，花丝长1.5~2厘米，花药瓣裂；雌蕊单一，子房长柱形，具长柄，无毛；柱头头状。荚果条形，扁平，无毛，有明显的网脉，长14~30厘米，宽4~5厘米，种子多数。花期4~6月，果期8~9月。

分布生境 贵州省松桃、黔南、毕节等地有分布，生长于山坡疏林或山谷灌林中。

利用价值 药用：味苦、涩，性温，有镇痛功效，在民间用药中主治睾丸肿痛、疮疖肿痛等症。观赏：可作园林观赏植物。

有毒部位 茎、叶有毒。

毒性成分 含4-甲氧基新异甘草苷、硫黄菊素、异甘草素等。

中毒反应 小鼠腹腔注射茎、叶的乙醇或乙醚提取物1000毫克/千克，4分钟后肌肉松弛、死亡。

滇皂荚（皂荚属）

拉 丁 名 *Gleditsia japonica var. delavayi*

别　　名 云南皂荚、滇南皂角树、滇皂角。

形态特征 乔木，高达18米，胸径60厘米；分枝刺粗壮，基部扁压；幼枝被柔毛。一回羽状复叶，幼时具二回羽状复叶，羽状 2~4 对；小叶 4~9 对，叶片斜卵形或长圆形，稍偏斜，长 2~6 厘米，宽 5~8 毫米，先端钝圆或微凹，基部阔楔形或稍圆形，边缘被疏生圆齿或近全缘，表面沿中脉被短柔毛，后无毛。花白色，花序为稀疏总状花序，萼片 3~4 裂；花瓣 3~4 瓣；雄蕊 10 枚，花梗甚短。果带形，质薄，扭曲，具泡状隆起，长 16~40 厘米，宽 5~8 厘米，无毛，网脉显著。种子卵形，长约 1 厘米。

分布生境 贵州省兴义地区有分布，生长于海拔 1300 米的山脚疏林中，云南、四川等省亦有分布。

利用价值 药用：种仁可食，入药可祛痰、利尿。经济：木材坚实，心材红棕色，边材淡黄褐色，为建筑、家具、农具等用；果荚可代肥皂。

有毒部位 豆荚、种子、叶、茎皮有毒。

毒性成分 含皂荚皂甙等多种三萜皂甙。

中毒反应 人中毒后出现呕吐、腹泻、痉挛、昏迷、呼吸急促等症状，严重的甚至因呼吸麻痹而死亡。

皂荚树（皂荚属）

拉 丁 名 *Gleditsia sinensis*

别　　名 皂荚树、皂角、猪牙皂、牙皂、刀皂、三刺皂角。

形态特征 乔木，高 10~20 米，胸径达 1.2 米；树皮暗灰色，粗糙；具分枝刺，基部圆形；小枝无毛。一回羽状复叶，幼树及萌芽枝条有二回羽状复叶，小叶 3~7 对，稀 9 对，叶片卵形、倒卵形、长圆状卵形或卵状披针形，长 2~8.5 厘米，先端钝，具短尖头，基部斜圆形或斜楔形，边缘钝锯齿，中脉被毛，其余无毛；叶轴及小叶柄被柔毛，总状花序腋生，花梗长 0.3~1 厘米，花序轴、花梗及花萼被柔毛；花瓣白色；子房条形，沿缝线有毛，柄长 7 毫米以上。果木质带形，长 5~35 厘米，宽 2~4 厘米，幼时扭曲，通常直伸，幼时被白霜，熟时黑褐色或紫红色，果荃冬不落，具白色粉霜。种子长圆形，扁平，长约 1 厘米，亮褐色。花期 4~5 月，果期 10 月。

分布生境 贵州省全省有分布，生长于海拔 650~1300 米的山脚、村前屋后。

利用价值 药用：果瓣、种子入药，可祛痰通窍；枝刺入药，可消肿排脓。经济：木材供建筑、家具用材，荚果煎汁可代肥皂。

有毒部位 豆荚、种子、叶、茎皮有毒。

毒性成分 含皂荚皂甙等多种三萜皂甙。

中毒反应 人中毒后出现呕吐、腹泻、痉挛、昏迷、呼吸急促等症状，严重的甚至因呼吸麻痹而死亡。

含羞草决明（矮含羞草属）

拉 丁 名 *Chamaecrista mimosoides*

别　　名 山扁豆、梦草、还瞳子、黄瓜香。

形态特征 灌木状草本，茎直立，高 30~50 厘米，多分枝，通常被毛。羽状复叶长 4~6 厘米，小叶 20~50 对，叶片线形，长 3~4 毫米，宽 1 毫米，顶端短急尖，中脉靠近上缘，干时带红色或褐色；托叶线状锥尖，基部卵形，长约 5 毫米，有线条，宿存；叶柄基部之上和最下面 1 对小叶之下有盘状无柄腺体 1 枚。花单生或 2 朵至数朵排成短总状花序，腋生，花片 2 枚；花梗纤细，长 5~6 毫米；萼片披针形，顶端尖，被疏生毛；花瓣黄色，与萼片等长；雄蕊 10 枚，不等长；子房被毛。果实条形，扁平，长 3.5~4 厘米，宽约 3 毫米，被疏毛；果柄长 7~10 毫米，被细长毛；种子约 16 颗。

分布生境 原产热带美洲，现广泛栽植于热带地区。贵州省盘县、纳雍、普安、兴义、兴仁、册亨、望谟、花溪、瓮安等地有分布，生长于海拔 800~2000 米的山坡草地。

利用价值 药用：种子入药，可健胃、利尿、消水肿；根、叶可解毒治痢。经济：嫩茎、嫩叶可代茶。

有毒部位 全株有毒。

毒性成分 含大黄素、大黄素甙、大黄素酸等蒽醌衍生物。

中毒反应 人大量食用引起腹泻，孕妇多食则发生流产。

望江南（望江南属）

拉 丁 名 *Senna occidentalis*

别　　名 野扁豆、狗屎豆、羊角豆、黎茶、假决明。

形态特征 灌木或亚灌木，高 30~200 厘米；小枝有棱。羽状复叶，长 9~15 厘米，小叶 3~5 对，叶片卵形或卵状披针形，纸质，长 2~6 厘米，宽 1.2~1.7 厘米，先端渐尖，基部稍圆，稍偏斜，两面无毛，边缘具缘毛；叶柄基部上部具 1 个腺体，叶柄、叶轴具疏生白色刺毛；托叶膜质，卵状披针形，脱落。伞房状花序，顶生或腋生；苞片卵形，早落；萼管短，萼片倒卵状长方形或近圆形，顶端圆；花瓣倒卵形，黄色，长 8~12 毫米，先端钝圆；能育雄蕊 7 枚，退化雄蕊 3 枚；子房具柄，密生黄白色硬毛。果实带状，长 6~7 厘米，宽 5~6 毫米，疏生毛，有横隔膜；种子 50~60 颗，扁卵形，熟时褐色。花期 5~7 月，果期 6~10 月。

分布生境 原产热带美洲。贵州省兴义、安龙、望谟、册亨、罗甸等地有分布，生长于海拔 440~1300 米的山坡灌丛中或岩石上。

利用价值 药用：种子及全株入药，可健胃、通便；叶外敷，治蛇伤。经济：全株可提取栲胶，也可作为绿肥树种。

有毒部位 花、荚果、根有毒。

毒性成分 含有毒蛋白、大黄素、氰甙等。

中毒反应 人中毒后出现恶心、呕吐、腹泻、嗜睡、昏迷、乱语等症状，严重的甚至因肝功能衰竭或心脏衰竭而死亡。

决明（决明属）

拉 丁 名 *Senna tora*

别　　名 草决明、羊明、羊角、马蹄决明、还瞳子、假绿豆、马蹄子、羊角豆。

形态特征 一年生亚灌木状草本，高约 1 米，有腐败气味。羽状复叶，长4~8厘米，小叶 3 对，膜质，倒卵状长椭圆形，长 1.5~6 厘米，宽 0.8~3 厘米，先端钝而具小尖头，基部渐狭，幼时两面疏生长柔毛，侧脉每边 8~14 条，纤细；小叶柄长 2 毫米，托叶线状锥形，长约 1 厘米，早落；叶轴的小叶间具线状的腺体 1 枚。花 1~3 朵，通常 2 朵生于叶腋，总花梗极短，长6~10 毫米；花梗长 1~1.5 厘米，丝状；萼片分离，稍不相等，卵形；花冠黄色，花瓣倒卵形，长 1.2 厘米，下面 2 枚花瓣较其他略长；能育雄蕊 7 枚，花药四方形，顶孔开裂，长约 4 毫米，较花丝长；子房无柄，被白色细毛，花柱无毛。果实条形，长达 15 厘米，直径 3~4 毫米，近四棱柱形，膜质。种子多数，淡褐色，具光泽。

分布生境 贵州省兴仁、安龙等地有分布，生长于海拔 700~1100 米的山脚、路边或灌丛中。

利用价值 药用：草决明的药用部位是种子，味苦，性微寒，可清肝、明目、通便，治头痛眩晕、大便秘结等症。经济：决明子产量很高，可提取蓝色染料；苗叶和嫩果可食。

有毒部位 种子和叶有毒。

毒性成分 含大黄素、大黄酚、大黄酸、决明素等蒽醌及其甙类。

中毒反应 人大量食用可引起腹泻。

肥皂荚（肥皂荚属）

拉 丁 名 *Gymnocladus chinensis*

别　　名 肉皂角、肥猪子、广西肥皂荚。

形态特征 乔木，高达 15 米，胸径 20 厘米；小枝被红褐色柔毛或无毛，皮孔灰白色。羽状复叶长 40~50 厘米，羽片 5~7 对，每羽片有小叶 9~14 对，小叶卵状长圆形，长 1.5~3.2 厘米，宽 7~11 毫米，先端钝圆，基部两侧不对称，一边圆形，一边楔形，叶片、叶柄被平伏小柔毛，叶轴被毛或无毛；叶柄长 6~10 厘米，基部膨大。花序顶生，长 6.5~9 厘米，密生灰黄色绒毛；花梗长 2~5 毫米；萼筒长 5~6 毫米，有 10 条脉；花瓣 5 枚，较萼片略长；子房长椭圆形，无毛，无子房柄，胚珠约 4 颗，果实长椭圆形，长 8~9 厘米，宽 3~3.5 厘米，果梗长约 1 厘米，扁平而肥厚的果荚内有种子 2~4 枚。种子近扁球形，黑色，光滑，直径 1.5 厘米。

分布生境 贵州省赤水、贵阳、荔波、黎平等地有分布，生长于海拔 800~1200 米的山坡林中，村旁有栽种。

利用价值 药用：荚果入药，治疮癣、肿毒等症，也可作洗濯用。经济：种子榨油可作油漆等工业用油。

有毒部位 种子有毒。

毒性成分 含三萜皂甙。

中毒反应 人中毒后先出现心窝部灼热，恶心呕吐，烦躁不安；10~12 小时后，出现腹泻（大便黄色水样，带多量白沫）、头昏乏力、四肢酸麻等症状。

格木（格木属）

拉 丁 名 *Erythrophleum fordii*

别　　名 铁木、斗登凤、孤坟柴、大疔癀。

形态特征 常绿乔木，高达 25 米，胸径达 1 米，幼时树皮灰白色带淡褐色，平滑，老时深灰褐色，稍纵裂，小枝密生黄褐色皮孔。叶大，互生，无毛，羽片 2~3 对，长 20~30 厘米。小叶 9~13 枚，卵形或卵状椭圆形，长 3~8 厘米，稀 9 厘米，先端渐钝尖或短尾尖，基部稍偏斜，阔圆形或楔形，全缘，两面无毛或沿中脉被疏生柔毛。花序被锈色柔毛，长 13~20 厘米；花白色；萼被疏生小柔毛，裂片披针形，花瓣倒卵形，被短绒毛，雄蕊无毛，长为花瓣的 2 倍；子房具柄，密被疏柔毛，胚珠 10~12 颗。果长圆形，长 12~18 厘米，宽 3~4 厘米，黑褐色，柄长约 1.5 厘米。种子扁椭圆形，长 1.4~1.8 厘米。

分布生境 贵州省安龙、册亨、望谟、罗甸、从江、黎平等地有分布，生长于海拔 400~700 米的山坡疏林中或路旁。

利用价值 经济：木材边材黄褐色，心材红褐色，有光泽、坚硬、抗虫蛀、耐用，俗称“铁木”，为造船、桥梁、高级家具、地板、雕刻等用。

有毒部位 种子和茎皮有毒。

毒性成分 含咖萨因等生物碱。

中毒反应 对人皮肤和黏膜有强烈刺激作用，中毒后出现流涎、呕吐、腹泻、四肢震颤、惊厥等症状，严重的甚至因呼吸中枢麻痹而死亡。

凤凰木（凤凰木属）

拉 丁 名 *Delonix regia*

别　　名 红花楹树、凤凰树、火树、红花楹、影树、金凤。

形态特征 乔木，高达 20 米，胸径 1 米；树冠扁圆形；树皮粗糙，灰褐色，小枝略被毛。叶长 20~60 厘米，羽片对生，15~20 对，长 7~15 厘米，每羽片有小叶 20~40 对；小叶长圆形，长 3~8 毫米，先端钝圆，基部偏斜，两面被柔毛，中脉在表面凹下；托叶羽裂；叶柄长 10~12 厘米，近无毛，羽片叶柄长 5 毫米。伞房花序，排列疏松，下部的花梗较长，具脱落性的苞片，长 10~18 厘米，无毛；花鲜红色，直径 7~10 厘米，具长梗；萼管短，裂片窄长圆形，宽 6~8 厘米，内面深红色，外面绿色；花瓣长 5 厘米，宽 3 厘米，圆形，向基部渐狭窄，边缘波状，顶生 1 片较大，具黄色及白色斑点，爪长约 2.5 厘米；雄蕊红色，花药长 5 毫米，花丝长 6 厘米，基部被毛；子房无柄或具短柄，花柱丝状，柱头显著。荚果长 25~60 厘米，黑褐色。种子长圆形，长 1.6 厘米，扁压。花期 5 月，果期 10 月。

分布生境 贵州省兴义、锦屏等地有栽培。

利用价值 经济：木材轻软，易腐朽，供家具、板料、火柴杆、造纸原料等用；树脂能溶于水，用于工艺；木材轻软，富有弹性和特殊木纹，可作小型家具和工艺原料。观赏：树冠宽阔，叶密茂盛，花大而艳丽，为著名观赏树及行道树。

有毒部位 花、种子有毒。

毒性成分 含类胡萝卜素、溶血卵磷脂等。

中毒反应 人中毒后出现头晕、流涎、腹胀、腹痛、腹泻等症状。

云实（云实属）

拉 丁 名 *Caesalpinia decapetala*

别　　名 员实、天豆、马豆、朝天子、药王子、云实籽、铁场豆。

形态特征 攀援灌木，树皮暗红色，散生皮刺，幼时被白粉，枝、叶轴及花序密生灰色或褐色柔毛。羽片 3~10 对，小叶 7~15 对，长圆形，长 1~2 厘米，稀达 3.2 厘米，两端钝圆，两面被柔毛，后无毛。总状花序顶生，长 15~35 厘米，花梗长 2~4 厘米，顶端具关节，花易脱落；花瓣黄色，最下 1 片具红色条纹；花丝下半部密生柔毛；子房被毛。果实长椭圆形，长 6~11 厘米，肿胀，脆革质，具喙尖，腹缝具狭翅，开裂，褐色，无毛。种子 6~9 枚，椭圆形，长约 1 厘米，黑色。花期 4~5 月，果期 9~10 月。

分布生境 贵州省赤水、习水、梵净山、德江、松桃、贵阳、安龙、望谟、兴义、兴仁、息烽、修文、平坝、罗甸、荔波、雷山、黄平、黎平、天柱、锦屏等地有分布，生长于海拔 440~1500 米的山坡、路旁向阳灌丛中。

利用价值 药用：叶捣碎治烧伤；种子入药，治疟疾、赤痢及肠道寄生虫等症；根皮入药，治小儿疳积及妇女乳痛等症。经济：可作绿篱，果壳含鞣质30%~40%，茎皮含鞣质 5.2%，可提取栲胶，种子含油量 3.5%，油黄色，可制肥皂及润滑油。

有毒部位 全株有毒，茎毒性较大。

毒性成分 含羽扇豆醇醋酸酯、羽扇豆醇、齐墩果酸、豆甾醇、β-谷甾醇等。

中毒反应 人误食后出现狂躁等症状。

（三）蝶形花亚科

槐树（槐属）

拉 丁 名 *Sophora japonica*

别　　名 中华槐、国槐、紫穗槐、紫槐、棉槐、棉条、椒条。

形态特征 落叶乔木，高 15~25 米，胸径达 1.5 米；树皮灰黑色，粗糙纵裂。幼枝绿色。道生柔毛，老枝灰色，近无毛，皮孔圆形，淡黄色。奇数羽状复叶，长 15~20 厘米，叶柄有短柔毛，基部膨大；小叶 9~15 枚，卵形、长椭圆形或披针状卵形，对生，纸质，长 2.5~6 厘米，宽 1~2.5 厘米，先端短渐尖而有细突尖，基部圆或宽楔形，上面探绿色，微亮，下面灰白色，疏生短柔毛，具短柄，有毛，有钻形小托叶或早落。圆锥花序顶生，长 10~20 厘米；花萼钟形，有 5 小齿，浅三角形，疏生毛；花冠乳白色，长 1~1.5 厘米，旗瓣阔心形，有短爪，微有紫脉，翼瓣龙骨瓣边缘稍带紫脉：雄蕊 10 枚，不等长；子房线形，被棕色疏柔毛。荚果肉质，中珠状，长 2~5 厘米，无毛，不开裂。种子 1~6 枚，肾形，深褐色。花期 7~8 月，果期 9~10 月。

分布生境 槐树原产于中国，在不少国家有引种，尤其在亚洲。贵州省全省有栽培。

利用价值 药用：果实入药，可止血、降压；根皮、枝叶入药，治疮毒；花蕾与花含芸香甙、甾醇；果实含刺槐素、槲皮素等多种黄酮类和酚类成分，其性寒、味苦，可凉血止血、清肝明目，治痔疮出血、肠风下血、血痢、崩漏、血淋肝热目赤、头晕目眩等病症；其角中核子，可补脑、杀虫。经济：枝叶作绿肥、家畜饲料；茎皮可提取栲胶，枝条可编制篓筐；果实含芳香油，种子含油率 10%，可作油漆、甘油和润滑油之原料。观赏：栽植于河岸、河堤、沙地、山坡及铁路沿线，有护堤防沙、防风固沙的作用。

有毒部位 花、叶、茎皮和荚果有毒。

毒性成分 主要含双稠哌啶类生物碱。花蕾与花含芸香苷、甾醇，果实含刺槐素、槲皮素等多种黄酮类和酚类成分。

中毒反应 人食花和叶中毒后出现面部水肿、皮肤发热、发痒等症状。叶和荚果可刺激人肠胃黏膜，产生疝痛和下痢。果壳提取物可使小鼠和大鼠出现呼吸困难等症。

苦参（槐属）

拉 丁 名 *Sophora flavescens*

别　　名 地槐、地骨、苦骨、山槐子、野槐、水槐、野槐、山槐、白茎地骨、牛参、好汉拔。

形态特征 半灌木，高 1~3 米；幼枝有疏柔毛，后脱落，奇数羽状复叶，长 10~25 厘米，叶柄疏被柔毛或脱落；小叶 9~21 枚，椭圆状披针形、线状披针形或椭圆形，长 2~5 厘米，宽 1~1.8 厘米，互生或近对生，纸质，先端短渐尖或钝，基部圆形或宽楔形，上面绿色近无毛，下面灰绿色有疏柔毛，小叶柄长约 2 毫米，有柔毛。总状花序顶生，长 10~20 厘米，花序轴有疏生柔毛或近无毛，花较密生，长 1~1.5 厘米，花梗细弱；萼钟形，长约 8 毫米，萼齿不规则，被疏短柔毛或近无毛；花冠淡黄色或黄白色。旗瓣匙形，长约 1 厘米，翼瓣无耳；雄蕊 10 枚，分离，下半部被短毛；子房线形，微被毛。荚果圆筒形，具棱，种子间缢缩，呈不明显串珠状，疏被短毛，前端有长喙。种子 1~5 枚长圆形，长约 6 毫米，褐色。花期 5~6 月，果期 8~9 月。

分布生境 贵州省全省有分布，生长于海拔 300~1200 米的山坡、路旁、疏林下和灌木丛中。我国南北各省均有分布。

利用价值 药用：根入药，可清热利湿、抗菌消炎、健胃驱虫，治湿热、黄疸、痢疾、肠炎、消化不良、便秘、皮肤瘙痒、神经衰弱等症，根还有抗心律失常作用；根、茎、种子的浸出液或根皮制成粉剂，可作农药；全株煎液，可除灭牛、马皮肤病寄生虫。经济：茎皮纤维可制麻袋，绳索及造纸原料；种子含油，供制肥皂及润滑油；花可作棉织物及丝织物的黄色染料。该种也可作水土保持树种。

有毒部位 根和种子有毒。

毒性成分 含苦参碱、槐醇碱、槐果碱、臭豆碱等生物碱。

中毒反应 人中毒后出现以神经系统为主的症状，有流涎、呼吸和脉搏加速、步态不稳现象，严重的惊厥，甚至因呼吸抑制而死亡。牛、马食干根 45 克以上，猪、羊食 15 克以上均可出现中毒，主要出现呕吐、流涎、疝痛、下痢、精神沉郁、搐搦和痉挛等症状。马中毒死亡前还会出现出汗、体温下降、呼吸浅慢、心律不齐等症状，中毒后先出现中枢神经抑制，然后间歇性抖动和惊厥，进而中枢神经抑制，呼吸麻痹，数分钟后心跳停止死亡。

西南槐（槐属）

拉 丁 名 *Sophora prazeri var. mairei*

别　　名 乌豆根、山豆根、红花苦刺、蛇黄豆。

形态特征 灌木或小乔木，高 1~2 米，小乔木可达 6 米；小枝密生棕色柔毛，老枝生疏毛或脱落，皮孔圆形。奇数羽状复叶，长 6.5~15 厘米，叶柄密被棕色柔毛；小叶 7~17 枚，上部小叶长椭圆形或倒披针形，长 4~6 厘米，宽 1.5~2 厘米，向下渐小，下部小叶椭圆形，长 1~3 厘米，宽 0.5~1 厘米，互生，纸质或近革质，先端钝或钝尖，基部楔形或圆，稍偏斜，上面疏被毛或近无毛，下面被灰色或棕色平伏短柔毛，中脉密生柔毛，托叶钻形或刺芒状，密生棕色短柔毛，宿存或脱落。

总状花序，与叶对生或腋外生，长3~7厘米，或更长，花梗长3~6毫米，花轴及花梗密生棕色柔毛；萼偏斜筒形，长约9毫米，上部具不明显钝齿，被棕色柔毛；花冠棕色或浅黄色，长约1.7厘米，旗瓣卵形，具宽爪，翼瓣长圆形，具耳，龙骨瓣稍短于旗瓣，具耳。荚果长3~6厘米，粗约0.8厘米，呈串珠状，密生棕色柔毛，具长喙，不开裂。种子1~2枚，有时3枚，长圆形，暗红色。花期5月，果期6~7月。

分布生境 贵州省全省有分布，生长于海拔700~1800米的山坡林下或岩石上，在湿润沙壤土上生长最好。

利用价值 药用：根入药，可清热除湿、活血化瘀，治痨伤及水泻等症。

有毒部位 茎、叶有毒。

毒性成分 含有毒生物碱。

中毒反应 小鼠腹腔注射茎、叶的乙醚或水的提取物1000毫克/千克，很快出现活动减少，并死亡。

菽麻（猪屎豆属）

拉 丁 名 *Crotalaria juncea*

别　　名 印度麻、太阳麻、自消容。

形态特征 一年生直立草本，高达2米，枝茎圆柱形；密被绢质短柔毛。单叶，长圆状披针形或长圆形，长6~8厘米，宽1.3~2厘米，两端渐狭，先端圆形或钝，具短尖头，基部楔形或近圆形，两面密生绢质短柔毛，叶柄长约3毫米，有柔毛，托叶披针形，长1~2毫米。总状花序顶生或腋生，有花10~20朵，长约30厘米；花序轴直，密被褐色柔毛，苞片披针形，长约5毫米，密被褐色柔毛，萼杯状，长约2厘米，外密被褐色柔毛；萼裂片长为萼的3/4；花冠黄色，较萼长，花药2型。荚果圆柱状，长3~4厘米，密被绢质绒毛。种子10~15枚。花期7~8月，果期8月。

分布生境 贵州省贵阳地区有栽培。

利用价值 药用：种子含有毛束草碱、千里光碱、千里光叶碱、瑞德灵碱，入药可治浊淋、尿频、尿急、尿痛、石淋、癣疥、跌打损伤、尿结石、膀胱炎等症；种子也常作为解毒及麻醉的有效药。经济：茎枝可作各种绳索，麻袋等；其纤维可作造纸的原料；因含有丰富的氮、磷、钾，又可作绿肥，有改良土壤之效。

有毒部位 茎、叶、种子、荚皮有毒，种子毒性较大。

毒性成分 含单猪屎豆碱、菽麻碱、千里光宁等。

中毒反应 家畜中猪最敏感，中毒后出现食欲锐减、流涎、呕吐、瞳孔散大、腹泻、呼吸变粗、四肢无力、腹部及股侧出现大块绀斑等症状，2~3天后死亡。

野百合（猪屎豆属）

拉 丁 名 *Crotalaria sessiliflora*

别　　名 狗铃草、蓝花野百合、佛指甲、鼠蛋草。

形态特征 鳞茎球形，直径2~4.5厘米；鳞片披针形，长1.8~4厘米，无节。茎高达2米，有的有紫纹，有的下部有小乳头状凸起。叶散生，披针形、窄披针形或线形，长7~15厘米，宽0.6~2厘米，全缘，无毛。花单生或几朵呈近伞形。花梗长3~10厘米；苞片披针形，长3~9厘米，花喇叭形，有香气，乳白色，外面稍紫色，向外张开或先端外弯，长13~18厘米；外轮花被片宽2~4.3厘米，内轮花被片宽3.4~5厘米，蜜腺两侧具小乳头状凸起；雄蕊上弯，花丝长10~13厘米，中部以下密被柔毛，稀疏生毛或无毛，花药长1.1~1.6厘米；子房长3.2~3.6厘米，直径约4毫米，花柱长8.5~11厘米。蒴果长4.5~6厘米，直径约3.5厘米，有棱。花期5~6月，果期9~10月。

分布生境 贵州省独山、平塘、安龙、真半等地有分布，生长于海拔800~1100米的山坡、草地、路旁或草丛中。

利用价值 药用：鳞茎可食，亦可入药，可润肺止咳、清热、安神、利尿。经济：供作绿肥用，并为牧草。观赏：园艺上极具观赏价值。

有毒部位 全株有毒，种子毒性较大。

毒性成分 含单猪屎豆碱。

中毒反应 家畜中猪最敏感，中毒后出现食欲锐减、流涎、呕吐、瞳孔散大、腹泻、呼吸变粗、四肢无力、腹部及股侧出现大块绀斑等症状，2~3天后死亡。

响铃豆（猪屎豆属）

拉 丁 名 *Crotalaria albida*

别　　名 响铃草、狗响铃。

形态特征 多年生直立草本，常为灌木状，高40~150厘米，各部被丝质短柔毛；枝纤细，圆柱形。单叶，倒披针形或倒卵状披针形，长1.5~4厘米，宽5~12毫米，先端圆形或钝，具小尖头，基部楔形，背面密被白色柔毛；无托叶。总状花序顶生，长8~17厘米，有疏生的花8~20朵；花梗纤细，长约3毫米，有褐色短柔毛；萼长约7毫米，外密被褐色短柔毛，深裂，下部3裂片线形，上部2裂片较阔，椭圆形；花冠黄色，与萼近等长，旗瓣倒卵状圆形，翼瓣倒卵形，龙骨瓣弯曲；子房无毛。荚果圆柱状，长8~12毫米，伸出萼外，顶端有宿存的花柱，成熟时淡黄色。种子6~12枚。花期7~8月。

分布生境 贵州省罗甸、兴仁等地有分布，生长于山坡、路旁、河溪旁的草丛或灌丛中。

利用价值 药用：全株入药，可清热解毒、消肿止痛，治跌打损伤、关节肿痛等症；抗肿瘤有效，主要对鳞状上皮癌、基底细胞癌疗效较好。

有毒部位 种子有毒。

毒性成分 含响铃豆定生物碱。

中毒反应 人急性中毒初期出现精神不振、四肢无力、行走摇晃、呕吐、便秘、黏膜苍白等症状，后期出现反射消失、心律不齐、流涎以及全身抽搐等症状，严重的可致死。慢性中毒一般在7~8天后才出现流涎、咬牙、腹部皮肤青紫、黄疸、便血等症状。尸检可见胃黏膜脱落，胃底出血，肠黏膜增厚呈弥漫性出血，淋巴结呈灰棕色，肝实质变性，心包积液，心内膜充血，血液黏度降低乃至凝固等。

猪屎豆（猪屎豆属）

拉 丁 名 *Crotalaria pallida*

别　　名 白猪屎豆、野苦豆、大眼兰、野黄豆草、猪屎青、野花生、大马铃、水蓼竹、响铃草、黄野百合。

形态特征 半灌木状草本，高约1米，枝茎具沟纹，被短柔毛，三出复叶，中间小叶宽卵或倒卵形，长2.5~3.5厘米，宽2~2.5厘米，先端钝或微缺，基部楔形，上面无毛，下面疏被白色柔毛，于脉上较密，侧生小叶较小；托叶细小，锥状，早落；叶柄长2.5~4厘米。总状花序顶生，有花15~30朵，花梗长3~4毫米，被柔毛；萼长约8毫米，外被平伏细柔毛，萼齿三角形，与萼管等长或较长于萼；花冠黄色，长12~15毫米，伸出萼外，旗瓣上嵌有紫色的条纹；子房密被长柔毛，花柱基部弯曲，上部有短毛，柱头头状。荚果圆柱状，长2~3厘米，厚6~8毫米，下垂，幼时被毛，后变无毛。种子多数，肾形。花期9~10月，果期10~11月。

分布生境 贵州省贵阳（乌当）地区有栽培。

利用价值 药用：种子入药，既有降低血压的作用，又有肌肉松弛和解痉作用；光萼猪屎豆碱有阿托品样作用，可补肝肾、固精；根及全株可开郁散结，解毒除湿。经济：茎叶可作绿肥和饲料。

有毒部位 种子及幼嫩枝叶有毒。

毒性成分 含短尖猪屎豆碱、全缘千里光碱等大量生物碱，可通过皮肤吸收，主要对肝脏表现毒性。

中毒反应 人中毒后出现头晕、头痛、恶心、呕吐、食欲不振等症状，严重的甚至因腹水和肝昏迷而死亡。

紫雀花（紫雀花属）

拉 丁 名 *Parochetus communis*

别　　名 蓝雀花、金雀花、生血草。

形态特征 草本，茎匍匐生长。小叶3枚，阔倒卵形或倒心形，先端微凹，基部渐尖，长8~20毫米，宽10~20毫米，上面无毛，下面略被毛；叶柄伸长；托叶基部与叶柄基部合生，披针形，长4~5毫米，宽1~2毫米，无毛，薄膜质。花腋生；花梗有花2朵或1朵，花梗比花柄长，上部略被毛；苞片2~4枚，分离；花萼钟形，长6~7毫米，萼齿披针形，花冠淡蓝至紫蓝色，旗瓣长17~20毫米，宽约4毫米，翼瓣长14~16毫米，宽约5毫米，基部有耳，耳较爪短，龙骨瓣具长爪，均无毛。荚果线形，无毛，长20~25毫米，种子多粒。花果期5~9月。

分布生境 贵州省毕节、普安等地有分布，生长于海拔1800米的山谷草地。

利用价值 药用：金雀花性味微温甜，可滋阴、和血、健脾，治劳热咳嗽、头晕腰酸、妇女气喘白带、小儿疳积、乳痛、跌打损伤等症。根可滋补强壮、活血调经、祛风利湿治高血压、头昏头晕、耳鸣眼花、体弱乏力、月经不调、白带异常、乳汁不足、风湿关节痛、跌打损伤等症；花可祛风活血、止咳化痰。观赏：园艺上极具观赏价值，可用于园林绿化。

有毒部位 种子、茎叶有毒。

毒性成分 含金雀花碱。

中毒反应 人误食出现呕吐、腹泻等症状，严重的甚至死亡。

胡卢巴（胡卢巴属）

拉 丁 名 *Trigonella foenum-graecum*

别　　名 苦豆、香草、芸香、香豆。

形态特征 一年生草本，茎直立，高30~80厘米，有疏柔毛。小叶3枚，中间小叶倒卵形或倒披针形，长1~3.5厘米，宽0.5~1.5厘米，先端钝圆，基部宽楔形，上部具锯齿，两面均疏生长柔毛，侧生小叶略小，小叶柄极短，长不及1毫米；叶柄长1~4厘米；托叶与叶柄连合，宽三角形，顶端急尖。花1~2朵生于叶腋，无梗；花萼筒状，长约7毫米，有白色柔毛，萼齿披针形；花冠白色，基部稍带紫堇色，长约为花萼的2倍，旗瓣长圆形，具深波状凹缺。荚果条状，圆筒形，长5.5~11厘米，直径约0.5厘米，先端呈尾状，直或弯曲，有疏柔毛，具明显的纵网脉，无子房柄。种子多数，棕色，长圆形，表面不光滑，长约4毫米。花期4~6月，果期7月。

分布生境 贵州省全省有栽培。

利用价值 药用：种子入药，可补肾壮阳、祛痰除湿。经济：可作饲料；嫩茎、叶可作蔬菜食用；全株有香豆素气味，茎、叶或种子晒干磨粉掺入面粉中蒸食作增香剂；干胡卢巴可驱除害虫。

有毒部位 种子有毒。

毒性成分 含葫芦巴碱、牡荆素、异牡荆素、异荭草素、葫芦巴甙。

中毒反应 人大剂量摄入胡卢巴可以导致内出血，黑色柏油样大便，粪便中夹杂鲜红色血液，口吐鲜血，虚弱或肢体麻木，视力模糊，说话困难或严重头痛等症状都可能是内部出血的迹象。

白花草木樨（草木樨属）

拉 丁 名 *Melilotus albus*

别　　名 白香草木樨、白甜车轴草、金花草白草木樨。

形态特征 二年生草本，全株有香气；茎直立，圆柱形，中空，高1~4米，无毛或稍有毛。小叶3枚，顶小叶具柄，小叶椭圆形、长椭圆形、卵状长圆形或倒卵状长圆形，长 1.5~3.5 厘米，宽 0.5~1.2 厘米，先端截形，微凹，基部楔形，边缘具细锯齿，两面无毛；托叶锥形或线状披针形，先端锐尖呈尾状，基部稍宽，长达 8 毫米。总状花序腋生，长达 15 厘米；花萼钟状，有微柔毛，萼齿三角形，与萼筒等长；花冠白色，较萼长，旗瓣比翼瓣稍长，荚果卵球形，灰棕色，有凸起脉网，无毛。种子 1~2 粒，黄褐色，肾形。花期 5~7 月，果期 7~8 月。

分布生境 贵州省贵阳、威宁等地有栽培或野生，生长于海拔 2100 米以下的路旁或灌丛下，性耐寒、旱及盐碱，适生于湿润和半干燥气候。

利用价值 药用：全株入药，可清热利湿、消毒解肿，治小儿惊风；果实治风火牙痛。

有毒部位 全株霉变时有毒。

毒性成分 含紫苜蓿酚。

中毒反应 牛、羊、马食发霉的干草后出现皮下出血、皮肤肿胀、脏器和黏膜广泛出血，并伴有食欲减退、肌强直、跛行、神经麻痹、严重贫血等症状，严重的甚至失明，最后因出血过多而死亡。

黄香草木樨（草木樨属）

拉 丁 名 *Mclilotus officinalis*

别　　名 黄甜车轴草、香草车樨、草木樨、铁扫把、野苜蓿。

形态特征 一年生或二年生草本，全株有香气；茎直立，圆柱形，中空，高 1~3 米，分枝多，无毛。小叶 3 枚，顶小叶具柄，小叶椭圆形，长 1~2.5 厘米，宽 0.5~1 厘米，先端圆或截形，微凹，具短尖，基部园或宽楔形，边缘有锯齿，托叶锥形，先端尖，基部宽。总状花序腋生，长 4~10 厘米；花萼钟形，萼三角形；花冠黄色，旗瓣和翼瓣近等长。荚果卵圆形，稍有柔毛，圆脉明显。种子 1 枚，长圆形，褐色。花期 6~7 月，果期 7~8 月。

分布生境 贵州省贵阳等地有栽培或野生，生长于山坡、路旁或草地中。

利用价值 经济：可作牧草、绿肥用。全株干茎叶含油率 0.1%~0.2%，主要成分为香豆素及氢化香豆素等，用作烟草、化妆及皂用等香精调和；花干燥后，可以直接拌入烟草内作芳香剂。

有毒部位 全株霉变时有毒。

毒性成分 含紫苜蓿酚。

中毒反应 牛、羊、马食发霉的干草后出现皮下出血、皮肤肿胀、脏器和黏膜广泛出血，并伴有食欲减退、肌强直、跛行、神经麻痹、严重贫血等症状，严重的甚至失明，最后因出血过多而死亡。

草木樨（草木樨属）

拉 丁 名 *Melilotus suaveolens*

别　　名 铁扫把、省头草、辟汗草、野苜蓿。

形态特征 一年生或二年生草本，茎高60~90厘米，多分枝，无毛。小叶3枚，倒卵形、长圆形至倒披针形，长1~1.5厘米，宽3~6毫米，先端截形，中脉突出成短尖头，边缘自基部以上有疏锯齿；托叶线形或线状披针形，长约5毫米，基部宽，两侧无齿裂，有时靠下部叶的托叶基部有1个或2个小齿。总状花序细长，腋生，多花，长达20厘米；花萼钟状；花冠黄色，旗瓣椭圆形，先端圆或微凹，基部楔形，翼瓣比旗瓣短，与龙骨瓣等长，花长3~4毫米。荚果小，长约3毫米，熟时黑色，无毛，球形或卵形，有网脉。种子1粒，卵球形，褐色。花期7~8月，果期9~10月。

分布生境 贵州省大部分地区有分布，生长于河岸、潮湿的草地、林缘、路旁、田野等。

利用价值 药用：全株入药，可清热解毒、健胃化湿、利尿、杀虫；荚果入药治水肿、脚气病、湿疮、疥癣、瘙痒等症；根治淋巴结核。经济：干茎含油率2%~3%，主要成分为二氢化香豆素，可作烟草香精的原料；为家畜喜好的优良牧草，也可作绿肥、水土保持及蜜源植物；茎秆皮纤维可作造纸和人造棉原料。

有毒部位 全株有毒，在高温、高湿环境下霉变毒性会更大。

毒性成分 含紫苜蓿酚。

中毒反应 牛、羊、马食发霉的干草后出现皮下出血、皮肤肿胀、脏器和黏膜广泛出血，并伴有食欲减退、肌强直、跛行、神经麻痹、严重贫血等症状，严重的甚至失明，最后因出血过多而死亡。

绛车轴草（车轴草属）

拉 丁 名 *Trifolium incarnatum*

别　　名 绛三叶、地中海三叶、猩红苜蓿。

形态特征 一年生草本，茎直立，高30~100厘米，有黄色柔毛。小叶3枚，倒卵形至近圆形，长1.5~3.5厘米，宽1.2~3.2厘米，先端圆，有时微凹，基部宽形，边缘有疏钝齿，两面均有黄色疏柔毛，近无小叶柄；托叶椭圆形，长1~2厘米，宽0.5~0.8厘米，先端钝，基部与叶轴合生，抱茎，有疏柔毛。花序呈圆筒状，生于分枝顶端，长2~4厘米，有时达6厘米，宽1~1.5厘米，花近无梗；花萼筒状，长约5毫米，5萼齿，狭三角形，先端锐尖，萼筒与萼齿均密生黄色柔毛；花冠绛红色，长约1厘米。荚果倒卵形，成熟时包被于萼筒内，果皮半膜质，具纵脉。种子1枚，褐色，肾形。花期7月，果期9月。

分布生境 贵州省贵阳地区曾引种，喜温湿气候，在酸性土壤中可以生长。

利用价值 经济：主要作为家畜青饲料，也可作绿肥。观赏：花色美丽，可作观赏。

有毒部位 全株有毒。

毒性成分 含异黄酮类化合物。

中毒反应 动物大量进食后皮肤起水疱，出现流涎、黄疸、厌食、疝痛、步态不稳及癫痫样发作等症状。

红车轴草（车轴草属）

拉 丁 名 *Trifolium pratense*

别　　名 红三叶草、三叶草、红菽草。

形态特征 多年生草本；茎直立或斜向外伸，高 30~80 厘米，有棕色疏柔毛。小叶 3 枚，椭圆状卵形至宽椭圆形，长 2~4 厘米，宽1.2~2 厘米，先端钝圆，基部圆楔形，叶脉在边缘处突出成不明显的细齿，边缘有缘毛，上面近无毛，下面疏生长柔毛，每小叶上有“V”形白斑条；小叶柄极短，和叶轴均被柔毛；托叶近卵形，与叶轴基部连生，先端锐尖。花序腋生，头状，有大型总苞，总苞卵圆形，顶端锐尖，有纵脉；花萼筒状，萼齿线状披针形，最下面 1 片萼齿较长，有长毛；花冠淡紫红色或紫色，长 1.2~1.5 厘米，旗瓣近于狭菱形，翼瓣长圆形，基部具内弯的耳及丝状的爪，龙骨瓣比旗瓣、翼瓣短，子房椭圆形，花柱细长。荚果包被于宿存的萼内，倒卵形，小，长约 2 毫米，果皮膜质，具纵脉，含种子 1 粒，花期 4~9 月，果期 7~10 月。

分布生境 贵州省全省引种栽培，或呈野生状。

利用价值 药用：本种含挥发油、香豆酸、水杨酸、蛋白质、维生素 C；国外民间用花序煎剂作祛痰、感冒、肺结核、利尿和消炎等药；外敷治脓肿、烧伤、眼疾等，并曾用花、植株、种子及根部制作抗肿瘤、抗癌之药；花序为止咳平喘镇痉药。经济：为良好的饲料和绿肥植物；种子含油率约 12%。

有毒部位 全株有小毒。

毒性成分 含红车轴草素、卡里可辛、假巴布特金等。

中毒反应 牛、马等家畜中毒后出现流涎、皮肤起水疱、步态僵硬、腹泻等症状。

百脉根（百脉根属）

拉 丁 名 *Lotus corniculatus*

别　　名 牛角花、五叶草、黄花草、黄瓜草。

形态特征 多年生草本，茎直立，丛生或倾向上，高 1~60 厘米，初有疏柔毛，后变无毛。小叶 5 枚，纸质，其中 2 枚小叶生于叶柄基部，似托叶，另 3 枚小叶生于叶柄顶端，小叶卵形或倒卵形，长 5~10 毫米，宽 3~6 毫米，先端急尖，基部圆楔形，全缘，两面无毛或幼时在背面中脉上有白色疏长柔毛，近无柄；叶柄长3~5 毫米。花 3~4 朵排成伞形花序，基部托生 3 枚叶状总苞；花长 1~1.4 厘米；花萼钟形，5 齿裂，萼齿狭三角形，近等长，萼齿与萼筒均被疏柔毛；花冠黄色，干时成深蓝色，旗瓣阔卵圆形，基部有爪，不成楔形，翼瓣近倒卵形，较龙骨瓣稍长，有爪，龙骨瓣弯曲，镰刀形；子房线形，无毛，花柱弯折。荚果长圆柱形，长 2~3 厘米，膨胀，褐色，有喙。种子数粒，灰褐色，肾形，大小约 1 毫米。花期 5~7 月，果期 8~9 月。

分布生境 贵州省贵阳、威宁、纳雍、施秉等地有分布，生长于海拔 2300 米以下的山坡、路旁、草地、田间湿润处。

利用价值 药用：百脉根入药，可补虚、清热、止渴，主治虚劳、阴虚发热、口渴等症。经济：该种茎叶柔软多汁，碳水化合物含量丰富，既是良好的饲料，也是优良的蜜源植物之一。百脉根有改良土壤的功能。

有毒部位 全株有毒。

毒性成分 含黄酮类化合物百脉根素、3，5，8，3'，4'-五羟基-7-甲氧基黄酮、5-去氧山柰酚等。

中毒反应 小鼠腹腔注射全株的乙醚提取物 1000 毫克/千克，4 分钟后出现活动减少现象，随后全部死亡。

野木蓝（木蓝属）

拉 丁 名 *Indigofera suffruticosa*

别　　名 假蓝靛、菁子、野青树、木蓝。

形态特征 灌木或半灌木，高 80~150 厘米；茎具纵棱被白色丁字毛。羽状复叶，长 5~10 厘米，具小叶 7~17 枚；托叶钻形；叶柄有丁字毛；小叶对生，长圆形、倒披针形或倒卵形，长 1.5~3 厘米，宽 0.5~1.5 厘米，先端急尖，有短尖头，基部近圆形，上面近无毛或疏生毛，下面灰白色，被紧贴的丁字毛。总状花序腋生，具多花，长 2~3 厘米，较叶短；花长 5 毫米，花梗极短；萼钟状，外被紧贴的丁字毛，萼齿约与萼筒等长；花冠淡红色，长出萼外，被毛。荚果圆柱状，下垂，弯成镰状，棕红色，长 1~1.5 厘米，宽约 3 毫米，外被丁字毛。种子 6~8 枚，短圆柱状，两端截平，褐色。花期 3~4 月，果期 4~5 月。

分布生境 贵州省全省有栽培，常见于山野间。

利用价值 药用：叶可提取蓝靛；全株入药，治喉炎等症。

有毒部位 全株有毒，以根部为最毒。

毒性成分 含靛青甙。

中毒反应 人误食少量引起头痛，大量食用出现咽喉紧缩、恶心、剧烈呕吐、腹痛、下泻、眩晕、痉挛等症状，严重的甚至死亡。

厚果鸡血藤（鸡血藤属）

拉 丁 名 *Millettia pachycarpa*

别　　名 毛蕊崖豆藤、冲天子、苦檀子、罗藤、厚果崖豆藤。

形态特征 大型木质藤本，长可达 4 米；幼枝被白色绒毛，老枝无毛，羽状复叶，叶柄长 8~10 厘米，与叶轴及小叶柄均被疏毛；小叶 11~17 枚，长圆形或披针状长圆形，长 10~15 厘米，宽 3~6.5 厘米，先端急尖，有尖头，基部圆形至宽楔形，上面无毛，下面有平贴绢状毛；小叶柄长约5毫米。类总状花序腋生，长15~25厘米；花多数，2~5朵簇生于花序轴的节上；花序梗及其分枝均被绒毛；花淡紫色，长1.5~2厘米；萼筒状，外被短柔毛，长约4毫米，先端近平截或有极短的裂齿，有缘毛；花冠各瓣均有爪，无耳，旗瓣长圆形，先端微凹；雄蕊10枚，合生为单体；子房条形，无柄。荚果肿胀，木质，密被疣状凸起，卵形或长矩形，长6~23厘米，宽约5厘米，厚约3厘米。种子一至数枚，肾形，长3厘米。花期5~6月。

分布生境 贵州省赤水、关岭、兴仁、兴义、安龙、望谟、罗甸、瓮安、榕江、黎平等地有分布，生长于海拔300~700米的山坡灌丛中。

利用价值 药用：果叶入药，可止痛、消积、杀虫。经济：茎皮纤维可供利用，种子含鱼藤酮，可用于防治害虫。

有毒部位 种子、根、叶有毒。

毒性成分 含黄酮、异黄酮、鱼藤酮等。

中毒反应 人中毒后出现呕吐、腹痛、眩晕、黏膜干燥、呼吸急促、神志不清等症状。

香花崖豆藤（鸡血藤属）

拉 丁 名 *Millettia dielsiana*

别　　名 鸡血藤、昆明鸡血藤。

形态特征 攀缘灌木，长2~5米。茎皮灰褐色，剥裂；枝条无毛或微毛。羽状复叶长15~30厘米，托叶线形；叶柄长5~12厘米，与叶轴均疏被柔毛；小叶5枚，纸质，披针形、长圆形或窄长圆形，长5~15厘米，先端急尖至渐尖，偶有钝圆，基部钝，偶有近心形，上面具光泽，近无毛，下面疏被平伏柔毛或近无毛，侧脉6~9对，中脉上面微凹，下面甚隆起；小托叶锥刺形，长3~5毫米。圆锥花序顶生，宽大，长达40厘米，分枝伸展，盛花时成扇状开展并下垂，花序梗不明，与花序轴处被黄褐色柔毛；苞片宿存；小苞片贴萼生，早落。花梗长5毫米；花单生，长1.2~2.4厘米；花萼宽钟形，长3~5毫米，被细柔毛；花冠紫红色，长1.2~2.4厘米，旗瓣密被绢毛，基部无胼胝体；子房被茸毛，胚珠8~9枚。荚果长圆形，长7~12厘米，扁平，密被灰色茸毛，果瓣木质，具3~5枚种子。种子长圆状，凸镜状，长8毫米。花期5~9月，果期6~11月。

分布生境 贵州省赤水、纳雍、盘县、兴仁、贞丰、兴义、安龙、册亨、望谟、德江、松桃、印江、江口、惠水、贵阳、贵定、独山、黄平、施秉、凯里、丹寨、雷山、榕江、从江等地有分布，生长于海拔600~1400米的山野间。

利用价值 药用：根入药，可行气和血、祛风除湿、舒筋活络。经济：种子含油率22%。

有毒部位 茎、叶有毒。

毒性成分 含三萜皂甙。

中毒反应 小鼠腹腔注射茎皮的水提取物1000毫克/千克，10分钟后出现活动减少的现象，随后全部死亡。

紫藤（紫藤属）

拉 丁 名 *Wisteria sinensis*

别　　名 紫藤萝、藤花、葛藤。

形态特征 落叶木质藤本，幼枝被黄褐色柔毛。羽状复叶，小叶7~11枚；对生或近对生，卵形或卵状披针形，长4.5~11厘米，宽1.5~5厘米，先端渐尖，基部圆形或宽楔形，幼时两面被白色平伏疏柔毛，后近无毛；叶柄、叶轴被稀疏短柔毛，小叶柄密生短柔毛。总状花序侧生，下垂，长15~30厘米；花大，长2.5~4厘米；花梗长1~1.7厘米，被褐色短毛；萼钟状，外疏被短柔毛，长约4毫米；花冠紫色或深紫色，长达2厘米，旗瓣倒卵形，内面近基部有2个胼胝体状附属物，荚果扁，长条形，长10~20厘米，密生黄棕色绒毛。种子1~3枚，扁圆形。花期4~5月，果期5~6月。

分布生境 贵州省贵阳地区普遍栽培于庭园中。

利用价值 药用：茎皮及花药用，可解毒驱虫、止泻。经济：茎皮纤维可供织物原料，种子有防腐作用。

有毒部位 豆荚、种子和茎皮有毒。

毒性成分 种子含金雀花碱，茎皮含紫藤甙等。

中毒反应 人中毒后出现呕吐、腹痛、腹泻、脱水等症状。

洋槐（刺槐属）

拉 丁 名 *Robinia psendoacacia*

别　　名 刺槐、刺儿槐、槐花。

形态特征 落叶乔木，高10~25米，树皮灰褐色，有深裂槽。羽状复叶，小叶7~25枚，互生，长圆形、椭圆形或卵形，长2~5厘米，宽1~2厘米，先端圆或微凹，有小尖，基部圆形，全缘，两面无毛或幼时下面疏生短毛。总状花序腋生，长10~20厘米，花序轴及花梗有柔毛；萼杯状，被柔毛，浅裂，稍二唇形；花冠白色，各瓣均具爪，旗瓣矩形，先端微凹，基部有黄色斑点，翼瓣镰状长圆形，先端钝，下部1侧有1耳，龙骨瓣内弯，镰形，基部1侧亦有1耳，花药同型；子房无毛，胚珠多个，花柱内弯，先端具短柔毛。荚果长矩圆形，长3~10厘米，宽约1.5厘米，赤褐色，无毛。种子5~13枚，肾形，黑色。

分布生境 贵州省全省有引种，全国各地广为栽培。

利用价值 药用：茎皮、根、叶入药，可利尿、止血。经济：种子含油率约12%，可作肥皂及油漆原料；花含芳香油，嫩叶及花可食；树皮可作造纸及人造棉用，木材可制枕木、车、船。

有毒部位 茎皮、叶、豆荚、种子有毒，以茎皮内层毒性较大。

毒性成分 含毒蛋白刺槐素、洋槐甙。

中毒反应 误以洋槐幼芽及幼叶作副食品，可因机体对洋槐过敏，或烹调不当，或食用过多，以及食后再经日光照射等因素而发生中毒。中毒多发生在食后 2~20 天，其表现为脸和手部水肿，局部刺疼、灼痛或胀痛，发痒，全身无力等症状。咀嚼茎皮出现呕吐、嗜睡、呆滞、惊厥、呼吸困难、心律失常等症状。

田菁（田菁属）

拉 丁 名 *Sesbania cannabina*

别　　名 碱青、涝豆、小野蚂蚱豆。

形态特征 一年生亚灌木状草本，高 2~3.5 米。茎绿色，有时带褐红色，微被白粉。小枝疏生白色绢毛，与叶轴及花序轴均无皮刺。偶数羽状复叶有小叶 20~40 对，小叶线状长圆形，长 0.8~4 厘米，宽 2.5~7 毫米，先端钝或平截，基部圆，两侧不对称，两面被紫褐色小腺点，幼时下面疏生绢毛；小托叶钻形，宿存。总状花序长 3~10 厘米，疏生 2~6 花。花梗纤细，下垂；花萼斜钟状，长 3~4 毫米，萼齿短三角形；花冠黄色，旗瓣横椭圆形或近圆形，宽大于长，长 0.9~1 厘米，散生紫黑色点线，基部有 2 枚小胼胝体。荚果细长圆柱形，具喙，长 12~22 厘米，宽 2.5~3.5 毫米，具 20~35 枚种子，种子间具横膈膜。种子有光泽，黑褐色，短圆柱形，长 3~4 毫米，直径 1.5~3 毫米。花、果期 7~12 月。

分布生境 贵州省罗甸、贵阳（花溪）等地有栽培，生长于田间路旁或潮湿草地。江苏、浙江、福建、广东、华北地区也有栽培；东半球热带其他地区也有栽培。

利用价值 药用：根入药，可清热利尿、凉血解毒，治胸膜炎、关节扭伤、关节痛、带下病等症；叶入药，治尿血、毒蛇咬伤等症。经济：纤维可代麻，茎、叶可作绿肥及牲畜饲料。

有毒部位 全株有毒。

毒性成分 含生物碱、皂甙等。

中毒反应 小鼠腹腔注射全株的水或乙醇提取物 20 克/千克，1~2 分钟后出现活动减少，翻正反射消失的现象，随后死亡。

锦鸡儿（锦鸡儿属）

拉 丁 名 *Caragana sinica*

别　　名 黄雀儿、阳雀儿、金雀花、土黄芪。

形态特征 灌木、高 1~2 米，小枝细长，有纵棱，无毛。托叶三角形，硬化成针刺状；叶轴脱落或宿存，变为针刺状；小叶 2 对，羽状排列，上面一对通常较大，革质，倒卵形或长圆状倒卵形，长 1~3.5 厘米，宽 5~15 毫米，先端圆或微凹，具针尖，无毛。花单生，花梗长约 1 厘米；萼钟状，无毛，长约 1 厘米，基部偏斜；花冠黄色，带红色，旗瓣狭倒卵形，先端圆形微凹，翼瓣顶端圆，龙骨瓣阔，略弯。荚果长 3~3.5 厘米，宽约 5 毫米，无毛，稍扁。

分布生境 贵州省清镇、贵阳（花溪）等地有分布，生长于山坡灌丛中，或栽培于庭园。

利用价值 药用：根和花可入药，根可滋补强壮、活血调经、祛风利湿，治高血压、头昏头晕、耳鸣眼花、体弱乏力、月经不调、白带异常、乳汁不足、风湿关节痛、跌打损伤等症；花可祛风活血、止咳化痰，治头晕耳鸣、肺虚咳嗽、小儿消化不良等症。观赏：锦鸡儿具有一定的观赏价值；锦鸡儿的牧用价值很高，为荒漠、荒漠草原地带的优良灌木饲料。

有毒部位 茎、叶有毒。

毒性成分 含金雀花碱。

中毒反应 小鼠腹腔注射茎叶乙醇提取物的 LD_{50}为 10 克/千克。

紫云英（黄耆属）

拉 丁 名 *Astragalus sinicus*

别　　名 铁马豆、米伞花、翘摇、红花草。

形态特征 一年生草本，茎直立或匍匐，高 20~30 厘米，无毛。羽状复叶，小叶 7~13 枚；宽椭圆形或倒卵形，长 5~20 毫米，宽 5~12 毫米，先端微凹或圆形，基部楔圆形，两面有白色长毛。总状花序近伞形，花 5~9 朵；花小，长约 1 厘米，花冠紫色或白色；花萼外被长毛，长 6 毫米，萼齿三角形，旗瓣卵形，先端圆形，微缺，基部楔形，长 11 毫米，宽 8 毫米，翼瓣和龙骨瓣稍短，长 8 毫米，基部具 1 长爪和 1 侧耳，先端钝；子房有短柄。荚果微弯，长 1~2 厘米，宽 4 毫米，果瓣有凸起的网脉，成熟时黑色，无毛。花期 2~6 月，果期 3~7 月。

分布生境 贵州省贵阳（花溪）地区有分布，生长于海拔 400~3000 米的田边、山坡、林中潮湿地。

利用价值 药用：种子和全株入药，味甘、微辛，性寒，可清热解毒、利尿消肿，治风寒咳嗽、咽喉痛等症。经济：广泛栽培为绿肥和饲料，亦可食用，是我国主要蜜源植物之一。

有毒部位 全株地上部分有毒。

毒性成分 含有毒的非蛋白氨基酸，如刀豆氨酸。

中毒反应 猪、牛食后出现流涎、四肢颤抖、步态蹒跚、兴奋不安、厌食等症状。

乌拉甘草（甘草属）

拉 丁 名 *Glycyrrhiza uralensis*

别　　名 甘草、甜草根、红甘草。

形态特征 多年生草本；根与根状茎粗壮，外皮褐色，里面淡黄色，含甘草甜素。茎高 0.3~1.2 米，密被鳞片状腺点、刺毛状腺体和柔毛。羽状复叶长 5~20 厘米，叶柄密被褐色腺点和短柔毛；小叶 5~17 枚，卵形、长卵形或近圆形，长 1.5~

5厘米，两面均密被黄褐色腺点和短柔毛，基部圆，先端钝，全缘或微呈波状。总状花序腋生；花序梗密被鳞片状腺点和短柔毛。花萼钟状，长0.7~1.4厘米，密被黄色腺点和短柔毛，基部一侧膨大，萼齿5枚，上方2枚大部分连合；花冠紫、白或黄色，长1~2.4厘米；子房密被刺毛状腺体。荚果线形，弯曲呈镰刀状或环状，外面有瘤状凸起和刺毛状腺体，密集成球状。种子3~11枚，圆形或肾形。花期6~8月，果期7~10月。

分布生境 贵州省贵阳（乌当）地区有栽培。

利用价值 药用：根入药，可镇咳、祛痰和健脾胃；全株水浸液对小麦秆锈病及稻瘟病菌有抑制效果。经济：根可作香烟及蜜饯食品的香料。

有毒部位 根、茎有毒。

毒性成分 含甘草酸、甘草甙等。

中毒反应 人久服大剂量甘草，可引起水肿。甘草制剂有损性功能，每天服用28克甘草，可导致男性的性欲降低和其他形式的性无能，停药4天后可恢复。甘草还可抑制皮质醇的转化，从而导致血压上升和低血钾症。因此，对于有性功能减退、高血压及水肿的患者，不宜使用甘草。

合萌（合萌属）

拉 丁 名 *Aeschynomene indica*

别　　名 皂角、水皂角、水槐子、水通草、镰刀草。

形态特征 一年生亚灌木状草本。茎直立，高0.3~1米，多分枝，无毛，稍粗糙。羽状复叶具21~41枚小叶或更多；托叶卵形或披针形，长约1厘米，基部下延，边缘有缺刻；叶柄长约3毫米；小叶线状长圆形，长0.5~1厘米，上面密生腺点，下面被白粉，先端钝或微凹，具细尖，基部歪斜，全缘。总状花序短于叶，腋生，长1.5~2厘米；花序梗长0.8~1.2厘米；小苞片宿存。花萼钟状，长约4毫米，无毛，二唇形，上唇2裂，下唇3裂；花冠黄色，具紫色条纹，早落，旗瓣近圆形，长8~9毫米，近无瓣柄，翼瓣短于旗瓣，龙骨瓣长于翼瓣，呈半月形；雄蕊二体；子房扁平，线形。荚果线状长圆形，直或微弯，长3~4厘米，腹缝线直，背缝线微波状，有4~8个荚节，无毛，不开裂，成熟时逐节脱落。种子肾形，黑棕色。

分布生境 贵州省都习、罗甸、松桃、普定、盘县、贞丰等地有分布，生长于海拔330~1800米的山谷、路旁、水旁、草地。

利用价值 药用：全株入药，可利尿解毒，主治水肿腹胀、小便不利、黄疸、夜盲症、支气管炎、荨麻疹、疮疖、痈肿、外伤出血、蛇咬伤等症；鲜草捣烂敷治外伤；全株作兽药，治牛肺病、咳嗽等。经济：优良绿肥植物。

有毒部位 果实、种子有毒。

毒性成分 含生物碱、皂甙等。

中毒反应 人中毒后出现头晕、头痛、腹泻、呼吸困难、惊厥等症状。

排钱树（排钱树属）

拉 丁 名 *Phyllodium pulchellum*

别　　名 亚婆钱、笠碗子树、午时合、尖叶阿婆钱、排钱草、龙鳞草、圆叶小槐花。

形态特征 灌木，高0.5~2米。小枝被白或灰色短柔毛。叶具3枚小叶，叶柄长5~7毫米，密被灰黄色柔毛；小叶革质，顶生小叶卵形、椭圆形或倒卵形，长6~10厘米，先端钝或急尖，基部圆或钝，侧生小叶较顶生小叶短1倍，基部偏斜，上面近无毛，下面疏被短柔毛，侧脉6~10对。伞形花序有6朵花，藏于叶状苞片内；苞片圆形，直径1~1.5厘米。花萼长约2毫米，被短柔毛；花冠白或淡黄色，长5~6毫米，旗瓣基部渐窄，具短宽的瓣柄，翼瓣基部具耳和瓣柄，龙骨瓣基部无耳但具瓣柄。荚果长6毫米，宽2.5毫米，腹、背两缝线稍缢缩，通常有荚节2个，成熟时无毛或有疏短柔毛及缘毛。种子宽椭圆形或近圆形。

分布生境 贵州省安龙地区有分布，生长于山坡、草地、岩石灌丛下。

利用价值 药用：根、叶入药，可解毒清热、活血散瘀。

有毒部位 根、茎、果实有毒。

毒性成分 含吲哚生物碱。

中毒反应 人中毒后出现血压降低、机能亢进、痉挛等症状，严重的甚至出现发绀后死亡。

小槐花（大井氏属）

拉 丁 名 *Ohwia caudata*

别　　名 锐叶小槐花、茉草、抹草、磨草、魅草、仙草（潮汕）、巴人草、扁草子、草鞋板、豆子草、逢人打、旱蚂蝗、蚂蝗草、拿身草、万年青（湄潭）。

形态特征 灌木，高1~4米，通体无毛。茎直立，分枝多。三出复叶互生，叶柄扁，长1.6~2.8厘米，托叶披针状条形，长约7毫米；小叶片长椭圆形或披针形，长4~9厘米，宽1.5~4厘米，先端尖，基部楔形，全缘，疏被短柔毛。夏日茎顶或叶腋抽出穗式总状花序，苞片条状披针形，花梗长约3毫米，花萼近二唇形；蝶形花冠绿白色而带淡黄晕，长约8毫米，旗瓣矩圆形，端钝，基部有爪，翼瓣窄小，龙骨瓣近矩形；二体雄蕊。荚果条形，长4.5~7.5厘米，稍弯曲，被钩状短毛，可黏附人及动物，故有拿身草、羊带归等俗称，具4~6个荚节，节间紧缩，每节有1枚椭圆形种子。

分布生境 贵州省湄潭、思南、印江、兴义、榕江、黎平、锦屏、都匀等地有分布，生长于海拔400~900米的山脚、路旁、草地、草坡、竹林下阴处、灌木丛中。

利用价值 药用：根、叶入药，可清热解毒、祛风活血、利尿，治胃病、胃炎、肠炎、腹泻、腮腺炎、淋巴腺炎、咳嗽、吐血等症；叶捣烂外敷疮疖；兽医用其治牛鼓胀、水泻、软脚病等；种子研粉作农药，杀稻螟；叶捣汁杀蚜虫；叶与酱油浸液可杀蝇蛆。经济：可作牧草。

有毒部位 根、叶有毒。

毒性成分 叶含黄酮类衍生物当药黄素，为6-C-β-D-吡喃葡糖-芫花素。

中毒反应 人中毒后出现口腔灼痛、剧烈恶心呕吐、腹痛、腹泻、腹胀等症状，甚至有出血性呕吐、腹泻，表现为急性胃扩张体征，脱水。神经系统症状表现为抽搐、昏迷、血压下降，严重的因呼吸衰竭而死亡。孕妇中毒则见小腹痛，阴道少量出血，甚至流产。

波叶山蚂蝗（山蚂蝗属）

拉 丁 名 *Desmodium sequax*

别　　名 长波叶山蚂蝗、瓦子草。

形态特征 灌木。叶具3枚小叶，顶生小叶卵状椭圆形或圆菱形，先端急尖，基部楔形，边缘自中部以上呈波状。总状或圆锥花序，花常2朵生于每节上，花冠紫色，旗瓣椭圆形或宽椭圆形，翼瓣窄椭圆形，具瓣柄和耳，龙骨瓣具长瓣柄，龙骨瓣与翼瓣等长，单体雄蕊。荚果两缝线缢缩呈念珠状。

分布生境 贵州省赤水、习水、仁怀、江口、清镇、惠水、普安、盘县、兴义、独山、安龙、雷山、榕江等地有分布，生长于海拔400~800米的山坡、路旁、灌木丛中。

利用价值 药用：根入药，可补虚、驱虫、止咳、定喘。经济：可作饲料。

有毒部位 茎、叶有毒。

毒性成分 含生物碱、酚类、三萜类等化合物。

中毒反应 小鼠腹腔注射茎、叶的水或乙醇提取物1000毫克/千克，出现活动减少，翻正反射消失现象，随后死亡。

羽叶长柄山蚂蝗（长柄山蚂蝗属）

拉 丁 名 *Hylodesmum oldhamii*

别　　名 羽状山蚂蝗、羽状山绿豆、藤甘豆。

形态特征 半灌木，高1~1.5米，枝条有棱，被黄色毛及钩毛。奇数羽状复叶，长可达28厘米，小叶5~7枚，披针形或长圆形，长5~12厘米，宽3~5厘米，先端渐尖，基部楔形，两面疏生黄色短柔毛，侧脉每边5~7条；叶轴及小叶柄疏生黄色短柔毛；无小托叶；托叶三角形，脱落，圆锥花序顶生，疏松，花序轴及花梗密生黄色短柔毛及钩毛；花萼钟状，长2.5毫米，萼齿三角形；花冠粉红色，长7毫米；子房有柄。荚果长2~3.5厘米，荚节通常2个，有时1个或3个，半菱形，长约1厘米，宽约5毫米，微被柔毛及钩毛，子房柄长6~8毫米。花期8~9月，果期10~11月。

分布生境 贵州省贵阳、沿河、息烽、都匀等地有分布，生长于海拔约 1100 米的山谷、林边、沟边或林中。

利用价值 药用：全株入药，可祛风湿、利尿、活血、杀虫；根皮捣烂，可外敷治筋骨折断。

有毒部位 全株有小毒。

毒性成分 含 β-谷甾醇、正三十烷醇、木栓酮、齐墩果酸。

中毒反应 人大量食用后出现恶心、呕吐、腹痛、腹泻等症状。

杭子梢（杭子梢属）

拉 丁 名 *Campylotropis macrocarpa*

别　　名 壮筋草。

形态特征 小灌木，高达 2 米。幼枝近于圆柱形，密被白色短柔毛。小叶 3 枚，近革质，椭圆形、长椭圆形或倒卵形，顶生小叶长 3~6.5 厘米，宽 1.5~4 厘米，先端圆或微凹，有短尖，基部圆形，上面无毛，网脉明显，下面密被淡黄色短柔毛，侧生小叶较小；小叶柄极短，长约 2 毫米，密被锈色毛；叶柄长 2~5 厘米，上面有沟，被短柔毛；托叶披针形，褐色，被毛。总状花序或圆锥花序，顶生或腋生，长 3~10 厘米，花序轴被柔毛；花密生，苞片卵状披针形，被短柔毛；花梗细长，长可达 1 厘米，被短柔毛；花萼宽钟状，萼齿 4 枚，长三角形，长约 5 毫米，被柔毛；花冠红色、紫色，长约 1 厘米，旗瓣与龙骨瓣等长，稍短于翼瓣。荚果斜椭圆形，长约 10 毫米，宽约 5 毫米，被短柔毛，先端有喙。花期 5~9 月，果期 9~11 月。

分布生境 贵州省贵阳、安龙、兴义等地有分布，生长于海拔 1000~1200 米的山坡灌木丛中或林下。

利用价值 经济：叶可作饲料及肥料；花期长，供观赏或可作蜜源。

有毒部位 茎、叶有毒。

毒性成分 含三萜皂甙。

中毒反应 小鼠腹腔注射茎、叶的水提取物 21 克/千克，出现安静、四肢无力现象，随后丧失攀爬能力，器官衰竭，36 小时内死亡。

大金刚藤黄檀（黄檀属）

拉 丁 名 *Dalbergia dyeriana*

别　　名 大金刚藤、大金刚檀。

形态特征 大木质藤本，长达 10 米；幼时密被锈色柔毛，羽状复叶，小叶 11~15 枚，倒卵状长圆形，长 2.5~3 厘米，宽 8~13 毫米，先端圆，微凹，基部圆或楔形，上面无毛，下面近无毛，托叶早落，叶轴与叶柄无毛或稀被毛。圆锥花序腋生，长 5 厘米，宽 3 厘米；总花梗、花轴及分枝与花梗被褐色柔毛，花梗长约 2.5 毫米；小苞片长圆形至披针形；萼被微毛，萼齿三角形，先端钝，上 2 枚最宽，下 1 枚最长，顶端近于急尖；花冠黄白色，旗瓣长圆形，先端微缺，无耳，翼瓣镰状长圆形，龙骨瓣倒卵状长圆形，基部具一侧生耳；雄蕊 9 枚，单体；子房条形，无毛或有微柔毛，胚珠 2~3 枚，花柱无毛，柱头头状。荚果狭长圆形，长 6~9 厘米，宽 1.3~1.5 厘米。种子 1~2 枚，长圆状肾形，长 13 毫米，宽 5 毫米。花期 5 月，果期 7~8 月。

分布生境 贵州省梵净山地区有分布，生长于海拔 900~1300 米的山坡林下、灌丛中或路旁林缘。

利用价值 药用：可祛风、活血、解毒，治风湿腰腿痛、跌打损伤、瘰疬等症。

有毒部位 茎、叶有毒。

毒性成分 含黄酮及其甙类化合物。

中毒反应 小鼠腹腔注射茎、叶的水提取物 5 克/千克，出现活动减少、阵发性惊厥现象，1 小时后毛蓬松、闭眼，进而四肢颤抖，最后死亡。

滇黔黄檀（黄檀属）

拉 丁 名 *Dalbergia yunnanensis*

别　　名 云南黄檀、秧青、云贵黄檀。

形态特征 藤本，有时为大灌木或小乔木。茎匍匐状，分枝有时为螺旋钩状。羽状复叶长 20~30 厘米；小叶 6~9 对，革质，长圆形或椭圆状长圆形，长 2.5~7.5 厘米，两端圆，两面被伏贴细柔毛。聚伞状圆锥花序生于上部叶腋，花序梗与分枝被疏柔毛；小苞片卵形，脱落。花萼钟状，萼齿 5 枚，最下 1 枚较长，长圆形，其余近等长，上方 2 枚近合生；花冠白色，旗瓣宽倒卵状长圆形，翼瓣窄倒卵形，龙骨瓣近半月形；雄蕊 9 枚，单体；子房具长柄，胚珠 2~3 枚。荚果长圆形或椭圆形，长 3.5~6.5 厘米，宽 2~2.5 厘米，果瓣对种子部分有明显网纹，具 1~3 枚种子。种子圆肾形，长约 1.2 厘米，宽约 7 毫米。花期 4~5 月。

分布生境 贵州省兴义（箐口）地区有分布，生长于海拔 1800~2000 米的山路旁或山坡森林下丛中。

利用价值 根（秧青），味淡、辛，性温，可理气发表，治感冒头痛、食积饱胀、腹痛等症。

有毒部位 茎、叶有毒。

毒性成分 含黄酮及其甙类化合物。

中毒反应 小鼠腹腔注射茎、叶的乙醚提取物 1000 毫克/千克，6 分钟后出现共济失调现象，最后死亡。

黄檀（黄檀属）

拉 丁 名 *Dalbergia hupeana*

别　　名 不知春、望水檀、檀树、檀木、白檀。

形态特征 乔木，高 10~17 米，树皮灰色。羽状复叶；小叶 9~11 片，互生，椭圆状长圆形、少数卵状或倒卵状长圆形，宽 2~3.5 厘米，先端钝或圆，稀微凹，基部宽楔形，微偏斜，少有圆形，上面无毛，下面被微毛，后来脱落；托叶早落，叶轴及小叶柄疏被白毛。圆锥花序顶生，花梗疏被锈色短毛；小苞片卵形；最下面的1枚萼齿披针形，较长，侧生2枚卵形，较短，上面两枚宽卵形，合生；花冠淡紫色或白色，旗瓣圆形，顶端微凹；雄蕊10枚，连成5与5的2组，子房上部无毛，胚珠2~3枚，柱头头状，荚果条状长圆形，长5~7厘米，宽1~1.2厘米，棕褐色，无毛。种子1~2枚，少有3枚，扁肾形，长7~14毫米，宽5~9毫米。花期7月，果期8~9月。

分布生境 贵州省榕江（计划）地区有分布，多生长于海拔600~1400米的石山坡、林中、溪旁、山沟灌丛中。

利用价值 药用：其根皮，夏、秋季采挖，味辛、苦，行平，小毒，可清热解毒、止血消肿，主治疮疥疔毒、毒蛇咬伤、细菌性痢疾、跌打损伤等症。民间用于治疗急慢性肝炎、肝硬化腹水。经济：木材坚韧、致密，可作各种负重及拉力强的用具及器材。

有毒部位 茎皮、根皮有毒。

毒性成分 黄酮及其甙类化合物。

中毒反应 对人胃肠有强烈刺激，中毒后出现呕吐、下泻等症状。

锈毛鱼藤（鱼藤属）

拉丁名 *Derris feruginca*

别　名 锈叶鱼藤、荔枝藤、老荆藤、山茶藤。

形态特征 攀缘灌木，长达数米。小枝密被锈色柔毛。羽状复叶长15~30厘米，托叶宽三角形；小叶5~9枚，革质，椭圆形或倒卵状椭圆形，长6~13厘米，先端渐尖或锐尖，基部圆，上面无毛，有光泽，下面疏被锈色微柔毛或无毛。圆锥花序腋生，长15~30厘米；序轴密被锈色短柔毛；花簇生于短轴上。花梗细，长4~6毫米；花萼钟形，长约3毫米，萼齿不明显，均被锈色毛；花冠淡红或白色，长0.8~1厘米；雄蕊单体；子房密被毛，胚珠2~4枚。荚果革质，椭圆形至长椭圆形，长5~8厘米，初密被锈色绢毛，成熟时近无毛，腹缝翅宽3~5毫米，背缝翅宽2~4毫米，具1~2枚种子。花期4~7月，果期9~12月。

分布生境 贵州省望谟（城关）地区有分布，生长于海拔500~800米的灌丛或疏林中。

利用价值 经济：根可作果树和蔬菜的杀虫剂。

有毒部位 根、茎有毒。

毒性成分 含鱼藤酮。

中毒反应 人中毒后出现阵发性腹痛、恶心、呕吐、下痢、痉挛、肌肉震颤等症状。

边荚鱼藤（鱼藤属）

拉 丁 名 *Derris marginata*

别　　名 纤毛萼鱼藤、老荆藤。

形态特征 攀缘灌木，除花萼、子房被疏柔毛外，全株无毛。羽状复叶长13~25厘米，托叶三角形；小叶5~7枚，近革质，倒卵状椭圆形或倒卵形，长5~15厘米，先端短渐尖，基部宽楔形或钝圆，侧脉6~10对，两面均隆起；小托叶长约5毫米。圆锥花序腋生，长6~20厘米；花序的分枝很少，与花序轴均无毛；花单生或2~3朵聚生；花梗长0.5~1.2厘米，花萼宽钟形，长2~3毫米；花冠白色至淡红色，旗瓣宽卵形，基部无胼胝体，翼瓣稍短于旗瓣，龙骨瓣与翼瓣等长，长1~1.2厘米；雄蕊单体；子房无柄，胚珠2~4枚。荚果线状长圆形，长7~15厘米，薄革质，无毛，腹缝翅宽6~8毫米，背缝翅宽2~3毫米，具1~3枚种子。花期4~5月，果期11~1月。

分布生境 贵州省印江（城关）地区有分布，生长于海拔400~600米的山脚、路边若石上或山沟灌丛中。

利用价值 经济：根可作果树、蔬菜的杀虫剂。

有毒部位 根有毒。

毒性成分 含鱼藤酮。

中毒反应 人中毒后出现阵发性腹痛、恶心、呕吐、下痢、痉挛、肌肉震颤等症状。

救荒野豌豆（野豌豆属）

拉 丁 名 *Vicia sativa*

别　　名 大巢菜、箭舌野豌豆、苕子。

形态特征 一年生或二年生草本，高0.15~1米。茎斜升或攀缘，单一或多分枝，具棱，被微柔毛。偶数羽状复叶长2~10厘米，卷须有2~3分支；托叶戟形，通常有2~4裂齿，长3~4毫米，小叶2~7对，长椭圆形或近心形，长0.9~2.5厘米，先端圆或平截，有凹，具短尖头，基部楔形，侧脉不甚明显，两面被贴伏黄柔毛。花1~4朵，腋生，近无梗；萼钟形，外面被柔毛，萼齿披针形或锥形；花冠长1.8~3厘米，紫红或红色，旗瓣长倒卵圆形，先端圆，微凹，中部两侧缢缩，翼瓣短于旗瓣，龙骨瓣短于翼瓣；子房线形，微被柔毛，胚珠4~8枚，具短柄，花柱上部被淡黄白色髯毛。荚果线状长圆形，长4~6厘米，成熟后呈黄色，种子间稍缢缩，有毛。花期4~7月，果期7~9月。

分布生境 贵州省威宁、贵阳等地有分布，生长于海拔800~2400米的山下草地、路边、灌木林下，少有栽培。

利用价值 药用：全株入药，可活血平胃、利五脏、明耳目；捣烂外敷治疗疮。经济：为优良的饲料及绿肥；嫩茎叶可作蔬菜食用。

有毒部位 全株有毒，花果期种子毒性较大。

毒性成分 含野豌豆甙。

中毒反应 食草家畜误食，一般说来中毒比较缓慢，半个月到一个月才会出现症状，中毒初期行动呆缓，中期表现很兴奋躁动，后期形体消瘦、反应迟钝，伴有便秘、黄疸、血尿、脱毛等现象。

小巢菜（原变种）（野豌豆属）

拉 丁 名 *Vicia hirsuta var. hirsuta*

别　　名 硬毛果野豌豆、翘摇、雀野豆。

形态特征 一年生蔓性草木，高30~50厘米，茎纤细，具4棱，无毛或被很少的短柔毛。羽状复叶，先端有分枝的卷须；小叶8~16枚，条形、条状长圆形、长圆状披针形或长圆状倒披针形，长5~10毫米，宽1~2.5毫米，先端截形，微凹，有短尖，基部楔形，两面无毛，托叶条状披针形，长3~4毫米，有时一边有2~5枚条形的齿，下面疏被短毛。总状花序腋生，较叶短，有花2~5朵，序轴及花梗均被毛，总花梗长2~2.5厘米；萼外被毛，萼齿5枚，披针形，等长；花冠白色或淡紫色，旗瓣椭圆形，顶端截形，有细尖，翼瓣和龙骨瓣先端圆形，均无耳，有爪；子房无柄，密被棕色长硬毛，花柱顶端有长柔毛。荚果斜长圆形，扁、黑色，被棕色毛。种子1~2枚，棕色，扁圆形。花期4~5月，果期5月。

分布生境 贵州省印江、思南地区有分布，生长于海拔400~600米的路旁灌丛中或田边、沟边。

利用价值 药用：全株入药，有活血平胃、利五脏、明耳目；捣烂外敷治疔疮。食用：早春野菜。经济：可作优良牧草。

有毒部位 种子有毒。

毒性成分 含槲皮素、芹菜甙等。

中毒反应 人多食后出现恶心、呕吐、腹痛、腹泻等症状。

大野豌豆（野豌豆属）

拉 丁 名 *Vicia sinogigantea*

别　　名 大巢菜。

形态特征 多年生草本，高40~100厘米。灌木状，全株被白色柔毛。根茎粗壮，直径可达2厘米，表皮深褐色，近木质化。茎有棱，多分支，被白柔毛。花期6~7月，果期8~10月。

分布生境 贵州省威宁地区有分布，生长于海拔2000~2700米的山坡及山顶灌丛中。

利用价值 经济：野豌豆种子是铁和铜的良好来源，可作家禽饲料。

有毒部位 全株有毒。

毒性成分 含野豌豆甙、巢菜甙等有毒甙及神经毒氨基酸。

中毒反应 人中毒后出现呼吸困难、喘息、蹒跚、衰竭、惊厥等症状，严重的可致死亡。

香豌豆（山黧豆属）

拉丁名 *Lathyrus odoratus*

别　名 麝香豌豆、花豌豆。

形态特征 一年生草本，高 50~200 厘米，全株或多或少被毛。茎攀缘，多分枝，具翅。叶具 1 对小叶，托叶半箭形；叶轴具翅，叶轴末端具有分枝的卷须；小叶卵状长圆形或椭圆形，长 2~6 厘米，宽 0.7~3 厘米，全缘，具羽状脉或有时近平行脉。总状花序，具 1~4 朵花，长于叶；花下垂，极香，长 2~3 厘米，通常紫色，也有白色、粉红色、红紫色、紫堇色及蓝色等各种颜色；萼钟状，萼齿近相等，长于萼筒；子房线形，花柱扭转。荚果线形有时稍弯曲，长 5~7 厘米，宽 1~1.2 厘米，棕黄色，被短柔毛。种子平滑，种脐为周圆的 1/4。花果期 6~9 月。

分布生境 贵州省贵阳地区有栽培。

利用价值 经济：可作牧草或观赏植物。

有毒部位 种子和花期的茎、叶有毒，未成熟的种子毒性较大。

毒性成分 含 γ-谷酰基-β-氨基丙腈、β-氨基丙腈。

中毒反应 人中毒后可引起脊髓功能障碍，出现两腿无力、腰疼、举步困难、行走时足向内翻、痉挛性瘫痪、小便失禁、阳痿等症状。

蝶豆（蝶豆属）

拉丁名 *Clitoria ternatea*

别　名 蓝蝴蝶、蓝花豆、蝴蝶花豆。

形态特征 攀缘草质藤本。茎被伏贴短柔毛。羽状复叶长 2.5~5 厘米；叶柄长 1.5~3 厘米；小叶 5~7 枚，宽椭圆形或近卵形，长 2.5~5 厘米，两端钝，两面疏被贴伏短柔毛或有时近无毛。花大，单朵腋生；苞片 2 枚，披针形。花萼长 1.5~2 厘米，5 裂，裂片披针形，长不及萼管的 1/2；小苞片大，膜质，近圆形，长 5~8 毫米；花冠蓝、粉红或白色，长 5~5.5 厘米，旗瓣宽倒卵形，直径约 3 厘米，中间有一白色或橙黄色斑，翼瓣倒卵状长圆形，龙骨瓣椭圆形，均远较旗瓣小，各瓣均具瓣柄；子房被短柔毛。荚果线状长圆形，长 5~11 厘米，宽约 1 厘米，扁平，具长缘。种子 6~11 枚，长圆形，长约 6 毫米，黑色，具种阜。花期 8~10 月。

分布生境 贵州省贵阳地区有栽培。

利用价值 经济：可作牧草，饲料、绿肥和观赏；嫩夹可食用，可作绿肥。观赏：可作观赏植物，花大而蓝色，酷似蝴蝶。

有毒部位 成熟种子和根部有毒。

毒性成分 含腺甙、3，5，7，4'-四羟基-黄酮-3-鼠李糖甙等。

中毒反应 人畜误食会出现恶心、呕吐和腹泻等症状，可用作泻药。

两型豆（两型豆属）

拉 丁 名 *Amphicarpaea bracteata*

别　　名 阴阳豆、三籽两型豆、山巴豆。

形态特征 一年生缠绕草本。茎纤细，被淡褐色柔毛。羽状复叶具3枚小叶；叶柄长2~5.5厘米；顶生小叶菱状卵形或扁卵形，长2.5~5.5厘米，宽2~5厘米，先端钝或急尖，基部圆、宽楔形或平截，两面被白色伏贴柔毛，有3条基出脉，侧生小叶常偏斜。花二型，生于茎上部的为正常花，2~7朵排成腋生的总状花序，除花冠外，各部均被淡褐色长柔毛；苞片膜质，卵形或椭圆形，长3~5毫米，腋内具花1朵，宿存。花萼筒状，5裂；花冠淡紫或白色，长1~1.7厘米，各瓣近等长，旗瓣倒卵形，瓣片基部两侧具耳，翼瓣与龙骨瓣近相等；子房被毛；生于茎下部的为闭锁花，无花瓣，柱头弯曲与花药接触；子房伸入地下结实。果二型，生于茎上部的为长圆形或倒卵状长圆形，长2~3.5厘米，宽约6毫米，被淡褐色毛，有种子2~3枚；生于茎下部的椭圆形或近球形，有种子1颗。

分布生境 贵州省贵阳地区有分布，生长于林缘、山脚、路旁杂草丛中。

利用价值 经济：为家畜喜食的饲料，也可作农药。

有毒部位 全株有毒。

毒性成分 含异黄酮类化合物。

中毒反应 家畜中毒出现流涎、皮肤起水疱、步态僵硬、腹泻等症状。

刺桐（刺桐属）

拉 丁 名 *Erythrina variegata*

别　　名 鸡公树、空桐树、海桐皮、山芙蓉、空桐树、木本象牙红。

形态特征 大乔木，高可达20米，茎、枝灰褐色，有圆锥形的皮刺。三出羽状复叶，长20~30厘米；叶柄长10~15厘米，叶柄和叶轴无刺；小叶稍薄鲜绿色，顶生小叶菱形，侧生小叶斜方形，长10~15厘米，先端渐尖或急尖基部阔菱形，两面无毛；小叶柄短，长约8毫米；小托叶腺体状，总状花序长15厘米，有多而密的花，花序柄长7~10厘米；花萼佛焰苞状，长2~3厘米，萼口偏斜，一边开裂；花萼红色，旗瓣直立，卵圆形或长圆形，长5~6厘米，翼瓣与龙骨瓣近等长，短于萼。荚果厚，长15~30厘米，念珠状。种子暗红色，长约15毫米，宽约10毫米。花期3月。

分布生境 贵州省贵阳地区有栽培。

利用价值 药用：刺桐树皮或根皮入药，称海桐皮，可祛风湿、舒筋通络，治风湿麻木、腰腿筋骨疼痛、跌打损伤等症，对横纹肌有松弛作用，对中枢神经有镇静作用；叶为驱虫药及呕药。经济：可作家畜饲料。

有毒部位 茎皮有毒。

毒性成分 含刺桐春碱等生物碱。

中毒反应 成人肌肉注射茎皮的提取物30克后出现头昏、嗜睡、全身无力等症状。

龙牙花（刺桐属）

拉 丁 名 *Erythrina corallodendron*

别　　名 象牙红、珊瑚树、龙芽花、乌仔花、象牙红、英雄树、珊瑚刺桐。

形态特征 灌木或小乔木，高3~5米，茎被疏而粗壮的倒钩刺。三出羽状复叶；叶柄和小叶柄无毛，有稀少的刺；小叶菱状卵形，长8~10厘米，宽2.5~7厘米，先端渐尖而钝，基部阔楔形或近圆形，两面无毛，有时下面中脉上具刺。总状花序腋生，长达30厘米；花深红色具短柄，2~3朵簇生于花序轴无瘤状凸起的节上，未开放时像牙；萼钟状，无毛，长8~10毫米，萼齿不明显，仅下面1枚较突出；花瓣均无爪，旗瓣狭长圆形，先端微缺，在花开放时与翼瓣及龙骨瓣相平行，翼瓣和龙骨瓣略长于萼；子房有长柄，被白色短柔毛，花柱无毛。荚果长约10厘米，无毛，先端有喙，具柄，在种子间收缢。种子数枚，深红色，有黑斑。花期6月。

分布生境 贵州省贵阳地区有栽培。

利用价值 药用：树皮常用作麻醉剂及镇静剂。经济：材质柔软，可代软木作木栓；可作观赏植物。

有毒部位 茎皮、根皮、种子、花有毒。

毒性成分 含色胺、下箴刺桐碱等。

中毒反应 小鼠腹腔注射茎皮的乙醇提取物20克/千克，2~3分钟后翻正反射消失，共济失调持续1小时。树皮有麻醉和镇静作用。种子有箭毒样作用。

刺毛黎豆（黎豆属）

拉 丁 名 *Mucuna pruriens*

别　　名 毛黎豆。

形态特征 一年生半木质藤本，长达4米，茎枝纤细，有许多纵细沟，被稀疏细柔毛和较长的粗毛，后变无毛。三出羽状复叶，托叶被柔毛，早落；小托叶镰状；叶柄长8~15厘米，叶轴长1.2~2厘米，小叶柄长4~6毫米，均被稀疏的淡褐色柔毛，顶生小叶卵状菱形，长8~16厘米，宽7~9厘米，先端急尖而具短尖头，基部阔樱形至圆形，侧生小叶极偏斜，宽8~10厘米，基部近斜截形，叶脉两面凸起，上面近于无毛或有柔毛，下面密被伏贴柔毛。总状花序腋生，长4~5米，有2~13侧枝，每枝有花2~3朵，花梗长4~5毫米，与花轴被灰白色柔毛，也杂有淡红色硬毛；苞片和小苞片外密被短柔毛，线状披针形至狭卵形，花萼宽杯状，长8毫米，密被短柔毛，也常杂有硬毛，萼管长5毫米，萼齿三角形，下面萼齿最长；花冠深紫色，旗瓣长22毫米，圆形，先端微裂，边缘有缘毛，翼瓣长稍短于或约等于龙骨瓣、先端圆形，龙骨瓣长2.8~4.2厘米，先端有角；雄蕊成9与1的2体，花药二型，无毛，雄蕊管长 2~2.7 厘米；子房内有胚珠 6 枚左右。荚果肉质，长圆状条形，近念珠状，侧扁，稍弯，略呈“S”形，长 5~8 厘米，宽 8~12 毫米，厚 5 毫米，密被淡褐色或金黄色刺毛，毛落后可见痕迹，表面有不规则的纵行皱纹。种子 4~6 枚，椭圆形，稍扁，褐色面有光泽，长约 12 毫米，种脐长 6 毫米，有橙红色边缘。花期 10~11 月，果期 11~12 月。

分布生境 贵州省安龙（坡脚）地区有分布，生长于海拔 400~500 米的山坡灌丛中。

利用价值 药用：根、豆荚和种子等皆可药用，种子刺毛黎豆中含有用来治疗帕金森病的左旋多巴，其藤茎可活血化瘀，治关节风湿痛、跌打损伤等症。

有毒部位 种子和豆荚上的刺毛有毒。

毒性成分 含 5-羟色胺、黧豆因、多巴、吲哚-3-烷胺类和 5-羟吲哚-3-烷胺类生物碱等。

中毒反应 人接触刺毛后出现红斑、灼烧、起疱和瘙痒等症状。全株提取物对中枢和平滑肌有箭毒样作用。

狗牙豆（狗爪豆）（黎豆属）

拉 丁 名 *Mucuna pruriens var. utillis*

别　　名 龙爪豆、龙爪黎豆、狗儿豆、虎爪豆、猫豆、狸豆。

形态特征 一年生，草质缠绕藤本，长可达 4 米；茎枝有许多纵棱，略被开展的淡褐色柔毛。三出羽状复叶，托落，小托叶条形，长 4 毫米；叶柄长 13~28 厘米，具长 3 厘米的叶轴，略被灰白色开展的细柔毛；小叶纸质，生小叶菱状长椭圆形，长 8~15 厘米，宽 5~10 厘米，先端纯圆具细尖头，基部奥状圆形；侧生小叶很不对称，中脉偏上缘，长达 15 厘米，基部斜截形，叶脉两面凸起，两面均疏被柔毛，小叶柄长 4 毫米，密被长硬毛。总状花序腋生，长 12~20 厘米，每 2~6 朵聚生于花序轴凸起的节上；总花柄长 4 厘米，与花序轴密被灰白色柔毛；苞片小，线状披针形；花梗长 3~4 毫米，与萼外密被灰白色短柔毛和疏刺毛；萼阔钟状，质较薄，萼筒长约 5 毫米，下部 1 枚最长，条状披针形；花冠深紫色或白色，龙骨瓣最长，长约 4 厘米，翼瓣略短于龙骨瓣，旗瓣长约龙骨辨之半，宽约 14 毫米，荚果条形，肉质，近念珠状，稍弯略呈“S”形，长 8~10 厘米，宽 18~20 毫米，种子 6~8 枚，灰白色。花期 8~9 月，果期 9~10 月。

分布生境 贵州省全省有栽培，广植于亚洲热带、亚热带地区。

利用价值 食用：嫩荚和种子可供蔬食，但有毒，食前必须经煮，并用清水浸泡。

有毒部位 嫩荚和种子有毒。

毒性成分 含多种氨基酸、皂甙、鞣质等。

中毒反应 人食用不当出现畏寒、头晕、头痛、全身无力、四肢发麻、肌肉颤动、抽搐、昏迷、恶心、呕吐、腹痛、腹泻等症状。

苦葛（葛属）

拉 丁 名 *Pueraria peduncularis*

别　　名 云南葛藤、白苦葛、红苦葛。

形态特征 缠绕草质藤木，各部被褐色短柔毛，三出羽状复叶；托叶基生，舌状，早落；叶柄长 4~8 厘米；小叶顶生的卵状菱形，侧生的斜卵形，长 5~7 厘米，宽 3~5 厘米，先端渐尖，基部圆形，两面均被淡黄白色短柔毛，全缘，小托叶针形，长 1 毫米。总状花序腋生，长 8~16 厘米；苞片和小苞片早落；花梗纤细；长 6 毫米；萼齿 5 枚，卵形，较萼筒短；花冠淡紫色或白色，长约 1.5 毫米，旗瓣圆形，有明显的耳，龙骨瓣有圆形的耳；子房被微毛。荚果扁平，条状长圆形，褐色，长 3~6 厘米，宽 6~9 毫米。种子 3~8 枚。肾形，褐色。花果期 7~11 月。

分布生境 贵州省威宁、兴义等地有分布，生长于海拔 1000~2500 米的山坡灌丛中、疏林中。

利用价值 药用：根、茎可作农药。经济：茎皮纤维可制棉，全株可供编织，可代麻用。

有毒部位 根、茎有毒。

毒性成分 含三萜皂甙。

中毒反应 小鼠腹腔注射根、茎的乙醇或水提取物 1000 毫克/千克，5 分钟后出现活动减少现象，然后全部死亡。

海刀豆（刀豆属）

拉 丁 名 *Canavalia maritima*

别　　名 水流豆。

形态特征 粗壮草质藤本，茎光滑无毛，长达 6 米，三出羽状复叶；叶柄长 2~7 厘米；小叶阔卵圆形、阔椭圆形或近圆形，长 5~9 厘米，宽 4~7 厘米，先端急尖，具短尖头，顶生小叶基部宽楔形，侧生小叶基部平截或圆形，网脉密集，明显，两面无毛；小叶长 5~8 毫米，密被淡褐色柔毛，小托叶钻状，早落。总状花序长 10~20 厘米，小苞片 2 枚，生于花梗的顶端，鳞片状，早落；花梗极短，萼长约 13 毫米，疏被短柔毛，上唇裂片阔半圆形，下唇卵形，3 裂；花冠粉红色，长约 2.5 厘米，旗瓣菱状椭圆形，先端凹，基部有 2 个附属体；翼瓣镰状长椭圆形，具平截的耳，龙骨瓣钝，弯曲，有条形的耳；子房被绒毛，花柱无毛。荚果有短柄，条状圆形，略扁平，长约 10 厘米，宽约 2.5 厘米，成熟时膨胀，厚 1.5 厘米，背缝具 3 条凸起的纵肋。种子略扁，椭圆形，长 13~15 毫米，种皮褐色，种脐线形，长约 8 毫米。花期 7~8 月，果期8~10 月。

分布生境 贵州省安龙地区有分布，生长于海拔 400~500 米的江边山坡灌丛中。

利用价值 药用：种子、叶和根等可入药，治咳嗽、肺结核、呃逆、风湿、疖肿、疼痛、麻风病、继发性闭经、产后出血等症。食用：豆荚和种子处理后可食用。

有毒部位 豆荚和种子有毒。

毒性成分 种子含0.2%~4.4%的有毒氨基酸刀豆氨酸。

中毒反应 人中毒后出现头晕、呕吐等症状，严重的可致昏迷。小鼠口服致死剂量为2克/千克。豆荚和种子经水煮沸、清水漂洗后可供食用，但常因加工不当发生中毒。

大叶千斤拔（千斤拔属）

拉丁名 *Flemingia macrophylla*

别名 假乌豆草、皱面树、大力黄、大叶佛来明豆、嘎三币聋、夹眼皮果。

形态特征 直立灌木，高0.8~2.5米。幼枝密被灰色或灰褐色丝质柔毛。叶具掌状3枚小叶；托叶披针形，长达2厘米，早落；叶柄长3~6厘米，具窄翅，被丝质柔毛；顶生小叶宽披针形至椭圆形，长8~15厘米，宽4~7厘米，先端渐尖，基部楔形，两面除沿脉被灰褐色丝质柔毛外，其余无毛，下面被黑褐色腺点；侧生小叶略小，偏斜。总状花序常数枚簇生于叶腋，长3~8厘米；花序梗不明显，花序轴密被灰褐色柔毛；苞片三角状卵形，长4~5毫米，先端渐尖。花多而密；花萼钟状，长6~8毫米，密被丝质短柔毛，裂片5枚，线状披针形，较萼管长1倍，最下方的1枚最长；花冠紫红色，长0.8~1厘米，旗瓣长椭圆形，瓣片基部具短瓣柄，两侧各具1耳，翼瓣窄椭圆形，龙骨瓣稍长于翼瓣；子房被丝质毛。荚果椭圆形，长1~1.6厘米，宽7~9毫米，疏被短柔毛，具1~2枚种子。

分布生境 贵州省兴义、安龙至罗甸一带有分布，生长于山坡灌丛间或旷野草地上。

利用价值 药用：根入药，是市场上千斤拔的主要替代品，可祛风湿、活血脉、强筋骨，治风湿骨痛、腰肌劳损等症。

有毒部位 茎、叶有毒。

毒性成分 含异黄酮类、双氢黄酮类等。

中毒反应 小鼠腹腔注射茎、叶的水提取物25克/千克，出现活动减少，闭目现象，16小时后全部死亡。

菜豆（菜豆属）

拉丁名 *Phaseolus vulgaris*

别名 四季豆、高脚龙牙豆、云藕豆。

形态特征 一年生、缠绕或近直立草本。茎被短柔毛或老时无毛。羽状复叶具3枚小叶；托叶披针形，长约4毫米，基着。小叶宽卵形或卵状菱形，侧生的偏斜，长4~16厘米，先端长渐尖，有细尖，基部圆形或宽楔形，全缘，被短柔毛。总状花序比叶短，有数朵生于花序顶部的花；花梗长5~8毫米；小苞片卵形，有数条隆起的脉，约与花萼等长或较其稍长，宿存。花萼杯状，长3~4毫米，上方的2枚裂片连合成1枚微凹的裂片；花冠白色、黄色、紫堇色或红色；旗瓣近方形，宽0.9~1.2厘米，翼瓣倒卵形，龙骨瓣长约1厘米，先端旋卷；子房被短柔毛，花柱压扁。荚果带状，稍弯曲，长10~15厘米，稍肿胀，通常无毛，顶有缘。种子4~6枚，长椭圆形或肾形，长0.9~2厘米，宽0.3~1.2厘米，白色、褐色、蓝色或有花斑，种脐通常白色。花期春夏。

分布生境 贵州省全省有栽培。

利用价值 药用：种子含油；入药，可清凉利尿、消肿。食用：果供食用。

有毒部位 荚果有毒。但新鲜时，煮熟后可食用。

毒性成分 含有毒蛋白、三萜皂甙、亚硝酸盐等。

中毒反应 人中毒后出现头疼、头晕、四肢发麻、恶心、腹痛、急性喷射状呕吐和腹泻等症状。家畜长期食用茎叶后出现流涎、凝视、面部肌肉痉挛、呼吸急促、步态异常、惊厥等症状。

棉豆（菜豆属）

拉 丁 名 *Phaseolus lunatus*

别　　名 雪豆、大白芸豆、香豆、金甲豆。

形态特征 一年生或多年生缠绕草本。茎无毛或被微柔毛。羽状复叶具3枚小叶；托叶三角形，长2~3.5毫米，基着；小叶卵形，长5~12厘米，先端渐尖或急尖，基部圆形或宽楔形，沿脉上被疏柔毛或无毛，侧生小叶常偏斜。总状花序腋生，长8~20厘米；花梗长5~8毫米；小苞片较花萼短，椭圆形，有3条粗脉，脱落。花萼钟状，长2~3毫米，外被短柔毛；花冠白色、淡黄色或淡红色，旗瓣圆形或扁长圆形，长0.7~1厘米，先端微缺，翼瓣倒卵形，龙骨瓣先端旋卷1~2圈；子房被短柔毛，柱头偏斜。荚果镰状长圆形，长5~10厘米，扁平，顶端有缘，内有种子2~4枚。种子近菱形或肾形，长1.2~1.3厘米，白紫色或其他颜色，种脐白色，凸起。花期春夏间。

分布生境 贵州省大方、赫章等地有栽培。

利用价值 药用：种子含油；入药，可补血消肿。食用：种子可食用。

有毒部位 种子和根有毒。种子甜者无毒，苦者有毒，须烤熟食之。

毒性成分 含菜豆亭等丙酮氢氰酸糖甙。

中毒反应 人中毒后出现眩晕、呕吐、腹痛、腹泻、体温升高、脉搏过快等症状。

豆薯（豆薯属）

拉 丁 名 *Pachyrhizus erosus*

别　　名 地瓜、凉瓜、地萝卜、沙葛。

形态特征 粗壮，缠绕，草质藤本，稍被毛，有时基部稍木质。根块状，纺锤形或扁球形，肉质。羽状复叶具3枚小叶；小叶菱形或卵形，长4~18厘米，中部以上不规则浅裂，侧生小叶的两侧极不等，仅下面微被毛。总状花序长15~30厘米，每节有花3~5朵。萼长0.9~1.1厘米，被紧贴的长硬毛；花冠浅紫色或淡红色，旗瓣近圆形，长1.5~2厘米，中央近基部处有一黄色斑块及2枚胼胝状附属物，瓣柄以上有2枚半圆形、直立的耳，翼瓣镰刀形，基部具线形、向下的长耳，龙骨瓣近镰刀形，长1.5~2厘米；雄蕊二体，对旗瓣的1枚离生；子房被浅黄色长硬毛，花柱弯曲，柱头位于顶端以下的腹面。荚果带形，长7.5~13厘米，宽1.2~1.5厘米，扁平，被细长糙伏毛。种子每荚8~10枚，近方形，长和宽均0.5~1厘米，扁平。花期8月，果期11月。

分布生境 贵州省全省有栽培。

利用价值 食用：块根供食用或制取淀粉。经济：含油率20%以上，供工业用，并可作杀虫剂。

有毒部位 种子有毒。

毒性成分 含鱼藤酮和拟鱼藤酮类化合物。

中毒反应 人中毒后出现头昏、恶心、口干、呕吐、腹泻、腹痛、四肢发麻、惊叫、口唇发绀、呼吸困难、肢端发凉、血压急剧下降、眼球突出、瞳孔缩小、对光反射消失、惊厥等症状，严重的甚至昏迷死亡。

81. 凤仙花科 Balsaminaceae

凤仙花（凤仙花属）

拉 丁 名 *Impatiens balsamina*

别　　名 指甲花、急性子、凤仙透骨草。

形态特征 一年生草本，高30~200厘米，茎肉质，粗壮直立，多不分枝。叶互生，长披针形、披针形或长椭圆形，长4~14厘米，宽1~3.5厘米，先端长渐尖，基部长楔形，边缘具尖锯齿；叶柄具浅槽，长1~3厘米，两侧具数个具柄的腺体。无总花梗，花柄短，单生或数枚簇生叶腋，被短柔毛；花大，白色、淡红色、红色、紫红色或黄色，单瓣或重瓣；萼片2枚，宽卵形，疏被柔毛；旗瓣圆形，先端具小尖头，背面中肋具龙骨突，翼瓣2裂，上裂片宽大，先端凹陷，下部裂片小，圆形；唇瓣舟状，疏被短柔毛，基部突然下延为一细而向内弯曲的距；花药钝。蒴果纺锤形，密被长茸毛，种子多枚，圆形，黄褐色或黑色。花期7~9月，果期8~10月。

分布生境 原产印度东部。贵州省全省有栽培，广布世界各地。

利用价值 药用：茎及种子皆可入药。茎有祛风湿、活血、止痛之效，用于治风湿性关节痛、屈伸不利等症；种子称“急性子”，有软坚、消积之效，用于治噎膈、骨鲠咽喉、腹部肿块、闭经等症。经济：种子可榨油，花瓣可提取染料。

有毒部位 茎、种子有毒。

毒性成分 含指甲醌、指甲花醌甲醚、槲皮素等。

中毒反应 汁液含有毒性，人皮肤触碰后会发红肿痛，因其含有促癌成分，会影响人们的身体健康。

82. 葫芦科 Cucurbitaceae

雪胆（雪胆属）

拉 丁 名 *Hemsleya chinensis*

别　　名 金盆、赛金刚、罗锅底。

形态特征 茎卵球形或扁卵球形。鸟足状复叶具5~9枚小叶，叶柄长4~8厘米，小叶卵状披针形、长圆状披针形或宽披针形，具圆锯齿；中央小叶长5~12厘米，宽2~2.5厘米。雄花成二歧聚伞花序或圆锥花序状，花序长5~12厘米；花萼裂片卵形，长7毫米，反折；花冠灯笼状（松散球形），橙红色，直径1.2~1.5厘米；花冠裂片长圆形，长1~1.3厘米。雌花序长2~4厘米；雌花直径1.5厘米。果长椭圆形，长3~7厘米，直径2厘米，基部渐窄：果柄关节不明显。种子褐色，近圆形，长1~1.2厘米，无翅，边缘宽1毫米。花期7~9月，果期9~11月。

分布生境 贵州省大方地区有分布，生长于海拔1900米的山坡丛中。

利用价值 药用：块根入药，可清热、解毒、消肿。

有毒部位 块根有小毒。

有毒成分 含四环三萜苦味素雪胆素、雪胆皂甙甲等。

中毒反应 人多食出现恶心、呕吐、腹泻等症状。

木鳖子（苦瓜属）

拉 丁 名 *Momordica cochinchinensis*

别　　名 木蟹、土木鳖、壳木鳖、漏苓子、地桐子、藤桐子、木鳖瓜。

形态特征 粗壮具块根大藤本；茎有棱槽，近无毛或稍被短柔毛；卷须较粗壮，不分枝。叶片卵形至阔卵形，长宽均为10~20厘米，3~5条浅裂至深裂，基部阔心形、裂片卵圆形或椭圆形，先端急尖或钝尖，两面皆无毛或仅脉上有短柔毛，边缘有波状小齿，稀全缘；叶柄长5~10厘米，无毛或被短柔毛；叶片基部或叶柄顶端有2~4个腺体。花白色而略带黄色，单性，雌雄异株，皆单生于叶腋；雄花：花梗较粗壮，长6~15厘米，无毛或被短柔毛，近顶端有1枚肾圆形的苞片；花萼暗绿色，萼管短漏斗状，萼裂片长圆状披针形，长1~1.5厘米；被柔毛；花冠裂片卵状长圆形，长5~6厘米，外面沿脉上密被短柔毛，外方2枚裂片较大，基部有黄色腺体，内方3枚裂片较小，基部有黑斑；雄蕊3枚；雌花花梗长5~10厘米，近中部有1枚小型苞片；萼裂片线状披针形，长约1厘米；花冠和雄花相似；子房椭圆形，密生刺状凸起。果实卵圆形至椭圆形，长 10~15 厘米，成熟时红色，密被圆锥状刺。种子暗黑色，压扁，卵形或椭圆形，长约 2.5 厘米，两面有雕纹，边缘有波状齿突。花期 8~9 月，果期 10~11 月。

分布生境 贵州省贵阳地区有栽培。

利用价值 药用：种子主供外科药用，治肿毒、痔漏、瘰疬等症；根入药，可消肿止痛。

有毒部位 种子有毒。

毒性成分 含皂甙三萜烯苦瓜酸、丝石竹皂甙元。

中毒反应 人中毒后中寒、发噤。小鼠腹腔注射皂甙的 LD_{50}为 37 毫克/千克。

甜瓜（甜瓜属）

拉 丁 名 *Cucumis melo*

别　　名 甘瓜、香瓜、哈密瓜。

形态特征 一年生匍匐状攀缘草本；茎具棱槽，被刚毛；卷须不分叉。叶片常近圆形或肾形，3~7 浅裂，长宽为 8~15 厘米，基部阔心形，裂片顶端常钝尖或圆钝，两面均被刚毛，粗糙，边缘有小锯齿；叶柄与叶片近等长，被刚毛。花黄色，单性同株；雄花：常几朵簇生于叶腋，具短梗；花萼被长毛，萼管狭钟形，裂片披针钻形；花冠裂片椭圆形，长约 2 厘米，先端钝，初期有毛，后变无毛；雄蕊 3 枚，药室“S”形折曲，药隔顶端伸长；雌花：单生，花萼和花冠似雄花；子房长椭圆形，微被毛，花柱极短。柱头 3 枚，膨大，靠合。果实大小、颜色和形状因品种而异，表面光滑，有香味，酥甜，种子长圆形或卵形，扁平，污白色。花期 6~7 月，果期 8~9 月。

分布生境 贵州省全省和全国多地均有栽培。

利用价值 药用：瓜蒂入药为催吐剂，种子入药可祛瘀、止咳。食用：果香甜，作水果。

有毒部位 瓜蒂有毒。

毒性成分 含胡芦苦素、甜瓜毒素等。

中毒反应 人中毒后出现恶心、呕吐、腹痛、腹泻、血压下降、发绀、心率变慢、昏迷、抽搐等症状，最后因循环系统衰竭、呼吸麻痹而死亡。

83. 柿树科 Ebenaceae

柿（柿树属）

拉 丁 名 *Diospyros kaki*

别　　名 无。

形态特征 落叶大乔木，通常高达 10~14 米以上，胸高直径达 65 厘米。树皮深灰色至灰黑色，或者黄灰褐色至褐色；树冠球形或长圆球形。枝开展，带绿色至褐色，无毛，散生纵裂的长圆形或狭长圆形皮孔；嫩枝初时有棱，有棕色柔毛或绒毛或无毛。叶纸质，卵状椭圆形至倒卵形或近圆形；叶柄长 8~20 毫米。花雌雄异株，花序腋生，为聚伞花序；花梗长约 3 毫米。果形有球形、扁球形等；种子褐色，椭圆状，侧扁；果柄粗壮，长 6~12 毫米。花期 5~6 月，果期 9~10 月。

分布生境 贵州省全省有栽培。柿树既是深根性树种，又是阳性树种，喜温暖气候，阳光充足和深厚、肥沃、湿润、排水良好的土壤，适生于中性土壤，较耐寒，较耐瘠薄，抗旱性强，不耐盐碱土。

利用价值 药用：柿蒂、柿涩汁、柿霜和柿叶均可入药，可止血润便、降压，治肠胃病、心血管病和眼干燥症等症，还有解酒作用。食用：柿树是中国栽培悠久的果树，柿子营养价值很高，含有丰富的蔗糖、葡萄糖、果糖、蛋白质、胡萝卜素、维生素 C、瓜氨酸、碘、钙、磷、铁。

有毒部位 未成熟的果实有毒。

毒性成分 含单宁酸。

中毒反应 口感苦涩，人吃后舌头容易发麻，甚至发肿，形成胃柿石，出现腹痛等症状。

84. 防己科 Menispermaceae

大叶藤（大叶藤属）

拉 丁 名 *Tinomiscium petiolare*

别　　名 越南大时藤、奶汁藤、假黄藤、犸猸能、黄藤子、黄藤、土黄连、藤黄连。

形态特征 木质大藤本。茎枝折断有白色乳汁，鲜叶折断有胶丝相连；茎有不规则的纵裂沟纹，嫩枝被紫红色绒毛。叶纸质至薄革质，阔卵形或卵形，长 9~25 厘米，宽 6~15 厘米，先端短渐尖或急尖，基部近截平或微心形，上面深绿色，有光泽，下面淡绿色，干时上面有波状皱纹，掌状脉常 5 条。总状花序多个簇生于老茎或无叶的老枝上，常下垂，长 7~35 厘米，被紫红色绒毛；花单性异株，白色至浅绿色；雄花萼片 9 枚，外面的微小，里面的长 3~5 毫米；花瓣 6 枚，舟状；雄蕊 6 枚，花丝肥厚。核果长圆形，背部隆起，长 2.5~4 厘米，橙黄色。

分布生境 贵州省全省有分布，生长于深山密林中或石灰岩山坡林中。

利用价值 药用：可祛风湿通络、散瘀止痛、解毒，治风湿痹痛、腰痛、跌打损伤、目赤肿痛、咽喉肿痛等症。

有毒部位 茎、叶有毒。

毒性成分 含棕榈酸、木兰花碱、丁香酸、β-谷甾醇及左旋四氢非洲防己碱。

中毒反应 小鼠腹腔注射茎、叶的乙醇提取物 80 毫克/千克，迅速惊厥死亡。

汝兰（千金藤属）

拉 丁 名 *Stephania sinica*

别　　名 金不换、山乌龟。

形态特征 稍肉质藤本，全株无毛。枝肥壮，常中空。叶三角形或三角状近圆形，长 10~15 厘米，先端钝，具小凸尖，基部近平截或微圆，浅波状或全缘，掌状脉向上的 5 条，向下的 4~5 条；叶柄长达 30 厘米，顶端常肥大。复伞形聚伞花序腋生，花序梗及伞梗均肉质，雌花序伞梗较粗短；无苞片及小苞片。雄花萼片 6 枚，稍肉质，干时透明，近倒卵状长圆形，长 1~1.3 毫米，内轮稍宽，花瓣 3~4 枚，宽倒卵形，内面具 2 个大腺体，长约 0.8 毫米，聚药雄蕊长 0.7~0.8 毫米；雌花萼片 1 枚，花瓣 2 枚，内面腺体有时不明显。果柄肉质，干时黑色；果核长 6~7 毫米，背部两侧各具小横肋状雕纹 15~18 条，小横肋中段低凹至断裂，胎座迹不穿孔。花期 6 月，果期 8~9 月。

分布生境 贵州省松桃、德江、沿河等地有分布，常生长于沟谷林边。

利用价值 药用：块根入药，可消炎、止喘。

有毒部位 块根有毒。

毒性成分 含四氢巴马亭、金钱吊乌龟碱、轮环藤碱等。

中毒反应 小鼠腹腔注射块根乙醇提取物 500 毫克/千克，出现活动减少、共济失调、瘫痪等现象。

白线薯（千金藤属）

拉 丁 名 *Stephania brachyandra*

别　　名 无。

形态特征 多年生草质落叶藤本。块根团块状。枝稍扭曲，有直纹，小聚伞花序稍密集；雄花呈倒卵形或阔倒卵形，雌花序紧密呈头状，核果的果梗非肉质，阔倒卵形，红色。花期 5~6 月，果期 7~8 月。

分布生境 贵州省水城地区有分布，常生长于海拔约 1000 米的林区沟谷边。

利用价值 药用：块根入药，可行气活血、祛风止痛、清热解毒，主治胃痛、风湿痹痛、跌打损伤、痛经、痈疖肿毒、湿疹等症。

有毒部位 块根有毒。

毒性成分 含异紫堇定、左旋四氢掌叶防己碱、荷包牡丹碱、青藤碱、紫堇块茎碱、青风藤碱、去氢荷包牡丹碱、异波尔定碱、8，14-二氢多花罂粟碱、N-甲基六驳碱、头花千斤藤碱、轮环藤宁碱、左旋箭毒碱及高阿罗莫灵碱等。

中毒反应 小鼠腹腔注射根的甲醇提取物 600 毫克/千克，部分小鼠惊厥死亡。

桐叶千金藤（千金藤属）

拉 丁 名 *Stephana hernandiftolia*

别　　名 毛千金藤。

形态特征 藤本，一般长3~6米，茎基木质化，偃卧地面时节上生定根，被毛。叶纸质，三角状圆形或近三角形，长4~15厘米，宽4~14厘米，顶端钝，具小凸尖或短尖，基部圆或近截平，上面无毛或有微毛，有光泽，下面淡绿白色，被丛卷柔毛，掌状脉9~12条，叶柄长3~9厘米，盾状着生。复伞形聚伞花序被毛，常单生叶腋，很少2个以上生于腋生短枝上；总梗长1.5~5.5厘米，2~3个回伞形分枝，分枝顶端由多个小聚伞花序聚集呈头状；雄花：萼片6片或8片，辐射对称，排成二轮，倒披针形、匙形或狭椭圆形，黄绿色，被短毛；花瓣3~4枚，阔倒卵形至近圆形，短于萼片，无毛。雌花：萼片和花瓣均3~4片，形状和大小与花相似或稍小，柱头撕裂状。核果倒卵状球形，红色，内果皮背部肋状雕纹；胎座迹穿孔。花期4~6月，果期8~10月。

分布生境 贵州省贵阳、安顺、兴义、罗甸等地有分布，生长于海拔600~1800米的山林中、路旁。

利用价值 药用：根入药，可清热解毒、祛风除湿、通经活络，主治疮、疖、疔、痈、风湿痹痛、小儿麻痹等症。

有毒部位 全株有毒。

毒性成分 全株含防已醇灵碱、高木防已碱、桐叶千金藤弗林碱及莲叶桐碱。

中毒反应 小鼠腹腔注射根的水或乙醇提取物1000毫克/千克，惊厥死亡。

血散薯（千金藤属）

拉 丁 名 *Stephania dielsiana*

别　　名 黔桂千金藤、一点血独脚乌桕、金不换、黔桂千金藤、山乌龟、一滴血、一点血。

形态特征 草质藤本，长达3米。块根大，露出地面，褐色，皮孔凸起。枝叶含红色汁液。枝稍粗肥，常紫红色，无毛。叶三角状圆形，长5~15厘米，先端具凸尖，基部微圆或近平截，无毛，掌状脉8~10条，向上及平伸的5~6条，网脉纤细，紫色；叶柄与叶片近等长或稍长。复伞形聚伞花序腋生或生于短枝，雄花序1~3个回伞状分枝，小聚伞花序具梗，常数个集生；雌花序近头状，小聚伞花序近无梗。雄花萼片6枚，倒卵形或倒披针形，长约1.5毫米，内轮稍宽，均具紫色条纹，花瓣3枚，肉质，贝壳状，长约1.2毫米，紫色或带橙黄色；雌花萼片1枚，花瓣2枚，均较雄花的小。核果红色，倒扁卵球形，长约7毫米；果核背部两侧各具2列钩状小刺，每列18~20颗，胎座迹穿孔。花期夏季。

分布生境 贵州省全省有分布，生长于山谷、溪边、林中、石缝及峭壁上。

利用价值 药用：块根供药用，可清热解毒、散瘀止痛，主治上呼吸道感染、咽炎、疮痈、胃痛、胃肠炎、牙痛、神经痛、跌打损伤等症。

有毒部位 块根有毒。

毒性成分 含千金藤碱。

中毒反应 人中毒后出现恶心、呕吐、腹泻等轻度胃肠道反应。

千金藤（千金藤属）

拉 丁 名 *Stephania japonica*

别　　名 金线吊乌龟、公老鼠藤、野桃草、爆竹消、朝天药膏、合钹草、金丝荷叶、天膏药。

形态特征 多年生落叶藤本，长可达5米。全株无毛。根圆柱状，外皮暗褐色，内面黄白色。老茎木质化，小枝纤细，有直条纹。叶互生；叶柄长5~10厘米，盾状着生；叶片阔卵形或卵圆形，长4~8厘米，宽3~7厘米，先端钝或微缺，基部近圆形或近平截，全缘，上面绿色，有光泽，下面粉白色，两面无毛，掌状脉7~9条。花小，单性，雌雄异株；雄株为复伞形聚伞花序，总花序梗通常短于叶柄，小聚伞花序近无梗，团集于假伞梗的末端，假伞梗挺直；雄花：萼片6~8枚，排成2轮，卵形或倒卵形；花瓣3~4枚；雄蕊6枚，花丝合生成柱状。雌株也为复伞形聚伞花序，总花序梗通常短于叶柄，小聚伞花序和花均近无梗，紧密团集于假伞梗的末端；雌花：萼片3~4枚；花瓣3~4枚；子房卵形，花柱3~6枚深裂，外弯。核果近球形，红色，直径约6毫米，内果皮背部有2行高耸的小横肋状雕纹，每行通常10枚，胎座迹通常不穿孔。花期6~7月，果期8~9月。

分布生境 贵州省全省有分布，生长于山坡路边、沟边、草丛或山地、丘陵灌木丛中。

利用价值 药用：根、茎、叶入药，可清热解毒、祛风止痛、利水消肿，治咽喉肿痛、痈肿疮疖、毒蛇咬伤、风湿痹痛、胃痛、脚气水肿等症。

有毒部位 全株有毒。

毒性成分 含千金藤碱、异千金藤碱、轮环藤酚碱等。

中毒反应 人过量服用，出现呕吐症状。小鼠腹腔注射全株乙醇提取物1000毫克/千克，惊厥死亡。

球果藤（球果藤属）

拉 丁 名 *Aspidocarya uvifera*

别　　名 青藤、淮通、汉防己、土防己。

形态特征 大型木质藤本，长达7米或更长；枝具皱状条纹，被糙柔毛。叶纸质，卵圆状心形或阔卵状心形，长9~18厘米，宽8~16厘米，先端常为短尖或渐尖，基部常凹缺状深心形，边全缘或偶为3裂，掌状脉5~7条，下面脉凸起，两面被糙毛状柔毛，下面常较密，有时上面仅脉上有毛；叶长8~15米，基部微扭曲和稍膨大。圆锥花序，长通常30余厘米，有时达50厘米，分枝疏散，被糙毛状柔毛；

雄花：萼片外轮长 1~1.5 毫米，中轮长 2~2.5 毫米，内轮长 2.5~3.5 毫米；花瓣 6 枚，淡黄色，长约 2 毫米，宽 1~1.5 毫米；聚药雄蕊长约 2.5 毫米；雌花：萼片、花瓣与雄花相似，不育雄蕊 6 枚，棒状；心皮 3 个。果为核果，椭圆形，长约 2 厘米，成熟时红色。花期 4~5 月，果期 9~10 月。

分布生境 贵州省遵义、毕节等地有分布，生长于海拔 600~1200 米的沟谷林中。

利用价值 药用：茎入药，可祛风通络、利水通淋，主治风湿痹痛、劳伤疼痛、水肿、小便淋痛等症。

有毒部位 根有毒。

毒性成分 含莲花烷类生物碱。

中毒反应 小鼠腹腔注射根的甲醇提取物 LD_{50} 为 200 毫克/千克，给药后出现腹部收缩、呼吸变慢、步态不稳、对刺激敏感等现象，最后因呼吸抑制而死亡。

锡生藤（锡生藤属）

拉 丁 名 *Cissampelos pareira var. hirsuta*

别　　名 雅红隆、金丝荷叶。

形态特征 木质藤本；枝细瘦，有条纹，通常密被柔毛，很少近无毛。叶纸质，心状近圆形或近圆形，长宽均 2~12 厘米，顶端常微缺，具凸尖，基部常心形，有时近截平，很少微圆，两面被毛，上面常稀疏，下面很密；掌状脉 5~7 条，在面稍凸；叶柄常密被柔毛，比叶片短。雄花序为腋生、伞房状聚伞花序，单生或几个簇生，花序轴和分枝均细瘦，密被柔毛；雄花：萼片长 1.2~1.5 毫米，背面被疏而长的毛；花冠碟状；聚药雄蕊长约 0.7 毫米；雌花序为狭长的聚伞圆锥花序，长达 18 厘米，叶状苞片近圆形，在花序轴上彼此重叠，密被毛；雌花：萼片阔倒卵形，长约 1.5 毫米；花瓣很小，长约 0.7 毫米。核果被柔毛，果核阔倒卵圆形，长 3~5 毫米，背肋两侧各有 2 行皮刺状小凸起，胎座迹为马蹄形边缘所环绕。

分布生境 贵州省安龙、兴义、册亨等地有分布，生长于海拔 500~900 米的沟谷林中。

利用价值 药用：根可提取肌松剂，是良好的外科手术用药。

有毒部位 全株有毒。

毒性成分 含海牙亭碱、海牙亭宁碱、轮环藤碱、锡生藤碱等。

中毒反应 对小鼠、兔等有肌肉松弛作用，过量极易出现因呼吸抑制而惊厥死亡现象。

樟叶木防己（木防己属）

拉 丁 名 *Cocculus laurifolius*

别　　名 衡州乌药。

形态特征 直立或倾斜性常绿灌木；高 1~5 米或以上，有时枝条垂攀在其他树上；枝具条纹，幼枝稍有棱角，无毛。叶薄革质，椭圆状长圆形或长圆状披针形，长 4~15 厘米，宽 1.5~6 厘米，先端渐尖，基部楔形，两面无毛，光亮；掌状脉 3 条，侧生的一对延伸至叶片中部以上近达顶部；叶柄长 5~10 毫米，无毛。聚伞状圆锥形花序腋生，长 1~5 厘米，近无毛；雄花：萼片 6，外轮 3 枚，长约 1 毫米，内轮 3 枚，长约 1.3 毫米；花瓣 6 枚，深 2 裂的倒心形，很小；雄蕊 6 枚，长约 1 毫米；雌花：萼片和花瓣与雄花相似；不育雄蕊 6 枚，微小；心皮 3 个，无毛。核果近圆形，长约 5 毫米。花期 3~4 月，果期 8~10 月。

分布生境 贵州省遵义、桐梓、正安、道真、绥阳、兴义、黎平等地有分布，生长于海拔 700~1500 米的沟谷、林缘和山坡灌丛处。

利用价值 药用：根入药，可理气止痛。

有毒部位 全株有毒。

毒性成分 含刺桐生物碱，主要有异衡州乌药定、衡州乌药灵、衡州乌药素、木兰花碱等。

中毒反应 小鼠腹腔注射根的甲醇提取物 1000 毫克/千克，部分死亡，50%的乙醇提取物有降低血压及神经肌肉阻断作用，也具有毒箭样作用。

木防己（木防己属）

拉 丁 名 *Cocculus orbiculatus*

别　　名 土木香、青藤香、牛木香、金锁匙、紫背金锁匙、百解薯、青藤根。

形态特征 木质藤本。叶片纸质至近革质，形状变异极大，边全缘至掌状 5 裂不等。聚伞花序少花，腋生，或排成多花，狭窄聚伞圆锥花序，顶生或腋生；萼片 6 枚，两轮，卵形至阔倒卵形，花瓣 6 枚，顶端 2 裂，雄花有雄蕊 6 枚，比花瓣短；雌花退化雄蕊 6 枚，微小。核果近球形，红色至紫红色，果核骨质，阔倒卵形，背部有横肋状纹。花期 3~5 月，果期 6~7 月。

分布生境 贵州省正安、兴义、安龙、兴仁、贵阳、望谟等地有分布，生长于海拔 600~1600 米的山地灌丛、林缘及村寨附近等处。

利用价值 药用：根入药，可祛风止痛、行水清肿、解毒、降血压，主治风湿痹痛、神经痛、肾炎水肿、尿路感染；外治跌打损伤、蛇咬伤等症。

有毒部位 根、叶有毒。

毒性成分 含木兰花碱、木防己碱、异木防己碱等。

中毒反应 人过量食用出现呼吸中枢及心脏停搏现象。

85. 绣球花科 Hydrangeaceae

绣球（绣球属）

拉 丁 名 *Hydrangea macrophylla*

别　　名 八仙花、紫阳花。

形态特征 灌木，高约3米；小枝粗壮，直径6~8毫米，有大的叶迹，皮孔明显，无毛。叶厚纸质，倒卵形或阔卵状椭圆形，长8~18米，宽3~9毫米，先端短渐尖，基部楔形，边有稀疏粗锯齿；中脉与侧脉壮，侧脉每边约7条，下面明显隆起，网脉不明显上面暗绿色，无毛，下面色较淡，无毛或极稀被短柔毛，叶柄长13厘米，粗壮，无毛。伞房状花序，有柄，多分枝，花序轴无毛或被短柔毛，花大多数为放射花，排列在花序上部呈半球形。果宽卵形，约有2/3下位，有棱脊，宿存花柱3~4枚。花期7月，果期9月。

分布生境 贵州省绥阳地区有分布，生长于海拔380~1700米的山谷溪旁或山顶疏林中。

利用价值 药用：根、叶、花入药，可清热抗疟，也可治心脏病。

有毒部位 全株有毒。

毒性成分 含八仙花甙、八仙花素、八仙花酚、茵芋碱等。

中毒反应 人中毒后出现腹痛、呕吐、虚弱无力、出汗、昏迷、抽搐等症状，可引起体内血循环崩溃。

圆锥绣球（绣球属）

拉 丁 名 *Hydrangea paniculate*

别　　名 水亚木、栎叶绣球。

形态特征 灌木或小乔木，高达5~9米。幼枝疏被柔毛，具圆形浅色皮孔。叶纸质，2~3枚对生或轮生，卵形或椭圆形，长5~14厘米，先端渐尖或骤尖，具短尖头，基部圆或宽楔形，密生小锯齿，上面无毛或疏被糙伏毛，下面沿中脉侧脉被紧贴长柔毛，侧脉6~7对；叶柄长1~3厘米。圆锥状聚伞花序长达26厘米，密被柔毛。不育花白色，萼片4枚；孕性花萼筒陀螺状，长约1.1毫米；萼齿三角形，长约1毫米；花瓣分离，白色，卵形或披针形，基部平截；雄蕊不等长，较长的于花蕾时内折；子房半下位，花柱3枚，长约1毫米，钻状。蒴果椭圆形，不连花柱长4~5.5毫米，顶端突出部分圆锥形，与萼筒近等长。种子褐色，纺锤形，两端有窄长翅。花期7~8月，果期10~11月。

分布生境 贵州省赤水、遵义、江口、兴义、瓮安、雷山（雷公山）等地有分布，生长于海拔1000~1700米的山坡灌丛中。

利用价值 经济：全株含黏液，可作糊料；根可制烟斗，为著名土特产原料。观赏：其花序全部或大部分为大形不育花组成，长达30~40厘米，且开花持久，常于庭园栽培观赏。

有毒部位 全株有毒。

毒性成分 含香豆素甙类化合物。

中毒反应 人中毒后出现恶心、呕吐、腹痛、肝损伤等症状。

溲疏（溲疏属）

拉 丁 名 *Deutzia scabra*

别　　名 空疏、巨骨、空木、卯花。

形态特征 灌木，高 1.5~2.5 米；小枝初时疏生星状毛，后变无毛。叶对生，卵形或卵状披针形，长 2.5~6 厘米，宽 1.2~2.5 厘米，先端渐尖，基部近圆形或阔楔形，边缘有不明显细锯齿，中脉上面凹下，侧脉每边约 3 条，弯曲向上，在叶边内消失，上面疏生辐射线 5 条的星状毛，下面被辐射线 9~12 条星状毛，又较密，但不遮盖表皮；叶柄短，被毛。花序圆锥状，长达 12 厘米，有花多朵，密被星状毛；萼筒长约 2.5 毫米，密被星状毛，裂片 5 枚，三角形，长约 2 厘米，密被星状毛；花瓣 5 枚，白色，长圆状卵形，长约 8 毫米，外面被星状毛；雄蕊 10 枚，外轮雄蕊较花瓣短，花丝顶端有 2 齿；子房下位，花柱 3 枚。蒴果近球形，直径约 5 毫米。花期 5~6 月，果期 9~10 月。

分布生境 贵州省赤水、绥阳、黎平、三都、普定等地有分布，生长于海拔 900~1200 米的林边、山脚灌丛中。

利用价值 药用：根、叶、果均可入药。民间用作退热药，稍有毒，应慎重使用。观赏：宜丛植于草坪、路边、山坡及林缘，也可作花篱及岩石园种植材料；花枝可供瓶插观赏。

有毒部位 全株有毒。

毒性成分 含黄酮类化合物（山柰酚-7-葡萄糖甙、山柰酚-3-鼠李糖-7-葡萄糖甙、槲皮素-3-葡萄糖甙）。

中毒反应 人中毒后出现恶心、呕吐、腹痛、腹泻等症状。

86. 虎耳草科 Saxifragaceae

落新妇（落新妇属）

拉 丁 名 *Astilbe chinensis*

别　　名 红升麻、金毛狗、阴阳虎、金毛三七、铁火钳、阿根八、山花七、马尾参、术活、小升麻。

形态特征 多年生直立草本，高 45~60 厘米，根茎粗大。基生叶为二回至三回三出复叶，小叶卵形至长椭圆状卵形，长 3~10.5 厘米，宽 2~5 厘米，先端长锐尖，基部圆形，两侧不对称，边缘有尖锐的重锯齿，两面均生刚毛，尤以叶脉上为多。花茎直立，高 30~50 厘米，下部有鳞状毛，上部密生棕色长柔毛，花近无梗，呈窄圆锥花序；萼筒浅杯状，5 裂，带黄色；花瓣 5 枚，白色或紫色，长约为萼的 4 倍；雄蕊 10 枚，花丝青紫色，花药青色，成熟后呈米色；心皮 2 个，离生，基部连合，子房半上位。蓇果长约 3 毫米，有多数种子。花期 6~7 月，果期 8 月。

分布生境 贵州省赤水、织金、绥阳、正安、印江（梵净山）雷山、榕江、黎平等地有分布，生长于海拔 800~1700 米的阴湿山谷、山冲、林边或沟边。

利用价值 药用：全株入药，可祛风、清热、止咳，治风热感冒、头身疼痛、咳嗽等症。

有毒部位 全株有毒。

毒性成分 含氰甙。

中毒反应 小鼠腹腔注射根的氯仿提取物 1000 毫克/千克，全部死亡。

虎耳草（虎耳草属）

拉 丁 名 *Saxifraga stolonifera*

别　　名 金线吊芙蓉、老虎耳、金丝荷叶、耳朵红、天青地红、通耳草、耳朵草、丝棉吊梅、天荷叶、石荷叶。

形态特征 多年生草本；具匍匐枝，鞭匐枝细长，密被卷曲长腺毛，并具鳞片状叶。茎高达 45 厘米，被长腺毛。基生叶近心形、肾形或扁圆形，长 1.5~7.5 厘米，先端急尖或钝，基部近截形、圆形或心形，边缘 5~11 浅裂，并具不规则齿牙和腺睫毛，两面被腺毛和斑点，叶柄长 1.5~21 厘米，被长腺毛；茎生叶 1~4 枚，叶片披针形，长约 6 毫米。聚伞花序圆锥状，长 7.3~26 厘米，具 7~61 朵花。花两侧对称，萼片卵形，长 1.5~3.5 毫米，外面和边缘具腺毛，3 脉于先端汇合；花瓣白色，中上部具紫红色斑点，基部具黄色斑点，萼片 5 枚，3 枚较短，卵形，长 2~4.4 毫米，先端急尖，基部具长 0.1~0.6 毫米之爪，羽状脉序，2 枚较长，披针形或长圆形，长 0.6~1.5 厘米，羽状脉序，具 2 级脉 5~11 条；雄蕊长 4~5.2 毫米，花丝棒状；花盘半环状，具小瘤突。花果期 4~11 月。

分布生境 贵州省毕节、赫章、赤水、习水、道真、印江、江口、兴仁、兴文、安顺、贵阳、都匀、三都等地有分布，生长于海拔 900~1500 米的沟边岩石上、林下岩石上的湿地或湿润处。

利用价值 全株入药（主要用叶），可清热解毒、祛风止痛，治中耳炎、咽炎、淋巴管炎、鼻前庭炎、肺炎、皮肤湿疹、风湿疼痛等症。

有毒部位 全株有毒。

毒性成分 含岩白菜素、槲皮甙、槲皮素、儿茶酚、熊果酚甙、槲皮素-5-O-葡萄糖甙。

中毒反应 人中毒后出现头晕、腹泻、上火、便秘等症状。

87. 鼠李科 Rhamnaceae

长叶冻绿（冻绿属）

拉 丁 名 *Frangula crenata*

别　　名 黎辣根、黄药、山六厘。

形态特征 落叶灌木或小乔木，高达5米；顶芽裸露，无鳞片；幼枝带红色，被毛，后脱落，小枝疏被柔毛。叶纸质，倒卵状椭圆形、倒卵形或倒披针状椭圆形，长4~10厘米，宽2~4厘米，先端渐尖，尾状长渐尖，基部宽楔形或钝，边缘具圆齿或细锯齿，上面无毛，下面被柔毛或沿脉多少被柔毛，侧脉每边7~12条；叶柄长5~10毫米，密被柔毛。花多数密集成腋生聚伞花序，总花梗长5~15毫米，被柔毛；花梗长约4毫米，被短柔毛；萼片三角形；花瓣近圆形，雄蕊与花瓣等长；子房球形，无毛。核果球形，熟时黑色或紫黑色，长近5毫米；果梗长3~5毫米，近无毛，具3个分核，各具1枚种子；种子无沟。花期6月，果期9~10月。

分布生境 贵州省赤水、绥阳、铜仁、惠水、安顺、普定、黎平等地有分布，生长于海拔1000米左右的山林、灌丛中、路边。我国华中、华南、西南等地也有分布。

利用价值 药用：全株入药，可祛风清热、凉血解毒；根皮入药，可杀虫去湿；民间常用根、皮煎水或醋浸洗治顽癣或疥疮。经济：根和果实含黄色染料。

有毒部位 全株有毒。

毒性成分 含大黄酚、大黄素甲醚、大黄素等。

中毒反应 人服用未成熟果实引起胃肠刺激，有泻下作用，导致黏膜发炎。

88. 白花丹科 Plumbaginaceae

白花丹（白花丹属）

拉 丁 名 *Plumbago zeylanica*

别　　名 总管、千里及、乌面马、白雪花、白花藤、一见消、耳丁藤。

形态特征 常绿亚灌木。茎直立，高达3米，多分枝，蔓状。叶卵形，长3~13厘米，先端渐尖，基部楔形，有时耳状。穗形总状花序具25~78朵花，花序梗长0.5~1.5厘米，被头状腺体，无毛，花序轴长3~15厘米，无毛，被头状腺体。萼长1.1~1.2厘米，近全长被腺体；花冠白或微带蓝色；花冠筒长1.8~2.2厘米，冠檐直径1.6~1.8厘米，裂片倒卵形，长约7毫米，宽约4毫米，先端具短尖；雄蕊与花冠近等长，花药蓝色，长约2毫米；子房椭圆形，具5棱，花柱无毛。蒴果长椭圆形，淡黄褐色。种子红褐色，长约7毫米，先端尖。花期10月至翌年3月，果期 12 月至翌年 4 月。

分布生境 贵州省兴义、罗甸、望谟、安顺、贵阳等地有分布，多生长于海拔 600~1500 米的村寨附近的石墙岩缝中。

利用价值 药用：全株入药，治跌打损伤、风湿关节炎、闭经、高血压，以及白血病等症。

有毒部位 叶、根有毒。

毒性成分 含蓝雪醌、白雪花酮、茅膏菜醌等。

中毒反应 叶捣烂敷在人或动物皮肤上，出现发炎、红肿、水疱，全株煎汁给家兔口服，对口腔和黏膜有强烈刺激，出现呕吐、消化道出血等症状，导致呼吸及循环衰竭。

岷江蓝雪花（蓝雪花属）

拉 丁 名 *Ceratostigma willmottianum*

别　　名 白皂药、白花九股牛、扳倒甑、紫金莲。

形态特征 亚灌木，高 0.4~1.5 米，小枝带紫红色，具棱槽和刺毛。叶倒卵状菱形、卵状椭圆形或倒卵状披针形；近无柄，长 2~5 厘米，宽 1.2~2.5 厘米，顶端急尖或钝，常有短尖头，基部楔形，边缘有刺毛，两面被糙伏毛。头状聚伞花序顶生和腋生；苞片与花萼等长或稍长，具硬毛；花萼长 10~15 毫米，无腺毛，萼管筒状，长 7~11 毫米，绿色，裂片锥形，带紫红色，有稀疏长硬毛；花冠高脚蝶状，长 20~26 毫米，花冠筒红紫色，裂片紫蓝色。蒴果线状圆柱形，长 7~10 毫米，盖裂。花期 6~12 月，果期 8 月至翌年 2 月。

分布生境 贵州省威宁、水城等地有分布，生长于海拔 1300~2300 米的路旁、荒野、岩壁等处。

利用价值 药用：全株入药，可解痉止痛，治跌打损伤、骨折等症；药理实验证明，本品有类似阿托品作用，唯显效稍慢，但无阿托品类药物的副作用。

有毒部位 根有毒。

毒性成分 含有白花丹素。

中毒反应 小鼠腹腔注射根的氯仿提取物 50 毫克/千克，开始兴奋，继而抑制，翻正反射消失，1 小时后恢复。

蓝雪花（蓝雪花属）

拉 丁 名 *Ceratostigma plumbaginoides*

别　　名 山灰柴、假靛、角柱花。

形态特征 半灌木，高 40~80 厘米。叶腋常具生小型叶的小枝，幼枝草质，带红色，有棱槽，被硬毛，腋芽裸露；叶卵形、菱状阔卵形或倒卵形，长 1.5~8 厘米，宽 1~5 厘米，先端钝或急尖，基部楔形下延，两面被硬毛，边具刺毛状缘毛。头状聚伞花序顶生和腋生，花基部有 2~3 枚红色苞片，苞片舌状，先端具锐利突尖，边具刺毛，短于花萼；花萼长 10~14 毫米，无腺毛，萼筒筒状，长于萼片，萼裂片钻形，褐红色，花冠高蝶状，长 17~24 毫米，深蓝色，雄蕊 5 枚，下位，着生于花冠筒底部；花柱合生，上部分离，柱头丝状，内侧具角状腺体，子房条状矩圆形。蒴果盖裂。花期 7~10 月。

分布生境 贵州省水城、威宁、毕节等地有分布，生长于海拔 1650~2500 米的灌丛、路旁。我国河南、河北、山西等省也有分布。

利用价值 药用：根入药，治跌打损伤，常用于治骨折。观赏：该植物具有观赏价值。

有毒部位 根、叶有毒。

毒性成分 含蓝雪醌、矢车菊素、飞燕草素等。

中毒反应 叶捣烂敷在人或动物皮肤上，出现发炎、红肿、水疱，全株煎汁给家兔口服，对口腔和黏膜有强烈刺激，出现呕吐、消化道出血等症状，导致呼吸及循环衰竭。

89. 唇形科 Labiatae

益母草（益母草属）

拉 丁 名 *Leonurus japonicus*

别　　名 益母蒿、益母艾、红花艾、坤草、野天麻、玉米草、灯笼草、铁麻干、九重楼、云母草、森蒂。

形态特征 一年生或二年生草本，高 60~100 厘米。茎直立，单一或有分枝，四棱形，被微毛。叶对生；叶形多种；叶柄长 0.5~8 厘米。一年生植物基生叶具长柄，叶片略呈圆形，直径 4~8 厘米，5~9 浅裂，裂片具 2~3 钝齿，基部心形；茎中部叶有短柄，3 全裂，裂片近披针形，中央裂片常再 3 裂，两侧裂片再 1~2 裂，最终裂片宽度通常在 3 毫米以上，先端渐尖，边缘疏生锯齿或近全缘；最上部叶不分裂，线形，近无柄，上面绿色，被糙伏毛，下面淡绿色，被疏柔毛及腺点。轮伞花序腋生，具花 8~15 朵；小苞片针刺状，无花梗；花萼钟形，外面贴生微柔毛，先端 5 齿裂，具刺尖，下方 2 齿比上方 2 齿长，宿存；花冠唇形，淡红色或紫红色，长 9~12 毫米，外面被柔毛，上唇与下唇近等长，上唇长圆形，全缘，边缘具纤毛，下唇 3 裂，中央裂片较大，倒心形；雄蕊 4 枚，着生在花冠内面近中部，花丝疏被鳞状毛，花 2 室；雌蕊 1 枚，子房 4 个，花柱丝状，略长于雄蕊，柱头 2 枚。小坚果褐色，三棱形，上端较宽而平截，基部楔形，长约 2.5 毫米。花期 6~9 月，果期 7~10 月。

分布生境 贵州省凤岗、遵义、湄潭、安顺、平坝、清镇、罗甸、兴义等地有分布，几乎遍及全省，生长于海拔高达 2500 米的多种生境，尤以向阳处为多。

利用价值 药用：全株入药，有效成分为益母草素，治月经不调、胎漏难产、胞衣不下、产后血晕、瘀血腹痛、崩中漏下、尿血、泻血、痈肿疮疡等症。

有毒部位 种子有毒。

毒性成分 含益母草碱、水苏碱、益母草定、益母草宁等多种生物碱。

中毒反应 人中毒后出现全身无力、下肢不能活动、瘫痪、全身酸麻疼痛、胸闷、多汗、虚脱等症状。

薄荷（薄荷属）

拉 丁 名 *Mentha canadensis*

别　　名 野薄荷、夜息香、鱼香草、土薄荷。

形态特征 多年生草本，高达60~100厘米。茎多分枝，上部被微柔毛，下部沿棱被微柔毛。具根茎。叶卵状披针形或长圆形，长3~7厘米，先端尖，基部楔形或圆形，基部以上疏生粗牙齿状锯齿，两面被微柔毛；叶柄长0.2~1厘米。轮伞花序腋生，球形，直径约1.8厘米，花梗长不及3毫米。花梗细，长2.5毫米；花萼管状钟形，长约2.5毫米，被微柔毛及腺点，10条脉不明显，萼齿窄三角状钻形；花冠淡紫色或白色，长约4毫米，稍被微柔毛，上裂片2裂，余3裂片近等大，长圆形，先端钝；雄蕊长约5毫米。小坚果黄褐色，被洼点。花期7~9月，果期10月。

分布生境 贵州省毕节、威宁、大方、遵义、湄潭、凤岗、德江、松桃、兴义、兴仁、安顺、平坝、贵阳、雷山、剑河、凯里、黄平等地有分布，生长于海拔400~2100米的水旁潮湿地。

利用价值 药用：全株入药，可疏散风热、清利头目、利咽透疹、疏肝行气，主治外感风热、头痛、咽喉肿痛、食滞气胀、牙痛、温病初起、风疹瘙痒、肝郁气滞、胸闷胁痛等症；此外，对皮肤风疹瘙痒，麻疹，痈、疽、疥、癣、漆疮亦有效。经济：茎叶可提取芳香油（新鲜含量0.8%~1%，干后1.3%~2.0%），称薄荷油或薄荷原油，原油主要用于提取薄荷脑（含量77%~87%），用于糖果饮料、牙膏、牙粉，用于皮肤黏膜局部镇痛剂的医药制品（如仁丹、清凉油、一心油），提取薄荷脑后的薄荷素油，亦大量用于牙膏、牙粉、漱口剂、喷雾香精、医药制品等。

有毒部位 全株有毒。

毒性成分 含挥发油，油中含薄荷脑。

中毒反应 人过量服用出现恶心、呕吐、腹痛、头昏、手足麻木、步态不稳、昏睡、昏迷等症状，部分患者可出现喉头痉挛、呼吸变慢、呼吸道分泌物增加、血压下降等症状。

日本紫珠（原变种）（紫珠属）

拉 丁 名 *Callicarpa japonica*

别　　名 紫珠。

形态特征 灌木，高约2米；小枝无毛。叶倒卵形、卵形或椭圆形，长7~12厘米，宽4~5厘米，先端渐尖尾状或急尖，基部宽楔形，边缘上半部有锯齿，两面通常无毛，无腺点，侧脉7~9对；叶柄长约6毫米。聚伞花序腋生，弱小，2~3次分歧，宽约2厘米，花序梗长6~10毫米；花萼杯状，无毛，萼齿明显；花冠淡紫色或白色，长约3毫米，无毛；花丝与花冠近等长，花药伸出花冠外，药室孔裂。果实球形，直径约2毫米，无毛。花期6~7月，果期8~10月。

分布生境 贵州省赤水、黎平、从江、荔波、三都等地有分布，生长于海拔340~800米的山坡灌木丛中。

利用价值 药用：根、叶、果实入药，可清热、凉血、止血、消炎；治各种出血。观赏：紫珠秋季果实累累，紫堇色明亮如珠，果期长，是优良的观果灌木；庭院或公园可丛植于园路旁。

有毒部位 叶有毒。

毒性成分 含黄酮及皂甙。

中毒反应 对鱼有毒。

三对节（大青属）

拉 丁 名 *Clerodendrum serratum*

别　　名 三叶对、对节生、大常生。

形态特征 灌木，高1~3米；小枝近四棱形，幼时密被短柔毛，节上尤密，老时脱落，具皮孔。叶厚纸质，对生或3叶轮生，倒卵状长圆形或长椭圆形，长6~22厘米，宽3~10厘米，先端渐尖或急尖，基部下延的楔形，边缘具锯齿，两面疏生短柔毛，侧脉7~10对，叶柄长0.5~1厘米或近无柄。聚伞花序复组成圆锥花序、顶生，长达30厘米，宽达11厘米，密被柔毛；苞片叶状，宿存，在花序轴上对生或3枚轮生，宽卵形或卵形，无柄；小苞片较小；花萼钟状长约5毫米，被短柔毛，顶端平截或有5片钝齿；花冠淡紫色或白色，近二唇形，冠管长约7毫米，5裂片大小不一，长0.6~1.2厘米；雄蕊4枚，长约2.4厘米；子房无毛。核果近球形，成熟时黑色，直径达1厘米，裂为4分核。花果期6~12月。

分布生境 贵州省罗甸、册亨、望谟等地有分布，生长于海拔300~1200米的山坡灌木丛中。

利用价值 药用：全株入药，可清热解毒、截疟驳骨，治疟疾、骨折、风湿等症。

有毒部位 全株有毒。

毒性成分 含木犀草素、高山黄岑素、6-羟基木犀草素、三萜齐墩果酸、三对节酸等。

中毒反应 小鼠腹腔注射全株的甲醇提取物LD_{50}为141毫克/千克，出现步态不稳、共济失调、后肢无力、呼吸困难、惊厥以致死亡等症状。

臭牡丹（大青属）

拉 丁 名 *Clerodendrum bungei*

别　　名 臭树、臭草、鸡虱草、大红花、大红袍、臭八宝。

形态特征 灌木，高1~2米，植株有臭味；小枝近圆柱形，皮孔明显。叶纸质，卵形或宽卵形，长6.5~23厘米，宽5.5~18厘米，先端渐尖或急尖，基部宽楔形至心形，边缘具或粗或细的锯齿，两面有短柔毛，下面有腺点，基脉脉腋有数个盘状腺体；叶柄长4~11厘米。聚伞花序伞房状，密集，顶生；苞片叶状，卵状披针形或披针形，长约3厘米，小苞片披针形，长约1.8厘米；花萼钟状，长2~6毫米，外面被短柔毛、有腺点和盘状腺体，萼齿三角形；花冠淡红色或紫红色，冠管长约3厘米，裂片倒卵形；雄蕊4枚，与花柱外伸2枚。核果近球形，直径约8毫米，成熟时蓝黑色。花果期5~10月。

分布生境 贵州省松桃、德江、瓮安、雷公山、黄平、三都、黎平、从江、毕节、威宁、纳雍、普安、晴隆、盘县、安顺、罗甸、安龙、兴义等地有分布，生长于海拔100~500米的山谷湿地或灌木丛中。

利用价值 药用：茎、叶入药，需晒干；可活血散瘀、消肿解毒，治痈疽、疔疮、乳腺炎、关节炎、湿疹、牙痛、痔疮、脱肛等症。

有毒部位 根、茎、叶有小毒。

毒性成分 含有毒生物碱。

中毒反应 人中毒后出现恶心、呕吐等症状。

海州常山（大青属）

拉 丁 名 *Clerodendrum trichotomum*

别　　名 香楸、后庭花、追骨风、臭梧、泡火桐、臭梧桐。

形态特征 灌木或小乔木，高1~10米。小枝多少有毛，老枝灰白色，具皮孔。叶纸质，卵形或卵状椭圆形，长5~14厘米，宽2.5~7.5厘米，先端渐尖，基部宽楔形或近圆形，全缘，两面初时有短柔毛，侧脉5~7对；叶柄长2~7厘米，有短毛或近无毛。聚伞花序伞房状，顶生或腋生，二歧分支，疏散，花序梗有或无柔毛；苞片早落；花萼由绿变红，长1.5厘米，5片深裂，裂片长卵形；花有香味，花冠白色，长约2.5厘米，无毛，冠管细，裂片长椭圆形；雄蕊4枚，与花柱均外伸。核果近球形，直径约8毫米，成熟时蓝紫色，为宿萼所包。花果期6~10月。

分布生境 贵州省梵净山、绥阳、威宁、纳雍、盘县、大方、水城等地有分布，生长于海拔1000~2200米的山谷林下或灌木丛中。

利用价值 药用：治风湿痹痛、半身不遂、高血压病、偏头痛、疟疾、痢疾、痔疮、痈疽、疮疥等症。观赏：海州常山花期长，花后有鲜红的宿存萼片，再配以蓝果，赏心悦目，是美丽的观花、观果树种，常用于园林栽培。

有毒部位 枝、叶有毒。

毒性成分 含海常素、金合欢素-7-二葡萄糖醛酸甙、海州常山苦味素等。

中毒反应 人口服出现口干、咽喉灼烧感、恶心、呕吐、便秘等症状。

90. 紫葳科 Bignoniaceae

梓（梓属）

拉 丁 名 *Catalpa ovata*

别　　名 楸、花楸、水桐、河楸、臭梧桐、黄花楸、水桐楸、木角豆。

形态特征 高大乔木。树冠伞形，主干通直。叶对生，有时轮生，阔卵形，长宽近相等，顶端渐尖，基部心形，常 3 片浅裂。顶生圆锥花序，花萼蕾时圆球形，花冠钟状，淡黄色，内具 2 条黄色条纹及紫色斑点。能育雄蕊 2 枚，退化雄蕊 3 枚；子房上位，棒状；花柱丝形，柱头 2 裂；蒴果线形，下垂；种子长椭圆形，长 8~10 米，宽约 3 毫米，两端生长毛。花期 4~6 月，果期7~11 月。

分布生境 贵州省安龙、遵义、兴仁、普安、平坝、贵阳、兴义等地有引种。

利用价值 药用：果实可入药；叶或树皮可制农药，可杀稻螟、稻飞虱。经济：木材白色稍软，适作家具，乐器用材；嫩叶可食。观赏：本种为速生树科，可作行道树、庭荫树以及工厂绿化树种；树体端正，冠幅开展，叶大荫浓，春夏满树白花，秋冬荚果悬挂，形似挂着蒜薹，因此也叫蒜薹树，是具有一定观赏价值的树种。

有毒部位 树皮、果实、叶有小毒。

毒性成分 含阿魏酸、梓甙、梓次甙等。

中毒反应 人大量食用可出现中枢神经麻痹、呼吸抑制等症状，影响心脏而死亡。

91. 棕榈科 Palmae

鱼尾葵（鱼尾葵属）

拉 丁 名 *Caryota maxima*

别　　名 假桄榔、青棕、钝叶、假桃榔。

形态特征 乔木，高约 30 米；有环状叶痕，茎基无吸根；单生。叶为二回羽状全裂，叶大而粗壮，暗绿色，羽片每边 18~20 枚，下垂，中部较长；裂片厚而硬，顶端 1 片扇形，有不规则的齿缺，侧面的菱形，状似鱼尾，长 15~35 厘米，内侧边缘有粗齿的部分超过全长的一半，外侧边缘延长成尾尖。佛焰苞和花序无鳞秕；花序长约 3 米，多分枝而悬垂；花 3 朵聚生，雌花介于 2 朵较大的雄花之间，雄花的萼片圆形，长约 5 毫米，花瓣黄色，长约 2 厘米，雄蕊多数；雌花较小，长不及 1 厘米，子房 3 室。果球形，直径约 2 厘米，淡红色，有种子1~2 枚。花期 7 月，果期9月。

分布生境 贵州省荔波、罗甸、册亭等地有分布，生长于海拔400~600米的沟谷林中或村寨旁。

利用价值 药用：根和茎入药，治感冒、发热、咳嗽、肺结核、胸痛、小便不利等症；根入药，可强筋骨，外敷治跌打损伤、骨折。经济：茎含大量淀粉，可作桄榔粉的代用品；边材坚硬，可作手杖和筷子等用品。观赏：它的叶形奇特；花序分枝多而长，淡红色的果实累素悬垂于叶下，可用于庭园观赏植物。

有毒部位 果实有毒。

毒性成分 含有毒生物碱。

中毒反应 人中毒后出现头晕、呕吐等症状，如酒醉样。小鼠腹腔注射果实的水提取物11.6克/千克，出现爬行困难，22小时内死亡。

短穗鱼尾葵（鱼尾葵属）

拉 丁 名 *Caryota mitis*

别　　名 酒椰子、从生鱼尾葵。

形态特征 小乔木，高5~8米，因茎基有细枝，故聚生成从。叶为2回羽状全裂，长1~3米，淡绿色；裂片薄而脆，长10~20厘米，侧生的顶端近截平至斜截平，内侧边缘不及一半处有齿裂，外侧边缘延伸成一短尖或尾尖尖头；叶柄和鞘被鳞秕。佛焰苞和花序有鳞，佛焰苞和花序远较鱼尾葵小而短，不超过1米，一般为30~40厘米，多分枝，下垂。果球形，直径约1.5厘米，紫黑色，有种子1枚。花期5~7月，果期9月。

分布生境 贵州省安龙、望谟、罗甸、册亨等地有分布，生长于海拔300~610米的山谷林中或村寨旁，常种植于庭园中。

利用价值 药用：阿莱皮髓治小儿消化不良、腹痛泻下、赤白痢疾等症。食用：茎的髓心含淀粉，可食。经济：花序液汁含糖分，供制糖或制酒，故又称酒椰子。

有毒部位 果实有毒。

毒性成分 含有毒生物碱。

中毒反应 人误食出现头昏、恶心、呕吐等症状。

92. 菊科 Asteraceae

毒根斑鸠菊（斑鸠菊属）

拉 丁 名 *Vernonia cuminglana*

别　　名 细脉斑鸠菊、发痧藤、藤牛七、蔓斑鸠菊、大木菊、虎三头、惊风红、过山龙。

形态特征 攀缘灌木或藤本。枝被锈色或灰褐色密绒毛。叶厚纸质，卵状长圆形、长圆状椭圆形或长圆状披针形，长7~21厘米，全缘，具疏浅齿，侧脉5~7对，上面中脉和侧脉被毛，余近无毛，下面被锈色柔毛，两面有树脂状腺；叶柄长0.5~1.5厘米，密被锈色绒毛。头状花序直径0.8~1厘米，具18~21朵花，在枝端或上部叶腋成疏圆锥花序，花序梗常具1~2枚线形小苞片，密被锈色或灰褐色绒毛和腺；总苞卵状球形或钟状，直径0.8~1厘米，总苞片5层，卵形或长圆形，背面被锈色或黄褐色绒毛，外层短，内层长圆形，长6~7毫米。花淡红色或淡红紫色，花冠管状，具腺，裂片线状披针形。瘦果近圆柱形，长4~4.5毫米，被柔毛；冠毛红色或红褐色，外层易脱落，内层糙毛状。花期10月至翌年4月。

分布生境 贵州省册亨地区有分布，生长于海拔600~800米的沟底潮湿地或山谷密林中。

利用价值 药用：可祛风解表、舒筋活络、截疟，主治风湿关节痛、腰腿痛、跌打损伤、疟疾等症；外用治眼结膜炎。

有毒部位 根、茎有毒。

毒性成分 含咖啡酰基奎尼酸酯等倍半萜内酯类化合物。

中毒反应 人中毒后出现腹痛、腹泻、头晕、眼花、谵语、精神失常等症状，严重的甚至死亡。

破坏草（紫茎泽兰属）

拉 丁 名 *Ageratina adenophora*

别　　名 紫茎泽兰、解放草、马鹿草、大黑草、花升麻、细升麻。

形态特征 多年生草本，通常高0.8~1.2米，最高可达2米。茎直立，暗紫褐色，分枝对生、斜上，茎上部的花序分枝伞房状，全部茎枝被白色、灰色或锈色短柔毛，上部及花序梗上的毛较密，中下部花期脱毛或无毛。叶对生，卵形、三角状卵形或菱状卵形，长3.5~7.5厘米，宽1.5~4.5厘米，叶柄紫褐色，柄长2~5厘米，上面绿色，下面色淡，两面被稀疏的短柔毛，下面及沿脉的毛稍密，基部宽楔形、平截或稍心形，顶端急尖，基出三脉，侧脉纤细，边缘有粗大圆锯齿；接花序下部的叶波状浅齿或近全缘。头状花序多数在茎枝顶端排成伞房花序或复伞房花序，含40~50朵小花，花序直径2~4厘米或可达12厘米。总苞宽钟状，长3毫米，宽4毫米；总苞片1层或2层，线形或线状披针形，长3毫米，顶端渐尖。花托高起，圆锥状，管状花两性，淡紫色，花冠长3.5毫米，瘦果黑褐色，长1.5毫米，长椭圆形，有5棱，无毛无腺点；冠毛白色，纤细，与花冠等长。花果期4~10月。

分布生境 贵州省兴义、安龙、册亨等地有分布，生长于南盘江边一带或海拔330~1200米的山坡路旁。

利用价值 药用：可疏风解表、调经活血、解毒消肿，治风热感冒、温病初起之发热、月经不调、闭经、崩漏、无名肿毒、热毒疮疡、风疹瘙痒等症。经济：可以制造成沼气、碳棒，或粉碎后作为燃料；紫茎泽兰经过复合菌种处理，好氧发酵后，能显著降解其有毒物质，可作为原料配成饲料喂猪。为繁殖力极强的恶性杂草。

有毒部位 全株有毒。

毒性成分 含倍半萜内酯类化合物等。

中毒反应 小鼠腹腔注射全株的石油醚提取物 1000 毫克/千克，出现肌肉紧张、阵发性痉挛等症状，随后大部分死亡。

多须公（泽兰属）

拉丁名 *Eupatorium chinense*

别　名 花泽兰、升麻、广东土牛膝、华泽兰、白须公、六月霜。

形态特征 多年生草本或小亚灌木状。多分枝，茎枝被污白色柔毛，茎枝下部花期脱毛、疏毛。叶对生，中部茎生叶卵形或宽卵形，稀卵状披针形、长卵形或披针状卵形，长 4.5~10 厘米，基部圆形，羽状脉，叶两面被白色柔毛及黄色腺点，茎生叶有圆锯齿；叶柄长 2~4 毫米。头状花序在茎顶及枝端排成大型疏散复伞房花序，花序直径达 30 厘米；总苞钟状，长约 5 毫米，总苞片 3 层：外层苞片卵形或披针状卵形，外被柔毛及稀疏腺点；中层及内层苞片椭圆形或椭圆状披针形，长 5~6 毫米，上部及边缘白色，膜质，背面无毛，有黄色腺点。花白、粉或红色：疏被黄色腺点。瘦果熟时淡黑褐色，椭圆状，疏被黄色腺点。花果期 6~11 月。

分布生境 贵州省纳雍、赤水、绥阳（宽阔水）、凤岗、德江、江口（梵净山）、沿河、盘县、兴义、安龙（龙头大山）、册亨、贵阳、独山、瓮安、平塘、雷山（雷公山）、锦屏等地有分布，生长于海拔 650~1500 米的山坡草地、山谷、路旁、水边潮湿地、林下及灌丛中。

利用价值 药用：全株入药，可外敷治痈肿疮疖、毒蛇咬伤等症；根含生物碱，入药，可祛风、止咳，治跌打损伤、脚痛及脚气。

有毒部位 全株有毒，以叶为甚。

毒性成分 含倍半萜醇等。

中毒反应 人中毒后出现呼吸困难、步态不稳、四肢强直、后驱痉挛等症状，可引发有蛋白质的糖尿症。叶的乙醇浸出物 300 毫克能使家兔出现昏迷、呼吸阻滞、心跳缓慢、体温下降、血糖增多及糖尿等症状。

一枝黄花（一枝黄花属）

拉丁名 *Solidago decurrens*

别　名 野黄菊、山边半枝香、酒金花、满山黄、百根草、百条根。

形态特征 多年生草本。茎单生或丛生。中部茎生叶椭圆形、长椭圆形、卵形或宽披针形，长 2~5 厘米，下部楔形渐窄，叶柄具翅，仅中部以上边缘具齿或全缘；向上叶渐小；下部叶与中部叶同形，叶柄具长翅；叶两面有柔毛或下面无毛。头状花序直径6~9 毫米，长 6~8 毫米，多数在茎上部排成长 6~25 厘米总状花序或伞房圆锥花序，稀成复头状花序。总苞片 4~6 层，披针形或窄披针形，中内层长5~

6 毫米。舌状花舌片椭圆形，长 6 毫米。瘦果长 3 毫米，无毛，顶端疏被柔毛。花果期4~11 月。

分布生境 贵州省梵净山、江口、普安、贞丰、册亨、修文、贵阳、惠水、独山等地有分布，生长于海拔 650~1900 米的山坡草地、田边、路旁或灌丛中。

利用价值 药用：全株入药，可疏风解毒、退热行血、消肿止痛，主治毒蛇咬伤、痈、疖等症。

有毒部位 全株有毒。

毒性成分 主要含倍半萜内酯类化合物。

中毒反应 家畜误食可引起麻痹及运动障碍。

杯菊（杯菊属）

拉 丁 名 *Cyathocline purpurea*

别　　名 红蒿枝或小红蒿。

形态特征 一年生矮小草本，高达 15 厘米。茎直立，基部分枝。茎枝红紫色或带红色，被黏质长柔毛。中部茎生叶长 2.5~12 厘米，卵形、倒卵形或长倒卵形，二回羽状分裂，一回全裂，二回半裂；羽轴有栉齿；二回羽裂片斜三角形，全缘或有微尖齿；自中部向上或向下的叶渐小；叶下面沿羽轴及侧脉上被柔毛，上面近无毛；叶无叶柄，基部耳状抱茎。花序梗被白色黏质柔毛：总苞半球形，直径 2 毫米，总苞片 2 层，边缘膜质，有缘毛，外面疏被白色长毛或无毛，顶端染紫色。头状花序外围有多层结实的雌花，花冠线形，红紫色，中央花两性。瘦果长圆形。花果期近全年。

分布生境 贵州省贞丰、册亨、望谟、罗甸等地有分布，生长于海拔 250~700 米的山坡草地、田边、地边。

利用价值 药用：全株入药，可清热解毒、消炎止血、除湿利尿、杀虫，主治急性胃肠炎、中暑、膀胱炎、尿道炎、咽喉炎、口腔炎等症。

有毒部位 全株有毒。

毒性成分 含倍半萜内酯类化合物。

中毒反应 人中毒后出现腹痛、腹泻、头晕、眼花、谵语、精神失常等症。

白酒草（白酒草属）

拉 丁 名 *Eschenbachia japonica*

别　　名 山地菊、白酒棵、白酒香、小白酒草、酒香草、酒药草、假蓬。

形态特征 一年或二年生草本，高 30 厘米左右。茎直立，少分枝，全株被长柔毛或粗毛。单叶互生；叶片披针形或卵状披针形，长3~5 厘米，宽 1~2 厘米，先端急尖，边缘有锯齿，两面被长柔毛；基生叶具短叶柄，茎生叶无柄半抱茎。头关花序数个集成伞房状，稀单生；总苞钟状；总苞片 2~3 层，边缘膜质；缘花雌性，2 层至多层，有小舌片或成丝状，带紫色；两性花筒状，黄色。瘦果小，扁，有 2~5

条棱；冠毛1层毛状。花期5~9月。

分布生境 贵州省威宁、赤水、兴仁、安龙、龙头大山、修文、贵阳、惠水、望谟、罗甸、平塘、荔波等地有分布，生长于海拔390~2380米的路旁、山坡或山脚草地、地边。

利用价值 药用：根或全株入药，可消肿镇痛、祛风化痰，主治小儿风热咳喘、小儿肺炎、肋膜炎、喉炎、角膜炎等症。

有毒部位 全株有毒。

毒性成分 含倍半萜内酯类化合物。

中毒反应 小鼠腹腔注射全株的甲醇提取物100毫克/千克，出现无力、行动摇摆，最后死亡。牲畜误食后引起腹泻、气喘等。

天名精（天名精属）

拉 丁 名 *Carpesium abrotanoides*

别　　名 天菘、天蔓菁、鹤虱、挖耳草、癞头草、癞蛤蟆草、臭草。

形态特征 一年或二年生草本，高30厘米左右。茎直立，少分枝，全株被长柔毛或粗毛。单叶互生；叶片披针形或卵状披针形，长3~5厘米，宽1~2厘米，先端急尖，边缘有锯齿，两面被长柔毛；基生叶具短叶柄，茎生叶无柄半抱茎。头冠花序数个集成伞房状，稀单生；总苞钟状；总苞片2~3层，边缘膜质；缘花雌性，2层至多层，有小舌片或成丝状，带紫色；两性花筒状，黄色。瘦果小，扁，有2~5条棱；冠毛1层毛状。瘦果长约3毫米。花果期5~11月。

分布生境 贵州省威宁、毕节、习水、普安、兴仁、册亨、安顺、平坝、修文、贵阳、施秉等地有分布，生长于海拔800~2160米的山脚路旁、溪边或疏林中。

利用价值 药用：全株入药，可清热解毒、祛痰止血，主治咽喉肿痛、扁桃体炎、支气管炎等症；外用治创伤出血、疔疮肿痛、蛇虫咬伤。

有毒部位 全株有毒。

毒性成分 含天名精内酯、天名精素、格瑞尼林。

中毒反应 对人皮肤引起过敏性皮炎、疱疹。动物实验有中枢麻痹作用。小鼠腹腔注射LD_{50}为100毫克/千克。

苍耳（苍耳属）

拉 丁 名 *Xanthium strumarium*

别　　名 苍耳子、粘头婆、虱马头。

形态特征 一年生草本植物，高可达90厘米。根纺锤状，茎下部圆柱形，上部有纵沟，叶片三角状卵形或心形，近全缘，边缘有不规则的粗锯齿，上面绿色，下面苍白色，被糙伏毛。雄性的头状花序球形，总苞片长圆状披针形，花托柱状，托片倒披针形，花冠钟形，花药长圆状线形；雌性的头状花序椭圆形，外层总苞片小，披针形，喙坚硬，锥形，瘦果倒卵形。花期7~8月，果期9~10月。

分布生境 贵州省威宁、凤岗、普安、兴仁、贞丰、安龙、册享、安顺、平坝、罗句、独山、三都、瓮安、榕江等地有分布，生长于海拔 300~2160 米的山坡草地林中、路旁、河沟边或田边，是一种常见的田间杂草。

利用价值 药用：以全株、根、花和带总苞的果实入药，对降血糖、呼吸系统、心血管、抗炎有药理作用，主治感冒、头风、头晕、鼻渊、目赤、目翳、风温痹痛、拘挛麻木、风癞、疔疮、疥癣、皮肤瘙痒、痔疮、痢疾等症。经济：茎皮制成的纤维可作麻袋、麻绳；苍耳子油是一种高级香料的原料，并可作油漆、油墨及肥皂硬化油等，还可代替桐油；苍耳子悬浮液可防治蚜虫，如加入樟脑，杀虫率更高，苍耳子石灰合液可杀蚜虫；苍耳子可作猪的精饲料。

有毒部位 全株有毒，果实尤其是种子的毒性较大。

毒性成分 含羧基苍术甙、苍耳内酯、苍耳萜、苍耳因等。

中毒反应 人中毒后出现头晕、头痛、恶心、呕吐、腹痛、腹泻、全身无力、多汗、嗜睡、肝损伤、广泛性出血、昏迷、抽搐等症状，严重的可因心力衰竭、呼吸及循环衰竭死亡。

豨莶（豨莶属）

拉 丁 名 *Sigesbeckia orientalis*

别　　名 粘糊菜、棉花狼、粘强子、粘不扎、虾柑草、牛人参、大叶草。

形态特征 一年生草本。茎上部分枝常成复二歧状，分枝被灰白色柔毛，茎中部叶三角状卵圆形或卵状披针形，基部下延成具翼的柄，边缘有不规则浅裂或粗齿，下面淡绿，具腺点，两面被毛，基脉 3 条；上部叶卵状长圆形，边缘浅波状或全缘，近无柄。头状花序，多数聚生枝端，排成具叶圆锥花序，密被柔毛；总苞宽钟状，叶质，背面被紫褐色腺毛，线状匙形或匙形，内层苞片卵状长圆形或卵圆形，花黄色；两性管状花上部钟状，瘦果倒卵圆形。花果期 4~11 月。

分布生境 贵州省威宁、湄潭、梵净山、铜仁、普安、安顺、平坝、瓮安、兴主、安龙、兴仁、册亨、望谟、罗甸、榕江等地有分布，生长于海拔 300~2210 米的山坡草地、山谷、路旁、林缘或灌丛中。

利用价值 药用：全株入药可解毒、镇痛、降血压，治全身酸痛、四肢麻痹等症。

有毒部位 全株有小毒。

毒性成分 含豨莶精醇、豨莶酸、豨莶醚酸、豨莶甲素等。

中毒反应 人中毒后出现呕吐、恶心、胃不适、腹泻等症状。

腺梗豨莶（豨莶属）

拉 丁 名 *Sigesbeckia pubeseens*

别　　名 毛豨莶、棉苍狼、珠草。

形态特征 一年生草本。茎直立，粗状，高 30~110 厘米，上部多分枝，被开展的灰白色长柔毛和糙毛。基部叶卵状披针形，花期枯萎；中部叶卵圆形或卵形，开展，长 3.5~12 厘米，宽 1.8~6 厘米，基部宽楔形，下延成具翼而长 1~3 厘米的柄，先端渐尖，边缘有尖头状规则或不规则的粗齿；上部叶渐小，披针形或卵状披针形；全部叶上面深绿色，下面淡绿色，基出三脉，侧脉和网脉明显，两面被平伏短柔毛，沿脉有长柔毛，头状花序直径 18~22 毫米，多生于枝端，排列成松散的圆锥花序，花梗较长，密生紫褐色头状具柄腺毛和长柔毛。总苞宽钟状，总苞片 2 层，叶质，背面密生紫褐色头状具柄腺毛，外层线状匙形或宽线形，长 7~14 毫米，内层卵状长圆形，长 3.5 毫米。舌状花冠管部长 1~1.2 毫米，舌片先端 2~3 齿裂，有时 5 齿裂；两性管状花长约 2.5 毫米，冠檐钟状，先端 4~5 齿裂。瘦果倒卵圆形，稍有 4 棱，顶端有灰褐色环状凸起。花期 5~8 月，果期 6~10 月。

分布生境 贵州省威宁、江口（梵净山）、普安、贵阳等地有分布，生长于海拔 680~2169 米的出坡路旁草地及疏林下。

利用价值 药用：全株入药，治风湿顽痹、头风、带下、烫伤等症。

有毒部位 全株有小毒。

毒性成分 含豨莶精醇、豨莶酸、豨莶醚酸、豨莶甲素等。

中毒反应 人中毒后出现呕吐、恶心、胃不适、腹泻等症状。

金光菊（金光菊属）

拉 丁 名 *Rudbeckia laciniata*

别　　名 黑眼菊、黄菊、黄菊花、假向日葵、肿柄菊。

形态特征 多年生草本，茎无毛或稍有短糙毛。叶互生，无毛或被疏短毛。头状花序单生于枝端，具长花序梗。总苞半球形；花托球形；舌状花金黄色；舌片倒披针形；管状花黄色或黄绿色。瘦果无毛，稍有 4 棱。花期 7~10 月。

分布生境 原产于北美。贵州省贵阳等地庭园常有栽培。

利用价值 药用：叶可清热解毒，治湿热蕴结于胃肠之腹痛、泄泻、里急后重等症。观赏：可作观赏植物。

有毒部位 全株有毒。

毒性成分 含金光菊酮、金光菊内酯等。

中毒反应 牲畜中毒出现食欲减退、呆滞、排泄增加、视觉障碍等症状。

山蟛蜞菊（孪花菊属）

拉 丁 名 *Wollastonia montana*

别　　名 无。

形态特征 直立草本或小灌木。高 0.3~1 米，个别植株可达 4 米；茎圆柱形，分枝，有沟纹，被糙毛或老时脱毛，节间长 4~10 厘米，在上部有时达 15 厘米。叶有长达1~2 厘米的柄，叶片卵形或卵状披针形，连叶柄长 6~11 厘米，宽 3~4 厘米，茎部浑圆或楔形，顶端渐尖，边缘有圆齿或细齿，两面被基部为疣状的糙毛，唯有时下面的毛细密，近基出 3 脉，在上面平坦，在下面略凸起，中脉中、上部常有 1~2 对侧脉，网脉不明显；上部叶小，披针形，有短柄，连叶柄长 4~5 厘米，宽 10~17 毫米。头状花序较小，直径达 15 毫米，通常单生于叶腋和茎顶；花序梗细弱，长 3~5 厘米，被向上贴生的糙毛。总苞钟形，高与顶端宽近相等，7~10 毫米，基部狭，直径仅 5 毫米或更狭；总苞片 2 层，外层绿色，叶质，长圆形，长约 10 毫米，顶端钝或短尖，背面被贴生的糙毛，内层长圆形至披针形，长约 7 毫米，背面上端被疏毛，顶端渐尖；托片长圆形，折叠，顶端芒尖，被疏毛，上部边缘常有少数裂齿。舌状花 1 层，黄色，舌片长圆形，长 4~6 毫米，宽约 2 毫米，顶端 2~3 齿裂，筒部短，长约 1 毫米；管状花向上端渐扩大，檐部 5 裂，裂片长圆形，顶端钝，被疏短毛。瘦果倒卵状三棱形，略扁，长约 5 毫米，宽约为长的 1/2，红褐色而具白色疣状凸起，顶端收缩成浑圆，上部被细短毛，收缩部分的毛较密。冠毛 2~3 个，短刺芒状，生于冠毛环上。花果期 4~10 月。

分布生境 贵州省沿河、兴义等地有分布，生长于海拔 980~1000 米的山坡草地。

利用价值 药用：全株入药，治月经不调、透疹、麻疹、闭经、奶少、贫血、产后大流血、子宫肌瘤、闭经、稻田皮炎、疮毒等症。

有毒部位 全株有毒。

毒性成分 含倍半萜类、三萜皂甙类、黄酮类和甾类等化合物。

中毒反应 猪、牛和家兔误食可能出现中毒死亡。

狼把草（鬼针草属）

拉 丁 名 *Bidens tripartita*

别　　名 豆渣菜、鬼叉、鬼针、鬼刺。

形态特征 茎直立，高 30~80 厘米，有时可达 90 厘米；由基部分枝，无毛。叶对生，茎顶部的叶小，有时不分裂，茎中、下部的叶片羽状分裂或深裂；裂片 3~5 枚，卵状披针形至狭披针形；稀近卵形，基部楔形，稀近圆形，先端尖或渐尖，边缘疏生不整齐大锯齿，顶端裂片通常比下方的大；叶柄有翼。头状花序顶生，球形或扁球形；总苞片 2 列，内列披针形，干膜质，与头状花序等长或稍短，外列披针形或倒披针形，比头状花序长，叶状；花皆为管状，黄色；柱头 2 枚。

分布生境 贵州省纳雍、梵净山、安龙、平坝、贵阳、惠水、榕江等地有分布，生长于海拔 680~1300 米的山坡、山谷草地、路旁或旱田中。

利用价值 药用：全株入药，可清热解毒、养阴敛汗，主治感冒、扁桃体炎、咽喉炎、肠炎、痢疾、肝炎、泌尿系感染、肺结核盗汗、闭经、外阴治疖肿、湿疹、皮癣等症。

有毒部位 全株有毒。

毒性成分 含有木犀草素、木犀草素-7-葡萄糖甙等黄酮类成分。

中毒反应 人中毒后出现口干、胃部不适、头晕、恶心等症状。

鬼针草（鬼针草属）

拉 丁 名 *Bidens pilosa*

别　　名 一包针、三叶鬼针草、铁包针、毛锥子草、金盏银盘。

形态特征 一年生草本，茎无毛或上部被极疏柔毛。茎下部叶3裂或不裂，花前枯萎；中部叶柄长1.5~5厘米，无翅，小叶3枚，两侧小叶椭圆形或卵状椭圆形，长2~4.5厘米，具短柄，有锯齿，顶生小叶长椭圆形或卵状长圆形，长3.5~7厘米，有锯齿，无毛或被极疏柔毛；上部叶3裂或不裂，线状披针形。头状花序直径8~9毫米，花序梗长1~6厘米；总苞基部被柔毛，外层总苞片7~8层，线状匙形，草质，背面无毛或边缘有疏柔毛。无舌状花，盘花筒状，冠檐5齿裂。瘦果熟时黑色，线形，具棱，长0.7~1.3厘米，上部具稀疏瘤突及刚毛，顶端芒刺3~4个，具倒刺毛。

分布生境 贵州省赤水、遵义、沿河、安龙、望谟、罗甸等地有分布，生长于海拔480~1300米的山坡路旁草地、荒地或灌丛中。

利用价值 药用：全株入药，可清热解毒、祛风活血，主治上呼吸道感染、咽喉肿痛、急性阑尾炎、急性黄疸型肝炎、胃肠炎、消化不良、风湿关节疼痛、疟疾等症；外用治疮疔、毒蛇咬伤、跌打肿痛。

有毒部位 全株有毒。

有毒成分 含槲皮素-3-O-α-L鼠李糖甙、紫云英甙、山柰酚3-O-α-L-鼠李糖甙、5，3'-二羟基-3，6，4'-三甲氧基-7-O-β-D-吡喃葡萄糖苷黄酮。

中毒反应 人长期大量服用引起肠胃不适，甚至出现头痛和昏迷的现象，孕妇有可能导致流产。

云南蓍（蓍属）

拉 丁 名 *Achillea wilsoniana*

别　　名 土一支蒿、一支蒿、飞天蜈公、蓍草。

形态特征 多年生草本。叶无柄，中部叶长圆形，长4~6.5厘米，二回羽状全裂，一回裂片椭圆状披针形，长0.5~1厘米，小裂片少数，下面的披针形，有1~2齿，上部的裂片较短小，近无齿或有单齿，齿端具白色软骨质小尖头；叶上面疏生柔毛和凹入腺点，下面被较密柔毛，全缘或上部裂片间有单齿。头状花序集成复伞房花序；总苞宽钟形或半球形，直径4~6毫米，总苞片3层，外层卵状披针形，长2.3毫米，中层卵状椭圆形，长2.5毫米，内层长椭圆形，长4毫米，有褐色膜质边缘，被长柔毛。边花舌片白色，边缘淡粉红色，长宽均约2.2毫米，先端具3齿，管部与舌片近等长，翅状扁，具少数腺点；管状花淡黄色或白色。瘦果长圆状楔形，具翅。花果期7~9月。

分布生境 贵州省赤水、兴义、贵阳、三都等地有分布，生长于海拔600~1200

米的山坡路旁。

利用价值 药用：全株入药，可解毒消肿、止血止痛，主治风湿性关节痛、牙痛、经闭腹痛、胃痛、肠痈、泄泻、毒蛇咬伤、痈疖肿毒、跌打损伤、外伤出血等症，亦可用于健胃。

有毒部位 全株有毒。

毒性成分 含鞣酸、蓍草酸、蓍草苦素等。

中毒反应 人中毒后出现呕吐、腹痛、腹泻、头晕等症状，并伴有局部麻醉。小鼠腹腔注射全株水煎剂 10~20 克/千克，抽搐死亡。

除虫菊（匹菊属）

拉 丁 名 *Tanacetum cinerariifolium*

别　　名 白花除虫菊。

形态特征 多年生草本植物，高可达 60 厘米。根状茎短。茎直立，基生叶花期生存，卵形或椭圆形，二回羽状分裂，一回为全裂，侧裂片卵形或椭圆形；全部叶有叶柄，基生叶，叶两面银灰色，头状花序单生茎顶或茎生，排成疏松伞房花序。总苞片外层披针形，全部苞片硬草质，舌状花白色，舌片顶端平截或微凹。舌状花瘦果的肋常集中于瘦果腹面。花果期 5~8 月。

分布生境 贵州省贵阳等地有栽培。

利用价值 经济：头状花序中含有 0.4%~2%的除虫菊素甲等杀虫成分，主要作农业杀虫剂；外用治疥癣、杀灭疥虫，通常制成油；也是蚊香的原料。

有毒部位 花有毒，花的子房最毒，其次是瘦果。

毒性成分 含除虫菊酯、除虫菊酸等。

中毒反应 人过量服用出现恶心、呕吐、胃肠绞痛、腹泻、头痛、耳鸣、噩梦、晕厥等症状，敏感人群吸入后出现皮疹、鼻炎、哮喘等症状。经济：可杀蚊、蝇及农业害虫。

艾蒿（蒿属）

拉 丁 名 *Artemisia argyi*

别　　名 萧茅、冰台、遏草、香艾、蕲艾、艾萧、蓬藁、艾、灸草、医草、黄草、艾绒、金边艾、祈艾、医草、端阳蒿等。

形态特征 多年生草本，高 50~150 厘米，被密茸毛，中部以上或仅上部有开展及斜升的花序枝。叶互生，下部叶具长柄，全部卵圆形，二次羽状分裂，花期枯萎；中部叶长 6~9 厘米，宽 4~8 厘米，基部急狭，或渐狭成短或稍长的柄，或稍扩大而呈托叶状，叶片羽状深裂或浅裂，侧裂片约 2 对，中裂片常楔形，常又三裂，裂片边缘全缘或有 1~2 枚粗齿或羽状缺刻，上面被蛛丝状毛，有白色密或疏腺点，下面被白色或灰色密茸毛；上部叶渐小，常三裂或不分裂为披针形或线状披针形，无柄。头状花序多数，近无梗，排列成复穗状或复总状，长 3 毫米，直径 2~3 毫米，花后下倾。总苞卵形，总苞片 4~5 层，边缘膜质，背面被绵毛。花带红色，雌花 6~10 朵，两性花 8~12 朵，瘦果圆柱形，长约 0.8 毫米，具肋，无毛。花果期 6~9 月。

分布生境 贵州省凤岗、兴义、安龙等地有分布，生长于海拔 1200 米左右的山坡草地、路旁或田边。

利用价值 药用：叶入药，味苦、辛，性温，可散寒除湿、温经止血。

有毒部位 全株有毒。

毒性成分 含侧柏酮、桉油脑、α-萜烯酮等。

中毒反应 人口服出现恶心、呕吐、头晕、耳鸣、四肢震颤、痉挛、谵妄、惊厥等症状，严重的甚至瘫痪。

蒲儿根（蒲儿根属）

拉 丁 名 *Sinosenecio oldhamianus*

别　　名 猫耳朵、肥猪苗。

形态特征 多年生或二年生茎叶草本。根状茎木质。基部叶在花期凋落，具长叶柄；下部茎叶具柄，叶片卵状圆形或近圆形，顶端尖或渐尖，基部心形，边缘具浅至深重齿或重锯齿，最上部叶卵形或卵状披针形。头状花序多数排列成顶生复伞房状花序；总苞宽钟状，苞片紫色，草质；舌状花约 13 朵，黄色，长圆形；管状花多数，花冠黄色；花柱分枝外弯。瘦果圆柱形。花期1~12 月。

分布生境 贵州省赤水、绥阳、梵净山、江口、兴义、望谟、安顺、贵阳、罗甸、荔波、雷山、黎平等地有分布，生长于海拔 300~1500 米的路旁、山沟、河谷或灌丛下。

利用价值 药用：全株入药，可清热解毒，主治痈疥肿毒等症。

有毒部位 全株有毒。

毒性成分 含 β-谷甾醇、棕榈酸、泽兰素、金丝桃甙。

中毒反应 人中毒后出现恶心、呕吐、腹痛、腹泻、头痛、坐立不安等症状。

狗舌草（狗舌草属）

拉 丁 名 *Tephroseris kirilowii*

别　　名 狗舌头草、白火丹草、铜交杯、糯米青、铜盘一枝香。

形态特征 多年生草本；根茎斜升，常覆盖以褐色宿存叶柄。茎近葶状，高 20~60 厘米，密被白色蛛丝状毛，有时脱毛。基生叶莲座状，长圆形或倒卵状长圆形，长 5~10 厘米，基部楔状渐窄成具翅叶柄，两面被白色蛛丝状绒毛；茎生叶少数，下部叶倒披针形或倒披针状长圆形，长 4~8 厘米，无柄，基部半抱茎；上部叶披针形，苞片状。头状花序排成伞形伞房花序，花序梗密被蛛丝状绒毛和黄褐色腺毛，基部具苞片，上部无小苞片；总苞近圆柱状钟形，长 6~8 毫米，总苞片 18~20 层，披针形或线状披针形，绿色或紫色，草质，具窄膜质边缘，背面被蛛丝状毛，或脱毛。舌状花 13~15 朵，舌片黄色，长圆形，长 6.5~7 毫米；管状花多数，花冠黄色，长约 8 毫米。瘦果圆柱形，密被硬毛；冠毛白色，长约 6 毫米。花期 2~8 月。

分布生境 贵州省贵定、独山、黄平等地有分布。

利用价值 药用：全株入药，味苦、微甘，性寒，可清热、解毒、利尿。

有毒部位 全株有小毒。

毒性成分 含双稠吡咯啶生物碱。

中毒反应 人过量服用引起肝肾损伤。

千里光（千里光属）

拉 丁 名 *Senecio scandens*

别　　名 九里明、九里光、千里及，眼明划、黄花草、黄花母、九龙光、九龙明、蔓黄、菀、箭草、青龙梗、木莲草、野菊花、天青红。

形态特征 多年生攀缘草本。茎长 2~5 米，多分枝，被柔毛或无毛。叶卵状披针形或长三角形，长 2.5~12 厘米，基部宽楔形、平截、戟形，稀心形，边缘常具齿，稀全缘，有时具细裂或羽状浅裂，近基部具 1~3 对较小侧裂片，两面被柔毛至无毛，侧脉 7~9 对，叶柄被柔毛或近无毛，无耳或基部有小耳；上部叶变小，披针形或线状披针形。头状花序有舌状花，排成复聚伞圆锥花序；分枝和花序梗被柔毛，花序梗具苞片，小苞片 1~10 层，线状钻形；总苞圆柱状钟形，长 5~8 毫米，外层苞片约 8 层，线状钻形，长 2~3 毫米，总苞片 12~13 层，线状披针形。舌状花 8~10 朵，管部长 4.5 毫米，舌片黄色，长圆形，长 0.9~1 厘米；管状花多数，花冠黄色，长 7.5 毫米。瘦果圆柱形，被柔毛；冠毛白色。花期 8 月至翌年 4 月。

利用价值 药用：全株入药，味苦、辛，性凉，可清热解毒、凉血消肿、清肝明目。

有毒部位 全株有小毒。

毒性成分 含双稠吡咯啶生物碱千里光宁碱。

中毒反应 小鼠腹腔注射全株的水煎剂 20 克/千克，3~4 分钟后有部分惊厥死亡。

泥胡菜（泥胡菜属）

拉 丁 名 *Hemistepta lyratia*

别　　名 猪兜菜、艾草、剪刀草、石灰菜、绒球、花苦荬菜、苦郎头、糯米菜。

形态特征 一年生草本植物，高可达 100 厘米。茎单生，通常纤细，被稀疏蛛丝毛，基生叶长椭圆形或倒披针形，花期通常枯萎；全部叶大头羽状深裂或近全裂，侧裂片倒卵形、长椭圆形、匙形、倒披针形或披针形，顶裂片大，长菱形、三角形或卵形，全部茎叶质地薄，两面异色，上面绿色，下面灰白色，头状花序在茎枝顶端排成疏松伞房花序，总苞片多层，覆瓦状排列，最外层长三角形，全部苞片质地薄，草质，内层苞片顶端长渐尖，上方染红色，小花紫色或红色，花冠裂片线形，瘦果小，楔状或偏斜楔形，深褐色，花果期 3~8 月。

分布生境 贵州省清镇至安平的路边有分布。

利用价值 药用：可清热解毒、消肿祛瘀，临床用于治疗痔漏、痈肿、疔疮、外伤出血和骨折等症。

有毒部位 根、茎有毒。

毒性成分 含咖啡酸、络石甙、尿嘧啶、8-羧甲基-对羟基肉桂酸。

中毒反应 小鼠腹腔注射根、茎的氯仿提取物 1000 毫克/千克，10 小时内全部死亡。人大量食用出现恶心、呕吐、腹痛、腹泻等症状。

矢车菊（矢车菊属）

拉 丁 名 *Centaurea cyanus*

别　　名 蓝芙蓉、翠兰、荔枝菊。

形态特征 一年生或二年生草本植物，高可达 70 厘米，直立，分枝，茎枝灰白色，基生叶，顶端排成伞房花序或圆锥花序。总苞椭圆状，盘花，蓝色、白色、红色或紫色，瘦果椭圆形，花果期 2~8 月。

分布生境 贵州省贵阳花溪公园等地有栽培，供观赏用。

利用价值 药用：花可用作利尿药；全株浸出液可以治眼疾。经济：花可以提取蓝色染料；种子含油率 28%。观赏：一种观赏植物。

有毒部位 全株有小毒。

毒性成分 含花青素及其糖甙、槲皮素、山柰酚、异鼠李素、芹菜素、木犀草素。

中毒反应 牛食大量后，出现后肢麻痹。

蓟（蓟属）

拉 丁 名 *Cirsium japonicum*

别　　名 大蓟、刺蓟、山萝卜。

形态特征 多年生草本。叶卵形至长椭圆形，基部向上的茎生叶渐小，羽状深裂或近全裂，基部渐窄成翼柄，边缘有针刺及刺齿，侧裂片卵状披针形至三角状披针形，有小锯齿或二回状分裂。头状花序直立，顶生；总苞钟状约 6 层，覆瓦状排列，向内层渐长。小花红色或紫色。瘦果扁，偏斜楔状倒披针状，冠毛浅褐色。花果期 4~11 月。

分布生境 贵州省梵净山、江口、松桃、贵阳、荔波、施秉、雷山等地有分布，生长于海拔 550~1370 米的山坡草地、路旁、溪边或松林下。

利用价值 药用：根叶入药，可凉血止血、散瘀消肿。经济：一种蜜源植物。

有毒部位 根、叶有毒。

毒性成分 含黄酮类、甾醇类、木脂素类、长链炔烯醇类、苷类和挥发油类化合物。

中毒反应 蓟的水和乙醇浸出液对犬、猫、兔等均有降低血压的作用，可使犬血压降到原来的2/3，并持续20分钟，反复给药可产生快速耐受性，其中蓟根的水煎液和碱性液的降压作用较叶或全株（地上部分）显著；蓟水煎液对离体蛙心和在体犬心均具有明显的抑制作用，使心室收缩幅度减小，心率减慢。

火石花（火石花属）

拉 丁 名 *Gerbera delavayi*

别　　名 钩苞大丁草、一支箭。

形态特征 多年生草本，高20~30厘米。根状茎斜升，有多数粗长的须根。叶基生，近革质，矩圆状披针形，长5~12厘米，宽2~4厘米，顶端钝，基部截形，稍心形或楔形，有时有小裂片，边缘微波状，上面绿色，下面密生灰白色绵毛；叶柄长2~6厘米，有狭翅。花茎被绵毛，有钻形苞片；头状花序单生于花茎顶端，直径2.5~3厘米。总苞圆锥状钟形，长约2厘米；总苞片多层，革质，边缘和上部粉紫色，外层较小，钻形，内层较大，被针形，顶端渐尖。边花长约2厘米，舌片与筒近等长，白色至粉红色，雌性；盘花筒状，长约1.3厘米，两性。瘦果有毛；冠毛长约1.2厘米，污白色，糙毛状。花果期12月至翌年2月。

分布生境 贵州省安龙地区有分布，生长于海拔1370米处。

利用价值 药用：根入药，可清热利湿、消积杀虫，主治痢疾、胃痛、消化不良、蛔虫症等症。

有毒部位 根有毒。

毒性成分 含有毒生物碱。

中毒反应 出现恶心、呕吐、呼吸肌麻痹、腹胀等症状，严重的可危及生命。

93. 小檗科 Berberidaceae

南天竹（南天竹属）

拉 丁 名 *Nandina domestica*

别　　名 蓝田竹、红天竺。

形态特征 常绿灌木，高达2米；茎直立，无毛。叶为二回至三回羽状复叶，基部通常具褐色抱茎的鞘；小叶近无柄，革质，绿色，冬季常变为红褐色，椭圆状披针形，长2.5~7毫米，先端渐尖，基部楔形，全缘，上面平滑，下面叶脉隆起。圆锥花序直立，长达30厘米；花白色，直径达6毫米；萼片螺旋状排列，内轮卵状三角形，较小，外轮卵圆形，较大。浆果球形红色，含种子2~3枚。花期5~6月，果期9~10月。

分布生境 贵州省梵净山、沿河、德江、正安、遵义、习水、金沙、平坝、修文、安顺、贵阳、长顺、开阳、瓮安、施秉、镇远、天柱、台江、荔波、平塘、贵定、都匀、黄平、黎平、晴隆等地有分布，生长于海拔600~1200米的山坡灌木丛中或岩石缝中。

利用价值 药用：根、茎、叶入药，可清热解毒、化瘀止喘；果为镇咳药，但过量有中毒之虞。观赏：各地庭园常有栽培，为优良观赏植物。

有毒部位 全株有毒。

毒性成分 含南天竹碱、南天竹宁碱等异喹啉类生物碱。

中毒反应 人中毒后出现兴奋、脉搏先快后慢且不规律、血压下降、肌肉痉挛、呼吸麻痹、昏迷等症状。

豪猪刺（小檗属）

拉 丁 名 *Berberis julianae*

别　　名 拟变缘小蘖、三棵针。

形态特征 常绿灌木，高1~3米，老枝黄褐色或灰褐色，幼枝黄灰色，具条棱，散布稀疏黑色疣点；茎刺粗壮，三分叉，长1~3厘米，腹面有凹槽，与枝同色。叶革质，椭圆状披针形或倒披针形，长3~10厘米，宽1~3厘米，先端短渐尖，基部楔形，上面深绿色，中脉凹陷，下面淡绿色，中脉隆起，两面网脉不显；叶缘平展，每边具10~20个刺齿；叶柄长2~4毫米。花10~20朵簇生；花梗长8~15毫米；花黄色；小苞片卵形，长约2.5毫米；萼片2轮，外萼片卵形，长约5毫米，内萼片椭圆形，长约6毫米；花瓣长圆状椭圆形，长约6毫米，先端凹缺，基部具2个腺体；胚珠单生。浆果长圆形，蓝黑色，长约8毫米，直径4毫米，被白粉，顶端有明显宿存花柱。花期3~4月，果期7~10月。

分布生境 贵州省黄平、雷公山、独山、惠水、贵阳、开阳、镇宁、黔西、遵义、安顺、普安、威宁等地有分布，生长于海拔1100~2540米的山坡灌丛中及路旁、草地、林缘。

利用价值 药用：根含小檗碱，供药用，可清热解毒、抗菌消炎。经济：根、茎可提取黄色染料。

有毒部位 根有毒。

毒性成分 含小檗碱、小檗胺碱、巴马亭、药根碱等。

中毒反应 小鼠腹腔注射根的乙醇或水提取物1000毫克/千克，2分钟后出现活动减少现象，随后惊厥死亡。

八角莲（鬼臼属）

拉 丁 名 *Dysosma versipellis*

别　　名 山荷叶、金魁莲、旱八角。

形态特征 多年生草本，高50~100厘米。根状茎粗壮，横生，多须根；茎直立，淡绿色，无毛。茎生叶1~2枚，盾状着生，近圆形，直径达38厘米，4~9深裂或浅裂，裂片阔三角形或卵状长圆形，先端锐尖，不分裂，边缘有细齿，上面无毛，下面被柔毛；叶柄长 10~20 厘米。花深红色，5~8 朵簇生于离叶基部不远处，下垂；花梗纤细，下弯，被柔毛；萼片 6 枚，长圆状椭圆形，外面被柔毛，内面无毛；花瓣 6 枚，勺状倒卵形，长约 2 厘米，无毛；雄蕊 6 枚，无毛子房椭圆形，花柱短，柱头大，盾状。浆果椭圆形，长约 4 厘米，直径约 3.5 厘米；种子多数。花期 4~5 月，果期 6~8 月。

分布生境 贵州省铜仁、镇远、天柱、锦屏、黄平、雷公山、三都、平塘、荔波、威宁、水城、关岭、镇宁、安顺、紫云、惠水、望道、册亨、安龙等地有分布，生长于海拔 450~2100 米的林下。

利用价值 药用：根状茎入药，可散风祛痰、解毒消肿，治跌打损伤、半身不遂、关节酸痛、毒蛇咬伤等症。

有毒部位 根、茎有毒。

毒性成分 含鬼臼毒素、去氧鬼臼毒素及黄酮类化合物。

中毒反应 小鼠腹腔注射根、茎的乙醇或水提取物 1000 毫克/千克，出现活动减少现象，随后死亡。

川八角莲（鬼臼属）

拉 丁 名 *Dysosma delavayi*

别　　名 无。

形态特征 多年生草本，高 15~35 厘米。根状茎粗短，多须根。茎生叶 2 枚，对生，盾状着生，近圆形，直径约 17 厘米，4~5 深裂近达中部，裂片楔状长圆形，顶部 3 浅裂，小裂片三角形，叶缘有稀疏小腺齿，上面无毛，下面脉上疏被柔毛；叶柄长4~10 厘米，被长柔毛。花紫红色，2~5 朵排成伞形花序，着生于 2 叶柄的交叉处，有时无花序梗而呈簇生状；花梗长 1~2 厘米，下弯，密被长柔毛；萼片 6 枚，长圆状倒卵形，长 1.5~2 厘米，外面被柔毛；花瓣 6 枚，长圆形，长约 4 厘米；雄蕊 6 枚，长约 2 厘米，花药长于花丝；子房椭圆形，柱头大而呈流苏状。浆果椭圆形，长约 4 厘米，直径 3 厘米。花期 5~6 月，果期 8~9 月。

分布生境 贵州省梵净山、雷公山、台江、榕江、正安、绥阳、毕节、威宁、赫章、纳雍、水城、安龙等地有分布，生长于海拔 1200~2500 米的山谷林下潮湿地或沟旁。四川、云南等省亦有分布。

利用价值 药用：全株入药，可滋阴润燥、祛瘀消肿。

有毒部位 全株有毒。

毒性成分 含鬼臼毒素、去氧鬼臼毒素及黄酮类化合物。

中毒反应 小鼠腹腔注射全株的乙醇或水提取物 1000 毫克/千克，出现活动减少现象，随后死亡。

三枝九叶草（淫羊藿属）

拉 丁 名 *Epimedium sagittatum*

别　　名 箭叶淫羊藿。

形态特征 多年生草本，植株高 30~50 厘米。根状茎粗短，节结状，质硬，多须根。一回三出复叶基生和茎生，小叶 3 枚；小叶革质。圆锥花序长 10~30 厘米，宽 2~4 厘米，具 200 朵花。蒴果长约 1 厘米，宿存花柱长约 6 毫米。花期 4~5 月，果期 5~7 月。

分布生境 贵州省全省有分布，生长于海拔 200~1750 米的山坡草丛中、林下、灌丛中、水沟边或岩边石缝中。

利用价值 药用：全株入药，可补精强壮、祛风湿，治阳痿、关节风湿痛、白带异常等症；也可作兽药，有强壮牛、马性神经及补精的功效，主治牛、马阳痿及神经衰弱、歇斯底里等症。

有毒部位 全株有毒。

毒性成分 含金丝桃甙、淫羊藿甙、朝藿定 B、朝藿定 C。

中毒反应 人中毒后出现发汗、头晕、呕吐、口干、口渴、流鼻血等症状，大剂量还可能出现痉挛、呼吸抑制、心律失常等症状。

红毛七（红毛七属）

拉 丁 名 *Caulophyllum robustum*

别　　名 类叶牡丹、搜山虎、红毛细辛、鸡骨升麻、海椒七。

形态特征 多年生草本，高 40~60 厘米；根状茎横生，密生须状根。叶互生，二回至三回三出羽状复叶；小叶片卵形或椭圆状披针形，长 4~8 厘米，宽 1.5~4.5 厘米，先端渐尖，基部宽楔形，全缘，有时 2~3 裂，上面绿色，下面灰白色，两面无毛，具三出脉，顶生小叶有短柄，侧生小叶近无柄。圆锥花序顶生；花黄色，直径约 10 毫米；苞片 3~4 层；萼片 3~6 枚，倒卵形，花瓣状；花瓣 6 枚，很小，蜜腺状；雄蕊 6 枚；心皮单一，子房 1 室，具基生胚珠，成熟后子房裂开，露出 2 枚球形种子；种子浆果状，蓝黑色。花期 5~6 月，果期 8~9 月。

分布生境 贵州省梵净山、桐梓、绥阳等地有分布，生长于海拔 1500~2500 米的山谷林下或沟旁。

利用价值 药用：根及根状茎入药，可理气止痛、化瘀凉血。

有毒部位 根、茎有毒。

毒性成分 含木兰花碱、羽扇豆碱、甲基金雀花碱、三萜皂甙。

中毒反应 小鼠腹腔注射根茎的水、乙醇或乙醚提取物 1000 毫克/千克，出现活动减少、共济失调现象，随后惊厥死亡。

十大功劳（十大功劳属）

拉 丁 名 *Mahonia fortunei*

别 名 细叶十大功劳。

形态特征 灌木，高 0.5~2 米。状复叶倒卵形，具 3~5 对小叶，上面暗绿色，叶脉不显，下面淡绿色，稍苍白色；叶轴粗 1~2 毫米；叶柄长 2~7 厘米；小叶狭披针形或披针形，长 5~12 厘米，宽 7~15 毫米，先端渐尖，基部楔形，边缘每边具 5~10 个刺齿；近无柄。总状花序 4~8 枚簇生，长 3~6 厘米；花梗长2~2.5 毫米；苞片卵形，长 1.5~2.5 毫米；花黄色；外萼片卵形，长 3 毫米，中萼片椭圆形，长 5 毫米，内萼片较中萼片稍长；花瓣长圆形，长 4 毫米，先端微缺裂，基部具腺体；药隔顶端平截；子房含胚珠 2 枚。浆果球形或卵圆形，直径4~6 毫米，黑紫色，被白粉。花期 7~9 月，果期 10~12 月。

分布生境 贵州省梵净山、雷公山、道真、正安、黄平、榕江、平塘、独山、开阳、贵阳、清镇、黔西、金沙、习水、赤水、罗甸等地有分布，生长于海拔 500~1260 米的山谷林中、沟旁、路边或灌丛中。

利用价值 药用：全株入药，可清热解毒、滋阴强壮。

有毒部位 全株有毒，根的毒性较大。

毒性成分 含小檗碱、掌叶防己碱、药根碱、四氢药根碱和木兰碱。

中毒反应 小鼠腹腔注射根的乙醚、乙醇或水提取物 1000 毫克/千克，25 分钟内死亡。

94. 马鞭草科 Verbenaceae

马鞭草（马鞭草属）

拉 丁 名 *Verbena officinalis*

别 名 铁马鞭、马鞭子、马鞭稍。

形态特征 多年生草本。茎四棱，节及棱被硬毛。叶卵形至长圆状披针形，基生叶常具粗齿及缺刻，茎生叶多 3 深裂，裂片具不整齐锯齿，两面被硬毛。花萼被硬毛；花冠淡紫色或蓝色，被微毛，裂片 5 枚。穗状果序，小坚果长圆形。花期 6~8 月，果期7~10 月。

分布生境 贵州省大部分地区有分布，生长于海拔 238~700 米的山坡、路边及村寨旁。

利用价值 药用：全株入药，可凉血、清热、散解毒。

有毒部位 全株有小毒。

毒性成分 含马鞭草甙、戟叶马鞭草甙等倍半萜衍生物。

中毒反应 人中毒后出现恶心、头昏、头痛、呕吐、腹痛等症状。

马缨丹（马缨丹属）

拉 丁 名 *Lantana camara*

别　　名 五色梅、臭草、五彩花。

形态特征 灌木或蔓性灌木，高达 2 米。茎枝常被倒钩状皮刺。叶卵形或卵状长圆形，长 3~8.5 厘米，先端尖或渐尖，基部心形或楔形，具钝齿，上面具触纹及短柔毛，下面被硬毛，侧脉约 5 对；叶柄长约 1 厘米。花序直径 1.5~2.5 厘米，花序梗粗，长于叶柄；苞片披针形；花萼管状，具短齿；花冠黄色或橙黄色，花后深红色。果球形，直径约 4 毫米，紫黑色。全年开花。

分布生境 贵州省南部地区有分布，生长于海拔 660~1100 米的路旁。

利用价值 药用：根、叶、花可作药用，可解毒、散结、祛风。观赏：庭园栽培供观赏。贵州少数民族用其花将糯米饭染成红黄色供节日食用。

有毒部位 枝、叶有小毒。

毒性成分 含马樱丹烯、马樱丹酸、马樱丹酮及牻牛儿醇。

中毒反应 牛、羊食后出现高烧、体弱、步态不稳、腹泻、便秘、黄疸及光敏感等症状。

95. 忍冬科 Caprifoliaceae

败酱（败酱属）

拉 丁 名 *Patrinia scabiosifolia*

别　　名 黄花龙牙、黄花苦菜、苦菜。

形态特征 多年生草本植物，高可达 200 厘米；茎直立，基生叶片丛生，花时枯落，卵形、椭圆形或椭圆状披针形，顶端钝或尖，基部楔形，边缘具粗锯齿，上面暗绿色，下面淡绿色，两面被糙伏毛或近无毛，茎生叶对生，宽卵形至披针形，顶生裂片卵形、椭圆形或椭圆状披针形，花序为聚伞花序组成的大型伞房花序，顶生，总苞线形，苞片小；花小，萼齿不明显；花冠钟形，黄色，花冠裂片卵形，花丝不等长，花药长圆形，瘦果长圆形，扁平种子。花期 7~9 月。

分布生境 贵州省印江、江口、正安、绥阳、剑河、施秉、平塘、修文、平坝、贵阳、安顺、金沙、普安、晴隆、贞丰、兴义、威宁、水城等地有分布，生长于海拔 220~600 米的山坡草地、林缘、沟旁路边以及灌丛中。

利用价值 药用：全株入药，可清热解毒、排脓破瘀，治肠痈、下痢、赤白带下、产后瘀滞腹痛、目赤肿痛、痈肿疥癣等症。

有毒部位 根有毒。

毒性成分 含三萜齐墩果酸、常春藤皂甙元、黄花败酱皂甙、败酱皂甙等。

中毒反应 小鼠腹腔注射根的甲醇或氯仿提取物 400 毫克/千克，出现呼吸困难现象，随后惊厥死亡。

攀倒甑（败酱属）

拉 丁 名 *Patrinia villosa*

别　　名 白花败酱、毛败酱苦菜、萌菜。

形态特征 多年生草本。根茎长而横走。基生叶丛生，卵形至长圆状披针形，具粗钝齿，基部楔形下延，不裂或大头羽状深裂，茎生叶对生，与基生叶同形，上部叶较窄小，向上渐近无柄。聚伞花序组成圆锥花序或伞房花序，分枝5~6级，萼齿浅波状或浅钝裂状，花冠钟形，白色，裂片异形；雄蕊4枚，伸出。瘦果倒卵圆形。花期8~10月，果期9~11月。

分布生境 贵州省梵净山、道真、凤冈、思南、务川、正安、湄潭、雷公山、黄平、榕江、荔波、赤水、习水、息烽、紫云、盘县等地有分布，生长于海拔300~1615米的山坡草地、路旁、草丛中或灌木丛中。

利用价值 药用：全株入药，为消炎利尿药。经济：民间以嫩苗食用，也作饲料。

有毒部位 全株有小毒。

毒性成分 含白花败酱甙、马钱子甙、莫罗忍冬甙、白花败酱醇、白花败酱醇甙、齐墩果酸。

中毒反应 给小鼠灌服攀倒甑浸液30克/千克，有轻度呼吸抑制和轻度致泻作用。

蜘蛛香（缬草属）

拉 丁 名 *Valeriana jatamansi*

别　　名 马蹄香、大救驾、老君须。

形态特征 多年生草本。根茎块茎状，节密。基生叶心状圆形或卵状心形，具疏浅波齿；茎生叶不发达，下部的心状圆形，上部的常羽裂。聚伞花序顶生，花白色或微红色，杂性；雌花较小，不育花药着生在极短的花丝上，位于花冠喉部，雌蕊伸出花冠，柱头3深裂：两性花较大，雌、雄蕊与花冠等长。瘦果长卵圆形。花期5~7月，果期6~9月。

分布生境 贵州省凤冈、梵净山、桐梓、正安、湄潭、石阡、雷公山、三都、平塘、贵阳、遵义、黔西、金沙、罗甸、兴仁、安龙、普安、盘县、纳雍、威宁等地有分布，生长于海拔700~2400米的山坡林下潮湿地或山顶草地。

利用价值 药用：根入药，治风寒感冒、胃气痛、风湿麻木、呕吐泄泻、肺气水肿、痧气痛等症。经济：可作香料。

有毒部位 全株有小毒。

毒性成分 含蒙花甙异戊酸酯、缬草苦甙。

中毒反应 小鼠腹腔注射全株的乙醚提取物1000毫克/千克，在2~3小时内全部死亡。

96. 兰科 Orchidaceae

山珊瑚（山珊瑚属）

拉 丁 名 *Galeola faberi*

别　　名 益母藤、东方发白、梭罗来、红天麻、公子天麻、金刚一颗蒿。

形态特征 山珊瑚根状茎匍匐，具节间，每6~7个节间发出1个茎。茎斜出或下垂，多分枝。假鳞茎金黄色，扁纺锤形，具1个节间，顶生1枚叶。叶革质，长圆状披针形或狭椭圆形。花序出于叶腋，无明显的柄，基部被覆数枚鳞片状的鞘，通常具1~3朵花；花质地薄，萼片和花瓣奶黄色带淡褐色或紫红色斑点，上部多少外反；花瓣披针形，长9毫米，宽约2毫米，先端近锐尖，具3条脉；唇瓣长1.5厘米，基部收狭为楔形，3裂。花期4~6月。

分布生境 贵州省全省有分布，生长于海拔760~1700米的山地林中树干上或林下岩石上。

利用价值 药用：根茎入药，可清热解毒、调经止血、收敛固脱，主治湿热黄疸、下痢脓血、疮痈肿毒、毒蛇咬伤、月经不调、崩漏、子宫脱垂、脱肛等症。

有毒部位 全株有毒。

毒性成分 含2，4-双（4-羟基苄基）苯酚、（S）-左旋-2-异丙基苹果酸双［4-（β-D-吡喃葡萄糖氧基）苄基］酯。

中毒反应 小鼠腹腔注射全株的氯仿提取物1000毫克/千克，引起死亡。腹腔注射全株的甲醇提取物1000毫克/千克，出现伏地、后肢外展等症状。

97. 水麦冬科 Juncaginaceae

海韭菜（水麦冬属）

拉 丁 名 *Triglochin maritima*

别　　名 那冷门。

形态特征 多年生草本，植株稍粗壮。根茎短，着生多数须根，常有棕色叶鞘残留物。叶全部基生，条形，长7~30厘米，宽1~2毫米，基部具鞘，鞘缘膜质，顶端与叶舌相连。花葶直立，较粗壮，圆柱形，光滑，中上部着生多数排列较紧密的花，呈顶生总状花序，无苞片，花梗长约1毫米，开花后长可达2~4毫米。花两性；花片6枚，绿色，2轮排列，外轮呈宽卵形，内轮较狭；雄蕊6枚，分离，无花丝；雌蕊淡绿色，由6枚合生心皮组成，柱头毛笔状。蒴果六棱状椭圆形或卵形，长3~5毫米，直径约2毫米，成熟后呈6瓣开裂。花果期6~10月。

分布生境 生长于高海拔的湿砂地、海边盐滩上或山坡湿草地。

利用价值 药用：全株、果实入药，可清热生津、解毒利湿、健脾止泻，治热盛伤津、胃热烦渴、小便淋痛、脾虚泄泻、眼痛等症。经济：可作为饲料用植物。

有毒部位 全株有毒。

毒性成分 含氰甙海韭菜甙。

中毒反应 人食用不当可出现呼吸麻痹，严重的在 1~10 小时内死亡。

水麦冬（水麦冬属）

拉 丁 名 *Triglochin palustris*

别　　名 无。

形态特征 多年生湿生草本植物，植株弱小。叶基生，条形，长 10~20 厘米，宽 1~2 毫米。花葶细长，纤细，直立，总状花序顶生，具多数、疏生的花，花无苞片；花小，花梗长约 2 毫米，花被片 6 枚，绿紫色，椭圆形或舟形，长 2~2.5 毫米，雌蕊由 3 个合生心皮组成，柱头毛笔状。蒴果棒状条形，长约 6 毫米，直径约 1.5 毫米。花期 6~7 月。

分布生境 生长于咸湿地或浅水处，也生长于海拔达 3900 米的山坡湿草地。

利用价值 药用：果实入药，可消炎、止泻，主治眼痛、腹痛等症。观赏：水麦冬叶葱绿繁密，在园林中可作为湿地、沼泽地区的地被植物。

有毒部位 全株有毒。

毒性成分 含氰甙海韭菜甙。

中毒反应 人食用不当可出现呼吸麻痹，严重的在 1~10 小时内死亡。

98. 蒺藜科 Zygophyllaceae

蒺藜（蒺藜属）

拉 丁 名 *Tribulus terrestris*

别　　名 白蒺藜、屈人、名茨、旁通、止行、休羽、升推等。

形态特征 一年生草本。茎平卧，无毛，被长柔毛或长硬毛，枝长 20~60 厘米，偶数羽状复叶，长 1.5~5 厘米；小叶对生，3~8 对，矩圆形或斜短圆形，长 5~10 毫米，宽 2~5 毫米，先端锐尖或钝，基部稍偏科，被柔毛，全缘。花腋生，花梗短于叶，花黄色；萼片 5 枚，宿存；花瓣 5 枚；雄蕊 10 枚，生于花盘基部，基部有鳞片状腺体，子房 5 棱，柱头 5 裂，每室 3~4 枚胚珠。果有 5 分果瓣，硬，长 4~6 毫米，无毛或被毛，中部边缘有锐刺 2 枚，下部常有小锐刺 2 枚，其余部位常有小瘤体。花期 5~8 月，果期 6~9 月。

分布生境 贵州省全省有分布，生长于沙地、荒地、山坡、居民点附近。全球温带都有分布，多生长于田野、路旁及河边草丛。

利用价值 药用：可平肝解郁、活血祛风、明目、止痒，治头痛眩晕、胸胁胀痛、乳闭乳痈、目赤翳障、风疹瘙痒等症。

有毒部位 全株有毒。

毒性成分 含黄酮甙刺蒺藜甙、紫云英甙、山柰素-3-芸香糖甙、山柰素、皂甙、生物碱等。

中毒反应 羊食后引起头、耳肿胀的“大头病”。大鼠腹腔注射 LD_{50} 为 56.4 毫克/千克，出现兴奋不安、竖毛、震颤症状，然后深度抑制而死亡。

参考文献

[1] 中国科学院中国植物志编辑委员会．中国植物志．科学出版社，2009.

[2] 中国生物物证名录编委会．中国生物物种名录．第一卷．植物．科学出版社，2018.

[3] 中国植物图像库．http：//ppbc. iplant. cn/，2008.

[4] 陈谦海，李永康．贵州植物志编纂委员会．贵州植物志．贵州人民出版社，2004.

[5] 王培善，王筱英．贵州蕨类植物志．贵州人民出版社，2001.

[6] 陈翼胜，郑硕．中国有毒植物．科学出版社，1987.

[7] 孙承业，谢立璟．有毒生物．人民卫生出版社，2013.

[8] 张丽霞，李海涛，谭运洪．西双版纳有毒植物图鉴．中国林业出版社，2015.

[9] 宁工红．常见毒物急性中毒的简易检验与急救．军事医学科学出版社，2001.

[10] 俞文兰，李彦琴．有毒植物毒素成分、毒性表现与中毒救治原则．卫生研究，2004（5）.

[11] 张庆荣，夏光成．有毒中草药彩色图鉴．天津科技翻译出版公司，2005.

[12] 赖祥林．常见中草药毒副反应与合理应用．广东科学技术出版社，2007.

[13] 刘家熙．中国有毒蕨类植物．化石，1996（4）.

[14] 刘济明．贵州有毒植物资源的种类与分布．贵州农业科学，2004（5）.

[15] 郑硕．我国古籍中的有毒植物．植物杂志，1987（1）.

[16] 王孜昌，王宏艳．贵州省气候特点与植被分布规律简介．贵州林业科技，2002（4）.

附录一　贵州有毒植物中文名索引

六画

十二画

十三画

附录二　贵州有毒植物拉丁名索引

附录三　贵州有毒植物常见彩图

艾蒿　　艾蒿 1

八角枫　　白背枫

白花杜鹃　　白花杜鹃 1

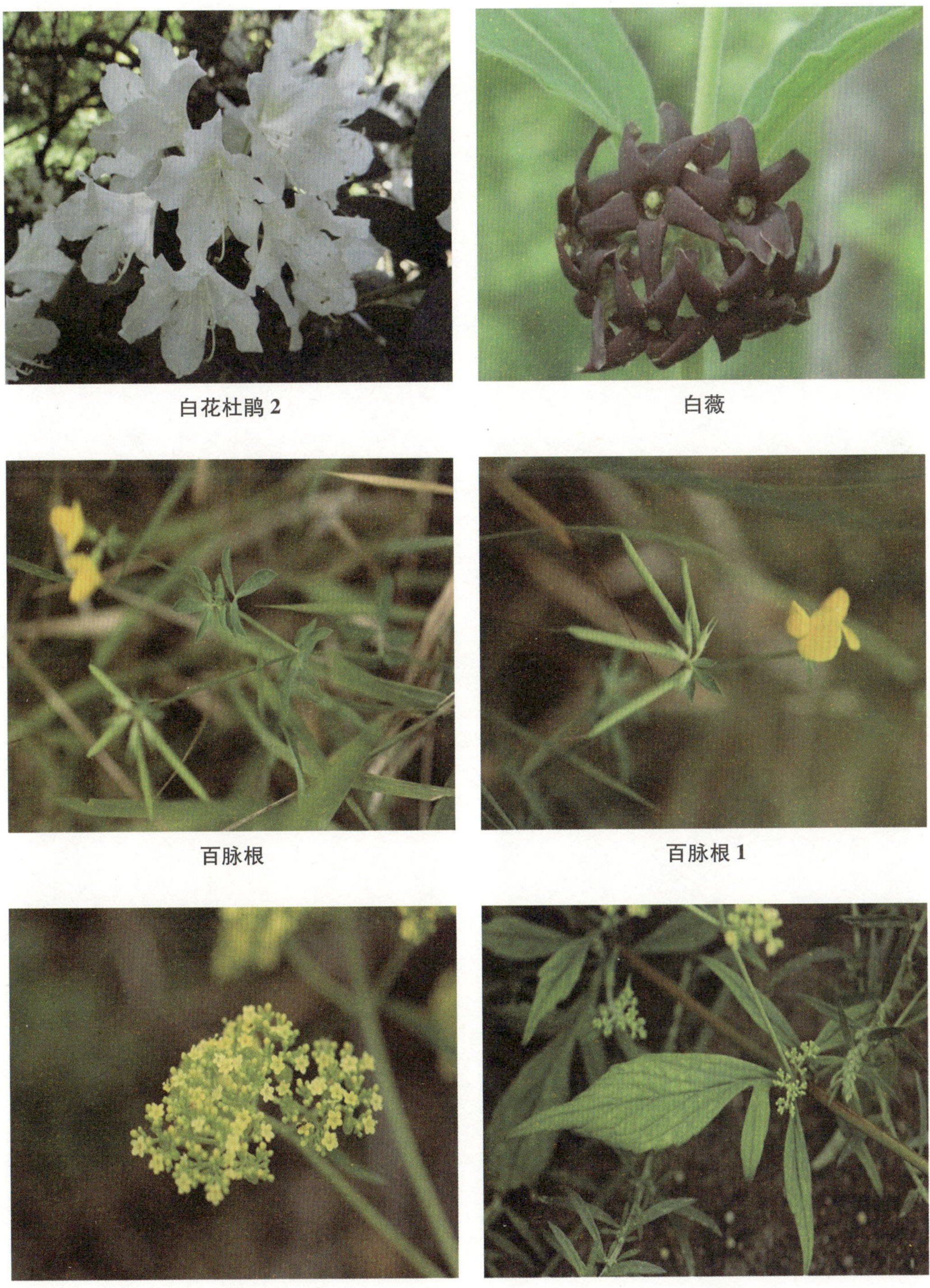

白花杜鹃 2

白薇

百脉根

百脉根 1

败酱

败酱 1

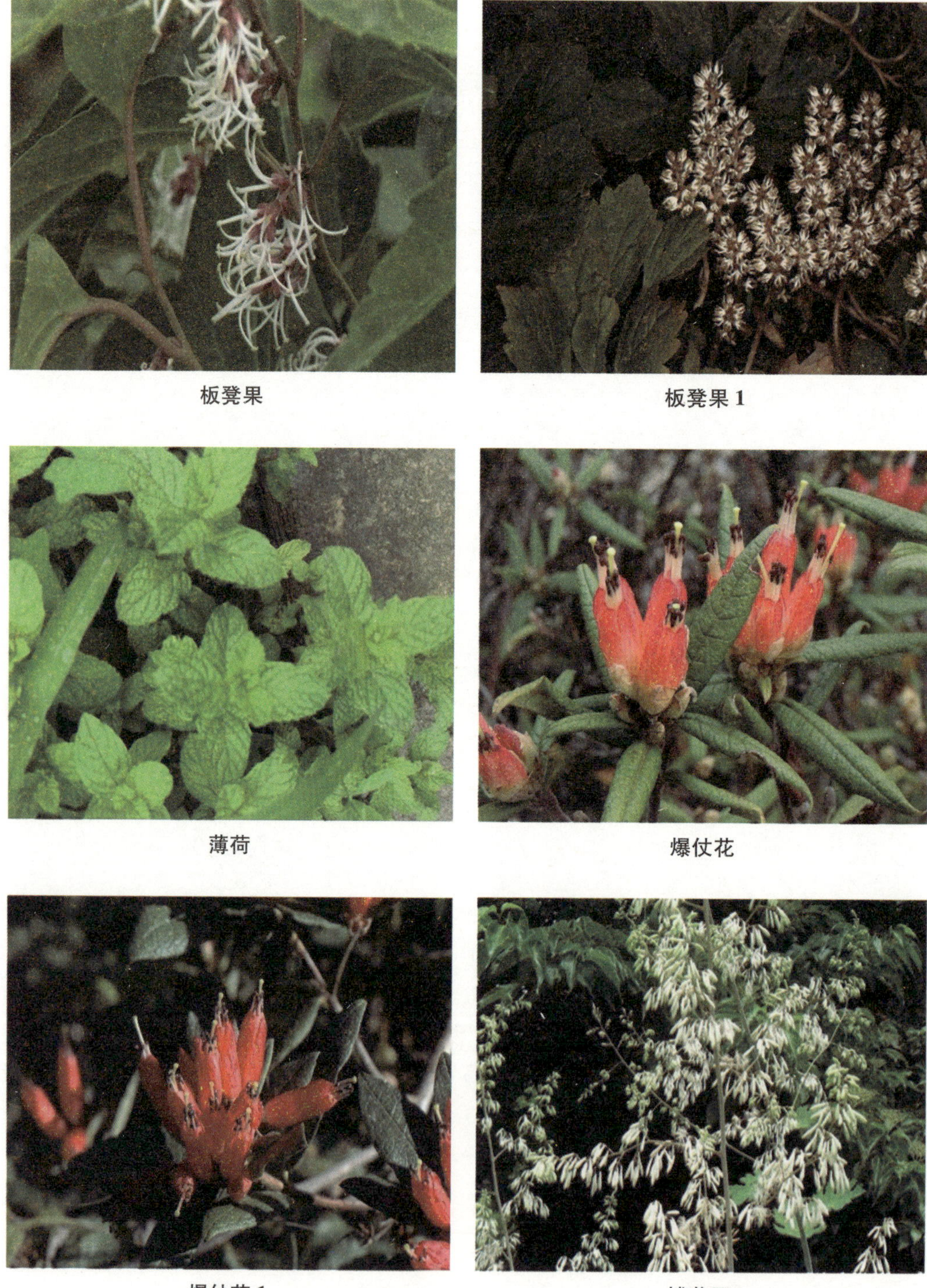

板凳果

板凳果 1

薄荷

爆仗花

爆仗花 1

博落回

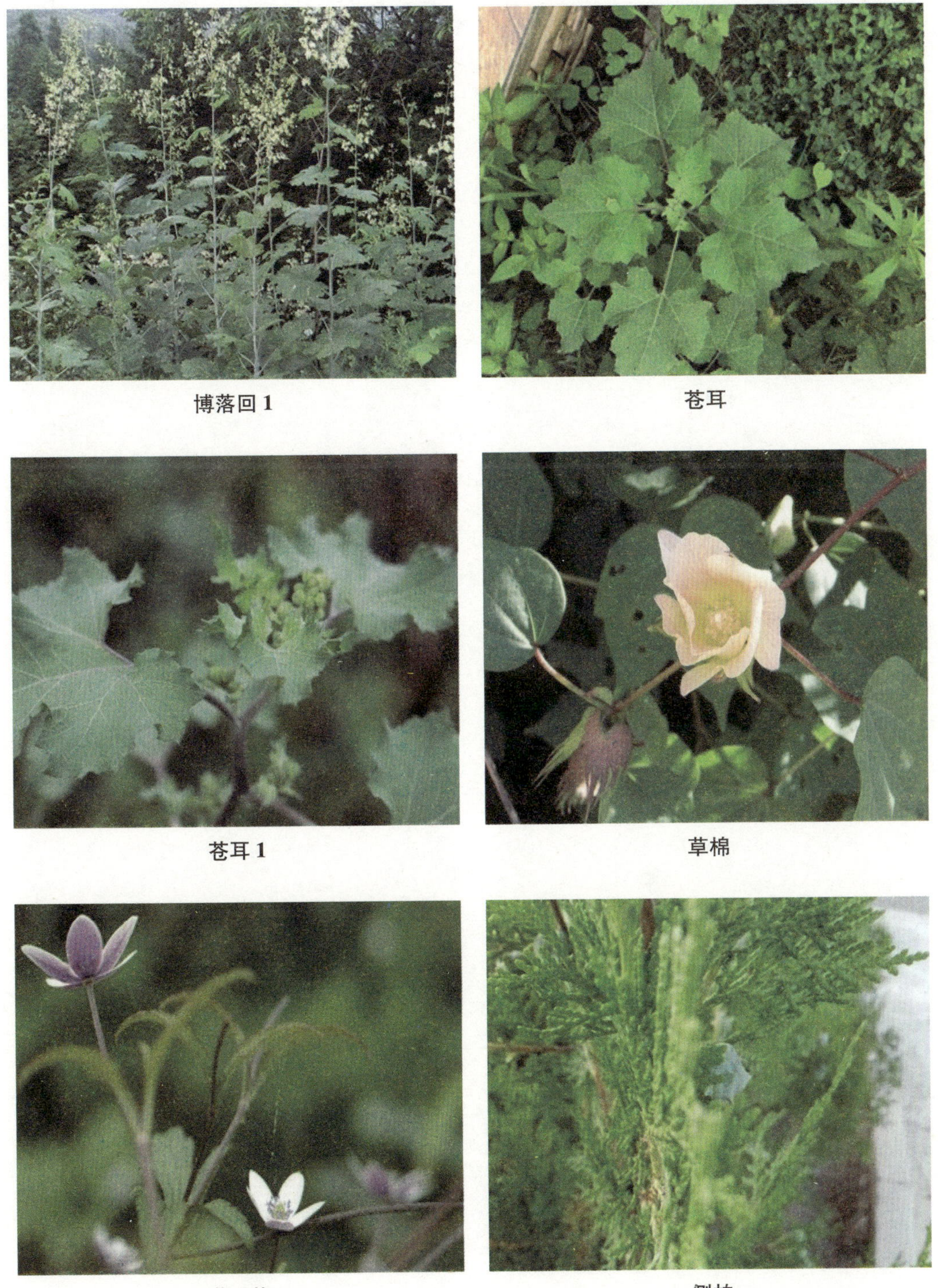

博落回 1

苍耳

苍耳 1

草棉

草玉梅

侧柏

侧柏 1

菖蒲

菖蒲 1

常春藤

齿果酸模

川芎

川芎 1

垂序商陆

春蓼

春蓼 1

刺楸

刺楸 1

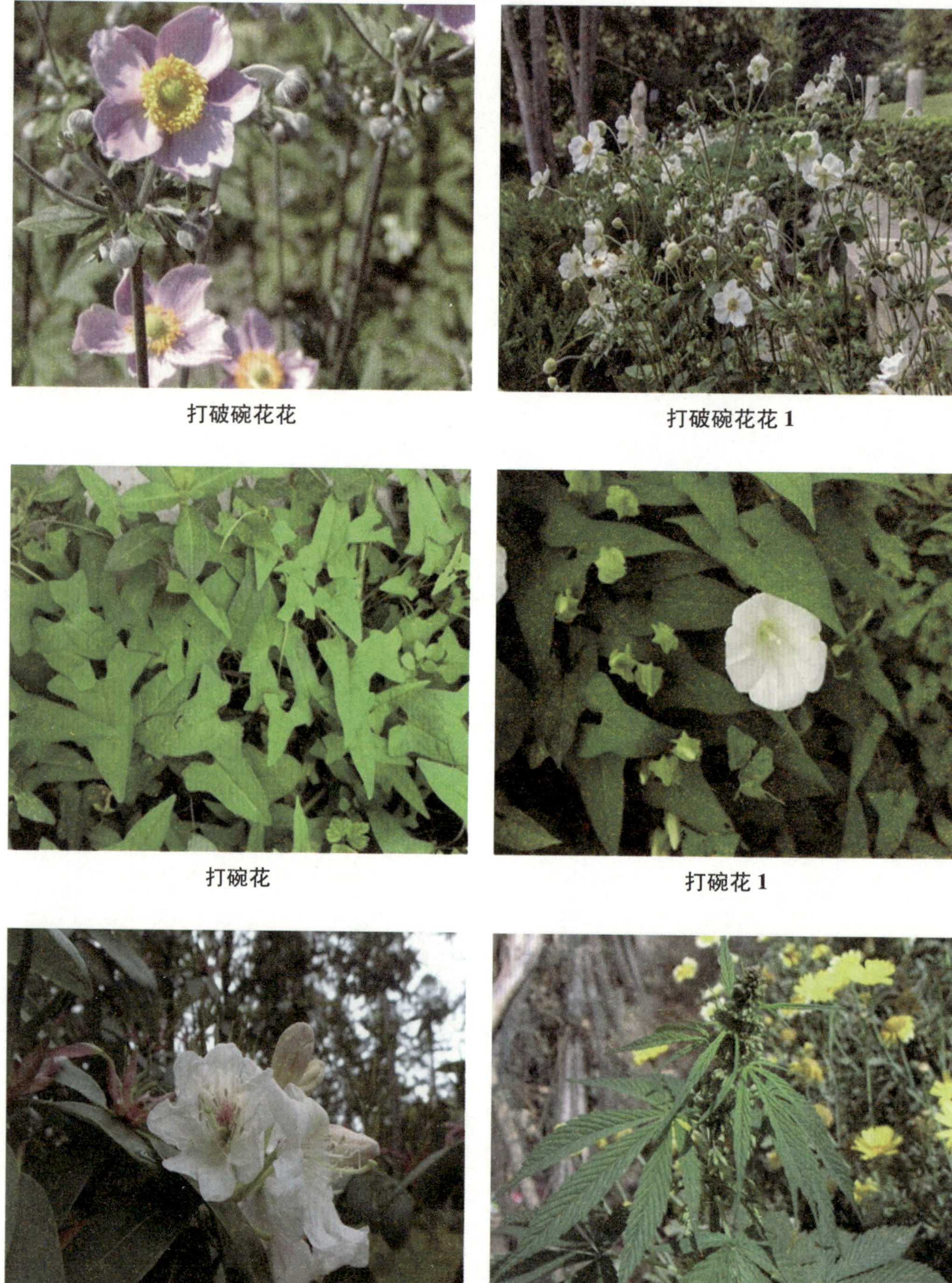

打破碗花花

打破碗花花 1

打碗花

打碗花 1

大白杜鹃

大麻

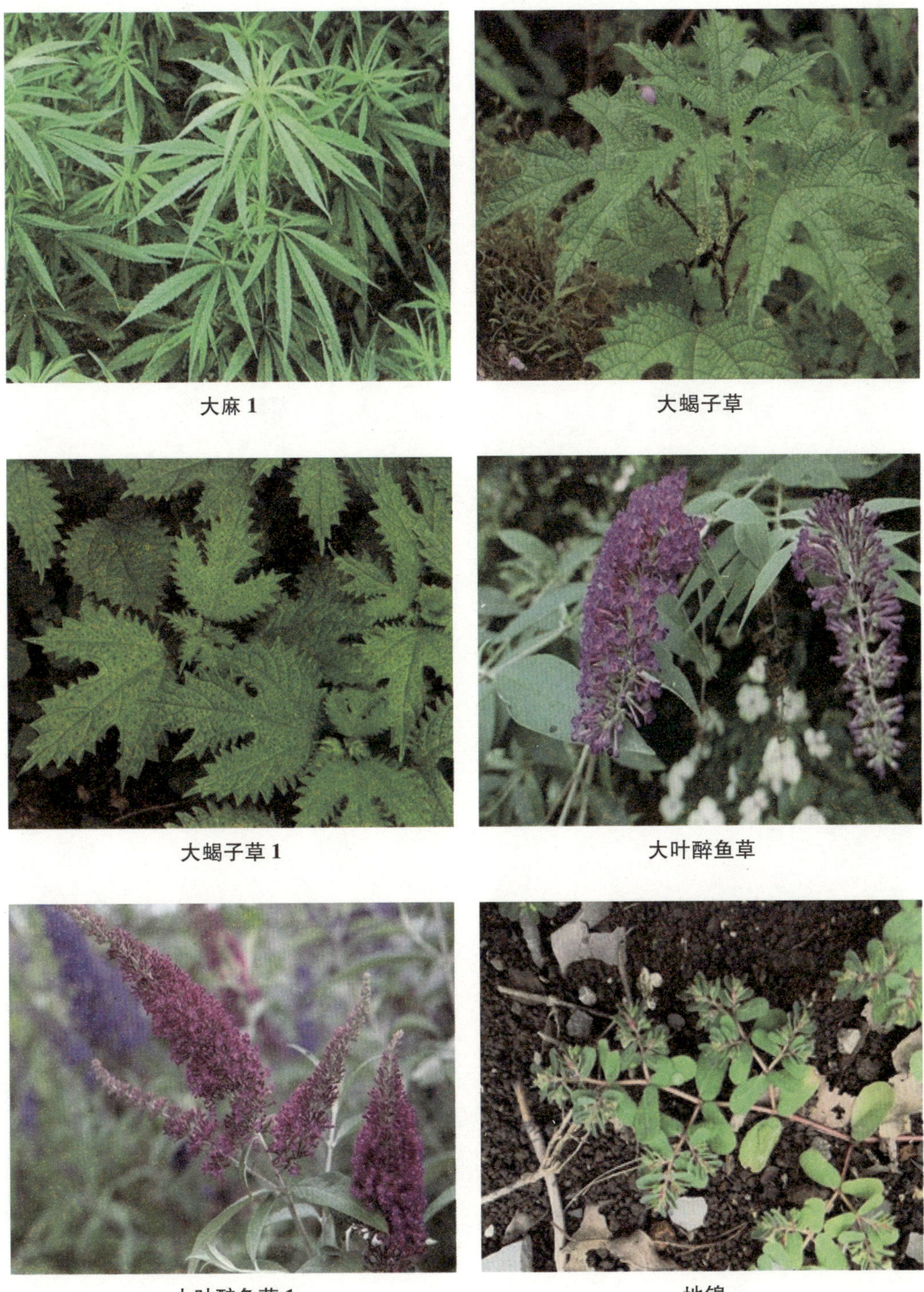

大麻 1

大蝎子草

大蝎子草 1

大叶醉鱼草

大叶醉鱼草 1

地锦

灯笼吊钟花

灯笼吊钟花 1

灯油藤

滇白珠

滇白珠 1

毒根斑鸠菊

杜仲

杜仲 1

盾叶唐松草

多花娃儿藤

多须公

肥皂草

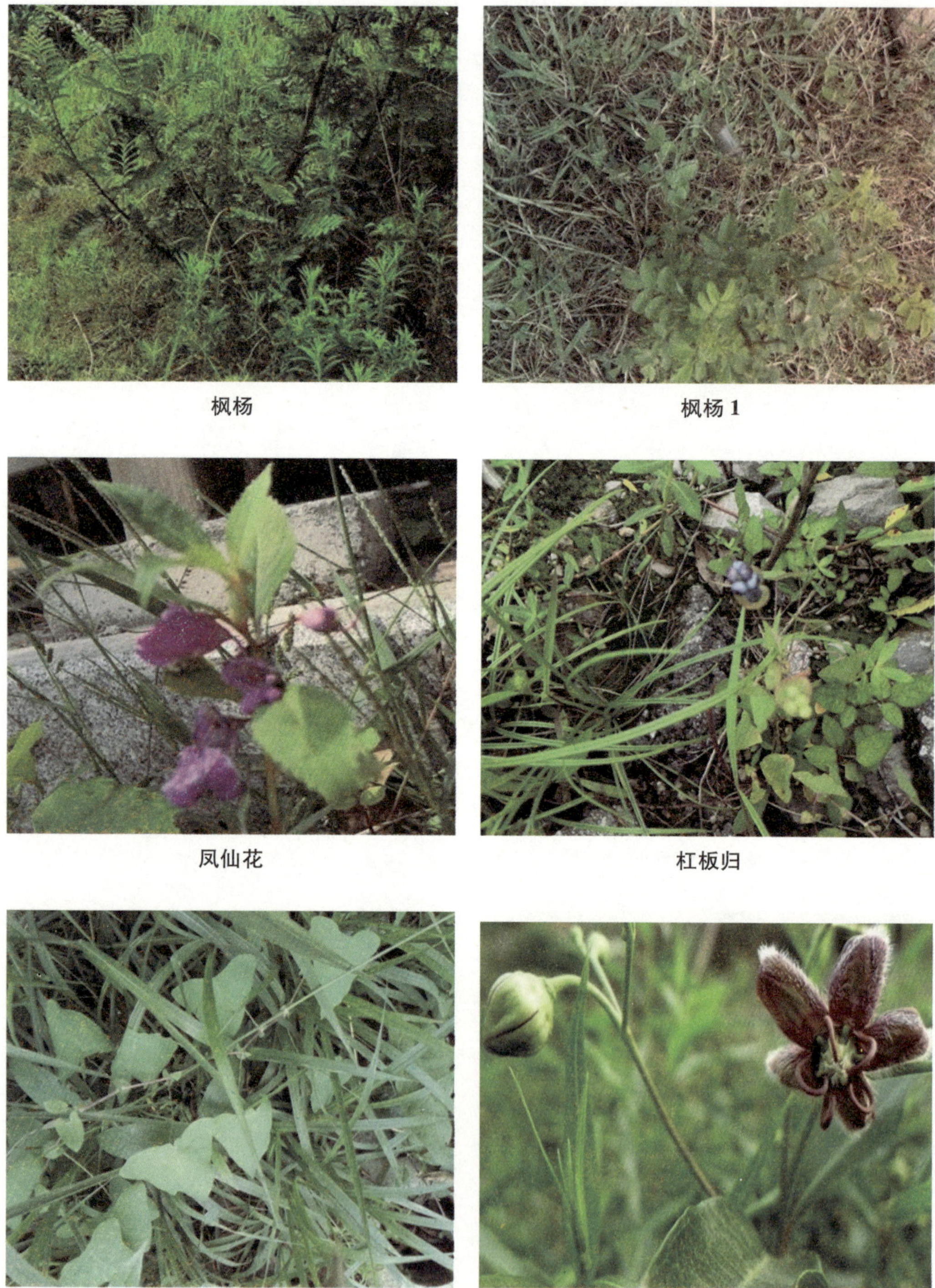

枫杨

枫杨 1

凤仙花

杠板归

杠板归 1

杠柳

钩藤　　钩藤 1

贯众　　鬼针草

鬼针草 1　　红豆杉

红豆杉 1

红花八角

红花寄生

红花寄生 1

红毛七

厚朴

厚朴 1

虎皮楠

虎皮楠 1

虎杖

虎杖 1

黄海棠

黄花菜

黄花杜鹃

黄花杜鹃 1

黄麻

黄杨

黄杨 1

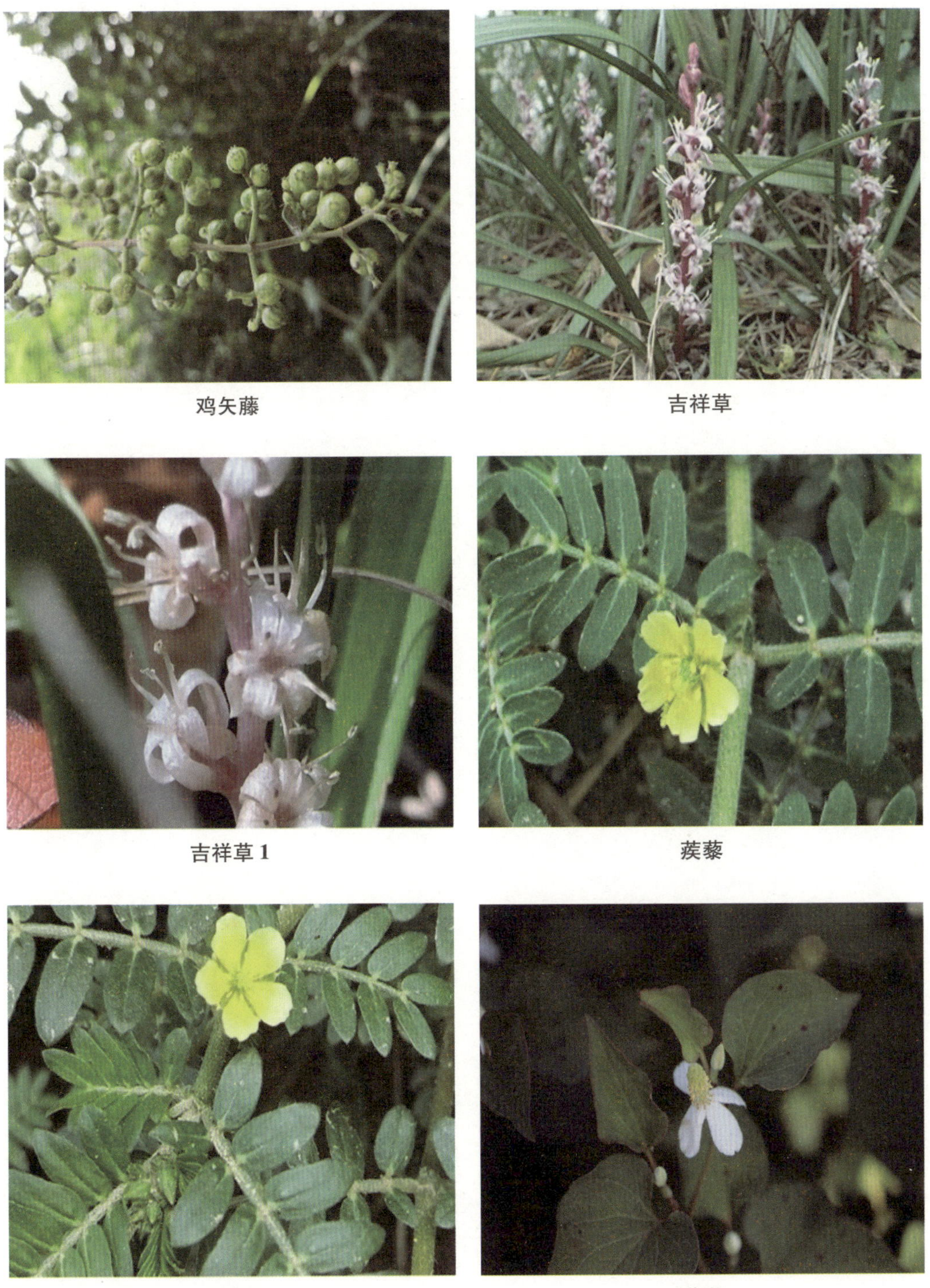

鸡矢藤

吉祥草

吉祥草 1

蒺藜

蒺藜 1

蕺菜

蕺菜 1

蕺菜 2

蓟

假木荷

假木荷 1

假木荷 2

假木荷 3

假木荷 4

交让木

铰剪藤

铰剪藤 1

接骨草

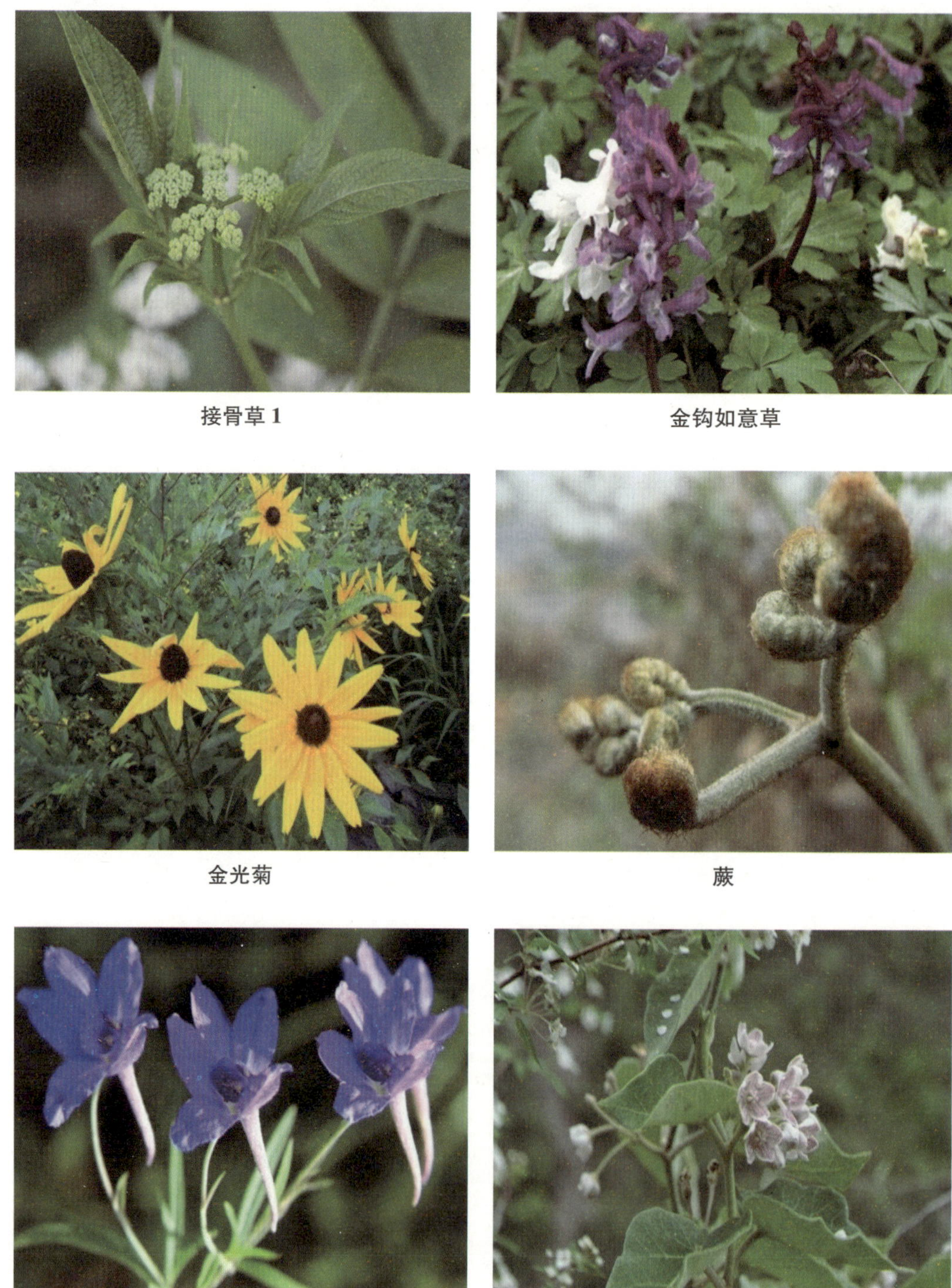

接骨草 1

金钩如意草

金光菊

蕨

康定翠雀花

苦绳

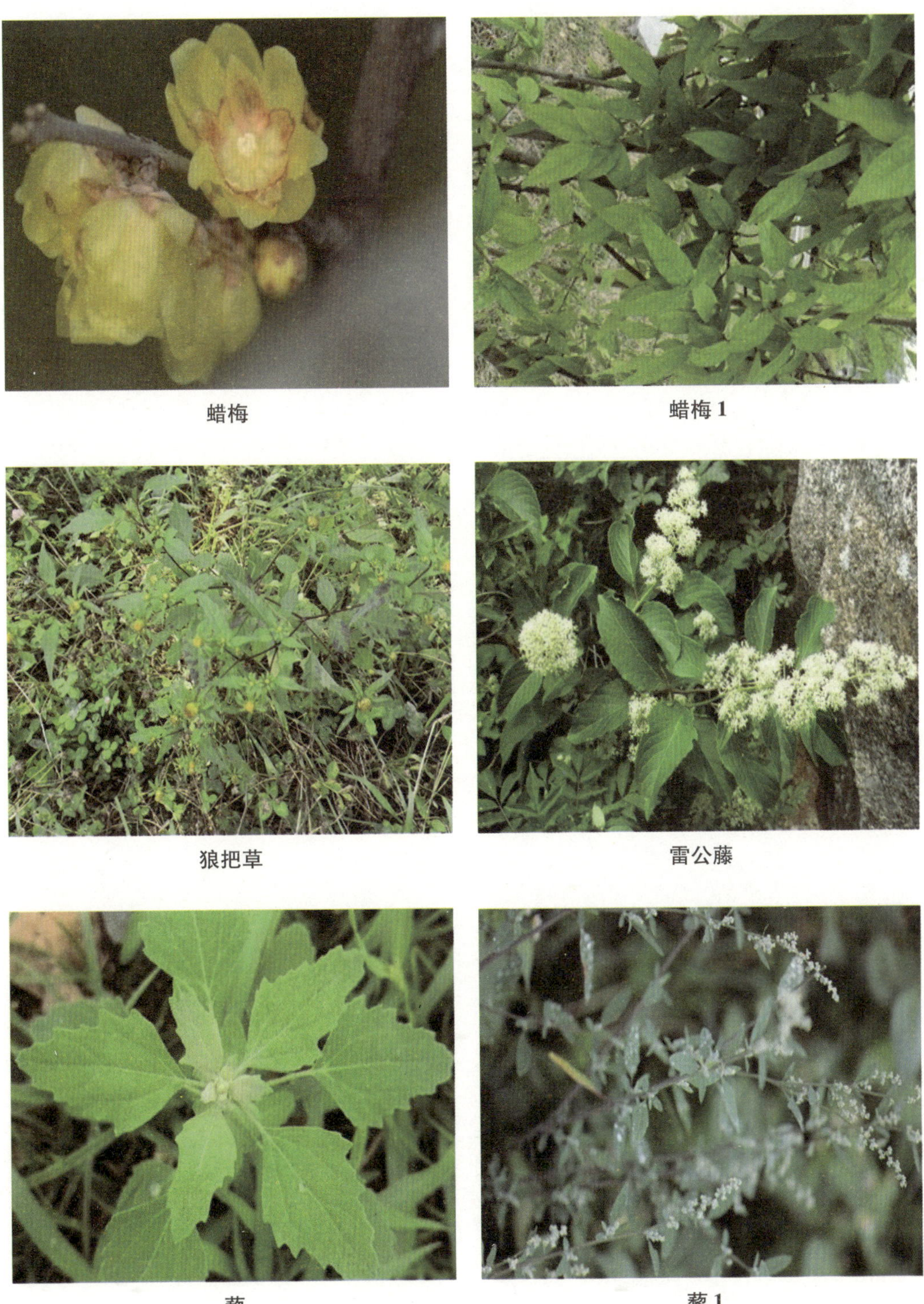

蜡梅　　蜡梅 1

狼把草　　雷公藤

藜　　藜 1

藜 2

藜芦

藜芦 1

藜芦 2

两型豆

亮叶杜鹃

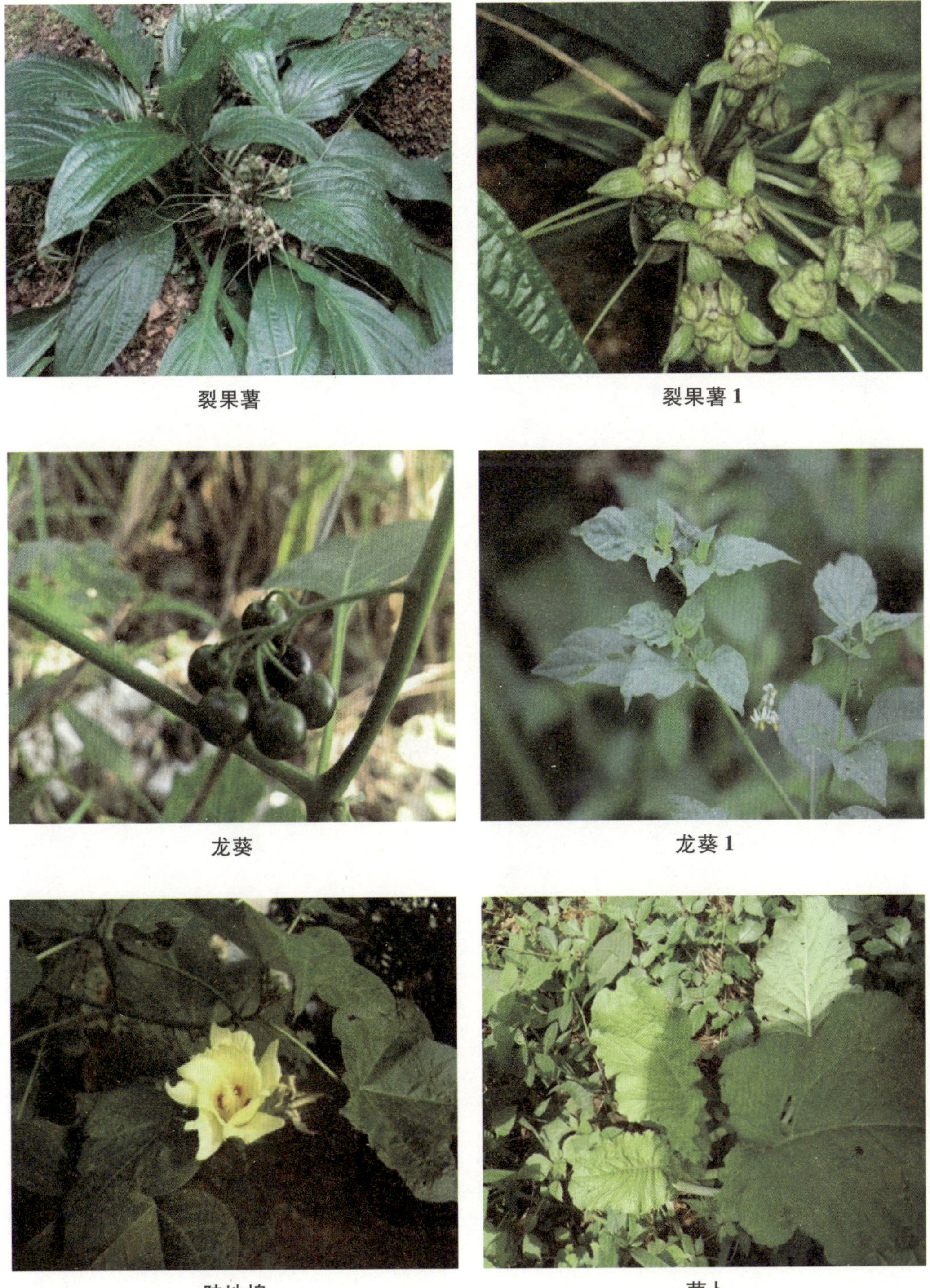

裂果薯　裂果薯 1

龙葵　龙葵 1

陆地棉　萝卜

萝芙木

萝芙木 1

萝藦

马鞭草

马鞭草 1

马齿苋

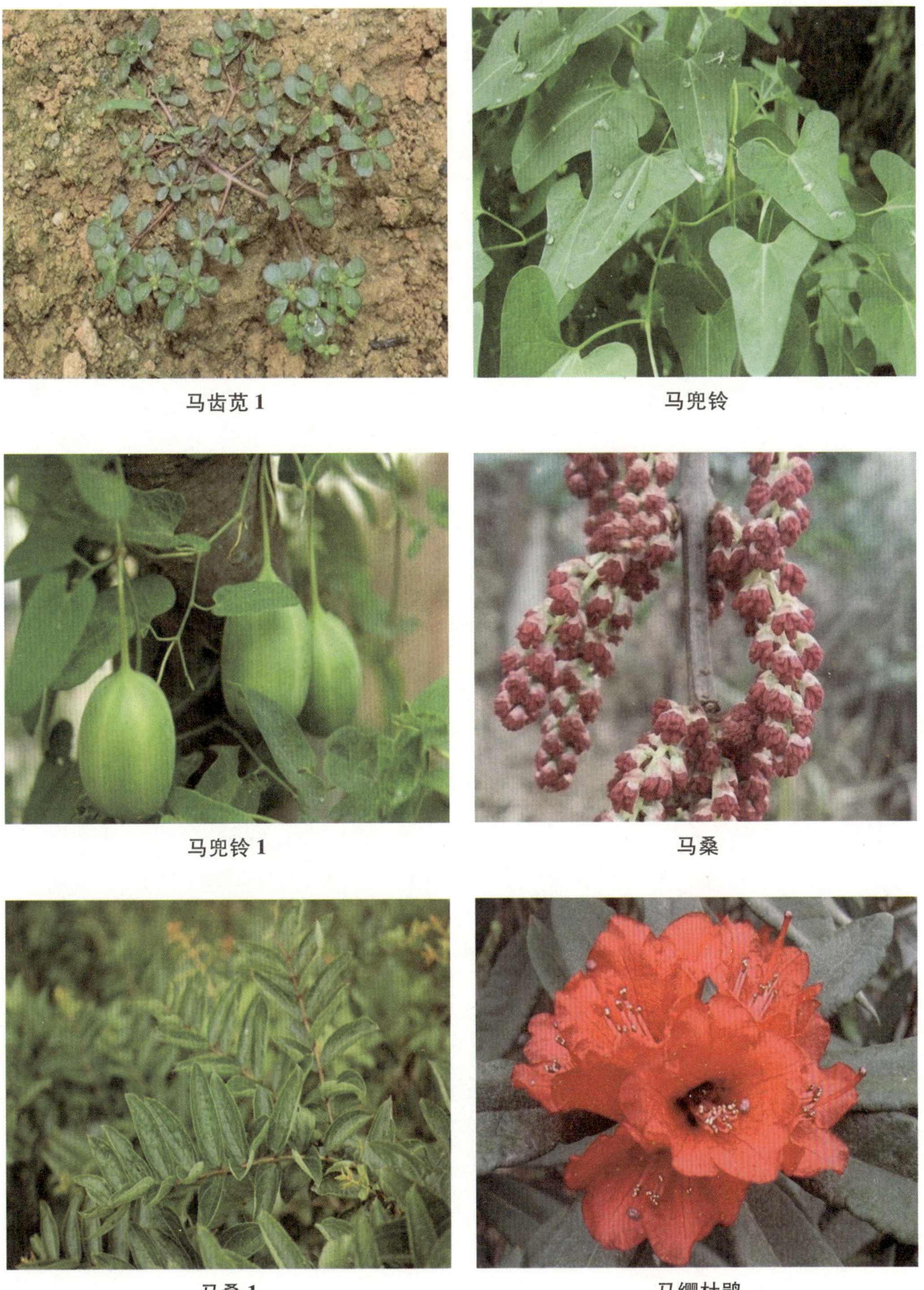

马齿苋 1

马兜铃

马兜铃 1

马桑

马桑 1

马缨杜鹃

马缨杜鹃 1

马缨丹

马缨丹 1

曼陀罗

曼陀罗 1

曼陀罗 2

毛冬青

毛冬青 1

毛茛

美丽马醉木

美丽马醉木 1

美丽马醉木 2

美容杜鹃

美容杜鹃 1

美容杜鹃 2

蒙自藜芦

密脉鹅掌柴

木防己

木荷

木蜡树

南天竹

南天竹 1

泥胡菜

牛耳枫

牛耳枫 1

牛茄子

女贞

破坏草

七叶一枝花

漆

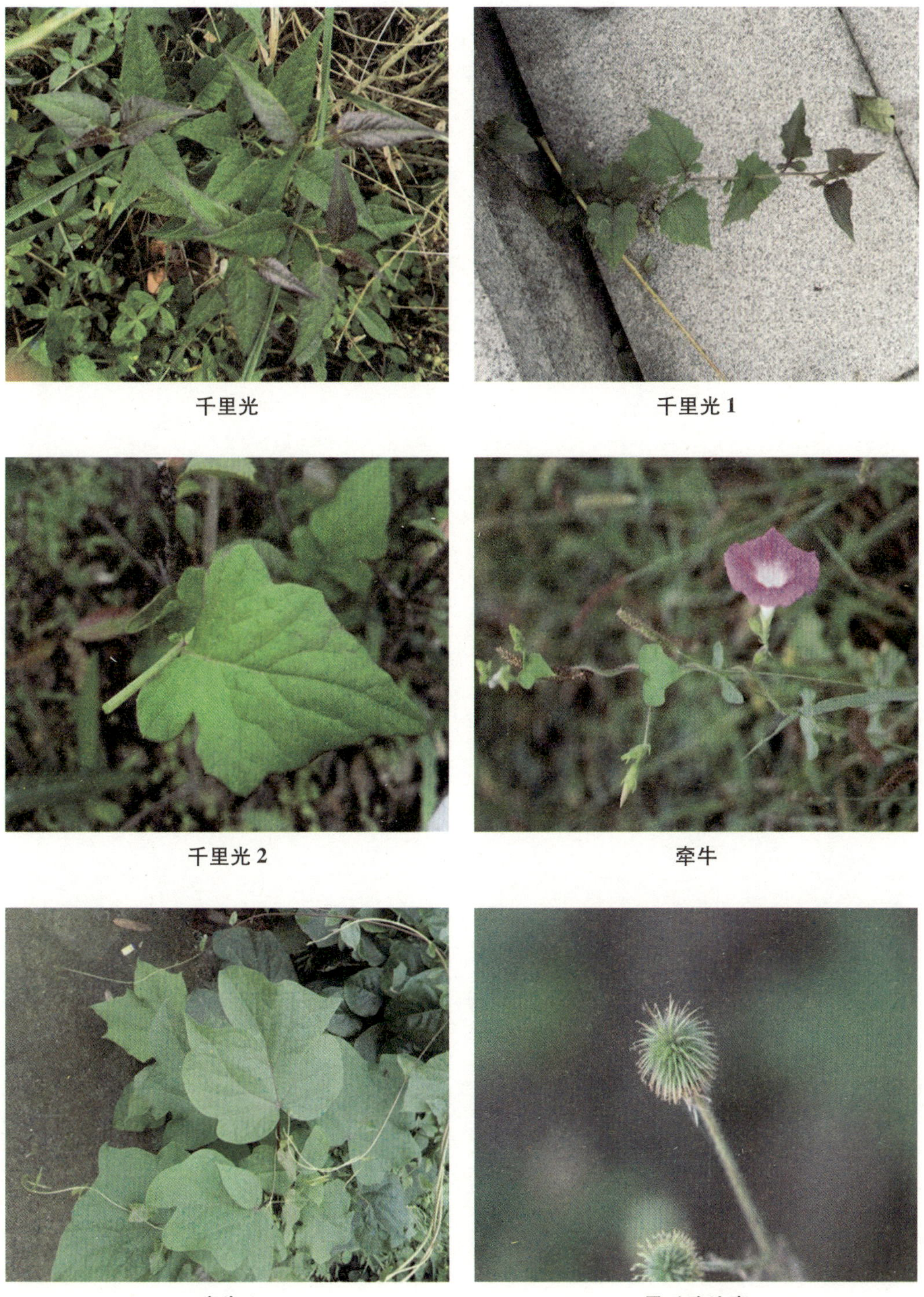

千里光

千里光 1

千里光 2

牵牛

牵牛 1

柔毛路边青

软雀花

软雀花 1

三白草

三裂瓜木

三裂瓜木 1

桑

桑 1

桑 2

山茶

山蟛蜞菊

山蟛蜞菊 1

山芝麻

珊瑚樱

商陆

商陆 1

蛇足石杉

十大功劳

石榴

石榴 1

石龙芮

石松

石蒜

石蒜 1

芡实

芡实 1

芡实 2

苏铁

苏铁 1

酸模

穗序鹅掌柴

穗序鹅掌柴 1

桃

天葵

天名精

天名精 1

节节草

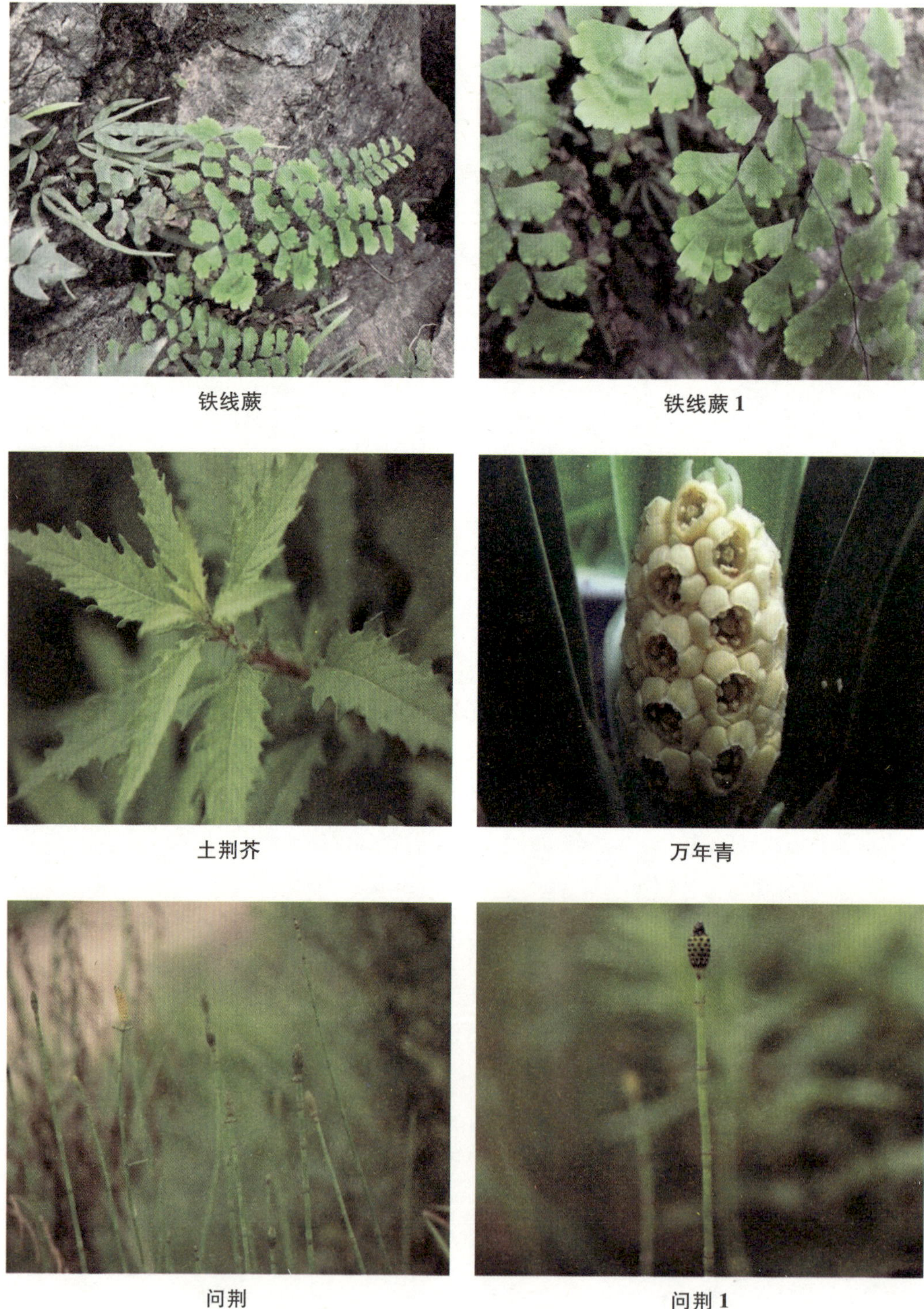

铁线蕨

铁线蕨 1

土荆芥

万年青

问荆

问荆 1

乌桕

乌鸦果

乌鸦果 1

无心菜

五虎草

豨莶

豨莶 1

腺果杜鹃

腺果杜鹃 1

小果珍珠花

小果珍珠花 1

血水草

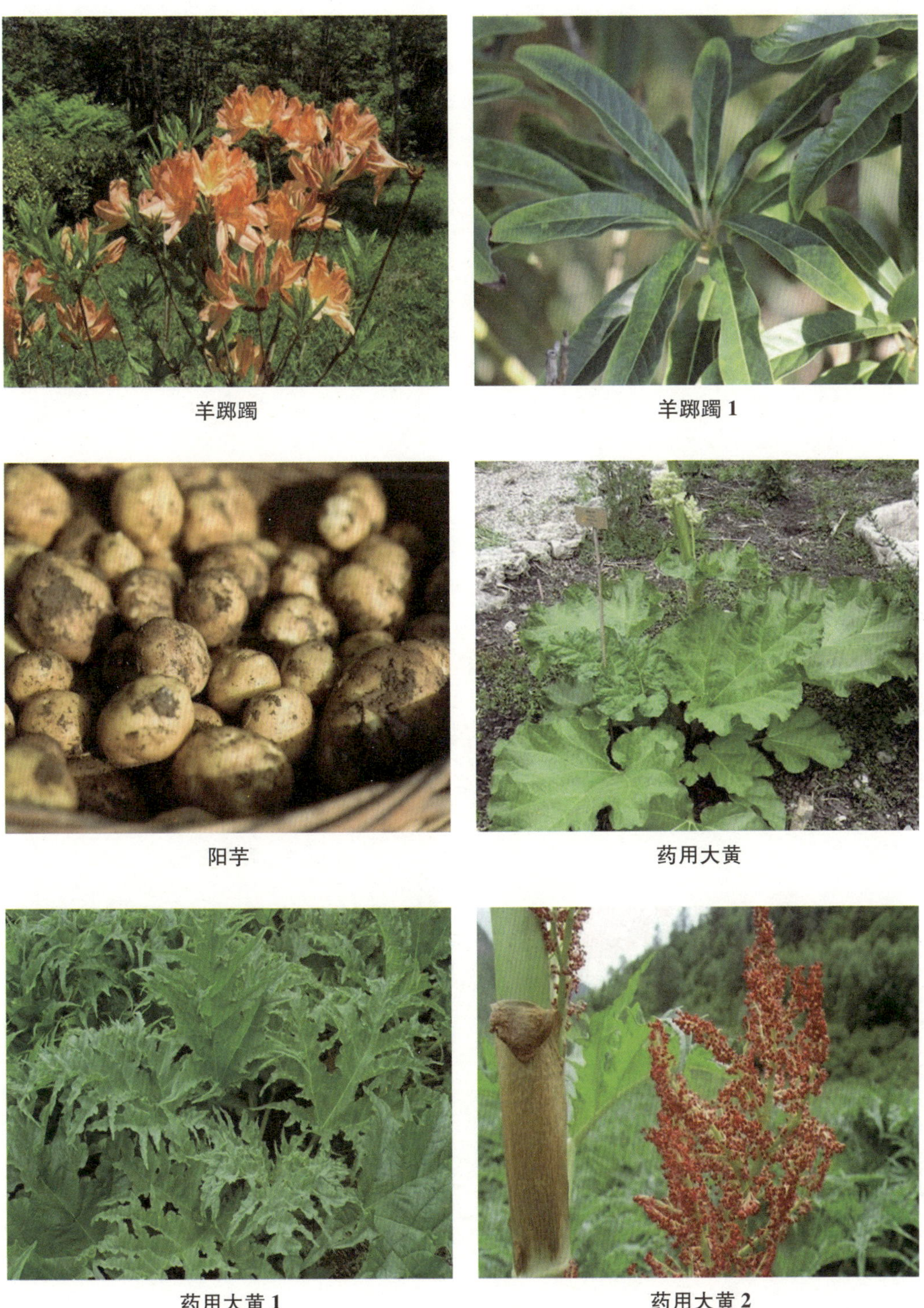

羊踯躅

羊踯躅 1

阳芋

药用大黄

药用大黄 1

药用大黄 2

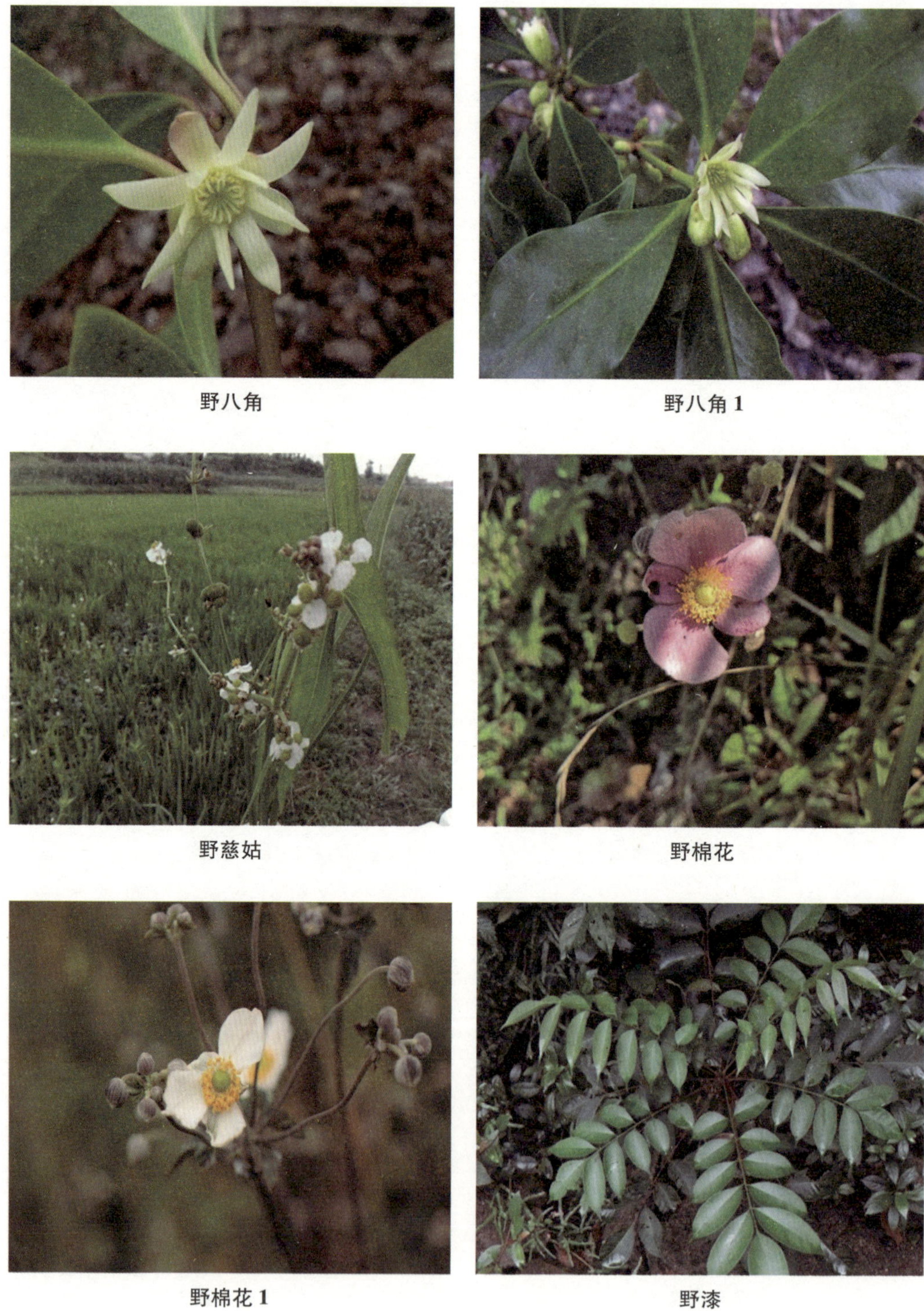

野八角

野八角 1

野慈姑

野棉花

野棉花 1

野漆

野茄

腋花杜鹃

腋花杜鹃 1

一叶荻

益母草

银杏

银杏 1

银杏 2

银杏 3

罂粟

罂粟 1

罂粟 2

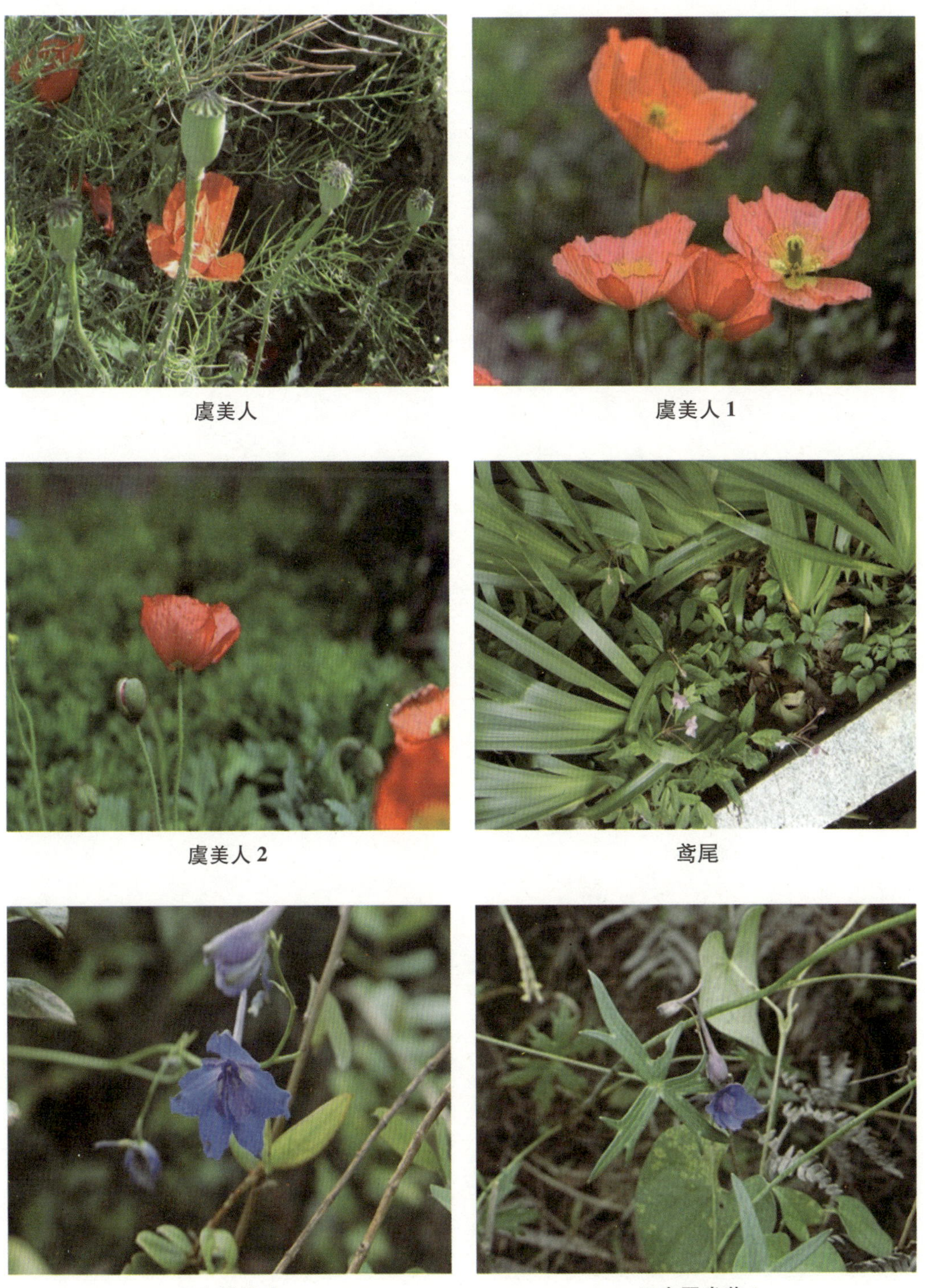

虞美人

虞美人 1

虞美人 2

鸢尾

云南翠雀花

云南翠雀花 1

云南翠雀花 2

云南杜鹃

云南杜鹃 1

皂荚树

长蒴黄麻

长蒴黄麻 1

长叶冻绿

花朱顶红

竹灵消

竹灵消 1

梓

梓 1

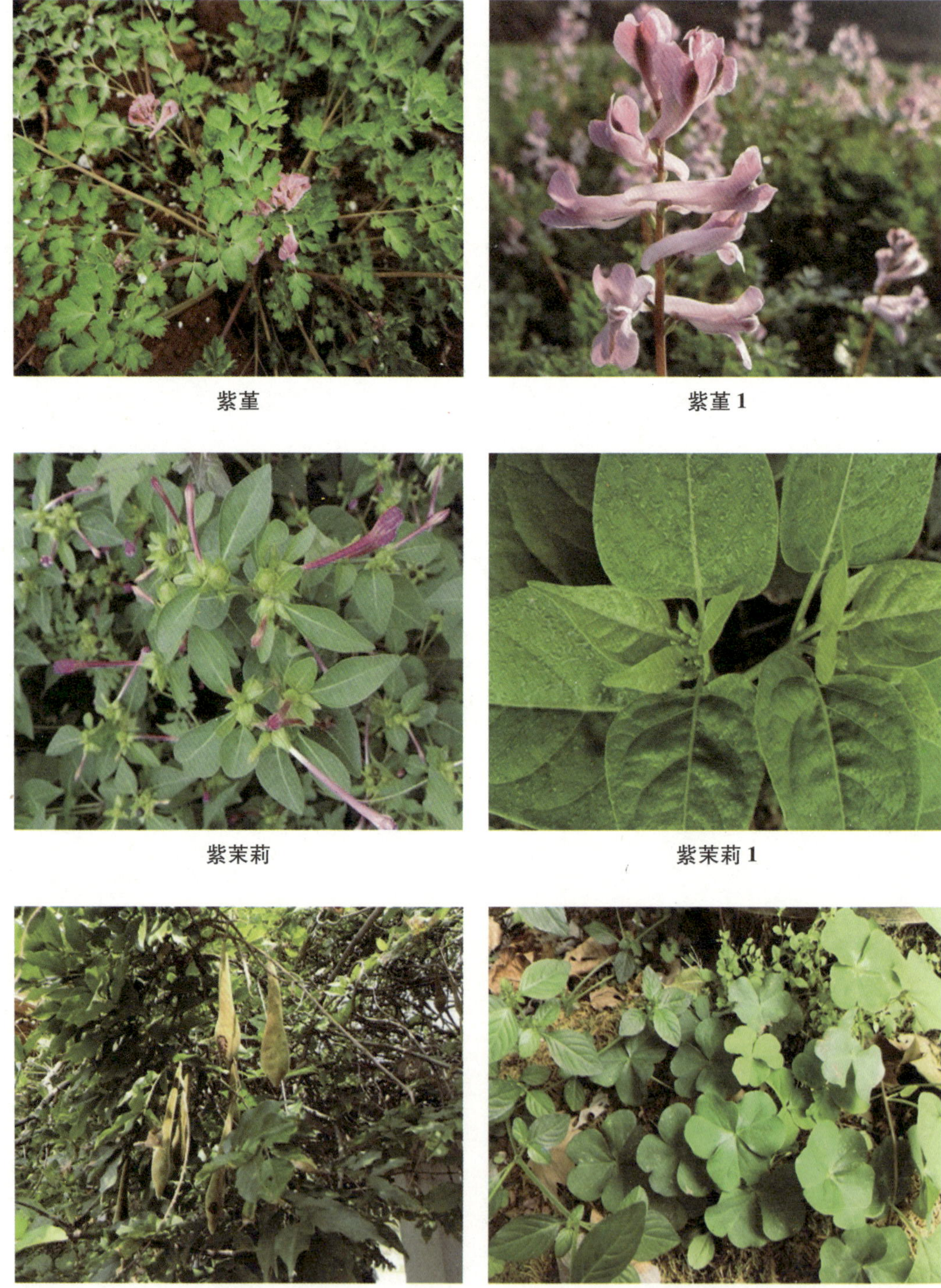

紫堇

紫堇 1

紫茉莉

紫茉莉 1

紫藤

酢浆草